程 杰 曹辛华 王 强 主编
中国花卉审美文化研究丛书
09
兰、桂、菊的文化研究

张晓蕾 张荣东 董丽娜 著

北京燕山出版社

图书在版编目（CIP）数据

兰、桂、菊的文化研究 / 张晓蕾, 张荣东, 董丽娜 著. -- 北京：北京燕山出版社, 2018.3
ISBN 978-7-5402-5107-9

Ⅰ.①兰… Ⅱ.①张…②张…③董… Ⅲ.①花卉—审美文化—研究—中国②中国文学—文学研究 Ⅳ.① S68 ② B83-092 ③ I206

中国版本图书馆 CIP 数据核字 (2018) 第 087828 号

兰、桂、菊的文化研究

作　　者：张晓蕾　张荣东　董丽娜
责任编辑：李　涛
封面设计：王　尧
出版发行：北京燕山出版社
社　　址：北京市丰台区东铁营苇子坑路 138 号
邮　　编：100079
电话传真：86-10-63587071（总编室）
印　　刷：北京虎彩文化传播有限公司
开　　本：787×1092　1/16
字　　数：411 千字
印　　张：36
版　　次：2019 年 3 月第 1 版
印　　次：2019 年 3 月第 1 次印刷
ISBN 978-7-5402-5107-9
定　　价：800.00 元

版权所有　　侵权必究

内容简介

本论著为《中国花卉审美文化研究丛书》之第9种，由张晓蕾博士论文《从兰草到兰花——先秦至宋代兰的生物、文化形象及其意蕴演变》、张荣东的菊花文学与文化研究系列论文和董丽娜硕士论文《桂意象的文学研究》组成。

《从兰草到兰花——先秦至宋代兰的生物、文化形象及其意蕴演变》以先秦至宋代的"兰"作为研究对象，其中宋代之前的兰主要指兰草，宋代及其以后的兰主要指兰花。结构上分为"兰草时代"与"兰花时代"两编，上编主要论述宋以前与兰草相关的文学、文化情况，下编主要论述两宋时期兰花的兴起及其相应的文学、文化情况。内容上则在厘清两者的区别与演变的前提下，对两者各自的生物特性、社会应用表现予以考辨和论述，并着力对两者的文学表现及文化意蕴予以全面、系统的梳理与阐发。

张荣东的系列论文论述了菊花在园艺、文学、艺术、民俗等方面的丰富表现，对菊花的审美价值和文化意义进行了较为系统的阐发。

《桂意象的文学研究》专题研究桂题材文学，纵向梳理了古代咏桂文学的发生和发展过程，系统阐发了文学作品表现桂花的审美形象及其相应的艺术手法，并就咏桂文学一些重要作家、作品、典故，桂花与月亮意象的关系等专题进行了深入的讨论，从而较为具体、充分地展示了桂花题材文学创作的历史情景和文化意义。

作者简介

张晓蕾,女,1988年6月生,山东潍坊人,2018年毕业于南京师范大学,获文学博士学位,现为盐城师范学院文学院讲师。发表《〈四民月令校注〉献疑十则》《屈原作品中兰草意象探析》等论文。

张荣东,男,1969年4月生,黑龙江哈尔滨人,2008年毕业于南京师范大学,获文学博士学位,现为攀枝花学院人文社科学院教师。发表《中国菊花审美文化研究》等专著2部及论文20余篇。

董丽娜,女,1981年10月生,山西晋城人,2006年毕业于南京师范大学,获文学硕士学位,现为上海市进才实验中学教师。发表《桂意象人格象征的生成和发展》等。

《中国花卉审美文化研究丛书》前言

所谓"花卉",在园艺学界有广义、狭义之分。狭义只指具有观赏价值的草本植物;广义则是草本、木本兼而言之,指所有观赏植物。其实所谓狭义只在特殊情况下存在,通行的都应为广义概念。我国植物观赏资源以木本居多,这一广义概念古人多称"花木",明清以来由于绘画中花卉册页流行,"花卉"一词出现渐多,逐步成为观赏植物的通称。

我们这里的"花卉"概念较之广义更有拓展。一般所谓广义的花卉实际仍属观赏园艺的范畴,主要指具有观赏价值,用于各类园林及室内室外各种生活场合配置和装饰,以改善或美化环境的植物。而更为广义的概念是指所有植物,无论自然生长或人类种植,低等或高等,有花或无花,陆生或海产,也无论人们实际喜爱与否,但凡引起人们观看,引发情感反应,即有史以来一切与人类精神活动有关的植物都在其列。从外延上说,包括人类社会感受到的所有植物,但又非指植物世界的全部内容。我们称其为"花卉"或"花卉植物",意在对其内涵有所限定,表明我们所关注的主要是植物的形状、色彩、气味、姿态、习性等方面的形象资源或审美价值,而不是其经济资源或实用价值。当然,两者之间又不是截然无关的,植物的经济价值及其社会应用又经常对人们相应的形象感受产生影响。

"审美文化"是现代新兴的概念,相关的定义有着不同领域的偏倚和形形色色理论主张的不同价值定位。我们这里所说的"审美文化"不具有这些现代色彩，而是泛指人类精神现象中一切具有审美性的内容，或者是具有审美性的所有人类文化活动及其成果。文化是外延，至大无外，而审美是内涵，表明性质有限。美是人的本质力量的感性显现，性质上是感性的、体验的，相对于理性、科学的"真"而言；价值上则是理想的、超功利的，相对于各种物质利益和社会功利的"善"而言。正是这一内涵规定，使"审美文化"与一般的"文化"概念不同，对植物的经济价值和人类对植物的科学认识、技术作用及其相关的社会应用等"物质文明"方面的内容并不着意，主要关注的是植物形象引发的情绪感受、心灵体验和精神想象等"精神文明"内容。

将两者结合起来，所谓"花卉审美文化"的指称就比较明确。从"审美文化"的立场看"花卉"，花卉植物的食用、药用、材用以及其他经济资源价值都不必关注，而主要考虑的是以下三个层面的形象资源：

一是"植物"，即整个植物层面，包括所有植物的形象，无论是天然野生的还是人类栽培的。植物是地球重要的生命形态，是人类所依赖的最主要的生物资源。其再生性、多样性、独特的光能转换性与自养性，带给人类安全、亲切、轻松和美好的感受。不同品种的植物与人类的关系或直接或间接，或悠久或短暂，或亲切或疏远，或互益或相害，从而引起人们或重视或鄙视，或敬仰或畏惧，或喜爱或厌恶的情感反应。所谓花卉植物的审美文化关注的正是这些植物形象所引起的心理感受、精神体验和人文意义。

二是"花卉"，即前言园艺界所谓的观赏植物。由于人类与植物尤其是高等植物之间与生俱来的生态联系，人类对植物形象的审美意识可以说是自然的或本能的。随着人类社会生产力的不断提高和社会财富的不断积累，人类对植物有了更多优越的、超功利的感觉，对其物色形象的欣赏需求越来越明确，相应的感受、认识和想象越来越丰富。世界各民族对于植物尤其是花卉的欣赏爱好是普遍的、共同的，都有悠久、深厚的历史文化传统，并且逐步形成了各具特色、不断繁荣发展的观赏园艺体系和欣赏文化体系。这是花卉审美文化现象中最主要的部分。

三是"花"，即观花植物，包括可资观赏的各类植物花朵。这其实只是上述"花卉"世界中的一部分，但在整个生物和人类生活史上，却是最为生动、闪亮的环节。开花植物、种子植物的出现是生物进化史的一大盛事，使植物与动物间建立起一种全新的关系。花的一切都是以诱惑为目的的，花的气味、色彩和形状及其对果实的预示，都是为动物而设置的，包括人类在内的动物对于植物的花朵有着各种各样本能的喜爱。正如达尔文所说："花是自然界最美丽的产物，它们与绿叶相映而惹起注目，同时也使它们显得美观，因此它们就可以容易地被昆虫看到。"可以说，花是人类关于美最原始、最简明、最强烈、最经典的感受和定义，几乎在世界所有语言中，花都代表着美丽、精华、春天、青春和快乐。相应的感受和情趣是人类精神文明发展中一个本能的精神元素、共同的文化基因；相应的社会现象和文化意义是极为普遍和永恒的，也是繁盛和深厚的。这是花卉审美文化中最典型、最神奇、最优美的天然资源和生活景观，值得特别重视。

再从"花卉"角度看"审美文化"，与"花卉"相关的"审美文化"则又可以分为三个形态或层面：

一是"自然物色"，指自然生长和人类种植形成的各类植物形象、风景及其人们的观赏认识。既包括植物生长的各类单株、丛群，也包括大面积的草原、森林和农田庄稼；既包括天然生长的奇花异草，也包括园艺培植的各类植物景观。它们都是由植物实体组成的自然和人工景观，无论是天然资源的发现和认识，还是人类相应的种植活动、观赏情趣，都体现着人类社会生活和人的本质力量不断进步、发展的步伐，是"花卉审美文化"中最为鲜明集中、直观生动的部分。因其侧重于植物实体，我们称作"花卉审美文化"中的"自然美"内容。

二是"社会生活"，指人类社会的园林环境、政治宗教、民俗习惯等各类生活中对花卉实物资源的实际应用，包含着对生物形象资源的环境利用、观赏装饰、仪式应用、符号象征、情感表达等多种生活需求、社会功能和文化情结，是"花卉"形象资源无处不在的审美渗透和社会反应，是"花卉审美文化"中最为实际、普遍和复杂的现象。它们可以说是"花卉审美文化"中的"社会美"或"生活美"内容。

三是"艺术创作"，指以花卉植物为题材和主题的各类文艺创作和所有话语活动，包括文学、音乐、绘画、摄影、雕塑等语言、图像和符号话语乃至于日常语言中对花卉植物及其相应人类情感的各类描写与诉说。这是脱离具体植物实体，指用虚拟的、想象的、象征的、符号化植物形象，包含着更多心理想象、艺术创造和话语符号的活动及成果，统称"花卉审美文化"中的"艺术美"内容。

我们所说的"花卉审美文化"是上述人类主体、生物客体六个层面的有机构成，是一种立体有机、丰富复杂的社会历史文化体系，包含着自然资源、生物机体与人类社会生活、精神活动等广泛方面有机交融的历史文化图景。因此，相关研究无疑是一个跨学科、综合性的工作，需要生物学、园艺学、地理学、历史学、社会学、经济学、美学、文学、艺术学、文化学等众多学科的积极参与。遗憾的是，近数十年相关的正面研究多只局限在园艺、园林等科技专业，着力的主要是园艺园林技术的研发，视角是较为单一和孤立的。相对而言，来自社会、人文学科的专业关注不多，虽然也有偶然的、零星的个案或专题涉及，但远没有足够的重视，更没有专门的、用心的投入，也就缺乏全面、系统、深入的研究成果，相关的认识不免零散和薄弱。这种多科技少人文的研究格局，海内海外大致相同。

我国幅员辽阔、气候多样、地貌复杂，花卉植物资源极为丰富，有"世界园林之母"的美誉，也有着悠久、深厚的观赏园艺传统。我国又是一个文明古国和世界人口、传统农业大国，有着辉煌的历史文化。这些都决定我国的花卉审美文化有着无比辉煌的历史和深厚博大的传统。植物资源较之其他生物资源有更强烈的地域性，我国花卉资源具有温带季风气候主导的东亚大陆鲜明的地域特色。我国传统农耕社会和宗法伦理为核心的历史文化形态引发人们对花卉植物有着独特的审美倾向和文化情趣，形成花卉审美文化鲜明的民族特色。我国花卉审美文化是我国历史文化的有机组成部分，是我国文化传统最为优美、生动的载体，是深入解读我国传统文化的独特视角。而花卉植物又是丰富、生动的生物资源，带给人们生生不息、与时俱新的感官体验和精神享受，相应的社会文化活动是永恒的"现在进行时"，其丰富的历史经验、人文情趣有着直接的现实借鉴和融入意义。正是基于这些历史信念、学术经验和现实感受，我们认为，对中国花卉审美文化的研究不仅是一项十分重要的文化任务，而且是一个前景广阔的学术课题，需要众多学科尤其是社会、人文学科的积极参与和大力投入。

我们团队从事这项工作是从1998年开始的。最初是我本人对宋代咏梅文学的探讨，后来发现这远不是一个咏物题材的问题，也不是一个时代文化符号的问题，而是一个关乎民族经典文化象征酝酿、发展历程的大课题。于是由文学而绘画、音乐等逐步展开，陆续完成了《宋代咏梅文学研究》《梅文化论丛》《中国梅花审美文化研究》《中国梅花名胜考》《梅谱》（校注）等论著，对我国深厚的梅文化进行了较为全面、系统的阐发。从1999年开始，我指导研究生从事类似的花卉审美文化专题研究，俞香顺、石志鸟、渠红岩、张荣东、王三毛、王颖等相继完成了荷、杨柳、桃、菊、竹、松柏等专题的博士学位论文，丁小兵、董丽娜、朱明明、张俊峰、雷铭等20多位学生相继完成了杏花、桂花、水仙、蕨、梨花、海棠、蓬蒿、山茶、芍药、牡丹、芭蕉、荔枝、石榴、芦苇、花朝、落花、蔬菜等专题的硕士学位论文。他们都以此获得相应的学位，在学位论文完成前后，也都发表了不少相关的单篇论文。与此同时，博士生纪永贵从民俗文化的角度，任群从宋代文学的角度参与和支持这项工作，也发表了一些花卉植物文学和文化方面的论文。俞香顺在博士论文之外，发表了不少梧桐和唐代文学、《红楼梦》花卉意象方面的论著。我与王三毛合作点校了古代大型花卉专题类书《全芳备祖》，并正继续从事该书的全面校正工作。目前在读的博士生张晓蕾及硕士生高尚杰、王珏等也都选择花卉植物作为学位论文选题。

以往我们所做的主要是花卉个案的专题研究，这方面的工作仍有许多空白等待填补。而如宗教用花、花事民俗、民间花市，不同品类植物景观的欣赏认识、各时期各地区花卉植物审美文化的不同历史情景，以及我国花卉审美文化的自然基础、历史背景、形态结构、发展规律、民族特色、人文意义、国际交流等中观、宏观问题的研究，花卉植物文献的调查整理等更是涉及无多，这些都有待今后逐步展开，不断深入。

"阴阴曲径人稀到，一一名花手自栽"（陆游诗），我们在这一领域寂寞耕耘已近20年了。也许我们每一个人的实际工作及所获都十分有限，但如此络绎走来，随心点检，也踏出一路足迹，种得半畦芬芳。2005年，四川巴蜀书社为我们专辟《中国花卉审美文化研究书系》，陆续出版了我们的荷花、梅花、杨柳、菊花和杏花审美文化研究五种，引起了一定的社会关注。此番由同事曹辛华教授热情倡议、积极联系，北京采薇阁文化公司王强先生鼎力相助，继续操作这一主题学术成果的出版工作。除已经出版的五种和另行单独出版的桃花专题外，我们将其余所有花卉植物主题的学位论文和散见的各类论著一并汇集整理，编为20种，统称《中国花卉审美文化研究丛书》，分别是：

1. 《中国牡丹审美文化研究》（付梅）；

2. 《梅文化论集》（程杰、程宇静、胥树婷）；

3. 《梅文学论集》（程杰）；

4. 《杏花文学与文化研究》（纪永贵、丁小兵）；

5. 《桃文化论集》（渠红岩）；

6. 《水仙、梨花、茉莉文学与文化研究》（朱明明、雷铭、程杰、程宇静、任群、王珏）；

7. 《芍药、海棠、茶花文学与文化研究》（王功绢、赵云双、孙培华、付振华）；

8. 《芭蕉、石榴文学与文化研究》（徐波、郭慧珍）；

9. 《兰、桂、菊的文化研究》（张晓蕾、张荣东、董丽娜）；

10. 《花朝节与落花意象的文学研究》（凌帆、周正悦）；

11. 《花卉植物的实用情景与文学书写》（胥树婷、王存恒、钟晓璐）；

12. 《〈红楼梦〉花卉文化及其他》（俞香顺）；

13. 《古代竹文化研究》（王三毛）；

14.《古代文学竹意象研究》（王三毛）；

15.《蘋、蓬蒿、芦苇等草类文学意象研究》（张俊峰、张余、李倩、高尚杰、姚梅）；

16.《槐桑樟枫民俗与文化研究》（纪永贵）；

17.《松柏、杨柳文学与文化论丛》（石志鸟、王颖）；

18.《中国梧桐审美文化研究》（俞香顺）；

19.《唐宋植物文学与文化研究》（石润宏、陈星）；

20.《岭南植物文学与文化研究》（陈灿彬、赵军伟）。

我们如此刈禾聚把，集中摊晒，敛物自是快心，乱花或能迷眼，想必读者诸君总能从中发现自己喜欢的一枝一叶。希望我们的系列成果能为花卉植物文化的学术研究事业增薪助火，为全社会的花卉文化活动加油添彩。

程 杰

2018 年 9 月 10 日

于南京师范大学随园

总　目

从兰草到兰花
——先秦至宋代兰的生物、文化形象及其意蕴演变 … 张晓蕾 1

菊花文学与文化研究 …………………………………… 张荣东 369

桂意象的文学研究 ……………………………………… 董丽娜 449

从兰草到兰花
——先秦至宋代兰的生物、文化形象及其意蕴演变

张晓蕾 著

目 录

绪 论 ………………………………………………………… 7

上 编　兰草时代

第一章　古兰、今兰之辨 …………………………………… 25
　　第一节　关于古兰、今兰的争论 ………………………… 25
　　第二节　古兰非今兰考辨 ………………………………… 32

第二章　兰草的品种与生物特性 …………………………… 42
　　第一节　兰草的品种 ……………………………………… 42
　　第二节　兰草的生物特性 ………………………………… 52
　　第三节　兰草的自然分布 ………………………………… 59

第三章　兰草的社会应用及其文化意义 …………………… 65
　　第一节　兰草的栽种情况 ………………………………… 65
　　第二节　兰草在日常生活中的应用 ……………………… 74
　　第三节　兰草在传统节庆中的应用及文化意义 ………… 81
　　第四节　兰草在其他民俗礼仪中的应用及文化反映 …… 94

第四章　先秦兰草的文化意义及文学表现 ………………… 106
　　第一节　先秦儒家兰草比德的形成 ……………………… 106
　　第二节　梦兰生子的文化意义 …………………………… 111
　　第三节　先秦文学作品中的兰草意象 …………………… 115

第四节　屈原辞赋中的兰草意象……………………………… 119

第五章　汉魏六朝兰草文学创作及审美认识的兴起……………… 137
　　　第一节　兰草文学的创作情况……………………………… 137
　　　第二节　兰草审美认识的兴起……………………………… 144
　　　第三节　兰草的情感意蕴…………………………………… 152
　　　第四节　兰草的象征内涵…………………………………… 161

第六章　唐代兰草审美认识与文学书写的发展…………………… 171
　　　第一节　唐代兰草文学创作概况及背景…………………… 174
　　　第二节　唐代咏兰诗与咏兰赋……………………………… 174
　　　第三节　唐代兰草审美认识的进步………………………… 182
　　　第四节　唐代兰草意象的入仕理想寄托…………………… 194
　　　第五节　"采兰"意象的文学意蕴…………………………… 198

下　编　兰花时代

第七章　兰花的起源及生物特性…………………………………… 208
　　　第一节　兰花起源考论……………………………………… 208
　　　第二节　兰花的生物特性…………………………………… 222
　　　第三节　兰花的自然分布…………………………………… 234

第八章　宋代兰花园艺种植的兴起………………………………… 240
　　　第一节　兰花的种植情况…………………………………… 240
　　　第二节　兰花的造景方式…………………………………… 243
　　　第三节　兰花的种类………………………………………… 248
　　　第四节　兰谱的出现………………………………………… 256
　　　第五节　宋人对"兰"的辨析及认识变化…………………… 261

第九章　宋代兰花审美认识的兴起与发展………………………… 276

第一节　北宋兰花审美认识的兴起……………………276
　　第二节　黄庭坚对兰花审美的贡献………………………285
　　第三节　南宋兰花审美认识的成熟………………………291
第十章　宋代兰花文学创作及审美意蕴……………………303
　　第一节　兰花题材和意象的创作情况……………………303
　　第二节　兰花的物色美及艺术表现………………………309
　　第三节　兰花的神韵美及艺术表现………………………323
　　第四节　兰花的君子人格象征……………………………330
结　　语…………………………………………………………339
征引文献目录……………………………………………………347

绪　论

　　中国花卉资源丰富，是世界上花卉种类最多的国家之一，已经有两千多年的花卉栽培历史，人与花卉之间建立了十分密切的联系。人们在栽培、欣赏花卉的过程中，逐渐了解、把握了花卉的各种生物特性和生态习性，在此认识基础之上，人们将花卉的各种自然属性比附为人的不同品格和情操，逐步建立起了花卉与人之间的种种关联，从而形成了具有地域性和民族性的花卉文化。在我国众多花卉中，兰花是我国"十大传统名花"之一，深受国人的喜爱与重视，自古就有"第一香"的称誉，还与梅、竹、菊并称为"四君子"，并在长期的栽培欣赏以及文人吟咏的历史过程中，形成了丰富深厚的文化内涵，是我国花卉文化的重要组成部分。与我国其他传统名花梅花、荷花等相比，兰花的"身世"比较复杂，大概以宋代为界，存在兰草与兰花的历史区分与演变，即宋代之前的"兰"主要指的是兰草，宋代及其以后的"兰"主要指的是兰花。兰草外形朴素，是一类枝叶皆香的香草，其中以佩兰、泽兰、蕙草三种为主，具有广泛的社会应用价值；兰花是一种花香叶不香、形态优美的观花植物，主要包括春兰、蕙兰、建兰等，又叫做"国兰"，以区别于国外的"洋兰"品种，具有很高的欣赏价值。兰草与兰花两者各有所长，都在我国兰文化的历史发展过程中绽放了绚丽的光彩，因此本论题的研究实际上包括兰草文学与文化以及兰花文学与文化两部分的内容，旨在对我国"兰"的历史演变过程及其不同时期的文学表现与文化意蕴作出有益探究。

图01　春兰"老天际"。张晓蕾摄于南京清凉山精品兰花展。

一、本论题的选题理由及意义

我国传统兰花素净淡雅、清香远溢，深受国人喜爱，特别是在当今社会，随着人们对兰花喜爱程度的与日俱增，兰花种植业已经发展成为我国的一项重要产业，国内出现"兰花热"现象。全国许多地方都建立了专门的兰花基地，各种兰花组织也相继诞生。此外各地兰花展评活动也定期举行，为诸多爱兰、艺兰人士提供了欣赏、品评兰花的便利条件。因此选择本论题，在顺应"兰花热"的趋势下，希望能够使人们对我国历史上"兰"的名实问题、生物特性、社会应用、文学表现及文化意蕴能够有一定的认识和了解，从而丰富我国兰的历史文化底蕴。

我国兰文化历史悠久，兰很早就已见诸文献记载，早期兰草作为香草，实际用途广泛，与人们的社会生活联系密切，人们对兰草多有崇拜情感，因此兰草成为先秦儒家比德的物象之一，被赋予了君子的人格象征意义，并较早地进入了文学表现领域，特别是在屈原作用之下，兰草的象征内涵得以丰富和深化，奠定了我国以兰比德的文学传统，影响深远。兰花文学及文化能够在宋代得以迅速发展，离不开前代兰草文学与文化的积淀作用，无论是在文学表现还是文化内涵上，兰花都对兰草多有继承，两者联系十分密切。可以说，我国兰文学及兰文化始于兰草、盛于兰花，两者之间密不可分、缺一不可。然而现代学界关于兰文学及兰文化的研究还十分零散，并且学术含量不够，许多学者仅是泛泛而谈，多是普及性质的文化漫谈，缺乏全面性、系统性和深刻性的学术研究，因此选择这一论题也是针对目前学界研究现状不足的一种有益填补。本论题的研究主要具有以下几方面的积极意义：

第一，文学研究方面的意义。论文拟以"兰"题材和"兰"意象为专题研究对象，以一种新颖的视角进行全面、系统的研究，以求扩大古典文学的研究视野。论文将突破"兰草""兰花"不予区分以及"兰草""兰花"一锅烩的文学研究现状，在搞清两者区别及分界的前提下，对它们进行文学史上的分段研究，并对两者之间的演变予以考辨和论述，从而形成一个完整链条上的"兰"文学研究。

第二，文化研究方面的意义。论文将本着"小题大做"的原则，在文学研究的基础上，着力探究由兰草和兰花共同形成的"兰"文化。一方面将古代文学中反映出的兰草、兰花审美文化纳入古代文化史的链条中加以考察；另一方面对兰草生成的文化与兰花生成的文化表现及内涵加以探究，并搞清两者之间的继承与演变关系。

第三，生物学方面的意义。本论题试图解决历史遗留的"古兰""今兰"问题，即古代兰草和后世兰花之间的辨别问题。宋代兰花栽培及欣赏活动的兴起与流行，使得宋人对前代古兰产生质疑，从而引发了长达近千年的古兰、今兰之辨，这成为历史上的一桩公案，至今争议不休、众说纷纭。本论文试图依据古今各种文献资料、结合前人研究成果，对我国历史上"兰"的名实问题予以详尽考辨，以期对这一历史遗留公案有所破解。

二、本论题的研究现状及趋势

当今学界对"兰"相关论题的研究主要集中在三个方面：一是对古代文学中兰题材和兰意象的研究，这方面的研究成果不多，且多限于某一阶段或某种体裁之内的研究；二是对兰文化的研究，这方面的研究成果也不甚理想，大部分相关著作多由一些园艺、园林方面的学者所撰，基本上是一些科普类的读物，不够全面、深入，学术价值含量不高，虽然个别专著涉及到了兰文化的多个方面，但也仅仅是一种文化知识的漫谈，学术性不强；三是关于"古兰""今兰"的考辨，普遍存在论证不够完善、深入的问题，缺少信服力。另外，还有一些关于兰花园林、园艺方面的研究，主要是对现代兰花的园林应用、兰花的栽培管理、兰花的生物特性及鉴赏等方面的研究，研究对象是今天的兰花，没有涉及到古代园林、园艺中的兰草与兰花，与本论文选题关系不大，因此不予列举。具体研究现状分述如下：

（一）对兰题材和兰意象的研究

周建忠《"兰意象"原型发微——兼释〈楚辞〉用兰意象》（《东南文化》，1999年第1期）以屈原《楚辞》中兰意象为中心，总结了兰意象的四个原型意义：致兰得子、秉兰袚邪、纫兰为饰、喻兰明德。

李金善《〈离骚〉"滋兰树蕙"证解——也谈〈离骚〉香草的象征意义》（《先秦两汉文学论集》，章必功、方铭等编著，学苑出版社，2004年7月）认为屈原《离骚》中"滋兰树蕙"意象的象征意义并非大多数学者所言的"培育人才"，而是象征屈原自身勤修美德。吴厚言《"内美""修能"话君子——屈原首创的审美意象兰（蕙）》（《黔西南民族师范高等专科学校学报》，2002年第2期）认为屈原首次将兰（蕙）视为审美对象，并赋予其君子的人格意义，这种审美境界是楚地自然生态与巫文化心理营造的产物，寄托了屈原为富国强兵对君子"内美""修能"的期盼，并体现着儒法思想的光芒。王燕《清香远溢、空谷幽兰——中国文学中的兰意象之演变及诗意流播研究》（暨南大学硕士学位论文，2011年）从兰意象的产生出发，分析了兰意象原型生成的原因，梳理了兰意象内涵的历代衍变过程，并论述了其对历代文人审美风尚及审美心理产生的影响，以及兰意象在现当代的新变和对海外华人的影响，同时论文还涉及到了绘画领域中的兰题材，但是作者避开了"古兰""今兰"的争议问题，而是将"兰"定义为今之兰花。吴厚炎《"人"与"景"的模式化——两汉辞、赋及文人五言诗中的兰（蕙）》（《黔西南民族师范高等专科学校学报》，2002年第4期）将两汉辞赋及文人五言诗中的兰蕙意象总结为两种"语言模式"：赞"人"（主要指君子）和写"景（旨在颂扬帝王）"，作者认为这两种"语言模式"实际上是"文化模式"的反映，并进行了探讨。吴厚炎《幽芳自赏亦鉴人——三国魏晋南北朝诗文中的兰（蕙）》（《黔西南民族师范高等专科学校学报》，2003年第2期）按时间先后顺序列举了一些名家的咏兰作品，并进行了解读和品析。郭家嵘《先唐兰草之咏》（《内蒙古农业大学学报（社会科学版）》，2015年第2期）对唐代以前的咏兰文学进行了归纳总结，但作者将先唐时期的兰误作兰花看待。妥佳宁《被迫与自主——唐诗中孤兰形象的分析》(《安徽文学（下半月）》，2007年第7期）分析了唐诗中"孤兰"形象对诗人品质的象征，分别以贺兰明进、李白、韩愈、张九龄作品为例，将其分为被迫孤立与自绝于世两种类型，并从心理层面分析其内在原因。张蔚《唐代诗歌中的"兰""菊"意象》(《中山大学学报论丛》，2007年第6期）论述了兰、菊两种意象在唐代诗歌中的表现，但多是作品的罗列介绍，相关论述性、总结性的语言不多。舒芳《咏兰诗：诗人潜在审美需求的外化》(《学术交流》，2003年第6期）认为兰美的实质是"德"，即义理，这种美学思想一直影响着士人对兰的欣赏，并以此为中心展开论述。李薇《论中国古典诗词中的兰花意象及其生成》(《民办教育研究》，2009年第10期）论述了兰花意象的几种内涵，并分析了兰花意象的生成原因，但作者对兰草和兰花未进行区分，统一看作是兰花。孙虹、朱鸿翠《梦窗词"兰"物像的重旨复意》(《文史知识》，2013年第5期）认为兰物像并非单指兰花、蕙花、兰草，而是连类相及、多向兼指，三种花草往往叠加出现并再生衍义，并对此而产生的特殊美感展开了论述。

综上，这一方面的研究成果主要以论文的形式呈现，存在这么几种情况：一是偏重对屈原楚辞作品中"兰"意象的研究，以周建忠和吴厚炎二人为代表，两人都存在多篇与兰相关的论文，对文学和文化方面皆有涉及，因此均有重要的参考价值；二是关于兰意象、题材的研究，在时间上一般止于某代，在对象上多止于某个文人，总体来看比较零散，不够全面和系统；三是大部分论文都对"古兰""今兰"的区别问题避而不谈，直接将两者混为一谈，统一作"兰花"处理，存在片面性。

(二) 对兰文化方面的研究

专著：周建忠《兰文化》（北京：中国农业出版社，2001年）一书先从植物图腾的角度论述了先秦时期渗透于贵族生活中的兰文化氛围，接着分别论述了兰花的栽种历史、兰花的种类与特性、兰花的鉴赏与品评、兰花的语义学折射、名人与兰、兰文学作品鉴赏、历代兰题材的名画欣赏、历代兰谱叙要。该书内容十分丰富，涉及到了兰文化的多个方面，具有重要的参考价值。关于兰的文化内涵，作者只是阐述了先秦时期植物图腾的观点，对后代兰花的文化内涵发展及衍变没有过多涉猎。另外关于"兰文学"的部分，作者仅是按时代顺序列举了一些名家名作，并进行了简单赏析，而对兰文学的发展历程及其文学意蕴没有进行相关的梳理与阐发，因此这一部分内容相对比较薄弱。马性远、马扬尘《中国兰文化》（北京：《中国林业出版社》，2008年）一书认为古代兰即今之兰花，书中简单介绍了各个时代"兰"的情况，接着分别介绍了兰的文化内涵、艺兰之道、鉴别与欣赏、兰的人文精神，并列举了一些以兰为题材的诗画曲文和轶事趣闻，最后介绍了一下当前国内的兰花经济发展状况，是一本通俗性的普及类读物。陈彤彦《中国兰文化探源》（昆明：云南科技出版社，2004年）分为上下两篇，作者先对"古兰非今兰"的观点予以辩驳，然后提出"古兰即今兰"的观点并加以论证。阮庆祥主编《绍兴兰文化》（上海：中国大百科全书出版社，1993年）主要以绍兴兰花为研究对象，介绍了绍兴兰花的起源、形态和生态、分类、品种及栽培。同时也涉及到了古代诗歌、绘画、典故中的兰。刘清涌《中外兰花》（广州：广东高等教育出版社，1992年）是一本关于兰花的文化漫谈书籍，内容主要分为国兰篇和洋兰篇两部分，其中以国兰为主，包括兰花趣闻、赏兰漫笔、养兰手记等。吴应祥《中国兰花》（北京：中国林业出版社，1991年）一书应属于园林园艺方面的著作，其研究对象以我国国产兰科兰属兰花为主。作者先是分别介绍了中国和国外的栽兰历史，接着介绍了兰花的品种资源及产地分布、兰花的形态特征、兰花的品种分类、兰花的生物学特性、兰花的繁殖及栽培管理、兰花的引种及育种、兰花病虫害及其防除、兰花的应用，最后附录了兰花题材的诗词作品。因此从内容上来看，该书是一本关于现代兰花的园艺学著作，对于了解今之兰花具有重要的参考价值。

论文：苏宁《兰花历史与文化研究》（北京·中国林业科学研究院硕士论文，2014年）以中国和西方的兰花发展历史及文化现象作为研究对象，一方面梳理了中国兰的历史起源和发展脉络，得出古兰为今之所谓国兰的结论，另一方面研究了西方兰花的出现及其发展历史，还分别从文学、艺术、园林等方面对中西方兰花的形象和寓意等内容进行了分类、总结等，涉及层面广泛、视野较为开阔。周建忠《兰花的文化内涵与民族的文化传统》（上）（《廉政文化研究》，2011年第2期）与《兰花的文化内涵与民族的文化传统》（下）（《廉政文化研究》，2011年第3期）主要介绍了兰花的自然属性和文化内涵：自然属性讲到了兰花的分类、兰花的栽种、兰花的鉴赏；文化内涵将兰花视为一种图腾，分别介绍了屈原、孔子与兰的关系，最后介绍了兰花的人格内涵，这两篇论文与其著作《兰文化》一书的内容多有重合。周建忠《兰花的文化内涵与儒学的人格定位》（《东南文化》，2003年第7期）从孔子赞兰并赋予兰的人格文化内涵出发，分析了其人格内涵生成的原因，并通过郑思肖、陈之藩与兰之间的渊源，分析了兰的儒学文化内涵的延展性。张崇琛《楚骚咏"兰"之文化意蕴及其流变》（《甘肃广播电视大学学报》，2003年第2期）认为兰是楚人崇拜的植物图腾、是王族的象征，是楚骚抒情的理想载体，论述了楚地产兰的地宜、兰的药用价值、兰"王者香"的地位以及咏兰诗歌中兰的文化意蕴流变。吴厚炎《兰芬馥郁自高洁——作为文化符号的兰（蕙）》（《黔西南民族师专学报》，1997年第3期）从社会语言学的角度切入，指出兰（蕙）是反映和塑造民族品格的"文化符号"，并展开论述。吴厚炎《双璧辉映话沉浮——从李白杜甫诗文的"兰蕙"看其文化品格》（《黔西南民族师专学报》，2000年第1期）从文化学视角，以文化符号"兰蕙"来剖析李白、杜甫相关诗文的内涵，揭示了以他们为代表的中华民族的基本文化品格。吴厚炎《清香幽处共"兰"名——古代佩兰与今日兰花"对接"探秘》（《黔西南民族师专学报（综合版）》，1999年第1期）论述了古兰与今兰对接的时间，并分析其重合交混的原因，乃是自然生态与文化背景、植物本身特点以及民族心理素质的共同作用。吴厚炎《"人文文化"与科学——从赵时庚〈金漳兰谱〉与王贵学〈兰谱〉引出的话题》（《黔西南民族师专学报》，2000年第3期）以我国最早的两部兰谱作为个案，研究其富含的人文思想及哲学底蕴，揭示中国科学不发达的原因，并审视现代科学"人文文化"精神的缺失。周肇基、魏露苓《中国古代兰谱研究》（《自然科学史研究》，1998年第1期）主要从植物学、栽培学等方面对中国历代兰谱进行了系统的分析和研究，对研究古代兰谱具有重要的参考意义。周华君《兰花的儒道佛文化内涵初探》（《中国西部科技》，2006年第3期）从兰花花姿、习性等方面的生物特点揭示其儒、道、佛等文化内涵。聂时佳《作为文化符号之"兰"的历史还原——从"香草美人"到"香兰君子"》(《南阳师范学院学报》,2010年第7期)对兰草与兰花进行了区分,将"兰"在中国诗文中分为两个意象系统,一是传承自上古的礼俗意义,一是从纯粹视觉审美的意义上发生的女性符号,并梳理了兰作为文化符码从"香草美人"到"兰花美人",再到"香兰君子"的发展脉络。

综上,专著方面的研究成果并不显著,其中学术价值比较高的著作仅有周建忠先生的《兰文化》一书,其他著作多属园林、园艺领域的研究,对文化涉猎较少且不深入。论文方面,仅有一篇硕士论文《兰花历史与文化研究》,其内容涉及中西两方的兰花,但多是浅尝辄止的论述,未进行深入性的研究。此外,除了一部分文化漫谈性质的论文,还有一些论文或是论述屈原"兰"文化内涵、或是论述先秦兰文化、或是阐释了兰的几个文化内涵,不够全面和系统。因此目前学界关于兰文化的研究还存在较大空白,研究空间很大。

（三）对"古兰""今兰"问题的研究

陈心启《中国兰史考辨——春秋至宋朝》(《武汉植物学研究》,1988年第1期)指出古代兰蕙非今之兰花,并着重介绍了兰科植物在我国古籍中的记载,对古兰、今兰问题的研究具有重要的参考价值。周建忠《兰花栽种历史考述兼释〈楚辞〉之"兰"》(《云梦学刊》,1998年第3期)论定兰的山野栽种始于战国、宫廷栽种始于晋朝、兰场栽种始于唐朝,而《楚辞》之兰分为"兰草"与"幽兰"两种,唯"幽兰"为现代意义上的兰科植物"兰花"。吴厚炎《芳菲袭予为说兰——从古代菊科佩兰到今天兰科兰花》(《黔西南民族师专学报》,1997年第2期)认为就语言符号而言,中唐以前的"兰"当指菊科泽兰属的佩兰,至唐末宋初,始有今之兰科兰属兰花与之对接。吴厚炎

《兰燔而不灭其馨——再论兰（菊科佩兰）之非兰科兰花》（《黔西南民族师范高等专科学校学报》，2004年第2期）进一步论证唐五代之前的兰非今之兰花，而是菊科植物佩兰。张崇琛《楚辞之"兰"辨析》（《兰州大学学报（社会科学版）》，1993年第2期）将楚辞中出现的四十二处"兰"，考实为佩兰、泽兰、黄兰、马莲、兰花等五种。李正宣《从先秦文献所记之"兰"看古兰的植物属性》（《文史杂志》，2011年第2期）主要从古兰的幽香和生长环境两个方面着手，论定古兰乃今之兰科中的观赏性地生兰。黄红军《古代的"兰"与今天的"兰花"不可混为一谈》（《花卉盆景》，1995年第3期）认为古代（北宋以前）的"兰"在植物学分类上属于双子叶植物中的菊科，共有三种：兰草、蕙草、泽兰，而现在的兰花主要有春兰、蕙兰、建兰三种。舒迎澜《兰花与兰草之辨》（《园林》，2007年第8期）认为先秦时期屈原、句践栽种的"兰"是今天的兰科、兰属植物兰花。胡世晨、翟俊文《古兰蕙不是今兰花——也谈舒迎澜先生的〈兰花与兰草之辨〉》（《广东园林》，2011年第2期）则对舒迎澜一文的观点进行了辩驳，认为舒文将古兰蕙认为是今兰花有失妥当，同时提出自己的观点，即古兰蕙是一类高价值的芳香药用植物，并非今日所说之兰花。许净瞳《两宋笔记中"兰""蕙"辨之文献研究》（《电子科技大学学报（社科版）》，2012年第4期）列举整理了两宋笔记中关于辨析"兰""蕙"的条目，具有一定的文献参考价值。

综上三个方面，对"兰"的研究主要集中在文化方面，既有专著亦有论文，然而专著方面多是一些文化知识漫谈类的普及性通俗读物，学术含量不高，论文方面也多是期刊论文，因此关于兰文化这一块儿的研究存在大片空白。对"兰"文学方面的研究成果更是明显不足，仅有一篇硕士学位论文，其他均为期刊论文，缺少全面、系统、深入的研究。对古兰、今兰问题的研究则不甚全面、明确，缺少有力的考辨。本论题将充分发挥古典文学学科的优势，着力对"兰"的审美心理、有关艺术认识和创造规律以及社会历史基础和文化功能意义等方面予以全面审视和深入阐发，其学术意义可望大大增强。另外，本选题对花卉审美历史经验和文化传统的总结阐发、对当代大众相关文化娱乐活动也会提供丰富的借鉴。

三、本论题的研究内容与方法

（一）研究内容

本论题的研究对象主要是先秦至两宋时期的兰，其中先秦至汉唐时期的兰主要指的是兰草，两宋时期的兰则主要指的是兰花。需要指出的是兰草有广义和狭义之分，狭义的兰草专指兰草这一种香草，即今之菊科植物佩兰，广义的兰草不仅包括狭义上的兰草，还包括泽兰、蕙草等香草，这些香草的外形、气味、生长习性等生物特性十分相似，古人常常混淆不辨，所以统称为兰，而今则多以兰草称之，以与兰花相区别，我们这里主要探讨的是广义上的兰草。另外，宋代流行至今的蕙指的是蕙兰，属于兰花的一个品种，而唐前的蕙指的是蕙草，是与兰草生物特性相近的一种香草，古人一般将其视为兰草的一种，如李时珍所言"兰草、蕙草乃一类二种耳"，因此本论文中的"兰"也包括蕙在内。

结合目前学界关于兰文学及兰文化研究现状的不足，本论题拟在厘清兰草、兰花名实起源及两者过渡演变等一系列实质问题的基础上，通过对历代相关古籍文献资料及文学作品的全面、深入解读，着力探究兰草与兰花不同时期的文学表现及文化意蕴。故本书分上、下两编，上编为"兰草时代"，下编为"兰花时代"。第一章至第六章为上编，主要探究、揭示兰草的生物属性、社会应用及文化意义等，并对兰草的文学创作及审美认识历程予以全面、系统的梳理与阐发。第七章至第十章为下编，主要对兰花的起源及园艺兴起问题予以考辨，并对兰花题材及意象的文学创作、艺术表现及审美意蕴等予以全面深入的阐发。

上编：兰草时代。第一章对全文具有重要的导论作用，既介绍了古今学界关于"古兰""今兰"问题的争辩状况，又结合古今相关文献资料予以详尽考辨，明确了古兰与今兰在生物特性及社会功用方面的差异，论证了古兰绝非今兰。第二章对古代兰草的品种、植物特性、自然分布等生物属性予以考辨，竭力还原了古代兰草的真实历史面貌。第三章对兰草的栽种历史、社会应用及其反映出的精神文化意义予以全面、深刻的阐释，这一章与前一章的内容共同构成了兰草文学及文化表现的"物质基础"。第四章主要是对先秦时期兰草的文学及文化表现的阐发，重点在于对先秦儒家兰草比德内涵的论述以及对屈原作品中丰富兰草意象的探析。汉魏六朝时期人们对兰草的审美认识兴起，兰草逐渐成为独立的审美对象，因此第五章主要探讨了人们对兰草的审美认识以及兰草题材和意象的文学创作情况、情感意蕴、象征内涵。第六章主要探讨了唐代兰草文学创作的情况以及唐人对兰草审美认识的进步表现，同时还涉及对"采兰"意象的个案研究。

下编：兰花时代。第七章考证了兰花的起源时间，论述了兰花的生物特性及自然分布，主要是对兰花生物属性的探究。第八章论述了宋代兰花园艺种植的兴起与发展，涉及兰花造景方式、兰花种类、兰谱等方面的内容，梳理了宋人对"兰"的辨析过程，并揭示了宋人对"兰"的认识及态度变化。第九章则主要梳理、阐发了宋人对兰花审美认识的兴起与发展过程，并着重阐发了黄庭坚对兰花的审美贡献。第十章是对宋代兰花文学创作及其审美意蕴的论述，充分揭示和展现了兰花的物色美和神韵美，并阐释了兰花的人格象征意义。

需要注意的是，宋代兰花的文学意蕴及文化内涵都已经渐趋成熟，虽然后来元明清时期兰花的审美文化更加繁盛，但对兰花的文学表现及审美认识，大都脱离不了宋代的影响，宋代可谓是兰花文学创作的定型阶段，因此囿于时间、精力的限制，本书研究的时间阶段主要截止到宋代，至于元明清时期的兰花文学及文化问题，留待以后再做详细研究。

（二）研究方法

本论题的研究方法主要是：

1. 文史贯通，考论结合。充分搜寻并利用相关文献和史料，考论结合，对相关材料进行收集、整理、分析、辨别，做到立论信实有据，并做好理论储备，两者相结合。

2. 历时态研究。纵向梳理兰题材和意象的起源与发展状况以及兰的审美文化内涵的生成过程。对文献资料进行全面、网罗式的搜集，借助现有的一系列电子检索系统以及学校图书馆、南京图书馆等各种资源，完成对文献资料的搜集和整理，并进行了相关的数据统计分析，直观地展示了兰文学与文兰化的总体特征和时代差异。

3. 跨文体研究。打破各种文体的限制，全面考察诗、词、文、赋、笔记等文体中的"兰"，以便更加全面、充分、深入地了解其文学、文化表现和意义。

4. 跨学科研究。兰不仅是常见的文学意象，还是人们开发利用较早的植物物像，人们对兰的认识和利用还涉及到祭祀、仪礼、饮食、民俗、医药、园林、绘画等方面，因此本书结合多种学科知识进行全面、深入研究，力求准确阐释"兰"所蕴含的文学与文化内涵。

上 编 兰草时代

第一章　古兰、今兰之辨

兰很早就已见诸文献记载，《诗经》《易传》《左传》等先秦古籍中都有相关记载，特别是在屈原辞赋影响之下，兰奠定了比德的传统，对后世产生了深远影响。兰在历史上存在着"古兰"与"今兰"的区分问题，这一问题由宋人提出，并引发了长达近千年的争论，至今尚存争议，主要观点有三：一是古兰非今兰说；二是古兰即今兰说；三是古兰与今兰并存说。本文认为古兰绝非今兰，无论是在外形特征、生长习性，还是在应用价值上，二者之间都存在明显的差异。其中古兰指的是兰草，是一类枝叶皆香的香草，主要有佩兰、泽兰、蕙草三种，具有广泛的社会应用价值；今兰指的是兰花，是一种花香叶不香、形态优美的观花植物，主要包括春兰、蕙兰、建兰等，又叫作"国兰"，具有很高的欣赏价值。

第一节　关于古兰、今兰的争论

宋代兰花兴起，人们注意到它与前代典籍中记载的形态特征多有不同，从而对前代之兰产生质疑，引发了对古兰、今兰名实问题的辨析。围绕这一问题，宋人及后世多有争论，至今仍未休止，主要存在以下三种观点：

一、古兰非今兰说

持此观点者多认为古兰是兰草类植物，与今之兰花迥别。代表性的观点有：宋陈正敏《遁斋闲览》云"《楚辞》所咏香草曰兰、曰荪、曰茝、曰药、曰蕙、曰荃、曰芷、曰蕙、曰薰、曰蘼、曰芫、曰江蓠、曰杜若、曰杜衡、曰揭车、曰留夷，释者但一切谓之香草而已。如兰一物，或以为都梁香，或以为泽兰，或以为猗兰草，今当以泽兰为正"①，他认为《楚辞》所咏之兰是泽兰，而非当时流行的兰花；宋陈傅良《责盗兰说》斥责今兰"汝乃假兰之名，乏兰之德"②，他认为今兰盗用了古兰的名称，但缺少古兰的"美德"；宋朱熹《楚辞辩证》云"今按《本草》所言之兰，虽未之识，然而云似泽兰，则今处处有之，可类推矣。蕙则自为零陵香，犹不难识，其与人家所种叶类，而花有两种，如黄说者皆不相似，刘说则又词不分明。大抵古之所谓香草，必其花叶皆香，而燥湿不变，故可刈而为佩。若今之人所谓兰蕙，则其花虽香，而叶乃无气，其香虽美，而质弱易萎，皆非可刈而佩者也"③，他认为古兰是泽兰，古蕙是零陵香；宋郑樵《通志·昆虫草木略》云"兰即蕙，蕙即薰，薰即零陵香。《楚辞》云'滋兰九畹，植蕙百亩'，互言也。古方谓之薰草，故《名医别录》出薰草条，近方谓之零陵香……近世一种草，如茅叶而嫩，其根谓之土续断，其花馥郁，故得兰名，误为

---

① [宋]陈景沂编，程杰、王三毛点校《全芳备祖》，浙江古籍出版社2014年版，第488页。
② [宋]谢维新撰《古今合璧事类备要》，文渊阁《四库全书》第941册，台湾商务印书馆1986年版，第140页。
③ [宋]朱熹集注，蒋立甫校点《楚辞集注》，上海古籍出版社2001年版，第171页。

人所赋咏"①，他认为古之兰、蕙是零陵香，而今兰因为花香馥郁则被人误冠以"兰"名。宋以后持此观点者还有元方回《订兰说》、吴澄《兰说》、熊太古《冀越集记》、明李时珍《本草纲目》、卢之颐《本草乘雅半偈》、清吴其濬《植物名实图考》等，皆认为古兰不是今兰，并分别对古兰予以辨析。今人对这一问题也多有辨析，他们多利用今天植物学知识对古兰、今兰的生物特性予以区别。其中吴应祥《中国兰花》一书认为宋代以前的兰蕙并非今之兰花；潘富俊《诗经植物图鉴》及《楚辞植物图鉴》皆云"唐代之前的兰指的是泽兰，宋朝以后才称兰科植物为'兰'"②，而唐前的蕙是九层塔，又名零陵香、薰草、罗勒；陈心启《中国兰史考辨——春秋至宋朝》认为"在唐代中期以前，兰草很可能既指佩兰，也指泽兰，或在少数情况下还指华泽兰和其他亲种"③，同时他还认为蕙是唇形科的藿香；吴厚炎认为唐以前的兰指菊科泽兰属的佩兰，至唐末宋初才开始有今之兰科兰花与之对接④。

持此观点者虽都判定古兰不是今兰，但亦存在分歧，分歧点主要在于对古兰是何物的判定上，有的认为古兰是泽兰或兰草、古蕙是零陵香，有的认为古之兰蕙皆是零陵香，还有的认为古之蕙是藿香。诸家说法各异，但多数学者在古兰为何物的判定上比较片面，认为古兰仅仅是一种植物，否定了古兰种类的多样性。

---

① [宋]郑樵撰，王树民点校《通志二十略》，中华书局2000年版，第1982页。
② 潘富俊撰《诗经植物图鉴》，上海书店出版社2003年版，第144页。
③ 陈心启《中国兰史考辨——春秋至宋朝》，《武汉植物学研究》1988年第1期。
④ 吴厚炎《芳菲袭予为说兰——从古代菊科佩兰到今天兰科兰花》，《黔西南民族师专学报》1997年第2期。

二、古兰即今兰说

持此观点者认为古兰就是今兰兰花，代表性的观点有：宋刘次庄《乐府集》云"《离骚》曰'纫秋兰以为佩'，又曰'秋兰兮青青，绿叶兮紫茎'，今沅澧所生，花在春则黄，在秋则紫，然而春黄不若秋紫之芬馥也。由是知屈原真所谓多识草木鸟兽，而能尽究其所以情状者欤"①，他认为屈原所言之兰就是当时沅水、澧水区域生长的兰花；宋寇宗奭《本草衍义》云"兰草，诸家之说异同，是曾未的识，故无定论。叶不香，惟花香。今江陵、鼎、澧州山谷之间颇有，山外平田即无，多生阴地，生于幽谷，益可验矣。叶如麦门冬而阔且韧，长及一二尺，四时常青，花黄绿色，中间叶上有细紫点。有春芳者，为春兰，色深；秋芳者为秋兰，色淡。秋兰稍难得，二兰移植小槛中，置座右，开时满室尽香，与他花香又别"②，他指出当时诸家所言兰草都不准确，认为兰草是生于幽谷、叶细长且四时常青的兰花；宋黄庭坚《书幽芳亭》云"盖兰似君子，蕙似士，大概山林中十蕙而一兰也。楚辞曰：'予既滋兰之九畹，又树蕙之百亩。'以是知不独今，楚人贱蕙而贵兰久矣。兰蕙丛生，初不殊也，至其发华，一干一华而香有余者兰，一干五七华而香不足者蕙"③，他想当然的认为屈原所言兰蕙就是当时流行的兰蕙，并对兰蕙作出区分，以一干花朵数量的多少作为区分兰蕙的标准，其言多被后人引用，影响十分广泛；宋张淏《云谷杂记》云"予谓古人以兰蕙对言者，正以二物花叶既相似，芳气亦相若，实为侪类，故

---

① [宋] 洪兴祖撰，白化文等点校《楚辞补注》，中华书局1983年版，第5页。
② [宋] 寇宗奭撰《本草衍义》，人民卫生出版社1990年版，第54页。
③ [宋] 黄庭坚撰，刘琳、李勇先、王蓉贵校点《黄庭坚全集》，四川大学出版社2001年版，第705页。

举兰必及蕙,如'滋兰九畹树蕙百亩''光风转蕙氾崇兰'者是也"[①],他认为古人常常将兰蕙并举,而今人也多将兰蕙并举,故判定古兰蕙就是今之兰蕙;清人朱克柔《第一香笔记》云"《楚辞》言兰蕙者不一,诸释家俱为香草,而非今所尚之兰蕙。窃谓如'兰畹蕙亩''氾兰转蕙''蕙蒸兰藉'以及'蕙华曾敷',言兰必及蕙,连类并举,则为今之兰蕙无疑。不然香草甚多,类及者何不别易他名,而犹眷著于此"[②],他与张淏观点一致,都是仅凭借古今兰蕙并言,就想当然的认为古今兰蕙是同一种植物。今人陈彤彦《中国兰文化探源》、舒迎澜《兰花与兰草之辨》、杨涤清《兰苑漫笔》、苏宁硕士学位论文《兰花历史与文化研究》等,皆认为古兰就是今兰兰花。

持此观点者,在论证方面存在明显证据不足的硬伤,有的学者对古兰问题多采取避而不谈的态度,想当然地认为自古以来的"兰"都是兰花,如黄庭坚虽有多篇写兰之作,但所言皆为当时流行的兰花,认为屈原所言之兰就是兰花,并未有任何辨析之言,仅是借用"屈兰"典故之意;有的学者虽对古兰加以考证,但其依据仅是古人与今人都在文学作品中将兰蕙并举,故判定古兰为今兰,这一论证显然不足为凭;还有的学者以古人对兰香气特征的描写作为论据,认为古人对兰香气的描述符合今兰香气的特征,从而得出古兰即今兰的结论,亦是证据不足,难以令人信服。

三、古兰、今兰并存说

持此观点者认为古兰既包括兰草、泽兰一类植物,又包括今之兰

---

① [宋]张淏撰《云谷杂记》,中华书局1991年版,第6页。
② [清]朱克柔撰,郭树伟译注《第一香笔记》,《兰谱》,中州古籍出版社2016年版,第234~235页。

花,并且大都认为古之"幽兰"指的是今兰,而"幽兰"之外的"兰"则指的是兰草类植物。代表性的观点有:宋罗愿《尔雅翼》认为孔子、《楚辞》以及《左传》所言之兰都是生于幽林之中的兰花,而《诗经》所言之兰则是生于水旁的兰草,即兰花与兰草并存;宋洪咨夔《送程叔运掌之湖南序》云"兰有数种,有泽兰,有石兰,有一干一花之兰,或秀于春,或敷于夏而发荣"①,他指出兰有多种,泽兰、石兰以及"一干一花"的春兰都是"兰",显然这是对古兰、今兰并存的肯定;明王象晋《二如亭群芳谱》云"兰草即泽兰,今世所尚乃兰花,古之幽兰也"②,王象晋沿用罗愿观点,认为古之"幽兰"即今之兰花,古兰包括兰草、兰花两种;清方以智《通雅》亦认为古之"幽兰"为今之兰花,其云"凡称幽兰即黄山谷之所名兰花也,凡称兰茝之兰即今省头香"③。今人姜亮夫《楚辞通故》认为《楚辞》之兰共有八义,其中一指兰草与兰花,其云"考屈子所言,亦有如魏晋以来至李时珍所定之兰花者,则所谓幽兰是也。当于幽兰下更详之。此外言蕙兰、泽兰、皋兰、兰芷、马兰、都梁香者,皆兰草也"④,亦是认为"幽兰"是今之兰花,其余则为兰草;张崇琛《楚辞之"兰"辨析》⑤一文,将楚辞中出现的四十二处"兰",考证为佩兰、泽兰、黄兰、马莲、兰花等五种,并指出楚辞之"幽兰"似为今之建兰;周建忠《兰文化》

---

① [宋]洪咨夔撰,侯体健点校《洪咨夔集》,《浙江文丛》,浙江古籍出版社2015年版,第259页。
② [明]王象晋辑《二如亭群芳谱》,花谱卷三,明天启元年刊本。
③ [明]方以智撰《通雅》,中国书店1990年版,第496页。
④ 姜亮夫撰《楚辞通故》第三辑,《姜亮夫全集》,云南人民出版社2002年版,第387页。
⑤ 张崇琛《楚辞之"兰"辨析》,《兰州大学学报(社会科学版)》1993年第2期。

一书，认为如果仅仅推行一种"是"或"不是"的观点，"过分单一，不足以用来解释、认识丰富复杂的自然世界"[①]，因此他认为古兰、今兰并存观点比较可取，其理由有二，一是"符合生物界丰富多元、诸物并存的客观想象"，二是"符合兰花逐步被人们所认识的漫长过程"[②]，同时他还认为《楚辞》之"幽兰"是中国兰花的第一次"亮相"。

与前两种观点相比，此种观点实际上是一种折中的说法，主要是根据"兰"生长环境的不同而作出判定，他们认为生长在水边的兰是兰草，生长在幽僻深林中的兰是兰花，而且还指出凡称"幽兰"者皆为兰花，此种判断依据显然过于武断。实际上兰草不仅可以生长在水边，也可以生长在深林之中，如李时珍所言"兰有数种，兰草、泽兰生水旁，山兰即兰草之生山中者。兰花亦生山中，与三兰迥别"[③]，可见兰草种类繁多，其中亦有生长于山林中者，因此仅靠生长于深林这一依据并不能断定就是兰花。

综上可以看出，第二种观点论据明显不足，显然是难以立足的，第三种观点则存在故意折中的嫌疑，亦缺少强有力的论据，仅凭"幽兰"的生长环境就判定为今兰，十分勉强。另外许多学者出于对兰花的喜爱之情，在感情层面上更愿意接受兰花自古有之，因此在论证之时不免带有很强的主观意识，缺乏客观性。因为唐代之前各类文献中未见兰花迹象，又古兰与今兰在外形特征、生长习性以及应用价值等方面有着明显的差异，因此本文认同第一种说法，即古兰非今兰。

---

① 周建忠撰《兰文化》，中国农业出版社2001年版，第44页。
② 周建忠撰《兰文化》，中国农业出版社2001年版，第45页。
③ [明]李时珍撰《本草纲目》，人民卫生出版社1975年版，第904页。

第二节　古兰非今兰考辨

古兰指的是广义上的兰草，既包括狭义的兰草（今佩兰），还包括泽兰、蕙草以及今已无法考证的一些兰类植物，它们都是一类生物特性十分相近的香草，具有共性，因此本文将它们视为一个整体来进行探讨。今兰指的是宋代开始流行的兰花，即今天我们所说的国兰，具体品种包括春兰、蕙兰、建兰等，它们都是兰科建兰亚属植物。虽然兰草与兰花皆以香气著称，如兰草有"国香"之称，兰花有"香祖"之誉，但二者在生物属性上存在明显不同，这些差异性表明它们绝不可能是同一种植物，论证如下：

一、古兰与今兰外形不同

首先，古兰有枝条且茎为紫色，而今兰有叶无枝，并且茎多是绿色、球形的假鳞茎，不同于古兰紫色、细长状的茎。屈原最早言及古兰的枝茎，《九歌·少司命》云兰"绿叶兮素枝""绿叶兮紫茎"[①]，表明古兰是有枝条的，并且茎是紫色的。北魏郦道元《水经注》云"都梁县南……县西有小山，山上有淳水，既清且浅，其中悉生兰草，绿叶紫茎"[②]，兰草是紫色的茎，与屈原所言一致。又江淹《四时赋》云"忆上国之绮树，想金陵之蕙枝"[③]，"蕙枝"，表明蕙草也有枝条，而《史记索隐》引《广志》云"蕙草绿叶紫茎，魏武帝以此烧香"[④]，

---

① [宋] 洪兴祖撰，白化文等点校《楚辞补注》，《中国古典文学基本丛书》，中华书局1983年版，第71～72页。案：本书所引《楚辞》皆来自此本，以下只出篇名，不再一一注明页码。
② [北魏] 郦道元撰，陈桥驿校证《水经注校证》，中华书局2007年版，第888页。
③ [清] 严可均辑《全梁文》，商务印书馆1999年版，第353页。
④ [汉] 司马迁撰《史记》，中华书局2014年版，第3644页。

言蕙草亦是紫茎，可见蕙草也是有枝条且茎为紫色。古兰的茎呈细长状，且茎上有节，三国吴陆玑《毛诗草木鸟兽虫鱼疏》云："蕳，即兰，香草也……其茎叶似药草泽兰，但广而长节，节中赤，高四、五尺。"①"蕳"同"蕑"，陆玑言古兰中的兰草和泽兰，茎叶相似，茎长可高达四五尺，且茎上有赤色的节。至后世，李时珍《本草纲目》对兰草、泽兰这两种古兰的描述已经十分详细，其云"兰草、泽兰一类二种也，俱生水旁下湿处。二月宿根生苗，成丛。紫茎素枝，赤节绿叶，叶对节生，有细齿。但以茎圆节长而叶光有岐者为兰草，茎微方节短而叶有毛者为泽兰"②，素枝、紫茎、赤节，这与前人所言古兰的外形基本一致。而今兰外形则与古兰外形相差甚大，今兰花并无枝条，其茎为假鳞茎，膨大而缩短，不似古兰之茎那般细长。兰花的假鳞茎是一种变态茎，并不引人注意，是贮藏水分和养料的器官，不同于荷花、牡丹、芍药等观花植物的直立茎。兰花茎的形状因类而异，其中春兰、蕙兰、建兰等国兰的茎多是球形状，假鳞茎一般十分短小，细长的兰叶从假鳞茎上抽出，因此整体上来看兰花仅是一丛绿叶，如果没有一定的植物学知识，人们很难会知道膨大缩短的假鳞茎就是兰花的茎。

其次，古兰花繁叶茂，而今兰则疏花简叶。魏嵇康《酒会诗七首》其七云"猗猗兰蔼，殖彼中原。绿叶幽茂，丽藻丰繁"③，呈花繁叶茂状；晋张华《情诗五首·其五》云"兰蕙缘清渠，繁华荫绿渚"④，

---

① ［三国吴］陆玑撰《毛诗草木鸟兽虫鱼疏》，文渊阁《四库全书》第70册，台湾商务印书馆1986年版，第3页。
② ［明］李时珍撰《本草纲目》，人民卫生出版社1975年版，第904页。
③ ［魏］嵇康撰，戴明扬校注《嵇康集校注》，《中国古典文学基本丛书》，中华书局2014年版，第131页。
④ 逯钦立辑校《先秦汉魏晋南北朝诗》，中华书局1983年版，第619页。

亦是繁花形象。然而今兰则花不甚多，如黄庭坚《书幽芳亭》所言"一干一华而香有余者兰，一干五七华而香不足者蕙"①，尤其是春兰，一般一干一花，少有一干两花者，即使是开花较多的蕙兰、建兰恐怕也达不到"丰繁"的程度，同时今兰之叶呈细长条形状，潇洒简逸，不同于兰草之叶。可见古兰与今兰在外形上相差甚远，显然不是同一类植物。

二、古兰与今兰生长习性不同

首先，古兰一般春生秋枯或冬枯，今兰则四时常青。古兰春生秋枯的习性特征，在文人作品中多有表现。描述古兰"春生"的如南朝鲍照《代白纻曲二首》"桃含红萼兰紫芽，朝日灼烁发园华"②，写桃花初开之时，兰始萌芽；南朝萧绎《望春诗》"兰生未可握，蒲小不堪书"③，写兰叶尚短的可爱状；南朝萧统《晚春》"紫兰初叶满，黄莺弄始稀"④，写晚春兰叶已满的茂盛状。描述古兰"秋枯"的如《文子·上德》"丛兰欲修，秋风败之"⑤，郦炎《诗二首》其二"兰荣一何晚，严霜瘁其柯"⑥，《古诗十九首·冉冉孤生竹》"伤彼蕙兰花，含英扬光辉。过时而不采，将随秋草萎"⑦，都表明古兰至秋而枯。此外古兰中的"秋兰"因秋天始芳，故至冬而枯。可见古兰一般在秋冬季节枯萎，春季则由宿根重新发芽生苗，荣枯交替。然而今兰却与

---

① [宋]黄庭坚撰，刘琳、李勇先、王蓉贵校点《黄庭坚全集》，四川大学出版社2001年版，第705页。
② 逯钦立辑校《先秦汉魏晋南北朝诗》，第1273页。
③ 逯钦立辑校《先秦汉魏晋南北朝诗》，第2056页。
④ 逯钦立辑校《先秦汉魏晋南北朝诗》，第1799页。
⑤ 王利器疏义《文子疏义》，《新编诸子集成》，中华书局2000年版，第266页。
⑥ 逯钦立辑校《先秦汉魏晋南北朝诗》，第183页。
⑦ 逯钦立辑校《先秦汉魏晋南北朝诗》，第331页。

古兰不同，今兰虽花有开落，但叶却四季常青，常青并不是说永不凋落，而是老叶枯萎之后，新叶也会长出，四季新老交替，所以看起来常年都是不变的青色。

其次，古兰性喜湿，多生长在水边、林下等低湿处，今兰则性畏湿，多生长在排水良好的地方。古兰一般生长在比较低湿的地方，以近水处最为常见。《楚辞》中多次出现"兰皋"，如"步余马于兰皋兮"（《离骚》）、"将息兮兰皋"（《九怀·蓄英》）、"游兰皋与蕙林兮"（《九叹·惜贤》），"皋"指水边的陆地，"兰皋"指的是长满兰草的岸边，岸边低洼湿润正适宜兰草生长。类似的又有"芙蓉覆水，秋兰被涯"①（张衡《东京赋》），兰生长在水边，与水中芙蓉隔水相映；"秋兰映玉池，池水清且芳"②（傅玄《秋兰篇》），兰生长在池塘边；"朝发鸾台，夕宿兰渚"③（曹植《应诏》），"渚"指水中的陆地，即小洲，"兰渚"指长满兰的小洲，而小洲四周环水，也是湿润之地；"是以兰生幽涧，玉辉千仞"④（曹毗《对儒》），"涧"指夹在两山之间的水沟，其低湿自不必说。另外，古兰常与荷、萍等水生植物搭配在一起，如"皋兰生坂，朱荷出池"⑤（江淹《四时赋》），"兰生已匝苑，萍开欲半池"⑥（王俭《春诗二首·其一》），荷、萍皆是水生植物，这表明兰也应是近水生长的常见植物。然而今兰比较耐旱，它的假鳞茎可以贮存水分，

---

① ［汉］张衡撰，张震泽校注《张衡诗文集校注》，上海古籍出版社1986年版，第109页。
② 逯钦立辑校《先秦汉魏晋南北朝诗》，第559页。
③ ［魏］曹植撰，赵幼文校注《曹植集校注》，人民文学出版社1984年版，第276页。
④ ［清］严可均辑《全晋文》，商务印书馆1999年版，第1136页。
⑤ ［清］严可均辑《全梁文》，商务印书馆1999年版，第353页。
⑥ 逯钦立辑校《先秦汉魏晋南北朝诗》，第1380页。

叶表面较厚的角质层也能减少水分的散失，所以今兰可以应付短暂的干旱，同时今兰生长对土壤要求比较高，既要疏松透气，又要排水良好，不能过于湿润，否则会导致兰根腐烂或致病，所以今兰不能生长在近水处或其他低湿之地。另外，有的古兰也会生长在山谷、深林之中，这与今兰的生长环境貌似一致，但是古兰喜湿，因此即使是生长在山谷、深林中，也必是低洼湿润的地方，而今兰一般生长在山谷、深林中比较隐蔽、土质疏松且多腐殖质的地方，绝不可能是低湿之地，因此两者在生长环境上存在明显的差别。

再者，古兰生命力旺盛，易于繁殖，分布广泛，而今兰自然繁殖不易，分布比较稀少。古兰聚丛而生，生长繁殖很快，因此长势十分繁茂，如屈原《招魂》"皋兰被径兮，斯路渐"，生长在岸边的兰草十分茂盛，以至于覆没了路径。类似的还有谢灵运《游南亭》"泽兰渐被径"[1]，沈约《江蓠生幽渚》"泽兰被荒径"[2]，可见古兰生长之茂盛。刘向《九叹·惜贤》"登游兰皋与蕙林兮"，张正见《从籍田应衡阳王教作诗》"兰场俨芝驾"[3]，"蕙林""兰场"则说明古兰生长面积较大，具有一定的规模。而萧绎《赋得兰泽多芳草诗》"兰生不择迳，十步岂难稀"[4]，更加表明古兰具有易于生长繁殖的生物特性。后来，随着人们对古兰社会应用价值的发掘，为了满足生活所需，人们开始种植古兰，由于古兰易于生长繁殖，因此既有大面积的皇家宫廷园囿种植，又有面积稍小的士人园林种植。如汉杨雄《羽猎赋》"蹂蕙圃，践兰

---

[1] 逯钦立辑校《先秦汉魏晋南北朝诗》，第1161页。
[2] 逯钦立辑校《先秦汉魏晋南北朝诗》，第1617页。
[3] 逯钦立辑校《先秦汉魏晋南北朝诗》，第2487页。
[4] 逯钦立辑校《先秦汉魏晋南北朝诗》，第2046页。

唐"①，嵇康《兄秀才公穆入君赠诗》"息徒兰圃"②，"蕙圃""兰圃"都是面积广大的园圃种植，而谢庄《怀园引》"念幽兰兮已盈园"③，王俭《春诗二首》其一"兰生已匝苑"④，"盈园""匝苑"则是面积稍小的园林种植，无论哪种形式的种植，呈现出的都是繁茂之状，都表现出古兰旺盛的生命力。今兰种子虽多但十分微小，人眼甚至不易觉察，因此可随风飘至远方，但是只有落在适宜生长的地方才会发芽，发芽率极低。此外，即使种子发芽成功，能够长大成苗的也少之又少，这就决定了今兰不会像兰草那样繁多。今兰一般生长在深山丛林之中，数量稀少，不易获得，因此古代喜爱兰花的人士常会不辞辛苦地跑到深谷山林之中找寻兰花，如宋苏辙《答琳长老寄幽兰白术黄精三本二绝》其一云"谷深不见兰生处，追逐微风偶得之"⑤，描写的就是在深谷之中逐香寻兰；宋郑刚中《前山寻兰》"喜闻幽兰臭，寻过东山口。披丛见孤芳，正似得佳友"⑥，描写的也是山中寻兰。另外，今兰种植与古兰种植相比，是一件十分复杂繁琐的事情，古兰种植主要是满足其生长所需要的水分即可，而今兰种植则需要艺兰者的精心呵护，稍有不慎就有可能使兰花致病，十分娇气，因此两者并非一物。

三、古兰与今兰应用价值不同

古兰是一种香草，香草是指含有香味的草，是一类兼有香料和药

---

① ［汉］杨雄撰，张震泽校注《杨雄集校注》，上海古籍出版社1993年版，第96页。
② ［魏］嵇康撰，戴明扬校注《嵇康集校注》，第24页。
③ ［清］严可均辑《全宋文》，商务印书馆1999年版，第339页。
④ 逯钦立辑校《先秦汉魏晋南北朝诗》，第1380页。
⑤ ［宋］苏辙撰，陈宏天、高秀芳点校《苏辙集》，《中国古典文学基本丛书》，中华书局1990年版，第265页。
⑥ 傅璇琮等编《全宋诗》第30册，北京大学出版社1995年版，第19048页。

物两方面属性的芳香本草植物,这类植物一般具有较高的实用价值;今兰是花卉,"花卉是所有观赏植物的通称,所指以观花植物为主"①,通常具有很高的观赏价值。因此从这个意义上来讲,古兰偏重于"草",以实用价值取胜,今兰偏重于"花",以观赏价值取胜,两者社会应用价值存在明显差异,说明是完全不同的两种植物。

古兰具有独特的香气,人们很早就已经发现并利用其香了,其应用价值主要表现为:(一)佩带、修饰之用。古兰可以佩带,《左传》记载:"以兰有国香,人服媚之如是。"②意思是兰草的香味乃全国之首,人们像敬爱兰草一样敬爱那些佩兰的人,表明当时有佩兰习俗。屈原也曾"纫秋兰以为佩"(《离骚》),通过缀结秋兰作为佩饰,以表明自己不与世俗同流合污的高洁之志。古兰不仅可以佩带饰人,还可用来修饰车驾,如嵇康《酒会诗七首·其七》言兰"将御椒房,吐薰龙轩"③,以兰草用来供奉皇后的椒房并装饰皇帝的驾车。(二)焚香之用。《招魂》中有"兰膏明烛",王逸注曰"兰膏,以兰香炼膏也"④,五臣云"似兰渍膏,取其香也"⑤,将兰草浸渍在膏脂之中,制成灯烛燃烧时会散发香味。《广志》云"蕙草绿叶紫茎,魏武帝以此烧香"⑥,曹操直接焚烧蕙草来获取香味。另外从汉代开始,人们还将兰草放置在熏炉中用以熏香,如刘向《熏炉铭》:"嘉此正器,

---

① 程杰《论花卉、花卉美和花卉文化》,《阅江学刊》2015 年第 1 期。
② [清] 阮元校刻《十三经注疏》,中华书局 1980 年版,第 1868 页。
③ [三国魏] 嵇康撰,戴阳明校注《嵇康集校注》,第 131 页。
④ [宋] 洪兴祖撰,白化文等点校《楚辞补注》,《中国古典文学基本丛书》,中华书局 1983 年版,第 204 页。
⑤ [南朝梁] 萧统编,[唐] 李善等注《六臣注文选》,中华书局 2012 年版,第 632 页。
⑥ [汉] 司马迁撰《史记》,中华书局 2014 年版,第 3644 页。

崭岩若山。上贯太华，承以铜盘。中有兰麝，朱火青烟。"①熏炉是古人用来熏香或取暖的炉子，而兰草作为香料与麝香放置熏炉内一起焚烧。萧统《铜博山香炉赋》："翠帷已低，兰膏未屏。畔松柏之火，焚兰麝之芳。"②亦是用香炉焚烧兰麝。总之，从先秦开始人们就已经通过焚烧古兰来获取香味了。（三）沐浴之用。屈原《九歌·云中君》中有"浴兰汤兮沐芳"，巫师在祭祀之前，用兰草制汤，沐浴洁身，以表示对神明的尊敬。兰草是香草，以之煮汤沐浴，巫师身上会带有香味，可以吸引神灵的降临。南北朝宗懔《荆楚岁时记》记载："五月五日，谓之浴兰节。"③五月是兰草生长的茂盛期，人们采集兰草煮汤沐浴，一方面可以预防各种皮肤疾病，另一方面可以洁身除垢、祓除不祥，南北朝时期浴兰节的出现，表明当时浴兰习俗是十分兴盛的。（四）医药之用。古兰是香草，也是药草，具有多种药用价值。如兰草可以除陈气、助消化，约成书于战国至西汉时期的《黄帝内经素问》中就有相关记载："此人必数食甘美而多肥也，肥者令人内热，甘者令人中满，故其气上溢，转为消渴。治之以兰除陈气也。"唐王冰注曰："兰，谓兰草也……除，谓去也。陈，谓久也。言兰除陈久甘肥不化之气者，以辛能发散故也。"④大约秦汉时期整理成书的《神农本草经》则详细记载了兰草和泽兰的药用："兰草，味辛平，主利水道，杀蛊毒，

---

① [清]严可均辑《全汉文》，商务印书馆1999年版，第387页。
② [清]严可均辑《全梁文》，商务印书馆1999年版，第206页。
③ [南朝梁]宗懔撰，宋金龙校注《岁时荆楚记》，山西人民出版社1987年版，第47页。
④ [唐]王冰撰《黄帝内经素问注》，人民卫生出版社1963年版，第261～262页。

辟不祥，久服益气、轻身，不老，通神明。"①兰草的药效主要是使人体内水液循环通畅，杀死蛊虫，驱除不祥，长久服用此草可以增加元气，使身体轻健，不易衰老，还能调和体内阴阳，使之趋于平衡；"泽兰，味苦微温，主乳妇内衄、中风余疾、大腹水肿、身面四肢浮肿，骨节中水、金疮痈肿疮脓"②，泽兰主要治疗的是产妇后遗症。另外，古兰还能够预防蛀虫，如陆玑《毛诗草木鸟兽虫鱼疏》言兰可以"藏衣、著书中，辟白鱼也"③，白鱼即蛀虫，能够蛀蚀衣物、书籍等，兰可以有效的防蛀。

与古兰相比，今兰并非可佩、可焚、可浴之物，正如朱熹《楚辞辩证》所言："大抵古之所谓香草，必其花叶皆香，而燥湿不变，故可刈而为佩。若今之所谓兰蕙，则其花虽香，而叶乃无气，其香虽美，而质弱易萎，皆非可刈而佩者也。"④古兰香气主要由枝叶散发而出，经过处理变干后香气亦存，可以长时间的贮藏保存，随用随取，而今之兰花则"质弱易萎"，十分娇嫩，并不适宜刈而为佩。虽然今兰花香馥郁，但兰叶并无香气，且花落枯萎便不再有香，因此今兰是无法满足古人焚香需求的。另外，若用今兰沐浴，则需要收集大量兰花，然而今兰花小且少，又有花期限制，根本不能满足人们的浴兰需求，更不能满足南北朝时期"浴兰节"的大量需求。而与古兰较高的药用价值相比，今兰的药用价值要小的多，古籍文献中的记载少之又少，毕竟今兰是以

---

① 张宗祥撰，郑少昌标点《神农本草经新疏》，上海古籍出版社2013年版，第274页。
② 张宗祥撰，郑少昌标点《神农本草经新疏》，第683页。
③ ［三国吴］陆玑撰《毛诗草木鸟兽虫鱼疏》，文渊阁《四库全书》第70册，台湾商务印书馆1986年版，第3页。
④ ［宋］朱熹集注，蒋立甫校点《楚辞集注》，第171页。

观赏价值为主的一种观花植物。

综上，古兰是一类具有相似生物特性的香草，包括兰草、泽兰、蕙草等多种植物，与今兰的生物特性十分不同。外形方面，古兰素枝紫茎、花繁叶茂，今兰则有叶无枝，疏花简叶；习性方面，古兰春生秋枯、性喜湿、易于生长，今兰则四时常青、性畏湿、不易繁殖；应用方面，古兰既是香料又是药物，广泛应用于人们日常生活之中，具有重要的实用价值，今兰则是观花植物，优美素雅，深受人们喜爱，具有很高的观赏价值。这些不同之处表明古兰、今兰是两种不同的植物，古兰是兰草，今兰是兰花，兰草绝非兰花。但从文化层面上来讲，我国兰文化始于兰草，盛于兰花，因此在我们的研究过程中，两者皆不可偏，都是中国兰文化的重要组成部分。

第二章　兰草的品种与生物特性

前文已经论证古兰非今兰，古兰指的是兰草，今兰指的是兰花，那么兰草究竟是一类什么样的植物呢？本章将就此问题展开论述，力求对兰草类植物的品种、生物特性以及自然分布等相关问题作出有益探究，争取对古兰的真实面貌有一个全面、准确的还原。

第一节　兰草的品种

兰草是一类生物特性相似的香草，种类比较丰富，仅屈原楚辞中就出现了多种"兰"，如"秋兰""春兰""幽兰""石兰""皋兰"等皆以"兰"命名，表明它们都是兰类植物。其中"春兰""秋兰"是因季节而命名，王逸注曰"兰，香草也。秋而芳"[①]，秋兰秋芳，那么春兰春芳，表明春兰和秋兰应是两种不同的"兰"；"幽兰"，"幽"是形容词，指的是生长在幽地的兰草；"皋兰"指的是生长在水边的兰草；"石兰"今已无法考证。另外晋郭璞《山海经注》则指出蕙是兰的一种，其云"蕙，香草，兰属也"[②]，郭璞言蕙是"兰属"植物，说明兰包括蕙，蕙是兰的一种，二者是从属关系，这也间接表明兰草

---

① ［宋］洪兴祖撰，白化文等点校《楚辞补注》，《中国古典文学基本丛书》，中华书局1983年版，第5页。
② 袁珂校注《山海经校注》，北京联合出版公司2014年版，第26页。

不是某一种植物，而是种类丰富的一类植物。还有一种"山兰"，南朝梁周弘正《山兰赋》云："爰有奇特之草，产于空崖之地。仰鸟路而裁通，视行踪而莫至。"①山兰生长于悬崖之上，这又别是一种"兰"，然而关于其为何物，今已无法考证。总之，古代兰草品种多样，但古人由于植物学知识的欠缺，往往混淆不辨，统称为"兰"，其中有一些兰，如石兰、山兰等，我们今已无法考证为何物，而且它们在古籍文献中较少出现，影响不大，因此我们这里只对品种比较明确的兰草、泽兰、蕙草三种古兰着重予以考辨，以期能够达到见微知著的效果，力求在一定程度上还原历史上兰草这一类植物的真实面貌。

一、兰草与泽兰

兰草与泽兰的植物特性十分相近，因此古人常常将两者混淆不辨，时至今日，药材市场上也常会出现兰草、泽兰误用的情况，可见兰草与泽兰确实不易分辨。因为兰草与泽兰关系十分密切，且古人常将两者一并讨论，因此我们这里也一并探讨，以期搞清两者之间的异同。

兰草与泽兰生物特性非常相近，三国时期陆玑《毛诗草木鸟兽虫鱼疏》对此有清晰的认识，其云兰草"茎叶似药草泽兰"，说两者茎叶形状相似。由于兰草、泽兰形状十分相似，古人往往将它们混淆不辨，如南朝梁陶弘景云"（泽兰）今处处有，多生下湿地。叶微香，可煎油。或生泽傍，故名泽兰，亦名都梁香，可作浴汤。人家多种之而叶小异。今山中又有一种甚相似，茎方，叶小强，不甚香。既云泽兰又生泽傍，故山中者为非，而药家乃采用之"②，陶弘景把泽兰与都梁香误认为

---

① ［清］严可均辑《全陈文》，商务印书馆1999年版，第328页。
② ［宋］唐慎微撰，尚志钧等校点《证类本草》，华夏出版社1993年版，第250～251页。

一种植物。其实都梁香是兰草而不是泽兰,北魏郦道元《水经注》云:"(都梁县)县西有小山,山上有淳水,既清且浅,其中悉生兰草,绿叶紫茎,芳风藻川,兰馨远馥。俗谓兰为都梁,山因以号,县受名焉。"①可知都梁香是兰草的俗名,并非泽兰。针对陶弘景的这一错误认识,北宋唐慎微《证类本草》引唐苏恭《唐本草注》云:"此是兰泽香草也。八月花白,人间多种之以饰庭池,溪水涧傍往往亦有。陶云不识,又言煎泽草,或称李云都梁香近之,终非的识也。"②又云:"泽兰,茎方,节紫色,叶似兰草而不香,今京下用之者是。陶云都梁香,乃兰草尔。俗名兰香,煮以洗浴,亦生泽畔,人家种之,花白紫萼,茎圆,殊非泽兰也。陶注兰草,复云名都梁香,并不深识也。"③苏恭虽然指出了陶弘景的错误,但是他自己所言也并非完全正确,如他称兰草"八月花白"有误,此乃泽兰生物特征而非兰草特征,可见苏恭对兰草、泽兰的生物特征也不甚熟悉。唐陈藏器对陶弘景和苏恭所言皆提出批评,其云:"兰草与泽兰,二物同名。陶公竟不能知,苏亦强有分别。按兰草本功外,主恶气,香泽可作膏涂发。生泽畔,叶光润,阴小紫,五月、六月采阴干,妇人和油泽头,故云兰泽。李云都梁是也。苏注兰草云:八月花白,人多种于庭池,此即泽兰,非兰草也。泽兰叶尖,微有毛,不光润,方茎紫节。初采微辛,干亦辛,入产后补虚用之。已别出中品之下。苏乃将泽兰注于兰草之中,殊误也。"④陈藏器不仅指出陶、苏二人的错误,还分别详细介绍了兰草、泽兰的药效及生

---

① [北魏]郦道元撰,陈桥驿校证《水经注校证》,中华书局2007年版,第888页。
② [宋]唐慎微撰,尚志钧等校点《证类本草》,第202页。
③ [宋]唐慎微撰,尚志钧等校点《证类本草》,第251页。
④ [宋]唐慎微撰,尚志钧等校点《证类本草》,第203页。

物特性，可见他对兰草、泽兰的认识已经比较清晰了。

关于兰草与泽兰的异同，宋代苏颂等人编撰的《本草图经》、洪兴祖《楚辞补注》以及明代李时珍《本草纲目》中都有详细论述：

《本草图经》："泽兰，生汝南诸大泽傍，今荆、徐、随、寿、蜀、梧州、河中府皆有之。根紫黑色，如粟根。二月生苗，高二三尺，茎杆青紫色，作四棱。叶生相对，如薄荷，微香。七月开花，带紫白色，萼通紫色，亦似薄荷花。三月采苗，阴干。荆、湖、岭南人家多种之。寿州出者无花子。此与兰草大抵相类，但兰草生水傍，叶光润，根小紫，五六月盛；而泽兰生水泽中及下湿地，叶尖，微有毛，不光润，方茎紫节，七月八月初采，微辛，此为异耳。今妇人方中最急用也。"①

洪兴祖《楚辞补注》："泽兰如薄荷，微香，荆、湘、岭南人家多种之。此与兰草大抵相类。但兰草生水傍，叶光润尖长，有歧，阴小紫，花红白色而香，五六月盛。而泽兰生水泽中及下湿地，苗高二三尺，叶尖，微有毛，不光润，方茎紫节，七月八月开花，带紫白色，此为异耳。"②

《本草纲目》："时珍曰：兰草、泽兰一类二种也。俱生水旁下湿处。二月宿根生苗成丛，紫茎素枝，赤节绿叶，叶对节生，有细齿。但以茎圆节长，而叶光有岐者，为兰草；茎微方，节短而叶有毛者，为泽兰。嫩时并可挼而佩之，八九月后渐老，高者三四尺，开花成穗，如鸡苏花，红白色，

---

① ［宋］唐慎微撰，尚志钧等校点《证类本草》，第251页。
② ［宋］洪兴祖撰，白化文等点校《楚辞补注》，《中国古典文学基本丛书》，中华书局1983年版，第5页。

中有细子。"①

结合以上所有文献记载，我们可以对兰草、泽兰的植物特性有一个初步的认识和了解，现将两者各部分的特征附表如下：

	叶	茎	节	花、萼	根
兰草	尖长有歧，叶面光润	茎圆，紫色	节长，赤色	花红、白色，紫萼	紫黑色
泽兰	叶似兰草，叶尖微有毛，叶面不光润	茎方，紫色	节短，赤色、紫色	花红、紫、白色，紫萼	微紫色

从表格中可以看出，兰草与泽兰的植物特性十分相近，仅仅存在一些细微差别：两者叶相似，但兰草叶面光润，泽兰叶面有毛不光润；两者皆紫茎赤节（也有的说泽兰为紫节），但兰草为圆茎，泽兰为方茎；两者花朵颜色基本相同；两者根皆为紫色，但兰草为黑紫色，泽兰为淡紫色。另外，以上文献中的记载虽有不同之处，比如《本草纲目》言泽兰赤节，而洪兴祖《楚辞补注》则言泽兰紫节，《本草图经》《楚辞补注》皆言泽兰花紫、白色，而《本草纲目》则言其红、白色，但是总体来说，兰草、泽兰两者的植物特性还是十分相似的，所以古人才会将两者混淆，出现误认不辨的状况。

---

① ［明］李时珍撰《本草纲目》，人民卫生出版社1975年版，第904页。

兰草，现代学者多判定为菊科泽兰属植物佩兰，根据《中国植物志》《中国高等植物图鉴》等权威性植物学著作中关于佩兰的记录，再结合古代《证类本草》《本草纲目》《植物名实图考》等本草类著作中对兰草特性的记载及其所附墨线图画，两者进行比对，十分吻合，因此兰草即佩兰，并无异议，本文也赞同此说。泽兰，现代学者多判定为唇形科地笋属植物地瓜儿苗，然而将《中国植物志》《中国高等植物图鉴》中关于地瓜儿苗的图片与《证类本草》《绍兴本草》《本草纲目》及《植物名实图考》中的泽兰附图进行比对，发现两者存在很大差别，其中最明显的不同在于花序的差异：今地瓜苗花序为轮伞花序，即在其茎对生叶片的每个叶腋处，分别生有两个小的聚伞花序，总体上呈轮状，而泽兰的花序则是伞房花序[①]，着生在枝茎的顶端，与《中国高等植物图鉴》所录"地瓜儿苗"图差异显著，这说明历代本草著作中的泽兰并不是今之唇形科的地瓜儿苗。

如图02，图03所示，地瓜苗儿茎的每节之处都着生有花序，各节层层向上排列，构成轮伞花序，而泽兰只在每枝的顶端处形成伞房花序，二者有着明显的差别。既然古代本草著作中的泽兰与地瓜儿苗存在明显差异，那么今诸多学者为何还会判定泽兰为地瓜儿苗？这应与李时珍《本草纲目》中关于泽兰的记载描述有关。古代的本草类著作在内容上大多都存在相互沿用、抄录的关系，《本草纲目》的内容实际上就是以《证类本草》为蓝本，而《证类本草》又是对《嘉祐本草》和《本草图经》两书内容的一种整合，因此这些本草著作在内容上多有雷同。通过对比发现，后代本草著作中关于泽兰的记载描述基本上都是在前

---

① 案：北宋唐慎微《证类本草》、南宋官修《绍兴本草》、明李时珍《本草纲目》、清吴其濬《植物名实图考》等古代本草类撰作中所绘泽兰图皆是伞房花序。

图 02 地瓜儿苗图。引自《中国高等植物图鉴》第三册,北京:科学出版社,1994年,第683页。

图 03 梧州泽兰图。引自[宋]唐慎微著,尚志钧等校点《证类本草》,北京:华夏出版社,1993年,第250页。

代描写基础上的扩充,其中《本草纲目》中对泽兰的描述就是如此。李时珍云"(泽兰)嫩时并可挼而佩之,八九月后渐老,高者三四尺,开花成穗,如鸡苏花,红白色,中有细子"[①],关于泽兰花的形状特征,前代本草著作中并未言及,应是李时珍的补充之言。鸡苏即水苏,属唇形科植物,花序为轮伞花序,而李时珍所附泽兰图则是明显的伞房花序,这就出现了图、说不符的矛盾状况。然而今唇形科的地瓜儿苗则与鸡苏花一样都是轮伞花序,并且地瓜儿苗也正好符合泽兰"方茎""微有毛"的植物特征,因此现代一些学者就以地瓜儿苗来附会泽兰。

---

① [明]李时珍撰《本草纲目》,人民卫生出版社1975年版,第904页。

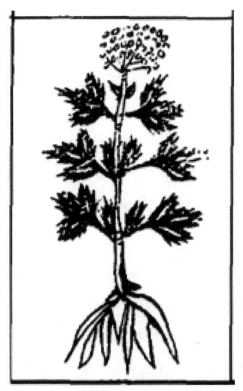 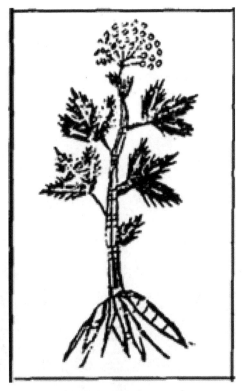

图04 兰草图。引自[明]李时珍著《本草纲目》，北京：人民卫生出版社，1975年，第28页。

图05 泽兰图。引自[明]李时珍著《本草纲目》，北京：人民卫生出版社，1975年，第29页。

那么泽兰究竟是何种植物呢？其实早在三国时期，陆玑就已经指出兰草茎叶与泽兰相似，其后历代相关文献记载皆言两者植物特性相似，李时珍称兰草、泽兰一类二种，而其所附的兰草图实际上与泽兰图十分相似（见图04、图05）。 同时结合历代本草著作中所附的相关墨线绘图，可以肯定兰草、泽兰应是同科、同属的一类植物。既然兰草明确为菊科泽兰属植物佩兰，那么泽兰也应是菊科泽兰属植物。查阅今植物学著作《中国植物志》及《中国高等植物图鉴》可知，菊科泽兰属植物中的泽兰与佩兰植物特性十分接近，尤其是形状十分相似，都是伞房花序，但佩兰叶两面光滑，泽兰叶面微有毛，这与古人所言十分吻合，因此古代泽兰极有可能就是今天菊科泽兰属植物中的泽兰，也有可能是泽兰的邻近品种华泽兰、林泽兰等泽兰属植物。

二、蕙草

蕙草很早便见诸文献记载，如屈原《离骚》云"杂申椒与菌桂兮，岂维纫夫蕙茞"，但关于蕙草为何物，古今多有争辩，主要集中在两种植物上：一是薰草，二是零陵香。

唐代之前人们多认为蕙草是薰草。有人认为蕙草是薰草的叶子，如王逸注《楚辞》曰"菌，薰也。叶曰蕙，根曰薰"[1]，三国张揖《广雅》亦云"菌，薰也。其叶谓之蕙"[2]，两者皆认为蕙是菌的叶，此处的菌显然不是菌菇一类的植物，菌即薰草，《说文》曰薰"香草"，因此菌是一种香草。但更多的人认为薰草是蕙草的别名，蕙草即薰草，如郑樵《通志·昆虫草木略》引成书于汉末的《名医别录》云"薰草，一名蕙草"[3]。关于薰草，《山海经·西山经》记载："又西百二十里，曰浮山……有草焉，名曰薰，麻叶而方茎，赤华而黑实，臭如蘼芜，佩之可以已疠。"[4]薰草，叶似麻，方茎，红花，黑实，气味与蘼芜相似。类似的记载又见于晋嵇含《南方草木状》，其云"蕙草一名薰草，叶如麻，两两相对，气如蘼芜，可以止疠，出南海"[5]，所言与《山海经》相差不大，皆认为蕙草就是薰草。而关于蕙草的形状，《史记索隐》

---

[1] ［宋］洪兴祖撰，白化文等点校《楚辞补注》，中华书局1983年版，第7页。
[2] ［清］王念孙撰《广雅疏证》，江苏古籍出版社2000年版，第323页。
[3] ［宋］郑樵撰，王树民点校《通志二十略》，中华书局2000年版，第198页。
[4] 袁珂校注《山海经校注》，北京联合出版公司2014年版，第23页。
[5] ［晋］嵇含撰《南方草木状》，中华书局1985年版，第5页。

引《广志》云"蕙草绿叶紫茎，魏武帝以此烧香"[①]，蕙草绿叶紫茎，这与兰草形状相似，结合晋郭璞《山海经注》所云"蕙，香草，兰属也"，蕙草从属于兰草，是兰草的一种，因此蕙草的形状特征应与兰草十分相近。

综上，蕙草一名薰草，即零陵香，蕙草与兰草一类二种，其基本生物特征：多生于低湿之地，绿叶紫茎，叶如麻，两两相对，方茎，气味芳香，干枯后亦香。至于零陵香对应的今名，《中国植物志》所列唇形科罗勒属"罗勒"的别名中，附有《植物名实图考》中"零陵香"一名，而《中华本草》则考证零陵香有两种，一种是罗勒，一种则是报春花科报春花属的灵香草，其依据是《本草图经》所附"濠州零陵香"图的形态与罗勒形态特征相似，而《本草图经》所附"蒙州零陵香"图的形态则与灵香草相似。本文认为零陵香应是报春花科的灵香草，因为罗勒虽喜温暖潮湿的气候，但一般生长在排水良好之地，不耐涝，这与古代零陵香"多生下湿地"

图 06 濠州零陵香与蒙州零陵香。引自［宋］唐慎微著，尚志钧等校点《证类本草》，北京：华夏出版社，1993年，第264页。

---

① ［汉］司马迁撰《史记》，中华书局2014年版，第3644页。

的生长习性不甚相符。而据《中国植物志》记载，灵香草"生于山谷溪边和林下的腐殖质土壤中"，与零陵香生长习性相符。此外，灵香草"全草干后芳香，旧时民间妇女用以浸油梳发或置入箱柜中薰衣物，香气经久不散，并可防虫。全草含芳香油0.21%，可提炼香精"[①]，这正好符合古代零陵香"妇人浸油饰发，香无以加"的特征，而罗勒植株含芳香油一般为0.1%～0.12%，其芳香程度要比灵香草逊色。因此，古代蕙草即零陵香，应是今之报春花科报春花属的灵香草。

第二节 兰草的生物特性

兰草虽然有多种，但它们的生物特性十分相似，具有共性，这在诸多古籍文献中都有所体现，而且兰草、泽兰、蕙草都是比较明确的古兰品种，因此我们这里可以采用由部分到整体、由个性到共性的研究方法，以期对兰草类植物的整体性生物特征有一个全面细致的把握。

一、兰草的香气

兰草类植物都是多年生草本植物，它们在外形上的基本特征为绿叶紫茎，叶对生，花小密集，这在众草之中不易引人瞩目，但其芳香却与众不同，十分独特，是众草所无法比拟的。先秦时期，兰草便以香著称，其诸多社会功用就是建立在它芳香生物特性基础之上的，独特的香气是兰草引人关注的最主要因素。那么兰草的香气究竟有何特点呢，我们这里将依据相关文献资料予以探讨。

---

① 中国科学院中国植物志编辑委员会编《中国植物志》卷五九，科学出版社2004年版，第42页。

（一）兰草香气独特而浓郁

《左传·宣公三年》记载："以兰有国香，人服媚之如是。"①谓兰有"国香"，即兰的香气位居全国第一。汉代蔡邕《琴操》中收录了一首托名孔子的《猗兰操》，其序云："《猗兰操》者，孔子所作也。孔子历聘诸侯，诸侯莫能任。自卫反鲁，过隐谷之中，见香兰独茂，喟然叹曰：'夫兰当为王者香，今乃独茂，与众草为伍，譬犹贤者不逢时，与鄙夫为伦也。'"②称兰为"王者香"，与"国香"一样都是至高无上的称誉。先秦两汉时期人们将兰草冠以"国香""王者香"之名，这说明兰草的香气凌驾于诸草之上，也说明兰草的香气必是独特不凡。另外，屈原在辞赋中大量言及香草，其中以兰、蕙出现的频率最高，可谓冠冕众芳，这不仅表明兰蕙在屈原心目中具有十分重要的地位，同时也说明兰蕙确有超凡之处，才能在众芳之中脱颖而出。刘向《说苑》记载孔子所言："与善人居，如入兰芷之室，久而不闻其香，则与之化矣。与恶人居，如入鲍鱼之肆，久而不闻其臭，亦与之化矣。"③这里用了两个正反的对比，一香一臭，鲍鱼是用盐腌制的鱼，气味十分腥臭，用鲍鱼与兰芷作为对比，鲍鱼气味极臭，那么兰芷气味必是极香，而且可以芬芳整个室内，表明兰芷香气应是十分浓郁。又《九歌·少司命》云兰"绿叶兮素枝，芳菲菲兮袭予"，"菲菲"形容香气盛，魏王粲《诗》云"幽兰吐芳烈"④，"芳烈"形容兰草芳香浓烈，这都说明兰草香气十分浓郁。正是因为兰草香气独特而浓郁，所以才会被广泛应用到

---

① ［清］阮元校刻《十三经注疏》，中华书局 1980 年版，第 1868 页。
② 逯钦立辑校《先秦汉魏晋南北朝诗》，第 300～301 页。
③ ［汉］刘向撰，向宗鲁校正《说苑校正》，《中国古典文学基本丛书》，中华书局 1987 年版，第 434 页。
④ 逯钦立辑校《先秦汉魏晋南北朝诗》，第 364 页。

社会生活中，成为深受人们喜爱和重视的一种香草，具有重要的社会影响力。

另外，兰草在风力的作用下香气会更加浓郁，如晋傅玄《秋胡行》云"兰动弥馨"①，兰草摇动的时候就会更加芳香；晋葛洪《抱朴子》云"芳兰之芬烈者，清风之功也"②，将兰草香气的浓烈，归功于清风的吹拂；晋陶渊明《饮酒诗二十首》其十七云"幽兰生前庭，含薰待清风。清风脱然至，见别萧艾中"③，兰草平时隐藏在萧艾丛中，不易使人觉察，但清风吹过，使兰草摇动散发香气，人们便会知道兰草的存在。兰草的香气还会随风飘至远方，如魏嵇康《酒会诗七首》其七云"猗猗兰蔼，殖彼中原。绿叶幽茂，丽藻丰繁。馥馥蕙芳，顺风而宣"④，郁郁葱葱的兰草生长在原野之中，花繁叶茂，浓郁的香气随风飘远；南北朝张正见《应龙篇》云"譬彼野兰草，幽居常独香。清风播四远，万里望芬芳"⑤，兰草虽不至飘香万里，但在清风的吹动下能够传送到比较遥远的地方。

（二）兰草香气燥湿不变

兰草的香气由植株散发而来，即使枯干之后依然会有香气。《仪礼·既夕礼》记载："茵著用荼，实绥泽焉。"郑玄注："泽，泽兰也，皆取其香且御湿。"⑥丧葬礼中将泽兰铺垫在棺材下面，既芳香又可

---

① 逯钦立辑校《先秦汉魏晋南北朝诗》，第554页。
② ［晋］葛洪撰，杨明照校笺《抱朴子外篇校笺》，《新编诸子集成》，中华书局1991年版，第428页。
③ ［晋］陶渊明撰，逯钦立校注《陶渊明集》，《中国古典文学基本丛书》，中华书局1979年版，第97页。
④ ［三国魏］嵇康撰，戴明扬校注《嵇康集校注》，第131页。
⑤ 逯钦立辑校《先秦汉魏晋南北朝诗》，第2475页。
⑥ ［清］阮元校刻《十三经注疏》，中华书局1980年版，第1163页。

以抵御湿气。能够抵御湿气，说明这里所用一定是枯干的泽兰，并且仍然带有香气。陆玑《毛诗草木鸟兽虫鱼疏》云兰草"可著粉中，故天子赐诸侯茞兰，藏衣著书中，辟白鱼也"①，将兰草放置粉中，藏置衣服、书中，若是采摘的新鲜兰草，那么一定会使衣服、书籍受潮发霉，因此这里应该是经过处理后失去水分的枯干兰草，而"辟白鱼"，即防蛀虫，则说明枯干的兰草一定是带有香气的，否则不可能会起到防蛀的作用。另外人们用兰草熏香，也表明枯干的兰草带有香气。汉刘向《熏炉铭》云"嘉此正器，崭岩若山。上贯太华，承以铜盘。中有兰麝，朱火青烟"②，将兰草放置熏炉中熏香，又刘昼《刘子·大质第三十八》云"兰可燔而不可灭其馨"③，兰可以焚烧但不能灭其馨香，都表明兰草可以通过焚烧来散发香气。一般而言刚采摘的兰草植株含有大量水分不易燃烧，而古人焚烧兰草获取香气，所焚之兰应是枯干的兰草，表明兰草枯干后香气依存，正如朱熹所言，"大抵古之所谓香草，必其花叶皆香，而燥湿不变，故可刈而为佩"④。

二、兰草的习性

（一）兰草多生长在低湿处

兰草性喜湿润的环境，如《证类本草》云"臣等谨按吴氏云：泽兰一名水香……生下地水傍"⑤，"臣等谨按蜀本图经云：（兰草）

---

① ［三国吴］陆玑撰《毛诗草木鸟兽虫鱼疏》，文渊阁《四库全书》第70册，台湾商务印书馆1986年版，第3页。
② ［清］严可均辑《全汉文》，商务印书馆1999年版，第387页。
③ ［南北朝］刘昼撰，傅亚庶校释《刘子校释》，《新编诸子集成》，中华书局1998年版，第359页。
④ ［宋］朱熹集注，蒋立甫校点《楚辞集注》，第171页。
⑤ ［宋］唐慎微撰，尚志钧等校点《证类本草》，第251页。

叶似泽兰，尖长有岐，花红白色而香，生下湿地"①，可知泽兰、兰草都生长于低湿之地。低湿处是兰草喜欢的生长环境，满足此条件的地域主要有两类：一、水边。如"兰皋"，《楚辞》中多次出现"兰皋"，"皋"指水边的陆地，"兰皋"则指水边长满了兰草；"兰渚"，如曹植《应诏》"朝发鸾台，夕宿兰渚"②，谢灵运《石室山》"莓莓兰渚急，藐藐苔岭高"③等，"渚"指水中的陆地，也就是洲，"兰渚"则指小洲上长满了兰草。皋、渚都是靠近水域的地方，说明兰草是一种水边常见的植物。另外兰草（佩兰）与泽兰虽然都生长在水边，但两者也存在稍许不同，如《本草图经》云"兰草生水傍……泽兰生水泽中及下湿地"④，可见兰草喜欢生长在岸边，泽兰则喜欢生长在沼泽等浅水之中。二、深谷丛林之中。如《荀子·宥坐篇》云"夫芷兰生于深林"⑤，《韩诗外传》云"夫兰茝生于茂林之中，深山之间"⑥，皆言兰草生长于深山茂林之中；蔡邕《琴操》所录《猗兰操》序云"孔子历聘诸侯，诸侯莫能任。自卫反鲁，过隐谷之中，见香兰独茂"⑦，陆机《拟涉江采芙蓉诗》"上山采琼蕊，穹谷饶芳兰"⑧，皆言兰生长在深谷之中。蕙草也喜欢生长在低湿处，如《证类本草》引陈藏器

---

① ［宋］唐慎微撰，尚志钧等校点《证类本草》，第203页。
② ［魏］曹植撰，赵幼文校注《曹植集校注》，人民文学出版社1984年版，第276页。
③ 逯钦立辑校《先秦汉魏晋南北朝诗》，第1164页。
④ ［宋］唐慎微撰，尚志钧等校点《证类本草》，第251页。
⑤ ［周］荀况撰，［清］王先谦集解《荀子集解》，《新编诸子集成》，中华书局1988年版，第527页。
⑥ ［汉］韩婴撰，许维遹校释《韩诗外传集释》，中华书局1980年版，第245页。
⑦ 逯钦立辑校《先秦汉魏晋南北朝诗》，中华书局1983年版，300～301页。
⑧ ［晋］陆机撰，金涛声点校《陆机集》，《中国古典文学基本丛书》，中华书局1982年版，第57页。

云"熏草,明目止泪……一名蕙草,生下湿地"①,《本草图经》云"零陵香,生零陵山谷,今湖岭诸州皆有之,多生下湿地"②,可见蕙草亦是生长在低湿之地。总之,兰草、泽兰、蕙草都性喜湿润之地,凡是低洼、湿润的水边、深谷、丛林之地,都是它们理想的生长之地。

(二)兰草秋冬枯萎,春天宿根生苗

兰草枯萎的季节因类而异,一般春芳的兰草秋天枯萎,而秋芳的兰草冬天枯萎,不管是秋枯还是冬枯,兰草都会在来年春天重新发芽生苗,长成新的植株。李时珍《本草纲目》记载:"兰草、泽兰一类二种也,俱生水旁下湿处,二月宿根生苗成丛。"③兰草、泽兰都是多年生草本植物,次年春重新发芽生苗。洪兴祖《楚辞补注》云兰草"五六月盛",泽兰"七月八月开花",兰草的生长茂盛期要早于泽兰,说明兰草要比泽兰率先枯萎。需要注意的是,这里所说的枯萎,仅仅是地上部分植株的枯萎,由于气温降低,兰草不能正常进行光合作用,因此枝叶脱落,以减少养分的流失,虽然其地上植株枯萎了,但其根仍是存活的,经过冬季的蕴蓄,春季便会重新萌芽并长成新的植株。兰草的这种生长习性,在文学作品中也多有体现,如沈约《悼亡诗》云"今春兰蕙草,来春复吐芳"④,兰草春季复生,《古诗十九首·冉冉孤生竹》言兰蕙"过时而不采,将随秋草萎"⑤,兰蕙至秋而枯。

(三)兰草聚丛而生,生命力旺盛

兰草丛生,因此人们常称兰草为"丛兰"。兰草最初是野生,后

---

① [宋]唐慎微撰,尚志钧等校点《证类本草》,第263页。
② [宋]唐慎微撰,尚志钧等校点《证类本草》,第263页。
③ [明]李时珍撰《本草纲目》,人民卫生出版社1975年版,第904页。
④ 逯钦立辑校《先秦汉魏晋南北朝诗》,第1647页。
⑤ 逯钦立辑校《先秦汉魏晋南北朝诗》,第331页。

来随着人们对其应用价值的发掘，人们逐渐开始种植兰草，无论野生还是人工种植，兰草长势都十分茂盛。其中野生兰草多生长在水边、路径、山谷等地，如屈原《招魂》"皋兰被径兮，斯路渐"，水边兰草生长势茂盛，将路径都覆盖了起来；沈约《江蓠生幽渚》"泽兰被荒径"①，兰草长满荒野路径；陆机《悲哉行》"幽兰盈通谷"②，兰草长满了山谷；萧绎《赋得兰泽多芳草诗》"兰生不择迳，十步岂难稀"③，兰草随处可见，每隔十步都会长有兰草，这都说明兰草具有旺盛的生命力。兰草旺盛的生命力，使得兰草可以进行大面积的人工种植，如杨雄《羽猎赋》"蹂蕙圃，践兰唐"④，嵇康《兄秀才公穆入君赠诗》"息徒兰圃"⑤，"蕙圃""兰圃"表明兰草的种植面积呈现出一定的规模性，体现出皇家园囿的宏伟气魄。宋代周去非《岭外代答》云蕙草"凡深山木阴沮洳之地，皆可种也。逐节断之，其节随手生矣"⑥，凡是深山丛林之中的低湿之地，皆可种植蕙草，而且将蕙草逐节折断，每节皆可插地而生，足以表明其生命力之旺盛。

---

① 逯钦立辑校《先秦汉魏晋南北朝诗》，第1617页。
② [晋]陆机撰，金涛声点校《陆机集》，中华书局1982年版，第74页。
③ 逯钦立辑校《先秦汉魏晋南北朝诗》，第2046页。
④ [汉]杨雄撰，张震泽校注《杨雄集校注》，上海古籍出版社1993年版，第96页。
⑤ [三国魏]嵇康撰，戴明扬《嵇康集校注》，第24页。
⑥ [宋]周去非撰《岭外代答》，《全宋笔记》第六编，大象出版社2013年版，第163页。

第三节　兰草的自然分布

兰草易于繁殖，生命力旺盛，对生态环境的要求并不很高，凡是气候适宜之地都有兰草生长，因此其自然分布比较广泛，不存在明显的地域性，我国大部分地区几乎都有兰草分布，而我国古代兰草的自然分布与今天差别并不很大，这在诸多古籍文献中都所体现。

一、先秦时期兰草的原始分布

先秦时期，兰草的应用价值就已被人发掘利用，成为人们日常生活中一种常用香草，因此关于兰草的原始分布，我们可以通过先秦时期诸多典籍中的记载略知一二。

兰草最早见载于《诗经》之中，《诗经》是我国第一部诗歌总集，收集了自西周初期至春秋中叶的三百多首诗歌，其产生地域以黄河流域为中心，约分布在今天的陕西、山西、山东、河南、河北、湖北等地。《诗经》中提到兰的共有两首诗歌，分别是《诗经·陈风·泽陂》和《诗经·郑风·溱洧》。《诗经·陈风·泽陂》云："彼泽之陂，有蒲与蕳。有美一人，硕大且卷。寤寐无为，中心悁悁。"毛传："蕳，兰也。"郑笺："蕳，当作莲。莲，芙蕖实也。莲以喻女之言信。"孔颖达正义曰："以上下皆言蒲荷，则此章亦当为荷，不宜别据他草。且兰是陆草，非泽中之物，故知兰当作莲，莲是荷实，故喻女言信实。"①郑玄、孔颖达所言甚是，此处"蕳"当为"莲"，而非兰草。因此明确是指兰草的，只有《诗经·郑风·溱洧》一诗，其云："溱与洧，方涣涣兮。士与女，方秉蕳兮。"②《郑风》是《诗经》十五国风之一，主要是春秋时期

---

① ［清］阮元校刻《十三经注疏》，中华书局1980年版，第379页。
② ［清］阮元校刻《十三经注疏》，第346页。

郑国地区的民歌，即今河南省郑州、荥阳、登封、新密、新郑一带的地方。溱、洧是两条河流的名字，《说文》曰："洧，水。出颍川阳城山，东南入颍。"①《水经注》称洧水"出颍川阳城山，山在阳城县之东北"②，颍川阳城县即今河南登封市，洧水发源于此，最后注入颍河。《说文》："溱，水。出桂阳临武，入汇。"③桂阳位于今湖南，故此溱水绝非《诗经》所言之溱水。又《说文》："潧，水。出郑国，从水曾声，《诗》曰'浍浍兮。'"④"潧"古同"溱"，此潧水即《诗》中溱水。据郦道元《水经注》记载："潧水出郐城西北鸡络坞下……又南注于洧，《诗》所谓'溱与洧'者也。"⑤郐城即今河南新密市，溱水就发源于此地，后向南与洧水交流。登封、新密皆位于河南中部地区。《左传·宣公三年》记载了燕姞梦兰生子之事，其云："初，郑文公有贱妾曰燕姞，梦天使与己兰，曰：'余为伯鯈。余，而祖也。以是为而子。以兰有国香，人服媚之如是。'既而文公见之，与之兰而御之。辞曰：'妾不才，幸而有子，将不信，敢征兰乎。'公曰：'诺。'生穆公，名之曰兰。"⑥"兰有国香""以兰征子"说明春秋时期，至少在郑国，兰草之香是公认的全国第一香，是举国皆识的一种香草。这表明先秦时兰草在河南一带的分布十分广泛，是一种比较常见的香草。

战国时期，屈原辞赋擅以香草比兴，其中兰、蕙是屈原作品中出

---

① ［汉］许慎撰，［清］段玉裁注《说文解字注》，上海古籍出版社1988年版，第534页。
② ［北魏］郦道元撰，陈桥驿校证《水经注校证》，第518页。
③ ［汉］许慎撰，［清］段玉裁注《说文解字注》，第529页。
④ ［清］阮元校刻《十三经注疏》，第1868页。
⑤ ［北魏］郦道元撰，陈桥驿校证《水经注校证》，第525页。
⑥ ［清］阮元校刻《十三经注疏》，第1868页。

现频率最高的两种香草，并且兰、蕙还被广泛应用于楚人祭祀之中，这都表明楚人十分重视兰草。宋人黄伯思云"盖屈、宋诸骚，皆书楚语、作楚声、纪楚地、名楚物，故可谓之楚词……兰、茞、荃、药、蕙、若、蘋、蘅者，楚物也，他皆率若此，故以楚名之"①，兰草是楚地的特色物产，而楚国境内水域面积较大，气候湿润，十分适宜兰草生长，因此先秦时期楚国境地是盛产兰草的。战国时期楚国主要位于长江中游地区，其核心地域主要位于今湖北、湖南地区，因此这些地区凭借适宜的自然、气候环境，分布着大量的兰草资源，而这也是屈原重兰、写兰的"物质"条件。

《管子·轻重甲》记载："昔尧之五更五官无所食，君请立五厉之祭，祭尧之五吏，春献兰，秋敛落，原鱼以为脯，鲵以为殽。"②这里所载是春秋时期管仲与齐国国君齐桓公之间的对话，"春献兰，秋敛落"意思是春天向尧的五位功臣祭祀兰草，秋天则祭祀果实，这里兰草作为祭品。春秋时期齐国的主要统治地区约在今山东一带，说明当时的山东地区也是有兰草分布的。另外，孔子亦言及兰，如"夫芷兰生于深林，非以无人而不芳"，"与善人居，如入兰芷之室"，身为鲁国人的孔子如此熟悉兰草，可见孔子是经常见到兰草的，说明兰草在当时山东地区应也是一种比较常见的香草。

《山海经》约成书于战国至汉初，包含着丰富的地理、历史、神话、动物、植物等方面的内容，其中亦提到了兰、蕙。《山海经·中山经》："又东百二十里曰岇林之山，其中多菅草。"郭璞注菱"亦菅字"③，

---

① ［宋］黄伯思撰《宋本东观余论》，中华书局1988年版，第344～345页。
② 黎翔凤校注《管子校注》，中华书局2004年版，第1413页。
③ 袁珂校注《山海经校注》，北京联合出版公司2014年版，第166页。

这里郭璞认为葰是茅草，而清代郝懿行则予以辩驳曰："《说文》云：'葰，香草。出吴林山。'本此经为说也。《众经音义》引《声类》云：'葰，兰也。'又引《字书》云：'葰，与萠同。'萠即兰也，是葰乃香草。"①另外，《山海经·中次十二经》中记载："又东南一百二十里，曰洞庭之山。其上多黄金，其下多银铁。其木多柤、梨、橘、櫾，其草多葰、蘪芜、芍药、芎藭，帝之二女居之。又东北二十里，曰升山，其木多穀、柞、棘，其草多藷、藇、蕙。"②这里将葰与蘪芜、芍药等香草并举，也说明葰是香草，因此葰当为兰草是。关于"吴林之山"，清郝懿行笺："《地理志》云：'河东郡大阳，吴山在西，上有吴城。'《史记正义》引《括地志》云：'雷首山亦名吴山。'即此也。已上诸山，西起雷首，东至吴坂，随地异名，大体相属也。吴山在今山西平陆县。"③平陆县位于山西南部，与陕西、河南交界，若吴山真在平陆县，那么说明当时山西也是有兰草生长的。

可见先秦时期我国黄河流域的山西、河南、山东一线，以及长江流域的湖南、湖北地区都是有兰草分布的。

二、汉魏六朝时期兰草的广泛分布

汉魏六朝时期，随着人们对兰草应用价值认识的深化以及对兰草审美认识的兴起，兰草的人工种植日渐盛行。从这一时期的各类作品以及文献中，我们能够发现兰草的自然分布十分广泛，我国大部分地区都有兰草生长。

---

① ［晋］郭璞注，［清］郝懿行笺疏，沈海波校点《山海经笺疏》，上海古籍出版社2015年版，第150页。
② 袁珂校注《山海经校注》，第166页。
③ ［晋］郭璞注，［清］郝懿行笺疏，沈海波校点《山海经笺疏》，第150页。

先秦至汉魏六朝时期，兰草的原始分布区域并无明显变化，这与兰草生命力旺盛、自然环境适应能力强、易于繁殖的生物特性有着很大关系，正是因为兰草的这种生物特性，使得兰草自然分布不存在明显的地域性，我国大部分地区都分布着兰草。如黄河流域一线兰草的分布仍然十分广泛，多认为是汉人伪作的《范子计然》一书中明确提出："大兰，出汉中、三辅。兰，出河东、宏农。"① 这里的大兰为何物今已无法考证，似乎也是兰草的一种，兰出自河东、宏农两郡，其中河东在今山西运城、临汾一带，而宏农则地处陕西长安与河南洛阳之间的黄河南岸，说明这一地带在当时盛产兰草。而荆楚地区同先秦时期一样，也依然盛产兰草，南北朝宗懔《荆楚岁时记》记载："五月五日，谓之浴兰节。"② 《荆楚岁时记》是专门记载湖南、湖北地区时令风俗的著作，说明南北朝时期荆楚地区以兰草沐浴的风俗十分盛行，所以才会制定专门的浴兰节，这也说明当时荆楚地带仍有大量的兰草分布，是能够满足家家户户浴兰需求的。

另外，除了这些原始地区外，兰草在其他地区也有广泛的分布。河北地区：如魏王粲《诗》云"列车息众驾，相伴绿水湄。幽兰吐芳烈，芙蓉发红晖"③，曹植《公宴诗》亦云"秋兰被长坂，朱华冒绿池"④，二人诗中所写都是西园景致，园中有幽兰吐芳，西园又称作铜雀园，因铜雀台而得名，当时聚集在曹操身边的文人常常在此欢宴，今属河北省邯郸市临漳县。江苏地区：如晋王济《平吴后三月三日华

---

① 计然撰《计然万物录》，《丛书集成初编》，中华书局1985年版，第6页。
② ［南朝梁］宗懔撰，宋金龙校注《岁时荆楚记》，山西人民出版社1987年版，第47页。
③ 逯钦立辑校《先秦汉魏晋南北朝诗》，第364页。
④ ［三国魏］曹植撰，赵幼文校注《曹植集校注》，第49页。

林园诗》云"思乐华林,薄采其兰"①,华林园是魏晋南北朝时期著名的皇家御花园,其故址位于今南京玄武区鸡笼山脚下,西晋时期园中植有兰草;南朝谢朓《游后园赋》云"积芳兮选木,幽兰兮翠竹。上芜芜兮荫景,下田田兮被谷。左蕙畹兮弥望,右芝原兮写目"②,诗中描写的后园是竟陵王萧子良位于建康鸡笼山西邸的后园,可见当时园中植有大量兰、蕙,说明当时江苏一带也分布有兰草。浙江地区:如南朝谢灵运《游南亭》云"泽兰渐被径,芙蓉始发池"③,此诗作于谢灵运被贬永嘉(今浙江温州)之时,南亭位于温州郊外,泽兰长满路径,说明浙江一带亦有兰草。江西地区:如陶渊明《饮酒诗二十首》其十七云"幽兰生前庭,含薰待清风"④,陶渊明是浔阳柴桑(今江西九江市)人,此诗作于其辞官隐居之时,诗人庭前植兰,说明江西一带也分布有兰草。

综上可知,古代兰草的自然分布非常广泛,而且地域性不明显,遍布我国广大地区,虽然宋代兰花取代兰草地位,兰草不再引人关注,兰草的栽种活动也相应减少,但是兰草的自然分布还是像之前一样广泛,而时至今日,兰草在我国的自然分布依然十分广泛,特别是泽兰,除了新疆、西藏地区,全国各省都有分布,多见于比较湿润的水边、沼泽等地。

---

① 逯钦立辑校《先秦汉魏晋南北朝诗》,第597页。
② [南朝齐]谢朓撰,曹融南校注《谢宣城集校注》,上海古籍出版社1991年版,第37页。
③ 逯钦立辑校《先秦汉魏晋南北朝诗》,第1161页。
④ [晋]陶渊明撰,逯钦立校注《陶渊明集》,第97页。

第三章　兰草的社会应用及其文化意义

兰草是香草也是药草，被广泛应用于社会生活中，具有很高的社会应用价值，这是兰草深受人们喜爱与重视的主要原因，也是兰草具有重要社会影响力的决定性因素。出于对兰草的实用目的，古人很早就已经栽种兰草，后来随着人们对兰草审美认识的兴起，逐渐出现了以观赏为目的的栽种活动。兰草用途十分广泛，既可应用于人们的饮食、熏香、医疗等日常生活之中，与人们生活联系密切，又可应用于各种民俗风习之中，或成为人们祈求美好生活意愿的一种工具，或成为人们寄寓美好情感的一种载体，总之都蕴含着丰富的精神文化意义，具有重要的民俗文化价值。

第一节　兰草的栽种情况

一、兰草的栽种历史

兰草主要因独特香气而为人所知，人们最初是采集利用野生兰草，后来随着人们对兰草需求量的增多，开始出现人工栽种兰草。关于兰草的栽种历史起源，最早有春秋句践种兰之说，南宋高似孙《（嘉定）剡录》及张淏《（宝庆）会稽续志》皆引《越绝书》云"句践种兰渚山"[①]。

---

① ［宋］张淏撰《（宝庆）会稽续志》卷四，清嘉庆十三年刻本。

《越绝书》是一本专门记载吴越地方史的杂史,据《隋书·经籍志》、两《唐书》记载,该书原有十六卷,然至宋代开始出现一种十五卷本,《崇文总目》《郡斋读书志》等目录学书籍均有著录,然此时十六卷本仍存,这在南宋陈振孙《指摘书录解题》中有著录,但到了元明时期,十六卷本已经不见,只剩下十五卷本,今本亦是十五卷本。"句践种兰渚山"之语虽不见于今本,然高、张二人皆为南宋人,当时十六卷本仍存,故此文应为《越绝书》佚文。另外,以上两志还皆引《旧经》云:"兰渚山,句践种兰之地,王、谢诸人修禊兰渚亭。"①《旧经》即北宋时期的《越州图经》,今已亡佚,之所以称作"旧经",是为了区别于《新修绍兴图经》。地方志中的材料多是代代相传的材料,大多都有着可靠的来源,《越州图经》等多种北宋时期的地方志皆有句践种兰之说,可见此说来源甚早,也比较可靠。句践种兰的地方在兰渚山,今属山阴,南宋桑世昌《兰亭考》中亦有"《越绝书》:'兰亭在山阴,越王种兰处'"②。另外《越绝书》中还有"麻林山,一名多山,句践欲伐吴,种麻以为弓弦","鸡山、豕山者,句践以畜鸡、豕,将伐吴,以食士也","葛山者,句践罢吴,种葛,使越女织治葛布,献于吴王夫差","犬山者,句践罢吴,畜犬猎南山白鹿,欲得献吴"③等内容,当时越国战败于吴国,越王句践向吴国求和,一方面不断向吴国进献美女、珍异之物以表示对吴王的忠心,其实是借此麻痹吴王,使吴王放松对自身的警惕;另一方面则暗中大力促进生产、增强兵力来壮大自身,等待时机一雪前耻。麻林山、鸡山、豕山就是越国为了增强自身实力而种麻、蓄鸡、

---

① [宋]张误撰《(宝庆)会稽续志》卷四,清嘉庆十三年刻本。
② [宋]桑世昌集《兰亭考》,《丛书集成初编》,中华书局1985年版,第1页。
③ [东汉]袁康撰《越绝书》,《二十五别史》,齐鲁书社2000年版,第46页。

养猪之地，而葛山、犬山则是为了讨好吴国、麻痹吴国而种葛织布、养犬猎鹿之地。春秋时期，兰草已经具有重要的社会应用价值，如《夏小正》云"（五月）蓄兰，为沐浴也"①，兰草用于沐浴，《诗经·溱洧》言郑人上巳节"秉兰"祓邪，《左传》云"兰有国香"，这都表明兰草在春秋时期的社会应用已经十分广泛，并且具有重要的社会地位，是一种珍贵的香草。因此句践"种兰渚山"的目的应与"葛山""犬山"一样，都是为了献送吴王的讨好之举。另外，据《名医别录》记载，"（兰草）生大吴池泽"，陶弘景云"大吴即应是吴国耳，太伯所居，故呼大吴"②，表明吴国境地产有兰草，因此吴国应该也有用兰习俗，句践栽种兰草应是投其所好，以满足吴国对兰草的需求。兰草多生长在比较湿润的近水之地，"渚"指水中陆地，"渚山"是水中比较高的陆地，正适宜兰草生长，故"句践种兰渚山"，应确有此事。这说明早在春秋时期，人们就已经开始栽种兰草了。

战国时期，兰草的栽种已经比较常见，尤其是楚人对栽种兰草十分积极，如《离骚》云"余既滋兰之九畹兮，又树蕙之百亩"，屈原虽是用"滋兰""树蕙"来比喻广植贤才，但文学源于生活，说明当时现实生活中人们是栽种兰蕙的，而且面积还不小。楚人之所以热衷于种植兰草，那是因为楚人重巫术，祭祀活动繁盛，而兰草是祭祀活动必不可少的一种东西，如《九歌·少司命》云"秋兰兮麋芜，罗生兮堂下"，这里秋兰和麋芜都罗列生长在祭堂之下，"罗生"即罗列、排列而生，说明是人们有意识地在祭堂前栽种秋兰和麋芜。秋兰和麋芜都是香草，人们将它们栽种在祭堂前，一方面希望可以凭借芳香吸

---

① 方向东集解《大戴礼记汇校集解》，中华书局2008年版，第233页。
② ［宋］唐慎微撰，尚志钧等校点《证类本草》，第202页。

引神灵降临，另一方面还有装点、修饰祭堂之意。另外楚人种植兰草还用于修饰门户院落，如《招魂》云"兰薄户树，琼木篱些"，将兰草栽种在门户之外，以美丽的树木作为篱笆，一方面用于修饰院落，另一方面也象征自己高洁的人格。

汉魏六朝时期，随着人们对兰草应用价值的深入发掘以及审美认识的兴起，兰草的栽种活动已是十分普遍。宫廷园囿作为当时园林的象征，大量栽种兰草，如陆玑《毛诗草木鸟兽虫鱼疏》云："蕳，即兰，香草也……汉诸池苑及许昌宫中皆种之，可著粉中，故天子赐诸侯茞兰，藏衣著书中，辟白鱼也。"①据此可知，汉魏时期的宫廷园囿中皆种有兰草，天子有时还会将兰草作为礼物赏赐给大臣，用于防除衣服、书籍中的蛀虫。皇家园林面积一般十分广大，因此栽种兰草的规模也比较大，多是囿的形式，如汉代杨雄《羽猎赋》"望平乐，径竹林，蹂蕙圃，践兰唐"②，平乐即平乐馆，位于皇家著名园林上林苑之中，蕙圃即种植蕙草的花圃，兰唐即池塘边长满了兰草。天子狩猎之时，马匹在蕙圃和兰唐上疾驰，这表明蕙圃和兰唐的面积应是十分广阔，体现出皇家园林的雄伟气魄。皇家宫廷引领着当时园林的风尚，受其影响，诸侯大臣也往往在花园之中栽种兰草，如谢朓《游后园赋》"积芳兮选木，幽兰兮翠竹。上芃芃兮荫景，下田田兮被谷。左蕙畹兮弥望，右芝原兮写目"③，描写的是竟陵王萧子良位于建康鸡笼山西邸的后园，园中亦是广植兰蕙。另外士大夫也喜欢在自家小院中种植兰草，

---

① ［三国吴］陆玑撰《毛诗草木鸟兽虫鱼疏》，文渊阁《四库全书》第70册，台湾商务印书馆1986年版，第3页。
② ［汉］杨雄撰，张震泽校注《杨雄集校注》，上海古籍出版社1993年版，第96页。
③ ［南朝齐］谢朓撰，曹融南校注《谢宣城集校注》，第37页。

如陶渊明《饮酒诗二十首》其十七云"幽兰生前庭，含薰待清风"①，就是在自家庭院中栽种兰草。此外，陶弘景云："（泽兰）今处处有，多生下湿地。叶微香，可煎油，或生泽傍，故名泽兰，亦名都梁香，可作浴汤。人家多种之，而叶小异。"②因为泽兰可以煎油、可作浴汤，实用价值较大，所以时人多种之，甚至达到了"处处有之"的普遍状况。总之，汉魏六朝时期，人们普遍在园林、庭院等地栽种兰草，一方面是为了满足日常生活的需要，另一方面则是为了美化园林屋舍。

唐代沿袭前代，兰草栽种依然十分普遍，而唐人种植兰草的目的也与前代基本一致，或为观赏，或为实用。然而自宋代开始，随着兰花的兴起、兰草应用价值的衰退，兰草逐渐退出了园林的舞台领域，此时人们栽种兰草主要是为了获取其药用价值。此时兰草在人们心中主要是一种常用药草，如《本草图经》云"泽兰生汝南诸大泽傍，今荆、徐、随、寿、蜀、梧州、河中府皆有之……今妇人方中最急用也"③，泽兰成为治疗妇科疾病的一种常用之药；《本草衍义》云"零陵香至枯干犹香，入药绝可用。妇人浸油饰发，香无以加，此即蕙草是也"④，零陵香不仅可入药，还可用于润泽妇女头发；北宋苏颂云"零陵香今湖广诸州皆有之……今合香家及面脂、澡豆诸法皆用之。都下市肆货之甚便"⑤，零陵香成为制作面脂和澡豆的一种原料。

二、兰草的栽种方式

古人栽种兰草最初是为了实用，后来随着人们对兰草审美的兴起，

---

① ［晋］陶渊明撰，逯钦立校注《陶渊明集》，第97页。
② ［宋］唐慎微撰，尚志钧等校点《证类本草》，第250～251页。
③ ［宋］唐慎微撰，尚志钧等校点《证类本草》，第251页。
④ ［宋］寇宗奭撰《本草衍义》，人民卫生出版社1990年版，第66页。
⑤ ［宋］唐慎微撰，尚志钧等校点《证类本草》，第263～264页。

人们栽种兰草开始具有了观赏的目的。古人栽种兰草的方式多种多样，从栽种规模上看既有兰圃、兰场等大面积的种植，又有点缀庭园的小面积种植；从栽种地点上看有水边植兰、路边植兰、庭前植兰等；从配植模式上看，有兰荷、兰柳搭配栽种等。

兰圃、兰林、兰场。这三种形式的兰草栽种面积都比较大，主要是出于实用目的的栽种。兰草具有很高的社会应用价值，一方面可用于沐浴、防蛀、焚香、饮食、入药等日常生活之中，另一方面可应用于祓邪、祭祀、丧葬等民俗礼仪之中，兰草用途的这种广泛性决定了人们对兰草较高的需求量，而光靠采集野生兰草是远不能满足人们需求的，于是人们便大量栽种兰草来满足自身需求，又加上兰草易于生长繁殖，因此古人大面积栽种兰草并非难事。兰圃，即专门种植兰草的大面积的园子或田地，多存在于皇家园囿或贵族园林之中，如前文提到的汉代著名皇家园林上林苑中就种植有蕙圃。又王筠《和萧子范入元襄王第诗》"昔入睢阳苑，连步披风云……蕙圃有馀芬"[1]，元襄王即萧伟，南朝梁太祖萧顺之第八子，诗中言其宅第中种植有蕙圃。兰林则是在郊野种植兰草，如刘向《九叹·惜贤》"登长陵而四望兮……游兰皋与蕙林兮"，郑丰《答陆士龙诗四首·兰林》"瞻彼兰林，有翘其秀"[2]。兰场指专门种植兰草的场地，一般十分广阔、平坦，如李世民《芳兰》"春晖开紫苑，淑景媚兰场"[3]，描写的就是气势宏大的皇家兰场。

水边植兰。因为兰草具有喜湿润的生长习性，因此近水植兰最为

---

[1] 逯钦立辑校《先秦汉魏晋南北朝诗》，第2021页。
[2] 逯钦立辑校《先秦汉魏晋南北朝诗》，第2021页。
[3] ［清］彭定求等编《全唐诗》，中华书局1960年版，第16页。

方便省事。"句践种兰渚山"就是典型的临水植兰,渚山是位于水中比较高耸的陆地,四面环水,十分适宜兰草的生长。张衡《东京赋》"芙蓉覆水,秋兰被涯"①,描写的是洛阳城内的景致,水中养荷,岸边植兰。曹植《公宴诗》"秋兰被长坂,朱华冒绿池"②,描写的是当时名园西园内的景致,在池塘斜坡上种植秋兰,与水中荷花相互映衬。杜牧《怀钟陵旧游四首》其三"十顷平湖堤柳合,岸秋兰芷绿纤纤"③,钟陵县治所在今江西省南昌市区,诗人回忆钟陵美景,围绕十顷湖堤栽种柳树、种植兰芷,景观之盛可想而知。

路边植兰。屈原《大招》"茝兰桂树,郁弥路只",描写的是路边的景象,白芷、兰草以及桂树的香气弥漫了整条路径,这是在路边植兰。路边植兰主要是为了美化环境,兰草香气浓郁,还可以净化空气,因此古人常会选择在路边植兰,如白居易《郡中西园》"院门闭松竹,庭径穿兰芷"④,庭径即堂前院中的路径,在两边栽种兰草和白芷,香气弥漫路径,可谓"香径"。

庭前阶下植兰。古人出于观赏目的栽种兰草,一般栽种于庭院、花园之中,如东汉冯衍《显志赋》"播兰芷于中庭兮,列杜衡于外术"⑤,在庭院中栽种兰草和白芷,在庭院外面的路边列植杜衡,兰、芷、杜衡皆是香草。古人在自家庭院、花园中栽种兰草等香草,不仅是为了

---

① [汉]张衡撰,张震泽校注《张衡诗文集校注》,上海古籍出版社1986年版,第109页。
② [三国魏]曹植撰,赵幼文校注《曹植集校注》,第49页。
③ [唐]杜牧撰,吴在庆校注《杜牧集系年校注》,《中国古典文学基本丛书》,中华书局2008年版,第475页。
④ [唐]白居易撰,谢思炜校注《白居易诗集校注》,《中国古典文学基本丛书》,中华书局2006年版,第1659页。
⑤ [清]严可均辑《全后汉文》,商务印书馆1999年版,第193页。

修饰庭园,还因为香草具有美好的寓意。《晋书·罗含传》记载:"(罗含)累迁散骑常侍、侍中,仍转廷尉、长沙相。年老致仕,加中散大夫,门施行马。初,含在官舍,有一白雀栖集堂宇,及致仕还家,阶庭忽兰菊丛生,以为德行之感焉。"①罗含是晋代官员,辞官归家之时,家中阶前庭院忽然兰菊丛生,人们认为兰菊是感其高洁的德行而丛生。此事未必属实,但兰菊皆是芳洁之物,故人们常以之比拟高洁的品德,因此文人士大夫常常会在阶庭植兰。南朝宋刘义庆《世说新语》记载:"谢太傅问诸子侄:'子弟亦何预人事,而正欲使其佳?'诸人莫有言者。车骑答曰:'譬如芝兰玉树,欲使其生于阶庭耳。'"②谢安问他的子侄们:"你们又不需要过问政事,为什么想要使子弟更加优秀呢?"众人无言以对,惟有谢玄回答说:"这就好比芝兰玉树,都想使它们长在自家阶前庭院之中。"后来芝兰玉树就成为优秀子弟的一种美称,而在庭前阶下植兰也成为兰草比较常见的栽种方式,蕴含着古人的美好祈愿。

  兰草与其他植物配植。古人常将兰草与其他植物搭配种植在一起,如"秋兰兮麋芜,罗生兮堂下"(《九歌·少司命》),秋兰与蘪芜一起罗列种植在祭堂之下;"故荼荠不同亩兮,兰茝幽而独芳"(《九章·悲回风》),兰草与白芷种植在一起;"茝兰桂树,郁弥路只"(《大招》),兰草、白芷、桂树一起种植在道路两旁。不难发现,与兰草搭配的植物皆是香草一类的植物。兰草除了与白芷、蘪芜等香草配植外,还常与荷、萍、柳、竹、梅等植物配植,其中常见的主要有以下

---

① [唐]房玄龄等撰《晋书》,中华书局1974年版,第2403~2404页。
② [南朝宋]刘义庆撰,[南朝梁]刘校标注,余嘉锡笺疏《世说新语笺疏》,中华书局2011年版,第129页。

几种：（一）兰与荷配植。荷花艳丽、荷叶硕大，红碧相间，引人瞩目，兰草与荷相比，虽然外形上比较逊色，但是其"王者"幽香却远胜荷花。荷花香味清淡，人要近距离才能闻到，而兰草幽芳袭人，两者搭配在一起，有取长补短之效。荷花的美丽使人赏心悦目，而兰草的幽香则沁人心脾，两者水岸相映，实为佳配。如张衡《东京赋》"芙蓉覆水，秋兰被涯"①，江淹《池上酬刘记室诗》"紫荷渐曲池，皋兰覆径路"②，白居易《池上》"兰衰花始白，荷破叶犹青"③等。另外，兰草还常与浮萍、菖蒲等水生植物搭配在一起，如王俭《春诗二首》其一"兰生已匝苑，萍开欲半池"④，兰草与浮萍搭配，萧绎《望春诗》"兰生未可握，蒲小不堪书"⑤，兰草与菖蒲搭配。（二）兰与柳配植。柳树外形挺拔俊逸，枝繁叶茂，同兰草一样都具有旺盛的生命力，因此古人常在屋前院落植兰树柳，如陶渊明《拟古诗》"荣荣窗下兰，密密堂前柳"⑥，兰荣柳密，给人以生机勃勃之感。另外，柳和兰皆早春萌芽，两者搭配可使人感早春气息，如庾信《咏春近馀雪应诏诗》"丝条变柳色，香气动兰心"⑦。早春柳条渐绿，而兰草则日渐芬芳，一个是视觉上的春意，一个是嗅觉上的春芳。另外，湖堤岸边常见绿柳丛兰的搭配，如杜牧《怀钟陵旧游四首》"十顷平湖堤柳合，岸秋兰芷绿纤纤"⑧，十顷平湖堤上垂柳依依，岸边兰芷馥馥，令人神怡。

---

① ［汉］张衡撰，张震泽校注《张衡诗文集校注》，第109页。
② 逯钦立辑校《先秦汉魏晋南北朝诗》，第1566页。
③ ［唐］白居易撰，谢思炜校注《白居易诗集校注》，第2022页。
④ 逯钦立辑校《先秦汉魏晋南北朝诗》，第1380页。
⑤ 逯钦立辑校《先秦汉魏晋南北朝诗》，第2056页
⑥ ［晋］陶渊明撰，逯钦立校注《陶渊明集校注》，第109页。
⑦ 逯钦立辑校《先秦汉魏晋南北朝诗》，第2394页。
⑧ ［唐］杜牧撰，吴在庆校注《杜牧集系年校注》，第475页。

张嗣初《春色满皇州》"柳变金堤畔,兰抽曲水滨"①,亦是河畔青青柳,水滨郁郁兰。(三)兰与竹配植。与荷、柳相比,兰草与竹配植出现的时间比较晚,大约在南北朝时期才开始出现,此时园林类型呈现多样化,尤其是士人园林的兴起,文人士大夫多追求清雅的景致,竹逸、兰幽,自然就成为文人雅士园林中的常见景物。如谢朓《游后园赋》"积芳兮选木,幽兰兮翠竹。上芜芜兮荫景,下田田兮被谷。左蕙畹兮弥望,右芝原兮写目"②,后园乃是竟陵王萧子良位于建康鸡笼山西邸的园林,园中多是佳芳美木,山坡有翠绿的竹林,低谷有繁茂的幽兰,一边是满目的蕙圃,一边是广袤的芝原。江淹《魏文帝曹丕游宴》"绿竹夹清水,秋兰被幽崖"③,池边植有绿竹和秋兰,高低相应,别有一番清幽。至后世兰花兴起后,兰花与竹的搭配更是常见,而且与兰草相比,兰花与竹似乎更加般配。

第二节 兰草在日常生活中的应用

兰草是一种香草,具有独特浓郁的香气,既可用于调味、制酒,也可用于焚烧熏香,还可用于护肤、润发等。兰草还是一种药草,其丰富的药效在诸多文献中皆有记载,具有很高的药用价值。总之兰草与人们的日常生活联系十分密切,具有很高的实用价值。

一、兰草用于饮食

屈原《九歌·东皇太一》云"蕙肴蒸兮兰藉,奠桂酒兮椒浆","蕙

---

① [清]彭定求等编《全唐诗》,第3599页。
② [南朝齐]谢朓撰,曹融南校注《谢宣城集校注》,第37页。
③ 逯钦立辑校《先秦汉魏晋南北朝诗》,第1571页。

肴""桂酒""椒浆"是祭祀中供奉神灵的祭品,汉王逸注曰:"蕙肴,以蕙草蒸肉也。藉,所以藉饭食也。"①蕙、兰是香草,用蕙草蒸肉、兰草垫着饭食,切桂、椒置于酒浆之中,皆是取其芳香以取悦神灵。后来人们常常将美味佳肴称作"兰肴",形容饭菜十分美好、美味,如嵇康《琴赋》云"兰肴兼御,旨酒清醇"②,庾信《园庭诗》云"香螺酌美酒,枯蚌藉兰肴"③等。兰草还可以用于制酒,如《荀子·大略篇》云"兰茝稾本,渐于蜜醴,一佩易之"④,兰、茝、稾本都是香草,意思是将它们浸泡在甜酒之中,它们的价值要用一块玉佩才能买到。将兰草等香草浸于酒中,取其芳香以使酒变得更加香甜。又汉枚乘《七发》云"兰英之酒,酌以涤口"⑤,《六臣注文选》云:"酒中渍兰叶,取其香也。荡涤于口,以自适也。"⑥可见用兰草浸泡而成的酒,口感十分清香。另外,兰草还可以用于调味,张衡《七辩》云"雕华子曰'玄清白醴,蒲陶醲庐……飞凫栖鷩,养之以时。审其齐和,适其辛酸。芳以姜椒,拂以桂兰'"⑦,其中的姜、椒、桂、兰都是烹制肉食的佐料,用于调味。又汉桓麟《七说》云"河鼍之羹,齐以兰梅,芳芬甘旨,未咽先滋"⑧,"鼍"即大鳖,"齐"通"剂",指调味品,

---

① [宋]洪兴祖撰,白化文等点校《楚辞补注》,第56页。
② [三国魏]嵇康撰,戴明扬校注《嵇康集校注》,第143页。
③ 逯钦立辑校《先秦汉魏晋南北朝诗》,第2377页。
④ [周]荀况撰,[清]王先谦集解《荀子集解》,《新编诸子集成》,中华书局1988年版,第508页。
⑤ [清]严可均辑《全汉文》,商务印书馆1999年版,第206页。
⑥ [南朝梁]萧统编,[唐]李善等注《六臣注文选》,中华书局2012年版,第632页。
⑦ [清]严可均辑《全后汉文》,商务印书馆1999年版,第562页。
⑧ [清]严可均辑《全后汉文》,商务印书馆1999年版,第257页。

熬制鳖汤之时，以兰草和梅实作为调味品，兰草取其芳香，梅实则取其酸，从而使鳖汤味道更加香美。晋张邈《自然好学论》云"腥臊未化，饮血茹毛，以充其虚，食之始也；茹之火齐，糁以兰橘，虽所未尝，尝必美之，适于口也"①，烹制肉食时，以兰、橘调味，必定美味可口，兰草取其香，橘应是取其酸甜之味。

二、兰草用于熏香

古代熏香习俗由来已久，早期人们用香主要来源于香草，其中兰草就是一种常用香草。《荀子·礼论篇》云"椒兰芬苾，所以养鼻也"②，兰草的香气可以养鼻，说明兰草香气"不同凡香"。人们可以通过不同的方式和途径来获取兰草的香气。《招魂》云"兰膏明烛"，王逸注曰："兰膏，以兰香炼膏也"③，五臣云"似兰渍膏，取其香也"④，即将兰草浸渍在膏脂之中，从而使膏脂变香，那么灯烛在燃烧之时便会散发出芳香的气味。汉代之前灯烛燃料主要以动物油脂为主，而动物油脂在燃烧时气味是比较难闻的，因此将兰草浸渍在油脂之中，燃烧时散发的香气可以掩去油脂的难闻气味。兰草还可以作为香料用来熏香。唐释道世《法苑珠林》引《魏武令》曰"房室不洁，听得烧枫胶及蕙草"⑤，枫胶指枫香树的树脂，可作香料，房屋内有污秽之气，可以焚烧枫胶和蕙草来消除秽气，表明古人有焚烧植物香料以净化空气的习俗。另外，古人往往将兰草与麝香一起放置在熏炉中焚烧，如汉刘向《熏

---

① ［清］严可均辑《全晋文》，商务印书馆1999年版，第679页。
② ［周］荀况撰，［清］王先谦集解《荀子集解》，第347页。
③ ［宋］洪兴祖撰，白化文等点校《楚辞补注》，第204页。
④ ［南朝梁］萧统编，［唐］李善等注《六臣注文选》，第632页。
⑤ ［唐］释道世、周叔迦、苏晋仁校注《法苑珠林校注》，中华书局2003年版，第1161页。

炉铭》云"嘉此正器,崭岩若山。上贯太华,承以铜盘。中有兰麝,朱火青烟"①,兰麝同炉,青烟袅袅,香气缭绕。南北朝萧统《铜博山香炉赋》云"翠帷已低,兰膏未屏。畔松柏之火,焚兰麝之芳"②,博山香炉是盛行于汉晋时期的熏香器具,其外形呈山形,上面雕刻各种飞禽走兽,焚香时烟气缭绕,给人以仙境之感,因此人们多用其象征海上仙山博山而得名(见图07),这里博山炉中燃烧的便是兰草和

图07 错金博山炉。现藏河北省石家庄博物院。

麝香。兰草除了用熏炉熏香外,还可用香笼来熏香,如南北朝萧绎《咏竹火笼诗》云"桢干屈曲尽,兰麝氛氲消"③,竹火笼是用竹子编制而成的香笼,里面内置瓦器燃烧兰草和麝香,其香气可以透过竹笼散发出来,既可以熏香,也可以熏衣、熏被等。杜牧《阿房宫赋》云"烟斜雾横,焚椒兰也"④,言秦朝阿房宫中因焚烧椒、兰而烟雾缭绕,虽是想象、夸张之语,但椒、兰确实是当时两种常用的香料,是宫中熏香之物。

---

① [清]严可均辑《全汉文》,商务印书馆1999年版,第387页。
② [清]严可均辑《全梁文》,商务印书馆1999年版,第206页。
③ 逯钦立辑校《先秦汉魏晋南北朝诗》,第2061页。
④ [唐]杜牧撰,吴在庆校注《杜牧集系年校注》,第9页。

三、兰草用于护肤润发

古人很早就已经利用兰草沐浴，汉戴德《大戴礼记·夏小正》记载"（五月）蓄兰，为沐浴也"①，五月正是兰草生长的茂盛期，人们蓄积兰草以备沐浴之用。兰草煮汤沐浴可以洁身除垢，五月是皮肤病的易发季节，浴兰还可以有效的预防皮肤疾病，起到保护皮肤的作用。此外兰草煮汤沐浴还具有治疗风邪的功效，如宋唐慎微《证类本草》记载"今按别本注云：叶似马兰，故名兰草，俗呼为燕尾香。时人皆煮水以浴，疗风。故又名香水兰"②。另外零陵香还是古代制作面脂的常用配料之一，面脂是古人润面的油脂，类似于今天的面霜，具有保养皮肤的美容功效。唐韩鄂《四时纂要》中就有关于面脂制作方法的记载："香附子大者十介，白芷三两，零陵香二两，白茯苓一两，并须新好者。细剉研，以好酒拌令浥浥，蔓菁油二升，先文武火，于瓶器中养油一日，次下药，又煮一日。候白芷黄色，绵滤去滓，入牛羊髓各一升，白蜡八两（白蜡是蜜中蜡），麝香二分，先研令极细，又都暖相和，合热搅匀，冷凝即成。"③《千金方》《外台秘要》等医学著作中也记载了以零陵香作为配料的面脂制作方法。宋苏颂云："零陵香今湖广诸州皆有之……今合香家及面脂、澡豆诸法皆用之。都下市肆货之甚便。"④可知零陵香不仅是制作面脂的重要成分，还是制作澡豆（洗涤用的粉剂）的成分之一。因为面脂主要以众多香草

---

① 方向东集解《大戴礼记汇校集解》，中华书局2008年版，第233页。
② ［宋］唐慎微撰，尚志钧等校点《证类本草》，华夏出版社1993年版，第202～203页。
③ ［唐］韩鄂撰《四时纂要》，《中华礼藏·礼俗卷》，浙江大学出版社2016年版，第529页。
④ ［宋］唐慎微撰，尚志钧等校点《证类本草》，第263～264页。

煎膏而成，香气馥郁似兰，所以古人多称面脂为"兰膏"，如邵说《谢墨诏赐历日口脂表》云"兰膏绛雪，沐雨露之湛恩"[①]，陆游《乌夜啼》云"兰膏香染云鬟腻，钗坠滑无声"[②]等。兰草除了护肤外，还可以护发，具有润泽头发的功效。晋葛洪《肘后备急方》记载："头不光泽，腊泽饰发方"："青木香、白芷、零陵香、甘松香、泽兰，各一分，用绵裹，酒渍再宿，纳油里煎再宿，加腊泽斟量硬软，即火急煎，着少许胡粉、烟脂讫，又缓火煎令黏极，去滓，作梃，以饰发，神良。"[③]此方之中就有零陵香和泽兰两种兰草。《齐民要术》中也记载有润泽头发的"合香泽法"，香泽是润泽头发的发油，泽兰则是制作香泽的一种配料。另外，兰草还可以浸油泽发，如庾信《镜赋》云"朱开锦踏，黛蘸油檀，脂和甲煎，泽渍香兰"[④]，润发的香泽中浸有兰草。唐人陈藏器云："（兰草）香泽可作膏涂发……妇人和油泽头，故云兰泽。"[⑤]兰草浸渍膏油之中可以用来润泽头发。宋寇宗奭《本草衍义》亦记载："零陵香，至枯干犹香，入药绝可用。妇人浸油饰发，香无以加，此即蕙草是也。"[⑥]因此用兰草浸油涂发既能去除头发污垢，还能令头发光泽有香，确实具有很好的护发功效。

四、兰草用于医疗

兰草、泽兰、蕙草（零陵香）都是医家常用药草，具有很高的药

---

① ［清］董诰等编《全唐文》，中华书局1983年版，第2740页。
② ［宋］陆游撰，钱仲联、马亚中主编《陆游全集校注》（八），浙江教育出版社2011年版，第453页。
③ ［晋］葛洪撰，汪剑、邹运国、罗思航整理《肘后备急方》，中国中医药出版社2016年版，第148页。
④ ［清］严可均辑《全后周文》，商务印书馆1999年版，第195页。
⑤ ［宋］唐慎微撰，尚志钧等校点《证类本草》，第203页。
⑥ ［宋］寇宗奭撰《本草衍义》，人民卫生出版社1990年版，第66页。

用价值。约成书于秦汉时期的《神农本草经》中就已经详细记载了兰草、泽兰的药效，"兰草味辛平，主利水道，杀蛊毒，辟不祥，久服益气、轻身，不老，通神明"①，"泽兰味苦微温，主乳妇内衄、中风余疾、大腹水肿、身面四肢浮肿，骨节中水、金疮痈肿疮脓"②。约成书于汉末的《名医别录》云兰草可"除胸中痰癖"③，泽兰则"主产后金疮，内塞"④。兰草、泽兰的植物特性十分相近，因此古人往往将两者混淆，但实际上两者在药用、药效方面还是存在较大差别的，对此唐代陈藏器所言甚明："兰草本功外，主恶气，香泽可作膏涂发……泽兰叶尖，微有毛，不光润，方茎紫节，初采微辛，干亦辛，入产后补虚用之。"⑤兰草主恶气，泽兰则主妇女产后病症。泽兰是治疗妇女产后各类病症的一种常用药物，正如《本草图经》所言"（泽兰）今妇人方中最急用也"⑥，唐孙思邈《千金翼方》中就有专治妇女产后病症的"泽兰汤"药方，"主妇人产后恶露不尽，腹痛不除，小腹急痛，痛引腰背，少气力"⑦。另外，蕙草也具有较高的药用价值，古籍中亦多有记载，如唐孙思邈《千金翼方》记载："熏草，味甘平，无毒。主明目止泪，疗泄精，去臭恶气，伤寒头痛、上气、腰痛。一名蕙草，生下湿地，

---

① 张宗祥撰，郑少昌标点《神农本草经新疏》，上海古籍出版社2013年版，第274页。
② 张宗祥撰，郑少昌标点《神农本草经新疏》，第683页。
③ [明]李时珍撰《本草纲目》，人民卫生出版社1975年版，第905页。
④ [明]李时珍撰《本草纲目》，第907页。
⑤ [宋]唐慎微撰，尚志钧等校点《证类本草》，第203页。
⑥ [宋]唐慎微撰，尚志钧等校点《证类本草》，第251页。
⑦ [唐]孙思邈撰，彭建中、魏嵩有点校《千金翼方》，辽宁科学技术出版社1997年版，第64页。

三月采，阴干，脱节者良。"①唐王焘《外台秘要》则记载有专门的"蕙草汤"药方，"蕙草二两，黄连四两，当归二两。右三味切，以水六升煮，得二升。适寒温饮，五合，日三。忌猪肉、冷水等物"，此为"疗伤寒除热，止下利方"②，可见蕙草也是治疗多种疾病的良药。

兰草与人们的日常生活密切相关，除了以上四个方面的常见应用外，兰草还是园林中的一种常见植物，人们常在庭院、花园中种植兰草以修饰、美化园林屋舍，兰草芳香洁净，被赋予了高洁的人格象征，具有美好的精神寓意，因此颇受文人雅士的青睐。总之兰草在古代人们日常生活中的应用十分广泛，是一种不可或缺的香草、药草，具有很高的实用价值，而这正是兰草受人爱重、具有重要社会影响力的"物质基础"。

第三节 兰草在传统节庆中的应用及文化意义

我国古人很早就有用香习俗，"香"字最早出现于甲骨文中，最初是指谷物之香，后来范围逐渐扩大，草木之香也囊括其中。香气能够驱除蚊虫、净化空气，令人感到愉悦，但"香"看不见、摸不到，于是古人认为"香"美好而神秘，能够通感神灵。先秦时期，"香"主要来源于香草，而兰草所具有的独特香气使其在诸香草中脱颖而出，深受人们的喜爱与重视。因此兰草不仅被应用到人们的日常生活中，具有广泛的实用意义，还被应用到传统节庆之中，具有重要的精神文

---

① [唐]孙思邈撰，彭建中、魏嵩有点校《千金翼方》，第52页。
② [唐]王焘撰《外台秘要》，人民卫生出版社1955年版，第95页。

化意义。我们这里主要探讨的是兰草在传统节日上巳节、浴兰节及浴佛节中的应用表现，并对其中所蕴含的精神文化意义也予以揭示。

一、上巳节——秉执兰草，拂除不祥

上巳节是我国的一项传统节日，历史悠久，今多认为起源于春秋时期，两汉时期官方大力推广，魏晋时期普遍流行，至唐代已成为全年的三大节日之一，但宋代以后渐趋衰落，逐渐淡出了人们的社会生活，仅在部分少数民族地区尚有保留。魏以前上巳节的时间是农历三月上旬的巳日，并不固定，魏以后才被固定为农历三月初三，这在沈约《宋书》中有相关记载："自魏以后，但用三日，不以巳也。"① 早期上巳节的主要活动为祓禊，是一种在水边举行的祓除邪恶的祭礼，目的是为了消灾除病。先秦时期这一活动名为衅浴，据《周礼·春官·宗伯》记载"女巫掌岁时祓除衅浴"，郑玄注曰"岁时祓除，如今三月上巳，如水上之类。衅浴，谓以香薰草药沐浴"②，这里的"衅浴"就是在水边举行的祓除祭礼。东汉时期，这种临水洗濯、祓除邪恶的祭礼仪式才正式称作"禊"。需要注意的是，古人祓禊并不一定是真的在水中沐浴，朱熹云："古人上巳祓禊，只是盥濯手足，不是解衣浴也。"③ 大概北方三月之时，水温尚凉，并不适宜直接在水中沐浴，因此用洗濯手脚来代替水中沐浴。另外，上巳节还是一个青年男女相会的节日，这一活动起源于仲春会男女的风习，《周礼·地官·媒氏》记载："仲春之月，令会男女，奔者不禁。"④ 仲春即春天的第二个月，政府在

---

① ［南朝梁］沈约撰《宋书》，中华书局1974年版，第386页。
② ［清］阮元校刻《十三经注疏》，中华书局1980年版，第816页。
③ ［宋］朱熹撰《朱子语类》，《朱子全书》第15册，上海古籍出版社、安徽教育出版社2002年版，第1427页。
④ ［清］阮元校刻《十三经注疏》，第733页。

此月选择一个日期，让青年男女自由约会，若有两情相悦者便可私奔，且家长不得阻拦。迟至春秋时期，随着上巳节的兴起，男女相会这一风习活动逐渐移入了上巳节，成为上巳节的一项重要活动，并在唐代发展成为一项踏青、游春的全民活动。因此祓禊和男女相会是上巳节最重要的两项活动，除此之外，魏晋时期还增加了曲水流觞等风俗活动，如历史上有名的兰亭集会就有"曲水流觞"活动，唐代还增加了春游踏青、临水宴饮等活动，十分兴盛。

兰草与上巳节之间的关联源于《诗经·溱洧》一诗，诗曰："溱与洧，方涣涣兮。士与女，方秉蕳兮。女曰观乎，士曰既且。且往观乎。洧之外，洵訏且乐。维士与女，伊其相谑，赠之以勺药。"毛传曰："蕳，兰也。"① 沈约《宋书》引《韩诗》曰："郑国之俗，三月上巳，之溱洧两水之上，招魂续魄，秉兰草，拂不祥。"② 可知《溱洧》诗中描绘的场景应是郑国上巳节的盛况，郑人聚集在溱水、洧水岸边举行祓禊活动，同时青年男女也趁此节日自由约会。诗中的青年男女为了互表情意赠送芍药，而"秉蕳"则是为了拂除不祥。兰草是当时十分重要的一种香草，具有独特的芳香，人们普遍认为兰草的这种香气可以祛除邪恶、带来好运，如《神农本草经》记载："兰草，味辛平，主利水道，杀蛊毒，辟不祥，久服益气、轻身，不老，通神明。"③《神农本草经》相传起源于神农氏，代代口耳相传，约在秦汉时期被整理集结成书，可见人们很早就认为兰草具有"辟不祥""通神明"的功能，所以郑人在上巳节之时秉执兰草以拂除不祥。

---

① ［清］阮元校刻《十三经注疏》，第346页。
② ［南朝梁］沈约撰《宋书》，中华书局1974年版，第386页。
③ 张宗祥撰，郑少昌标点《神农本草经新疏》，第274页。

郑人上巳节以兰草拂除不祥，主要有两方面的意义：首先是拂除病灾的不祥。春秋时期，医学尚不发达，而郑国又处于晋国、楚国、卫国、宋国等国的包围之中，战争频繁，死伤较多，因此人们需要这样一个日子来为亡者招魂续魄，同时也为生人拂除不祥，上巳节就承担了这样一种使命。兰草是一种香草，人们认为其香气可以沟通神明、拂除不祥，同时兰草还是一种药草，可以治疗某些疾病，因此郑人上巳节秉兰就是希望芬芳的兰草可以消除疾病和灾难的不祥。其次则是拂除无子的不祥。古人十分重视家族的传承、子嗣的繁衍，周代就有仲春祭高禖的习俗，高禖即掌管人间子嗣繁衍的神，《礼记·月令·仲春》记载："是月也，玄鸟至。至之日，以太牢祠于高禖。天子亲往，后妃帅九嫔御。带以弓韣，授以弓矢，于高禖之前。"①另外，《周礼·地官·媒氏》也记载了仲春男女相会、自由婚配的习俗。毛忠贤先生认为祭祀高禖和男女相会"是性质相关相近的两件事，且同在仲春，因此是统属于高氏高禖节的，它源于人类的生殖神崇拜"②。上古时期，人们生育率低，又渴求子孙繁衍、家族长盛不衰，故有祭祀高禖的礼仪和男女相会的习俗。郑国青年男女在上巳节相会可以说是对这一古老习俗的一种继承，人们认为兰草具有生子的吉祥寓意，因此秉执兰草也就含有了祈求子嗣的意愿。关于兰草的生子寓意，主要源于郑国燕姞梦兰生子之事，据《左传·宣公三年》记载，郑文公的妾燕姞梦见祖先伯儵赐兰，并言"以兰有国香，人服媚之如是"③，后燕姞生

---

① ［清］阮元校刻《十三经注疏》，第1361页。
② 毛忠贤《高禖崇拜与〈诗经〉的男女聚会及其渊源》，《江西师范大学学报》1988年第4期。
③ ［清］阮元校刻《十三经注疏》，第1868页。

得一子，成为后来的郑穆公，因此在郑人心中，兰草与子嗣之间是有着十分密切的联系的。故郑人上巳节秉兰既是希望消除病灾，也寄寓了人们对子嗣的祈求。

需要注意的是，兰草在郑国被称为"国香"，有着崇高的地位，除了兰草自身独特的应用价值外，也与郑国的国情有关。郑国处于中原之中，北有晋国，南有楚国，而晋楚争霸，战场常在郑国，这使得郑国境内人口大量减少，疾病流行，而兰草正好具有防止瘟疫和治疗疾病的功效，是一种常用药草，同时人们还认为兰草可以"辟不祥""通神明"，所以郑人上巳节秉兰希望可以拂除不祥，为他们带来好运。另外，青年男女手秉兰草，身上多少会都沾染一些芳香气味，兰草的馨香会增加男女彼此之间的好感，同时也为这春天的节日增添了一些浪漫的气息。如果说芍药是青年男女赠别结情的信物，那么兰草则是为他们带来美好姻缘的幸运之草。"上巳节民俗活动的表象是带有祭祀和狂欢性质的岁时节日，其内涵是中国古代民众对于延续后代和避免灾祸的需要"[①]，而兰草在上巳节中的应用实际上就紧紧贯穿了这一内涵。然而遗憾的是，上巳节秉兰这一美好的古老习俗并没有得到很好的继承，尤其是随着上巳节这一节日的衰落，后世对这一习俗已经十分陌生。

二、浴兰节——沐浴兰汤，辟邪祛病

"浴兰节"一名最早见于南朝梁宗懔《荆楚岁时记》："五月五日，谓之浴兰节。四民并踏百草，今人又有斗百草之戏。采艾以为人，

---

① 王剑《上巳节的民俗审美内涵与生命美学》，《中南民族大学学报（人文社会科学版）》2010年第2期。

悬门户上，以禳毒气。以菖蒲或镂或屑，以泛酒。"①《荆楚岁时记》是我国现存最早专门记载荆楚地区时令风俗的著作，其作者宗懔（约502—约565），字元懔，祖籍南阳涅阳（今属河南南阳市），其八世祖宗承，曾任宜都（今湖北宜都市）郡守，后子孙皆定居江陵（今湖北荆州市）。宗懔生长于荆州，自然十分了解荆楚一带的时令风俗，因此撰写《荆楚岁时记》一书，其所记浴兰节就是当时荆楚地区流行的一个节日。至隋代，杜公瞻引用八十余种文献为其作注，杜氏所用材料并不限于荆楚地区的文献，而是多用北方文献，故从杜注可看出当时荆楚的许多习俗也流行于广大北方地区，其中浴兰节就是扩展到了北方地区的一项节日。另外，杜公瞻注曰："今谓之浴兰节，又谓之端午。"②可知至隋代时，浴兰节又称作端午节。宗懔所记五月五日为浴兰节，并未言及"端午"，但所记节日的活动内容却与端午节一致，这就表明宗懔时期，荆楚地区五月五日还未有"端午节"之称，后来随着"端午节"名称的普及，"浴兰节"之名渐废，故今多认为浴兰节是端午节的一个别称。

所谓浴兰，即以兰草煮汤沐浴，兰草是一种香草，具有浓郁的香气，用来煮汤沐浴可以洁身除垢。宗懔之前虽并未见有"浴兰节"一说，但浴兰习俗却是由来已久。《夏小正》中就记载了浴兰这一习俗，其云："五月……煮梅，为豆实也。蓄兰，为沐浴也。"③豆实是盛放在木豆中的祭品，五月煮梅用作祭品，而蓄兰则是为了沐浴，沐浴与

---

① ［南朝梁］宗懔撰，［隋］杜公瞻注，宋金龙校注《荆楚岁时记》，山西人民出版社1987年版，第47页。
② ［南朝梁］宗懔撰，［隋］杜公瞻注，宋金龙校注《荆楚岁时记》，山西人民出版社1987年版，第47页。
③ 方向东集解《大戴礼记汇校集解》，中华书局2008年版，第233页。

斋戒是古人祭祀前的必要准备，先秦之时"国之大事，在祀与戎"①，祭祀是和平时期国家最重大的事情，而以兰汤沐浴洁身，则显示出古人对祭祀的虔诚。战国时期楚国就沿袭了这一浴兰习俗，巫师在祭祀之前以兰汤浴身，如屈原《九歌·东皇太一》"浴兰汤兮沐芳，华采衣兮若英"②，巫师以兰汤浴身，以香草沐发，然后穿上华美的衣服去侍奉神灵，这是巫师为迎神而做的一系列准备。其实楚国的浴兰习俗带有浓厚的地域文化和宗教巫术色彩。首先，兰草带有浓厚的楚地文化色彩。屈原的辞赋开创了香草比德的传统，其辞赋之中涉及到了大量的香草，如江离、杜衡、揭车、留夷、木兰、芷、兰、蕙、椒、桂、荪等，其中尤以兰蕙数量最多。屈原不仅通过佩带兰蕙来表达自己的芳洁之志，还以兰蕙来比拟贤才、忠臣，因此后世咏兰文学中多有"楚兰""屈兰"之称。上海博物馆藏战国楚竹书中有一篇《兰赋》，该赋是早于或者与屈原所处时期相近的楚辞类作品，作者不详，题目是由其整理者曹锦炎据其内容而定。从内容上来看，这篇《兰赋》是作者以兰比德、托物咏志之作，作者笔下的兰草虽然生存环境恶劣，遭受蝼蚁虫蛇的损害，但仍然保持自身的美好品德，这与屈原作品中的兰草比德相似。可见兰草在楚地绝非凡草，而是带有楚人情感认同的一种独特香草，具有重要的精神文化意义，带有明显的地域文化印记。其次，浴兰习俗带有浓厚的楚国巫术色彩。战国时期，楚国巫术活动十分盛行，班固《汉书·地理志》云楚人"信巫鬼，重淫祀"③，楚人信巫，对鬼神深信不疑，故祭祀活动十分隆重，他们在祭祀前用兰

---

① 杨伯峻校注《春秋左传注》，中华书局1990年版，第861页。
② ［宋］洪兴祖撰，白化文等点校《楚辞补注》，第57～58页。
③ ［南朝宋］范晔撰《后汉书》，中华书局1962年版，第1666页。

汤沐浴洁身，除了表示对神灵的尊敬外，还有着十分重要的目的，那就是通过浴兰使身体沾染兰草的芳香。他们认为兰草的芳香可以通达神灵，实现人神沟通，神灵感知他们的诚意，从而庇护他们，这实际上是巫师取悦神灵的一种娱神行为，带有浓厚的楚国巫术色彩。

南北朝时期，荆楚地区浴兰习俗十分流行，但此时的浴兰习俗已经摆脱了早期宗教巫术色彩，成为了一项全民性的节庆活动。人们在五月五日浴兰主要有两方面的意义：一是辟邪，二是祛病。五月俗称恶月，自古就多禁忌，《礼记·月令》记载："是月也，日长至，阴阳争，死生分。君子齐戒，处必掩身，毋躁。止声色，毋或进。薄滋味，勿致和。节嗜欲，定心气，百官静事毋刑，以定晏阴之所成。"[①]人们认为五月阳气方盛，阴气欲始，物者感阳气长者为生，感阴气成者为死，可谓是阴阳相争、生死齐分，因此人们对五月心有畏惧，从而制定多种禁忌，希望能够避免灾祸。民间甚至还有五月五日生子不利父母之说，《风俗通义》记载："俗说五月五日生子，男害父，女害母也。"[②]可见五月在人们心中是一个十分不祥的月份，因此端午节的许多习俗内容都与辟邪祛恶相关，如在门口悬挂艾草、佩带香囊、饮雄黄酒等。而兰草自古就被认为具有辟不祥的功能，因此浴兰亦是人们五月辟邪的一项习俗。另外，五月初始，天气变热，五毒孳生，是瘟疫易于流行的时期，人们容易感染各种疾病，尤其是皮肤等方面的疾病，所以人们会在此日采集艾草等诸种草药，用以祛除毒气，《荆楚岁时记》云此日"采杂药"，杜公瞻注引《夏小正》云"此日蓄药，以蠲除毒

---

① ［清］阮元校刻《十三经注疏》，第1370页。
② ［汉］应劭撰，王利器校注《风俗通义校注》，《新编诸子集成续编》，中华书局1981年版，第561页。

气"①。而兰草是一种可以治疗各种疾病的药草，以之煮汤沐浴不仅可以洁身除垢，还能起到预防疾病的效果，因此人们在五月五日蓄兰沐浴还具有祛除疾病的实用意义。

至后世，五月忌讳之说已渐渐消亡，如明谢肇淛《五杂俎》云"五月五日子，唐以前忌之，今不尔也"②，但是浴兰习俗却得以沿袭，唐韩鄂《岁华纪丽》云："浴兰之月。朱索，赤符，祭屈，祠陈，长命缕……时当采艾节及浴兰。"③表明浴兰仍是唐代端午节的一项习俗。宋代欧阳修《端午帖子·皇帝阁六首》其四："岁时令节多休宴，风俗灵辰重祓禳。肃穆皇居百神卫，涤邪宁待浴兰汤。"④表明宋人端午节也仍有浴兰活动。至明代"浴兰"已不再专用兰草一种药草，如《五杂俎》云"兰汤不可得，则以午时，取五色草拂而浴之"⑤，还有用菖蒲、艾草等煮汤沐浴的。后来"浴兰""兰汤"逐渐成为沐浴、浴汤的一种美称，然而其辟邪祛病的民俗文化意义则逐渐为人所淡忘。

三、浴佛节——兰汤浴佛，敬佛祈福

佛教于两汉之际传入中国，魏晋南北朝时期已经十分流行，伴随着佛教的流传，与佛教相关的节日也随之盛行，比较重要的节日有纪念佛祖释迦悟禅出家的成道节、纪念佛祖释迦去世的涅槃节等，而纪念佛祖释迦诞生的佛诞节则是其中十分重要的一项节日，又因佛诞日

---

① 此为《夏小正》佚文，见［南朝梁］宗懔撰，［隋］杜公瞻注，宋金龙校注《荆楚岁时记》，山西人民出版1987年版，第49页。
② ［明］谢肇淛撰《五杂俎》，中华书局1959年版，第36页。
③ ［唐］韩鄂撰《岁华纪丽》，《中华礼藏·礼俗卷》，浙江大学出版社2016年版，第367页。
④ ［宋］欧阳修撰，李逸安点校《欧阳修全集》，《中国古典文学基本丛书》，中华书局2001年版，第1269页。
⑤ ［明］谢肇淛撰《五杂俎》，中华书局1959年版，第35页。

要以香汤灌洗释迦佛像，故又称作浴佛节。浴佛节在每年的四月八日举行，相传佛祖诞生之时，九龙吐水为其浴身，故人们此日灌洗佛像以为"弥勒下生之征也"①。浴佛节自汉代开始就已出现并流行，晋陈寿《三国志》记载："（笮融）每浴佛，多设酒饭，布席于路。经数十里，民人来观及就食，且万人费以巨亿计。"②笮融是东汉末人，早年巧取豪夺，发家之后大兴佛事，修建佛寺、佛塔，吸引僧侣前来。每到浴佛节的时候，笮融就在道路上摆设宴席，数万民众都前来观望并就食，所费钱财要以亿为单位来计算，其盛况可想而知。魏晋南北朝时期，佛教更加兴盛，僧人和寺庙的数量都不断增加，佛教节日也日渐盛行，其中浴佛节作为佛教的重要节日，也随之盛行。关于浴佛节的意义，有学者认为主要有两重含义："一是象征性地再现佛诞生时的九龙吐水；二是表达对佛祖的怀念之情感。"③其实除此之外，浴佛节还含有人们对子孙兴旺的祈福意愿，一方面人们趁浴佛节之际拜佛乞子，如《荆楚岁时记》记载："四月八日长沙寺阁下，有九子母神。是日，市肆之人无子者，供养薄饼以乞子，往往有验。"④另一方面则希望通过浴佛来为子孙祈福，如《高僧传》记载："（石）勒诸稚子，多在佛寺中养之，每至四月八日，勒躬自诣寺灌佛，为儿发愿。"⑤

"浴佛"即灌洗佛像，但所用之水并非普通之水，而是以各种香

---

① ［唐］韩鄂撰《岁华纪丽》，《中华礼藏·礼俗卷》，浙江大学出版社 2016 年版，第 365 页。
② ［晋］陈寿撰《三国志》，中华书局 1959 年版，第 1185 页。
③ 郑阿财《敦煌寺院文书与唐代佛教文化之探——以四月八日佛诞节为例》，《逢甲大学唐代研究中心、中国文学系·唐代文化、文学研究及教学国际学术研讨会论文集》，2007 年。
④ 此条为佚文，转引自［唐］韩鄂撰《岁华纪丽》，第 365 页。
⑤ ［南朝梁］释慧皎撰，汤用彤校注《高僧传》，中华书局 1992 年版，第 348 页。

草制成的香水，据西秦释圣坚翻译的《佛说灌洗佛经》记载："四月八日浴佛法，都梁、藿香、艾纳合三种草香，挼而渍之，此则青色水，若香少可以绀黛秦皮权代之矣。郁金香手挼而渍之于水中，按之以作赤水，若香少若乏无者，可以面色权代之。丘隆香捣而后渍之，以作白色水，香少可以胡粉足之，若乏无者，可以白粉权代之。白附子捣而后渍之，以作黄色水，若乏无白附子者，可以栀子权代之。玄水为黑色。最后为清净。"①可知都梁香是制作浴佛香水的原料之一，都梁香即兰草，宋洪刍《香谱》引南朝宋盛弘之《荆州记》云："都梁县有山，山上有水，其中生兰草，因名都梁香，形如藿香。"②北魏郦道元《水经注》记载："（都梁县）县西有小山，山上有淳水，既清且浅，其中悉生兰草，绿叶紫茎，芳风藻川，兰馨远馥，俗谓兰为都梁，山因以号，县受名焉。"③可知都梁香是兰草的俗称。圣坚是西秦人，精通华、胡语文，曾译出《罗摩伽》等15部佛经，他一生云游四海，见多识广，因此知道都梁香草并不稀奇，但都梁香是兰草的特定俗称，因此《佛说灌洗佛经》中的"都梁"香草应是圣坚的有意附会。但圣坚为什么要译为"都梁"？这说明都梁香一定是当时影响力比较大的一种香草。又宗懔《荆楚岁时记》记载："四月八日，诸寺设斋，以五色香水浴佛，共作龙华会。"杜公瞻注曰："按《高僧传》：'四月八日浴佛，以都梁香为青色水，郁金香为赤色水，丘隆香为白色水，附

---

① ［西秦］释圣坚译《佛说灌洗佛经》，《乾隆大藏经》第22册，中国书店2010年版，第987页。
② ［宋］洪刍撰《香谱》，文渊阁《四库全书》第844册，台湾商务印书馆1986年版，第223页。
③ ［北魏］郦道元撰，陈桥驿校证《水经注校证》，中华书局2007年版，第888页。

子香为黄色水，安息香为黑色水，以灌佛顶。'"①可知，南北朝时期确实是以都梁香来制作浴佛香水的，虽然我们不清楚印度制作浴佛香水的具体原料名称，但是这一仪式活动传入我国后，显然是已经带有了本土化的色彩，都梁香的应用便是一种体现。

兰草气味芳香，其自然属性适合制作香水，而以之灌洗佛像主要蕴含着两方面的意义：一方面人们希望借助兰草的芳香向佛祖传达崇敬之情，另一方面则希望取悦佛祖、赐福于己。早在先秦时期，人们就认为兰草是一种独特的香草，具有辟不祥、通神明的功用，从而被应用于各种祭神活动之中，在人们心目中兰草是一种能够建立人与神之间联系的"神草"。而魏晋南北朝时期，佛教盛行，加上当时战争频繁，赋税较重，疾病流行，朝不保夕的人们渴望和平安定、无病无灾、多子多福的生活，现实的不可得，人们希冀借助宗教的力量来实现安定的愿望，佛教徒为了宣传自己的教义也尽量迎合民众的心理需求，兰草沟通神灵的功能，正好投合了当时人们祈求佛祖庇佑的普遍愿望，所以僧人以兰草来制作浴佛香水，正是基于对传统与现实的深入思考。僧人除了用兰草浴佛外，还用兰草沐浴，是一种洁身净心的方式，《幽明录》记载："庙方四丈，不作墉，道广五尺，夹树兰香，斋者煮以沐浴后祭，所谓兰汤。"②关于兰香，据宋唐慎微《证类本草》记载："《唐本注》云：陶云都梁香乃兰草尔。俗名兰香，煮以洗浴，亦生泽畔，人家种之。"③可知兰香即兰草。僧人在寺庙路边的树下种植兰草供

---

① ［南朝梁］宗懔撰，［隋］杜公瞻注，宋金龙校注《荆楚岁时记》，山西人民出版1987年版，第43～44页。
② ［唐］欧阳询等编，汪绍楹校《艺文类聚》，上海古籍出版社1982年版，第677页。
③ ［宋］唐慎微撰，尚志钧等校点《证类本草》，第251页。

斋戒之人沐浴，以洁身除垢、净化身心。可见兰草是僧人常用的一种香草，无论是以之沐浴，还是以之浴佛，实际上都是对当时普遍流行的浴兰习俗的一种反映。

风俗具有时代性，随着时代的变迁，浴佛习俗也在不断变化，到了宋代，浴佛节增加了饮用浴佛香水的习俗，金盈之《醉翁谈录》记载："既而揭去紫幎，则见九龙，饰以金宝，间以五彩，从高噀水，水入盘中，香气袭人。须臾，盘盈水止。大德僧以次举长柄金杓挹水，灌浴佛子。浴佛既毕，观者并求浴佛水饮漱也。"①为了满足人们饮用需求，浴佛所用香水也逐渐开始发生了变化，如孟元老《东京梦华录》记载："四月八日，佛生日，十大禅院各有浴佛斋会，煎香药糖水相遗，名曰浴佛水。"②周密《武林旧事》记载："四月八日为佛诞日，诸寺院各有浴佛会。僧尼辈竞以小盆贮铜像，浸以糖水，覆以花棚，铙钹交迎，遍往邸第富室，以小杓浇灌，以求施利。"③浴佛香水不再使用兰草等各种香草或香料，而是改用更加适合人们饮用的糖水，更加贴合民众，呈现出世俗化的倾向。

综上，兰草在传统节日中的应用始于先秦时期郑国的上巳节，这并非偶然。首先，郑国溱、洧流域地处中原腹心，土壤肥沃、水源充足，十分适宜兰草的生长，当时郑国境内应该分布着广泛的兰草，这样才能满足上巳节人人秉执兰草的大量需求。其次，郑人称兰草"国香"，燕姞梦兰生子，都足以说明兰草在郑国具有崇高的地位，是深受国人

---

① ［宋］金盈之撰《醉翁谈录》，《续修四库全书》，上海古籍出版社2002年版，第203页。
② ［宋］孟元老撰，伊永文笺注《东京梦华录笺注》，中华书局2007年版，第749页。
③ ［宋］周密撰《武林旧事》，文渊阁《四库全书》第590册，第201页。

崇拜的一种"神草",因此郑人上巳节秉兰希望能够借助兰草的力量拂除不祥、带来好运。而至南北朝时期的浴兰节,人们以兰草煮汤沐浴希望可以辟邪祛病,这实际上与上巳节秉兰殊途同归,都是希望借助兰草的力量来达到禳灾的目的,但浴兰显然比秉兰的方式更能体现人与兰草之间的密切联系,似乎也更加贴合人们实现洁身除垢、消除病灾的愿望。如果说上巳节和浴兰节是人和兰草之间通过接触的方式来实现禳灾的目的,那么浴佛节则是通过建立佛祖和兰草之间的联系来传达人们的祈福意愿,以兰草制作香水灌洗佛像取悦佛祖、传达己愿,从而达到祈福目的。虽然浴佛仪式是从印度传入我国的一种佛教活动,但是以兰草制作浴佛香水,却是我国佛教徒的一种自觉选择,这显然是受当时流行的浴兰节及浴兰习俗的影响。其实兰草在这些节庆习俗中的应用,都是建立在兰草自身的实用价值以及以人们对兰草的崇拜情感之上的。一方面,兰草香气可以驱蚊杀虫、预防瘟疫等,因此古人认为兰草具有"辟不祥"的禳灾意义。另一方面,兰草香气令人感到愉悦,但又无色无形,古人感其美好、神秘而认为兰草具有"通神明"的祈福意义。所以古人上巳节秉执兰草拂除不祥、浴兰节沐浴兰汤辟邪祛病、浴佛节以兰草制香水浴佛祈福,实际上都源于人们对兰草或"禳"或"祈"功能的认知,寄寓了人们辟邪趋吉的心态以及对生活的美好祈愿,蕴含着丰富而深厚的精神文化意义。

第四节 兰草在其他民俗礼仪中的应用及文化反映

兰草是芳洁之物,可以驱除蚊虫、预防疾病、祓除不祥,因此古人有佩兰、赠兰习俗，希望消除病灾的同时还蕴含着丰富的情感意蕴，如佩兰明志、赠兰惜别等。此外兰草还被应用于祭祀、丧葬、官场等各种礼仪之中。总之兰草在我国传统民俗、礼俗中的应用，在一定程度上是对当时社会生活及文化风貌的一种反映，渗透着丰富的精神文化意义。

一、佩兰习俗

我国古代很早就有佩带香囊的习俗，约成篇于战国中期的《礼记·内则》①记载："男女未冠笄者，鸡初鸣，咸盥漱，栉縰，拂髦总角，衿缨，皆佩容臭。"郑玄注曰："容臭，香物也。以缨佩之，为迫尊者，给小使也。"②容臭便是香囊，未成年的男女佩带香囊，以示对长者、尊者的敬重。古代香囊里面一般装有香料，而早期香料主要以芳香类的植物为主，长沙马王堆汉墓出土的四个绣花香囊中就装有辛夷、花椒、茅香等香草③。除了佩带香囊，古人还会直接佩带香草，《左传·宣公三年》记载"以兰有国香，人服媚之如是"④，表明春秋时期就已经有佩兰习俗。此外古人在祭祀的时候，为了表示对神灵的尊敬，也会佩带兰草，如《左传·襄公二十八年》记载："济泽之阿，行潦之蘋、藻，置诸宗室，季兰尸之，敬也。"晋杜预注曰："言取蘋、藻之菜于阿泽之中，使服兰之女而为之主，神犹享之，以其敬也。"⑤即女

---

① 王锷撰《〈礼记〉成书考》，《南京师范大学古典文献研究丛刊》，中华书局2007年版，第194页。
② [清]阮元校刻《十三经注疏》，第1462页。
③ 湖南农学院、中国科学植物研究所《长沙马王堆一号汉墓出土动植物标本的研究》，文物出版社1978年版，第41页。
④ [清]阮元校刻《十三经注疏》，第1868页。
⑤ [清]阮元校刻《十三经注疏》，第2001页。

子在出嫁之前先去宗庙祭祀祖先，而女子祭祀之时，身上会佩带着兰草，以表示对祖先神灵的尊敬，这与楚地巫师祭祀之前沐浴兰汤的目的有相似之处，带有鲜明的宗教巫术色彩。

战国时期楚国佩带香草的习俗十分盛行，其中兰草就是楚人经常佩带的一种香草。屈原《离骚》中多次提到佩带兰蕙，如"扈江离与辟芷兮，纫秋兰以为佩"，将兰草茎叶结成绳后佩带，"既替余以蕙纕兮"，"蕙纕"即蕙草结成的佩带。王逸认为佩带在身上的饰物是用来象征德行的，"故行清洁者佩芳，德仁明者佩玉，能解结者佩觿，能决疑者佩玦，故孔子无所不佩也。言已修身清洁，乃取江离、辟芷以为衣被，纫索秋兰以为佩饰，博采众善以自约束也"[①]。品行高洁之人都佩带香草，故屈原披戴江离、白芷，结缀秋兰作为佩饰，实际上是一种自修行为，象征其芳洁之志。自屈原之后，"佩兰"逐渐成为文人士大夫表达自身高洁之志或隐逸情怀的一种象征。佩兰还具有防止疾病的实用功能，《山海经·西山经》记载："又西百二十里……有草焉，名曰薰草，麻叶而方茎，赤华而黑实，臭如蘼芜，佩之可以已疠。"[②] 薰即蕙草，佩带蕙草可以防止瘟疫。兰草确实具有预防疾病的药用功能，而且能够治疗多种疾病，其药效早在《神农本草经》中就已经有记载，这也是人们佩带兰草的一个原因。

佩兰习俗主要流行于先秦时期，兰草是一种香药草，人们希望通过佩兰可以起到驱除蚊虫和预防某些疾病的功效，同时还希望通过佩兰使自身芳洁，从而起到被除不祥的作用。另外，结合古人常用香来彰显德行，如《尚书·君陈》云："至治馨香，感于神明。黍稷非馨，

---

① ［宋］洪兴祖撰，白化文等点校《楚辞补注》，第5页。
② 袁珂校注《山海经校注》，北京联合出版公司2014年版，第23页。

明德惟馨。"①即谷物的香气并不是真正的馨香，人的美德才是真正的馨香。因此人们佩带兰草还蕴含着深层次的象征意义，那就是佩兰明志。兰草是芳洁之物，人们通过佩兰来象征自己具有美好、高洁的品行。虽然佩兰这一习俗并未很好的流传下来，但佩兰所蕴含的象征意义却屡被后人引用。

二、赠兰习俗

我国古代很早就有折花相赠的风习，如《诗经·溱洧》男女相别时"赠之以勺药"，通过赠花来表情结意。屈原《九歌·山鬼》"折芳馨兮遗所思"，王逸注曰："所思，谓清洁之士若屈原者也。言山鬼修饰众香，以崇其善，屈原履行清洁以厉其身，神人同好，故折芳馨相遗，以同其志也。"②通过赠送香草表同心之志。另外，大家最熟悉的便是折柳相赠，据《三辅黄图》记载："霸桥在长安东，跨水作桥，汉人送客至此桥，折柳赠别。"③通过赠送柳枝来表达挽留不舍之情。兰草作为一种独特的香草，古人亦有采兰相赠的习俗，同时这一习俗含有丰富的情感寓意。

首先，赠兰表达同心之意。这源于《子夏易传》"同心之言，其臭如兰"④，谓两人若心意相同，那么他们之间的谈话就犹如兰草一般芳香，此后人们常以兰草象征深厚的情谊，并通过赠送兰草表达彼此之间心意或情志的投合。如萧纲《半路溪》"摘赠兰泽芳，欲表同心句"⑤，写女子与前夫半路相逢，想要与其重温旧情，于是采摘泽

---

① ［清］阮元校刻《十三经注疏》，第237页。
② ［宋］洪兴祖撰，白化文等点校《楚辞补注》，第79页。
③ 陈宜校正《三辅黄图校证》，陕西人民出版社1980年版，第139页。
④ ［清］阮元校刻《十三经注疏》，第79页。
⑤ 逯钦立辑校《先秦汉魏晋南北朝诗》，中华书局1983年版，第1916页。

中芳兰相赠，表示愿与其同心之意。贺兰进明《古意》其二"崇兰生涧底，香气满幽林。采采欲为赠，何人是同心"①，诗人采摘生长在涧底的兰草想要赠送给与自己情志相同的人，然而却发现无同心之人可以相赠。其次，赠兰表达离情别意。纵观汉唐诗歌，采兰相赠的内涵存在着一个由思别到惜别的发展过程，而唐前主要以思别为主，入唐后则开始有惜别之意。思别是指别离以后的思念，如古诗《新树兰蕙葩》"新树兰蕙葩，杂用杜蘅草。终朝采其华，日暮不盈抱。采之欲遗谁，所思在远道"②，女子采摘兰蕙想要赠送给远方的情人，表达对情人离别之后的思念之情，此是赠兰思别。又范云《别诗》"别君河初满，思君月屡空。折桂衡山北，摘兰沅水东。兰摘心焉寄，桂折意谁通"③，摘兰、折桂想要寄赠离人，寄寓了离别之后的深切思念之情，仍是思别。但这里的赠兰并不是真的采兰寄送给远方的情人或友人，古代交通不便，而新采摘的兰草很容易枯萎，想要短时间内寄送到远方，是极其困难的，因此采兰寄赠更多的是通过这一行为方式寄寓对离人的思念之情。惜别是指送别时的不舍之情，入唐以后以兰赠别，借以表达依依不舍之情，如杨炯《幽兰赋》"隰有兰兮兰有枝，赠远别兮交新知"④，仲子陵《幽兰赋》"赠离者以之伤远"⑤，陶翰《送崔二十一之上都序》"兰可佩也，掇而赠君"⑥等，都是离别之

---

① [清]彭定求等编《全唐诗》，中华书局1960年版，第1612页。
② 逯钦立辑校《先秦汉魏晋南北朝诗》，第336页。
③ 逯钦立辑校《先秦汉魏晋南北朝诗》，第1546页。
④ [唐]杨炯撰，徐明霞点校《杨炯集》，《中国古典文学基本丛书》，中华书局1980年版，第10页。
⑤ [清]董诰等编《全唐文》，第5239页。
⑥ [清]董诰等编《全唐文》，第3381页。

时以兰草相赠，其中除了表达对亲友的依依不舍，还蕴含了对友人的美好祝福之意。另外，赠兰还有赠贤之意，如吴均《赠周兴嗣诗四首》其一"愿持江南蕙，以赠生刍人"①，"生刍"语出《诗经·白驹》"皎皎白驹，在彼空谷。生刍一束，其人如玉"②，生刍指新割的青草，用来喂养白驹，因为生刍是贤人的马驹所食，所以后人逐渐用生刍代指具有美德的贤人。这里的"生刍人"代指的就是诗人的好友周兴嗣，诗人认为他有贤德，因此赠之以蕙。又李德裕《春暮思平泉杂咏二十首·芳荪》"楚客重兰荪，遗芳今未歇……离居若有赠，暂与幽人折"③，赠兰与幽人，幽人即隐士，亦是贤德之人。

兰草芳香幽洁，是一种美好的香草，古人赠兰风习蕴含着情人之间的相思爱慕、亲人之间的记挂思念、友人之间的深厚情谊等多种情感，都是希望通过"赠兰"藉以传情，同时也含有一种美好的祝福意愿。

三、兰草与祭祀

祭祀是我国古代社会中十分重要的一项活动，是国家礼仪的重要组成部分，《礼记·祭统》云"礼有五经，莫重于祭"④，祭祀礼位于五礼之首，是最重要的礼。早期祭祀还是国家的一大政事，《左传·成公十三年》云"国之大事，在祀与戎"⑤，祭祀是与军事同等重要的政治活动。祭祀源于人们对自然、鬼神以及祖先的敬畏和崇拜情感，而祭祀的目的主要是希望得到神灵、祖先的庇佑，《礼记·郊特牲》

---

① 逯钦立辑校《先秦汉魏晋南北朝诗》，第1740页。
② 程俊英，蒋见元撰《诗经注析》，《中国古典文学基本丛书》，中华书局1991年版，第536页。
③ [清]彭定求等编《全唐诗》，中华书局1960年版，第5407页。
④ [清]阮元校刻《十三经注疏》，第1602页。
⑤ [清]阮元校刻《十三经注疏》，第1911页。

云"祭有祈焉，有报焉，有由辟焉"，郑玄注曰"祈尤求也，谓祈福祥，求永贞也"，"报，谓若获禾报社"，"由，用也。辟读为弭，谓弭灾兵，远罪疾也"①。可知人们通过祭祀来祈求吉祥福寿、庄稼丰收、远离病灾，总而言之是希望能够得到神灵、祖先的庇护。因此古人十分重视祭祀礼仪，希望能够取悦神灵或祖先，以得到他们的庇佑，而用于祭祀礼仪中的事物必是十分珍贵之物，兰草作为一种美好、神圣的香草，古人常常将其应用于祭祀礼仪之中。

祭品在祭祀礼仪中占有极其重要的地位，是人们供奉给神灵或祖先的礼品，希望神灵、祖先享用满足后降福于人。祭品实际上是人向神传达意愿的一种载体，因此在祭品的选择上，人们往往都会选用那些最美好、最珍贵的物品，其中兰草就是古人常用的一种祭品。《管子•轻重甲》云："昔尧之五更五官无所食，君请立五厉之祭，祭尧之五吏。春献兰，秋敛落，原鱼以为脯，鲵以为殽。"②此乃春秋时期管仲对齐桓公所言，齐桓公欲向百姓征收各种名目的赋税，管仲不赞同，而是提议向鬼神来征税，设立五厉之祭，也就是祭祀尧的五位功臣的祭礼，百姓会十分乐意祭祀五吏，春天供奉兰草，秋天供奉果实，还会以珍贵的鱼干和鱼肉作为祭祀的肴馔，百姓供奉的这些祭品都可替代赋税。春兰茂盛而芬芳，故人们以之作为祭品。《九歌•礼魂》云"春兰兮秋菊，长无绝兮终古"，王逸注曰："言春祠以兰、秋祠以菊为芬芳，长相继承，无绝于终古之道也。"③春天祭祀用兰，秋天祭祀用菊，兰春盛，菊秋芳，都是取用应季的香草来供奉神灵。另外兰草还可以与食物配制在一起

---

① ［清］阮元校刻《十三经注疏》，第1457页。
② 黎翔凤校注《管子校注》，中华书局2004年版，第1413页。
③ ［宋］洪兴祖撰，白化文等点校《楚辞补注》，第84页。

作为祭品，《九歌·东皇太一》云"蕙肴蒸兮兰藉，奠桂酒兮椒浆"，王逸注曰："蕙肴，以蕙草蒸肉也。藉，所以藉饭食也。""桂酒，切桂置酒中也。椒浆，以椒置浆中也。言已供待弥敬，乃以蕙草蒸肴，芳兰为藉，进桂酒椒浆，以备五味也。"①用蕙草蒸肉，将兰草垫在饭食下面，把桂、椒泡在酒中，这些都是祭祀天帝东皇太一所用的祭品。"蕙""兰""椒""桂"都是香草香木，取其芳香之用。班固《白虎通德论》引《王度记》曰："天子鬯，诸侯薰，大夫苣兰，士萧，庶人艾。"②《王度记》早已亡佚，据刘向《别录》记载"《王度记》云似齐宣王时淳于髡等所说也"③，大概是战国时期的一部关于礼节制度规范方面的书籍。三国张揖《广雅》中亦有类似记载："腊，索也。夏曰清祀，殷曰嘉平，周曰大蜡，秦曰腊。天子祭以鬯，诸侯以薰，卿大夫以苣兰，士以萧，庶人以艾。"④鬯是古代祭祀时所用的一种酒，《说文》："鬯，以秬酿郁草，芬芳攸服，以降神也。"⑤用黑黍和郁金草酿成的一种香酒，因此"苣兰"应该也是一种香酒，用白芷、兰草酿造或浸泡而成，是卿大夫在祭祀仪式中用来祭神的一种祭酒。

兰草在祭祀礼仪中除了作为祭品供神享用，还有着其它方面的应用。如《左传·襄公二十八年》记载："济泽之阿，行潦之蘋藻，置诸宗室，季兰尸之，敬也。"孔颖达认为："此意取《采蘋》之诗也。

---

① [宋]洪兴祖撰，白化文等点校《楚辞补注》，第56页。
② [清]陈立疏证，吴则虞点校《白虎通疏证》，《新编诸子集成》，中华书局1994年版，第307页。
③ [清]严可均辑《全汉文》，商务印书馆1999年版，第389页。
④ [清]王念孙撰《广雅疏证》，江苏古籍出版社2000年版，第290页。
⑤ [汉]许慎撰，[清]段玉裁注《说文解字注》，上海古籍出版社1988年版，第217页。

《诗》云'于以采蘋，南涧之滨。于以采藻，于彼行潦'，'于以奠之，宗室牖下。谁其尸之，有齐季女'。"①《毛诗序》云："古之将嫁女者，必先礼于宗室，牲用鱼，芼之以蘋藻。"②即女子出嫁之前到宗庙祭祀祖先的祭礼。季兰是季女佩带兰草，也就是少女在行祭祀礼时身上佩带着兰草。"尸"是代死者受祭的人，而"立尸"是"上古祭礼时最重要的一环"③，这里的季兰就是代替死者接受祭祀的尸，而且尸必须与所代替的受祭者性别相同，因此季兰所代替受祭的死者是与她性别相同的女性祖先。少女佩带兰草一是有熏香之意，使自身芳香以表示对祖先的尊敬，二是借助兰香来吸引祖先神灵下降而附着其身，从而接受子孙后辈的祭祀。另外，兰草还被用来装饰祭堂，如《九歌·少司命》"秋兰兮麋芜，罗生兮堂下"，兰草和蘪芜都是香草，罗列种植在祭堂下面，起到装饰祭堂的作用，当然也是为了取其芳香，同时种植在祭堂周围也方便祭祀之时的取用。

  兰草应用于祭祀礼仪之中主要发生在先秦时期，或用作祭品，或用于祭者熏香洁身等，都是取其芳香以为用。古人认为"香"美好而神秘，于是人们在举行祭祀礼仪之时，往往会用美好的"香"来祀神，并认为香气能通感神灵。早在周代祭祀礼仪之中人们就已经利用香味来取悦神灵了，如《诗经·生民》："取萧祭脂，取羝以軷，载燔载烈，以兴嗣岁。卬盛于豆，于豆于登。其香始升，上帝居歆，胡臭亶时，后稷肇祀。"④用艾蒿蘸牛脂燃烧以释放馨香，香气上升，从而使天

---

① ［清］阮元校刻《十三经注疏》，第2001页。
② ［清］阮元校刻《十三经注疏》，第286页。
③ 杨华等撰《楚国礼仪制度研究》，湖北教育出版社2012年版，第170页。
④ 程俊英，蒋见元撰《诗经注析》，第807页。

帝得以享用。香草是先秦时期祭祀用香的一大来源，而兰草作为一种"出类拔萃"的香草，自然会以各种形式被应用于祭祀礼仪之中，成为人们沟通、取悦神灵及祖先的一种重要载体。后来，随着人工香料的出现，香草在祭祀礼仪中的应用逐渐淡出，但后世各种宗教仪式中的焚香仪式极有可能就是源于早期祭祀礼仪中的用香习俗。

四、兰草与其他生活

早在春秋时期古人就已经将香草应用到丧葬礼之中了，河南光山县发掘的春秋早期黄君孟夫妇墓中棺底就布满了花椒[①]，椒是一种常与兰并提的香草，具有很好的杀虫功效。后来兰草也被应用于丧葬礼之中，《仪礼·既夕礼》记载："茵著用荼，实绥泽焉。"郑玄注曰："荼，茅秀也。绥，廉姜也。泽，泽兰也，皆取其香且御湿。"[②]垫在棺材底下的褥子里面盛着茅秀、廉姜和泽兰三种香草，它们具有芳香的气味，并且能够防潮，当然这里用的是晾干之后的香草。香草的香气具有驱除蚊虫的功效，在褥中盛放这三种香草可以防止地下的虫蚁噬咬死者尸体，而且晾干的香草可以吸收湿气，具有防潮的作用，这对死者的尸体具有一定的保护作用。另外，兰草除了可以用来填充垫棺的褥子外，还用来填充供死者使用的枕头，长沙马王堆一号汉墓出土的一个绣花枕头，其中就以兰草作为填充物，同时出土的还有四个绣花香囊，里面装有茅香、辛夷、椒姜等香草。[③]贯穿汉代丧葬礼的一个核心思想就是将死者如生前一般看待，因此随葬品的选择上会尽量选择死者生

[①] 河南信阳地区文物管理委员会、光山县文物管理委员会《春秋早期黄君孟夫妇墓发掘报告》，《考古》1984年第4期。

[②] [清]阮元校刻《十三经注疏》，第1163页。

[③] 湖南农学院、中国科学植物研究所《长沙马王堆一号汉墓出土动植物标本的研究》，文物出版社1978年版，第41页。

前所用物品，以供死者在另一个世界里继续享用，香枕属于生活必需品，香囊属于装饰品，因此这里的香枕和香囊可能是墓葬主人生前所用之物，而香枕、香囊里面填充的植物香料正好也有驱虫、御湿的功能。兰草用于丧葬礼之中，不仅仅是它具有驱虫、御湿的实用功能，还出于对死者的尊重，因为兰草自古就是供神享用的圣物，有通神、祓邪、除病的功效，将其应用于死者丧葬礼之中，含有生者对死者的一种敬爱之意。

汉代时期，兰草还被应用于官员上朝礼仪之中，据《汉官仪》记载："尚书郎握兰含香，趋走丹墀奏事，黄门郎与对揖。"① 尚书郎是东汉时期始设置的官职，主要选取孝廉中有才能的人担任，侍奉皇帝左右处理政务。《汉官仪》云"尚书郎主作文书起草，夜更直五日于建礼门内"②，尚书郎主要从事文书的起草工作，并且夜间还要在建礼门内轮流值班。尚书郎夜间执勤，皇帝往往会有赏赐，"尚书郎给青缣白绫被，以锦被，帷帐，毡褥，通中枕，太官供食，汤官供饼饵五熟果实，下天子一等。给尚书史二人、女侍史二人，皆选端正。从直女侍执香炉烧薰从入台护衣"③，不仅赏赐其寝食所需之物，并且还有侍女专门执熏炉为其衣服熏香。尚书郎夜间宫中执勤，缺少沐浴更衣条件，因此侍女为其熏香洁身，以遮掩身上的不好气味，而第二天早朝尚书郎握兰也应是此意，含香则是为了清新口气。需要注意的是含香所含应是鸡舌香，李林甫《唐六典》记载"尚书郎握兰含鸡舌

---

① ［清］孙星衍辑《汉官仪》，《汉官六种》，中华书局1990年版，第143页。
② ［清］孙星衍辑《汉官仪》，《汉官六种》，第142页。
③ ［清］孙星衍辑《汉官仪》，《汉官六种》，第143页。

香奏事，与黄门侍郎对揖"①，吴兆宜《庾开府集笺注》引《汉官仪》云"尚书郎怀香握兰，含鸡舌奏事"②，两者皆言尚书郎含鸡舌香。又《齐民要术》记载："'鸡舌香，世以其似丁子，故一名丁子香。'应劭为汉侍中，年老口臭，帝赐鸡舌香含之。后来三省故事郎官日含鸡舌香，欲其奏事对答芬芳。《日华子》曰'丁香治口气'，正以此也。"③鸡舌香即丁香，但并非是用于观赏的木犀科丁香属的植物，而是作为香料和药材的桃金娘科蒲桃属植物，尚书郎所含乃是晒干后的丁香果实，可以去除口臭、清新口气。此后握兰含香成为一个典故，"握兰"则成为士人入朝为官或者是官员权势的一种象征，如南朝吴均《结客少年场》"握兰登建礼，拖玉入舍晖"④，握兰象征作官；唐代顾况《宴韦庶子宅序》"今席有芳樽，庭有嘉木，饮酒赋诗，皆大国圣朝群龙振鹭、握兰佩玉者也"⑤，握兰象征有权势的官员。

---

① ［清］孙星衍辑《汉官仪》，《汉官六种》，第143页。
② ［唐］李林甫等撰，陈仲夫点校《唐六典》，中华书局1992年版，第9页。
③ ［宋］郑樵撰，王树民点校《通志二十略》，中华书局1995年版，第2015页。
④ 逯钦立辑校《先秦汉魏晋南北朝诗》，第1722页。
⑤ ［清］董诰等编《全唐文》，第5369页。

第四章　先秦兰草的文化意义及文学表现

　　先秦时期兰草以独特的芳香引人关注，人们发现其香并加以利用，广泛的社会应用使之与人们的社会生活关系密切，成为深受人们喜爱与重视的一种香草，从而具有重要的社会影响力。这一时期兰草不仅成为先秦儒家比德的物象之一，被赋予了高尚的君子人格象征，同时还被神圣化，成为人们谋求政治利益的一种工具，显示出重要的文化和历史意义。此时兰草也逐渐进入文学表现领域，《诗经》、楚辞、诸子散文中皆有出现，尤以屈原楚辞中的兰草意象最为突出，既是屈原超凡情志的寄托，又蕴含了丰富的象征寓意，对后世兰草意象的书写起到了重要的典范意义。总之先秦时期是我国兰文化与兰文学的滥觞期，对整个兰文化及兰文学的发展起着重要的引导作用，而我们只有清晰洞察了这一源头，才能顺畅了解和把握兰文化及兰文学的整体发展过程。

第一节　先秦儒家兰草比德的形成

　　"比德"是先秦时期儒家的一种重要美学思想，是将自然现象与人的精神品质联系起来，从自然景物的特征上体验到属于人的道德含义，将自然物拟人化，简单来说，就是以自然事物的特征来比附、象征君子的高尚道德品格。"比德"一词最早见于《礼记·玉藻》，其云："古之君子必佩玉……君子无故，玉不去身，君子于玉比德焉。"①以玉美好的自然属性来象征君子的美好品德。儒家一直追求理想的道德人格，而这一人格的最高境界是"圣人"，然而一般人都很难达到这一境界，即便是孔子，其生前也不敢以"圣人"自居，直到死后才被尊称为"圣人"，于是儒家转而求其次，追求"君子"的理想人格，而君子也是需要具备多种优秀品德的，如坚守仁义、知礼守礼、谦虚好学等。正是因为儒家推崇、追求君子人格，所以他们在看到自然物像的某些美好特征之时，常常会联想到君子的道德品格，继而予以比附、象征，使得这些抽象的道德品格变得具象化，从而生动可感。用以比德的自然物象多种多样，如天地、山川、河流等，古人"多识草木鸟兽虫鱼"，因此动物、植物也是常见的比德物像。先秦时期，人与植物的关系十分密切，古人很早就已经关注并利用植物了，如植物可以用作食物、可以建造房屋、可以用作燃料、可以用作药材等，除了这些实用价值外，植物还具有精神方面的作用，如可以供人崇拜、观赏、陶冶情操等，在这种紧密的联系之下，人们便以植物的美好特征来比附人的美好品德，从而开启了长达两千多年的植物比德模式。

先秦时期是植物比德的萌芽时期，而先秦儒家最早以植物比德君子的则是孔子，如"岁寒，然后知松柏之后凋也"②，孔子将松柏耐寒且四季常青的生物特性比附君子穷且益坚的道德品质。孔子除了以松柏比德，还以兰比德，并且开启了以兰比德的经典模式。首先，孔

---

① ［清］阮元校刻《十三经注疏》，中华书局1980年版，第1482页。
② ［宋］朱熹撰《四书章句集注》，《新编诸子集成》，中华书局1983年版，第116页。

子以兰草的芳香来象征君子品德的高尚。刘向《说苑》云："孔子曰：'与善人居，如入兰芷之室，久而不闻其香，则与之化矣；与恶人居，如入鲍鱼之肆，久而不闻其臭，亦与之化矣。故曰丹之所藏者赤，乌之所藏者黑，君子慎所藏。'"①类似的记载见于《大戴礼记·曾子疾病》，其云："与君子游，苾乎如入兰芷之室，久而不闻则与之化矣；与小人游，腻乎如入鲍鱼之次，久而不闻则与之化矣。"②两文基本一致，《大戴礼记》之语虽是曾子之言，亦当是承袭自孔子。两文都强调了选择朋友的重要性，要谨慎选择朋友，与道德高尚的人在一起，就像进入一间充满兰芷芳香的屋子，时间久了就闻不到香味了，那是因为自己已经被同化，也具有了芳香之气。兰草香气十分浓郁，古人常常以兰草熏香，人身上会沾染兰草的芳香之气，故孔子以兰草的芳香来象征君子品德的高尚，并且君子的高尚品德也具有潜移默化的"传染"作用，与君子相交，受其影响，也会渐渐提升自身品德，从而也成为与君子一样具有高尚德行的人。其次，孔子以兰草无人自芳象征君子穷困守节。据《荀子·宥坐》记载，孔子和他的弟子从陈国到蔡国的途中被围困，断粮七日，不得通行，子路就这一困境向孔子提出质疑："由闻之，为善者天报之以福，为不善者天报之以祸。今夫子累德、积义、怀美，行之日久矣，奚居之隐也？"孔子回答说："夫芷兰生于深林，非以无人而不芳。君子之学，非为通也，不为求通，为穷而不困，忧而意不衰也，知祸福终始而心不惑也。"③芷草和兰草皆生长在人烟稀少

---

① ［汉］刘向撰，向宗鲁校正《说苑校正》，《中国古典文学基本丛书》，中华书局1987年版，第434页。
② 方向东集解《大戴礼记汇校集解》，中华书局2008年版，第576页。
③ ［周］荀况撰，［清］王先谦集解《荀子集解》，《新编诸子集成》，中华书局1988年版，第527页。

的深山丛林之中,但它们并不因为无人欣赏而不芳香,而君子修道立德,也不应因生计窘迫或境遇艰难而改变自己的道德理想和气节操守。孔子以兰生深林象征君子身陷困境,以兰无人自芳象征君子穷困守节,从而赋予了兰草君子的人格象征意义。

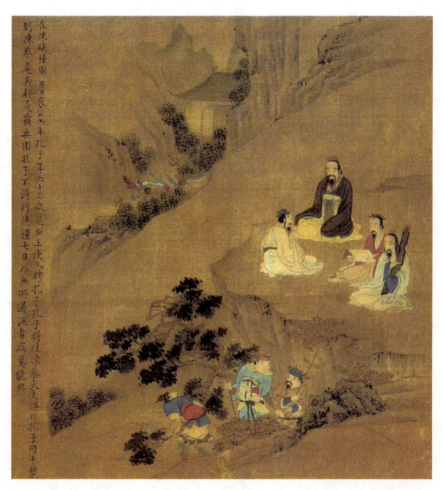

图08 [明]仇英画、文徵明书《孔子圣绩图·在陈绝粮图》。

孔子之后,兰草的君子人格象征意义不断得到丰富和发展,即便宋代兰花取代兰草,独享"兰"名,由兰草建构的这一比德模式却继续为兰花所沿用,并且兰花的君子比德意义在兰草的基础上更加丰富和完善,成为我国古代文人士大夫极力推崇和追求的一种完美人格象征,并且最终上升成为一种经典的文化符号。

先秦儒家经典《易传》中亦有兰草比德出现,关于《易传》的作者,自宋代至今争议颇多,但《易传》里面有不少"子曰"云云的言论,体现的是深厚的儒家思想。《易传·系辞上》云"二人同心,其利断金。同心之言,其臭如兰"[①],谓两人心意相同,力量就会犹如剑一般锋利,可斩断坚硬的金属,志同道合的君子之间的谈话,气味则犹如兰草一样芬芳,强调的是君子之间志同道合的重要性。这里体现的是儒家的比德思想,兰草象征品德高尚的君子,兰草散发出的芳香则象征君子之间默契的言谈。后世"金兰"一词就是由此衍生而出,如《世说新语·贤媛》记载:"山公与嵇、阮一面,契若金兰。"[②]山涛与嵇康、阮籍第一次见面,就情志相投如同金兰。后来"金兰"还成为为结拜的一种代称,也就是俗称的"拜把子",更加侧重的是朋友之间的默契相交。

先秦时期用于比德的自然物象首先必须是已经进入人们感官视野之中的物象,是人们对其有一定认知的物象,其次则必须是一种或美好、或神秘、或圣洁、或重要,总之是对人具有吸引力的物象。兰草具有十分独特的芳香,其香味令人感到愉悦、神秘,如此美好的兰草又多生长在幽静之地,静默自芳,更加使人感其品质可贵,因此以兰草比德,实际上是建立在兰草芳香、幽静的生物特性基础之上。许多植物

---

① [清]阮元校刻《十三经注疏》,第79页。
② [南朝宋]刘义庆撰,[南朝梁]刘校标注,余嘉锡笺疏《世说新语笺疏》,《中华国学文库》,中华书局2011年版,第587页。

的比德意义一般都会经历一个由实用到审美，再到人格象征的漫长阶段，而兰草在其应用价值被发现之初就被赋予了君子人格的象征意义，这是十分罕见的，表明了兰草的独特、可贵之处。先秦儒家兰草比德的建构，意义重大而深远，虽然后世兰草地位逐渐被兰花取代，但兰花在先秦兰草比德的基础之上，其比德意义更加丰富完善，从而使"以兰比德"成为一种影响深远的文学命题和文化符号。

第二节　梦兰生子的文化意义

梦，对今天的我们而言并不陌生，几乎每个人都会做梦，是人在睡眠时，一部分脑细胞并没有完全放松和休息，继续进行活动的结果，是人的一种正常生理现象。著名心理学家弗洛伊德认为："梦是人对睡眠中所受刺激的一种反应方式，是人们窥探心灵之窗，揭露人们种种无法实现的愿望的途径。"[1]然而在古代，由于人们对客观世界认识水平的局限性，将梦看作是一种神秘的现象，是神灵对他们的一种暗示和提醒，因此古人十分重视梦境，并且通过占卜梦境来判断吉凶。周代时期就已经设立专门负责占梦的官职，《周礼·春官》："（大卜）掌三梦之法，一曰致梦，二曰觭梦，三曰咸陟。"[2]由大卜来掌管占梦活动。周人通过对梦境的占卜来预测国事的吉凶，可见周人对梦的极度重视与迷信。因为古人对梦的崇拜和迷信，在后来的历朝历代之中，梦逐渐被披上了政治的色彩，甚至成为了一种特殊的政治手段，在许

---

[1]［奥］弗洛伊德撰，孙名之译《释梦》，商务印书馆2006年版，第48页。
[2]［清］阮元校刻《十三经注疏》，第803页。

多政治事件中都发挥了重要的作用。

其中《左传》中就有大量关于梦的记载，如《左传·僖公十年》记载狐突梦太子申生，《左传·僖公二十八年》记载楚子玉梦河神，《左传·成公五年》记载赵婴梦天使等，然而许多梦都是做梦者为了实现某种政治意图或政治目的的假借托梦，是故意虚构、编造的梦，而《左传》中关于燕姞梦兰生子之事的记载就是假借托梦之举。《左氏·宣公三年》：

> 初，郑文公有贱妾曰燕姞，梦天使与己兰，曰："余为伯鯈。余，而祖也。以是为而子。以兰有国香，人服媚之如是。"既而文公见之，与之兰而御之。辞曰："妾不才，幸而有子，将不信，敢征兰乎？"公曰："诺。"生穆公，名之曰兰……穆公有疾，曰："兰死，吾其死乎，吾所以生也。"刈兰而卒。①

燕姞是郑文公的一个姬妾，地位低下，她梦见她的祖先伯鯈将兰草作为子嗣恩赐与她，不久郑文公送她兰草并宠幸了她，然后燕姞怀孕产子，并以兰为之命名。后来公子兰历经艰辛最终登上郑国国君之位，成为郑穆公，最后郑穆公之死也与兰草息息相关，他身患疾病，将兰草割掉便去世了。实际上这是燕姞虚构编造的一个梦，是欲要通过这一梦境来谋求政治利益的一种手段。燕姞是南燕国人，南燕国是春秋时期的姞姓诸侯国，始祖是姞伯鯈，孔颖达正义曰："南燕国，姞姓，黄帝之后也。小国无世家，不知其君号谥。"②可见南燕国是春秋时期的小国，燕姞出身小国自然身份地位不高，古代多母以子贵，燕姞身份低下，于是她将自身地位的显贵寄托在子嗣身上，为此燕姞假借

---

① ［清］阮元校刻《十三经注疏》，第1868页。
② ［清］阮元校刻《十三经注疏》，第1727页。

天使托梦赐子，实际上是欲要谋求显贵之位的一种政治手段，利用人们对梦兆的迷信以及对兰草的崇拜情感，从而引起郑文公的重视，这就为公子兰的出生蒙上了一层神圣的光环。后来郑文公杀死了自己的多个儿子，但唯独公子兰幸存了下来，这与燕姞梦兰不无关系，最后公子兰被拥立为国君，这才算是真正实现了燕姞梦兰的吉兆。后来燕姞梦兰成为女子受宠怀孕得子的象征，是一种生子的吉兆。

燕姞以兰草作为子嗣的象征，说明兰草在当时的郑国具有十分崇高的地位，在人们心目中是一种美好、神圣的香草。燕姞梦中伯鯈言"以兰有国香，人服媚之如是"①，因为兰草的香气位居全国之首，所以连佩带兰草的人都会受到人们的尊敬，足见兰草地位之尊贵。兰草的崇高地位，一方面源于它重要的社会应用价值，被应用到社会生活的诸多方面，是人们日常生活中不可或缺的一种香草，具有广泛的社会影响力；另一方面兰草的重要价值以及兰草独特的香气，使人们认为兰草具有"辟不祥""通神明"的功能，兰草可以驱除蚊虫、瘟疫等不好的事物，因此人们认为兰草也可以驱除一切邪恶、不祥的超自然事物，是一种可以驱除不祥的神草，如《诗经·溱洧》就描绘了郑人手秉兰草以祓除不祥的古老习俗。再者，当时郑国的地理位置处于中原之中，时常与周边国家发生战争，而晋楚争霸，战场常在郑国，郑国人民深受其苦，战争的频繁使得郑国的人口大量减少，瘟疫疾病流行，因此可以防治疾病、感应神灵的兰草自然会更加受到郑人的重视和崇敬。燕姞梦兰生子，就是利用了兰草在郑国的神圣地位和重要影响力，从而为公子兰的出生以及日后的国君身份蒙上了"天赋君权"的神圣

---

① ［清］阮元校刻《十三经注疏》，第1868页。

色彩。郑穆公因兰而生、刈兰而亡，故有的学者认为兰草是郑穆公的个人图腾。图腾崇拜源于人们的自然崇拜，而人们所崇拜的都是那些最具影响力、最具力量的自然事物，或者是人们赖以生存的某种生活资料，或者是日月星辰、风雨雷霆等对人类具有威胁的自然现象等。如果说兰草是郑穆公的个人图腾的话，这就表示兰草在当时的郑国确实具有举足轻重的崇高地位，是名副其实的"国香"，因此燕姞征兰为子才会引起郑文公的重视，公子兰才会深受国人的拥戴。

此后人们常以兰草来比喻、象征子嗣，兰草被赋予了子嗣的象征意义，比如《世说新语》记载："谢太傅问诸子侄：'子弟亦何预人事，而正欲使其佳？'诸人莫有言者。车骑答曰：'譬如芝兰玉树，欲使其生于阶庭耳。'"①芝兰指芝草和兰草，以之比喻象征家族中优秀杰出的子弟。又如后世的"兰桂齐芳"，比喻子孙兴旺发达，兰和桂以香著称，是香草和香木，用来象征有才德、有出息的子孙。《红楼梦》中李纨之子就以兰为名，叫作贾兰，第五回写道："诗后又画一盆茂兰，旁有一位凤冠霞帔的美人也。有判云：桃李春风结子完，到头谁似一盆兰。如冰水好空相妒，枉与他人作笑谈。"这是贾宝玉神游太虚境之时，所见的金陵十二钗之一李纨的画图和判词，画中茂兰暗指李纨之子贾兰，虽然这里的茂兰并非兰草而是兰花，但显然沿用了兰草的子嗣象征意义。高鹗续《红楼梦》第一百二十回写道："现今荣宁两府，善者修缘，恶者悔祸，将来兰桂齐芳，家道复初，也是自然的道理。""兰"指的是贾兰，后来在科举中取得名第，而"桂"则指贾宝玉和薛宝钗的遗腹子贾桂，并暗指他将来也会取得功名，故谓之"兰桂齐芳"。

---

① ［南朝宋］刘义庆撰，［南朝梁］刘校标注，余嘉锡笺疏《世说新语笺疏》，第129页。

综上，梦兰生子实际上是燕姞谋求政治利益的一种手段，利用了兰草在郑国的崇高地位以及人们对梦的迷信，而被赋予兰草化身的郑伯兰，确实也深受其利，最后登上郑国国君之位，验证了其母梦兰生子的吉兆。在这一过程中，兰草起到了至关重要的作用，因此人们多以兰草来象征贤能的子嗣，至后世，兰花也继续沿用了兰草的这一象征意义，多用来比喻象征优秀的子孙后代。

第三节　先秦文学作品中的兰草意象

先秦时期文史哲不分，属于泛文学时期，是中国文学的发轫期，这一时期的兰草意象主要见于《诗经》、楚辞以及诸子散文之中，其中尤以屈原楚辞中的兰草意象最为突出和典型，对后世兰意象的塑造具有重要的典范意义。上海博物馆藏战国楚竹书中的《兰赋》则是我国现存最早的专题咏兰草作品，其文学意义和价值都十分重要。总体而言，先秦时期涉及到兰草意象的文学作品并不多，但此时兰草生成的象征意义却对后世兰草、兰花意象和题材的文学创作影响远大。

兰草意象最早见于《诗经》之中，共出现了两次，分别见于《诗经·泽陂》和《诗经·溱洧》，前文已经言明《诗经·泽陂》中的"萠"是莲而非兰，因此《诗经》中言兰处只有《溱洧》一诗，诗曰："溱与洧，方涣涣兮。士与女，方秉蕳兮。女曰观乎，士曰既且。且往观乎。洧之外，洵訏且乐。维士与女，伊其相谑，赠之以勺药。"[①]蕳即兰草，诗中描绘了郑国溱水和洧水岸边上巳节的盛况，男女皆秉执兰草祓除不祥，

---

① ［清］阮元校刻《十三经注疏》，第346页。

兰草蕴含的是"辟不祥"的民俗意义。男女在离别之时"赠之以芍药"表结情意，而秉兰也有祈求吉祥好运的朴素愿望，对年轻男女而言，秉兰还寄寓着他们对美好爱情姻缘的期盼。因此《诗经·溱洧》中的兰草意象既蕴含着被邪的民俗意义，又寄寓了男女之间古朴美好的爱情愿望。继《诗经》之后，屈原楚辞作品中大量出现兰草意象，兰草成为屈原"香草"意象群的代表，被赋予了高洁的人格象征，对后世咏兰文学的创作具有重要的典范意义。关于屈原作品中的兰草意象本章第四节将予以详尽探析，此不再赘述。

兰草意象还出现于先秦诸子散文之中。如《荀子·王制篇》："其民之亲我也欢若父母，好我芳若芝兰。"①意思是百姓亲近我们就像亲近父母一样高兴，喜欢我们就像喜欢芝兰的芳香一样。芝草和兰草都是芬芳的香草，尤其是兰草在当时的社会生活中占据着十分重要的地位，深受人们的喜爱。另外道家著作《文子》②中亦言及兰草，《文子·上德》云："兰芷不为莫服而不芳。舟浮江海，不为莫乘而沉。君子行道，不为莫知而愠，性之有也。"③兰草和白芷不因为无人佩带而不芳香，漂浮在江海之上的舟船不因无人乘坐而下沉，君子实践自己的主张不因无人了解而废止，这与孔子所言兰芷无人自芳之语有相似之处，也是兰草比德之意，以兰草象征君子的高尚品德，这都为后世兰草意象的君子人格象征意义奠定了基础。

---

① ［周］荀况撰，［清］王先谦集解《荀子集解》，第269页。
② 关于《文子》一书，长期以来一直有学者认为是伪书，然而1973年河北定县八角廊汉墓出土了竹简本《文子》残篇，证明今本《文子》并不全是后人伪造。今本《文子》虽经过了汉魏士人的改造重编，但亦保存了较多原本《文子》的面貌，今学术界已普遍不把其单纯作为伪书来看待。
③ 王利器疏义《文子疏义》，《新编诸子集成》，中华书局2000年版，第261页。

这一时期还出现了以兰草作为题材的辞赋,上海博物馆藏战国楚竹书中有一篇《兰赋》,是早于或者是与屈原所处时期相近的楚辞类作品,这是我国目前现存最早的一篇专题咏兰文学作品。此篇《兰赋》由曹锦炎先生整理、注释,另外"本篇原无篇题,取内容主题为名"①。本篇现存简五支,除了第五简外,其余四支简均有残损。全篇首章及中间部分均有残佚,篇尾完整,现存一百六十字。虽有残佚,但并不影响对其主旨的理解,原文如下:

……旱,雨露不降矣。日月失时,黄薛茂丰。决去选物,宅在兹中……旱其不雨,何渊而不涸?备修庶戒,旁时焉作。缓哉兰兮,华涤落而犹不失是芳,盈訛迩而达闻于四方。居宅幽麓,残贼蝼蚁虫蛇。亲众秉志,違远行道,不躬有折,兰斯秉德。贤……佞前其约俭,端后其不长。如兰之不芳,信兰其栽也。风旱之不罔,天道其越也。黄薛之方起,夫亦适其岁也。兰有异物,蓼则简逸,而莫之能效矣。身体重轻,而目耳劳矣。□位里下,而比拟高矣。

作者先写天气久旱不雨,日月不按时序运行,节候失常,水源枯竭,黄、薛等丛草生长繁茂,在这样恶劣的环境下,兰草却枝叶舒缓,即使花朵凋落也不失芬芳,虽然近处遭人诋毁,但却受到四方称誉。实际上作者借兰喻己,表示自己虽然身处困境,遭受诋毁,却依然能够坚守己志。除了生长环境的恶劣外,兰草还会遭受到蝼蚁虫蛇的毁坏和伤害。接着作者由兰及人,说要像兰草一样坚持美好的品德,在远行的道路中,要亲近爱抚民众,坚守意志,还要亲力亲为,恩泽民众,

---

① 马承源主编《上海博物馆藏战国楚竹书(八)》,上海古籍出版社2007年版,第250页。

否则就会受到民众的责难。另外，在不同品德的人面前要采取不同的克制态度，在善辩的人面前要约束自己的言行，对于正直的人要站在他的后面而不能居先，总之都要保持谦虚谨慎的态度，这与兰草不芳之时的道理是一样的，因为有佚文，所以此处不知是自喻还是他指。风灾和旱灾这些大灾害虽然超越了自然界的运行规律，但莢、薜等丛草的茂盛则是顺应了时序的。兰草具有非比寻常的品质特征，枝叶竦立而简约超逸，没有谁能够比得上它。而人的尊卑贵贱则取决于自身耳目的辛劳，也就是自身的见闻，见多识广的人即使身处卑贱的地位，他的品行也是可以和那些地位尊贵的人相提并论的。

从内容上来看，这篇《兰赋》是作者以兰比德、托物咏志之作，作者笔下的兰草虽然生存环境恶劣，且遭受蝼蚁虫蛇的损害，但是仍然具有多种美好的品德，如不畏困境、坚守己志、克己慎行、谦虚恭敬等，实际上作者借兰抒发了自己的情感与志向，这与屈原的香草比德是一致的。从章法句式上看，该赋句型长短不一，四言、五言、杂言交互运用，显然章法上还比较生疏、不够成熟，体现出早期辞赋作品的特点，但却也增添了几分自由灵活的生动意蕴。此外，该赋大量同义或近义字叠用，如"茂丰""残贼""逴远""蝼蚁"等，皆是由两个近义字叠用而成的同义复词，可见其修辞之用心，正如曹锦炎所云"遣词用句之清丽，与屈原、宋玉作品相比，可以说并无逊色"[1]。

先秦时期的兰草是当时十分重要的一种香草，具有重要的社会影响力，人们对兰草普遍怀有崇敬之情，因此，这一时期文学著作中的兰草意象都是一种美好的象征，蕴含着人们乐观向上、积极美好的情感，

---

[1] 马承源主编《上海博物馆藏战国楚竹书（八）》，上海古籍出版社2007年版，第250页。

如《诗经》中的兰意象寄寓了人们对生活及爱情的美好意愿,屈原楚辞中的兰草意象是芳洁之物,是高洁、忠贞的象征,《兰赋》虽是以歌颂兰草为主题的辞赋,但文中的兰草意象仍是以比德为主,兰草象征着高尚的道德品格。先秦时期的兰草以香著称,古人多以兰香来彰显德行,因此文学著作中的兰草意象一开始就被赋予了美德、君子的象征,这在其他植物意象中是十分少见的,而兰草的这种人格象征意义也正是历代咏兰文学作品的主题所在,可以说先秦时期文学作品中的兰草意象,是我国咏"兰"文学的发轫期,具有重要的引导和奠基作用。

第四节 屈原辞赋中的兰草意象

屈原作品擅以"香草"比兴,其中兰草深受屈原爱重,是其作品中出现频率最高的一种香草,成为屈原精神寄托的重要载体。屈原重兰,不仅与楚国地域文化有关,还离不开当时整个社会生活及文化环境的影响。屈原作品中的兰草意象主要表现为佩饰、祭祀用品及景物三类,这些意象不仅是屈原情志的象征和寄托,同时还反映了当时的社会生活风貌,带有一定的写实倾向。继孔子兰草比德之后,屈原使兰草的象征内涵更加丰富和深化,兰草芳洁、幽独的品性成为高洁人格的象征,从而奠定了以兰比德的传统,对后世兰草及兰花意象的文学书写具有重要的典范意义。

一、屈原作品中兰草"冠群芳"

植物意象是中国古代文学和文化意象系统中十分丰富的一类意象,

产生于西周、春秋时期的《诗经》中就包含了大量的植物意象，而成熟于战国时期的楚辞，其植物意象更加丰富，这些植物意象不仅增加了楚辞的艺术魅力，还塑造了一个绚丽多姿的植物系统。楚辞中的植物种类繁多，其中尤以芳香植物为主，虽有草本植物，也有木本植物，但在文学史上，人们历来习惯以"香草"统称，因此本文亦以香草称之。其实屈原作品中不仅有香草，还有与之相对的恶草，指的是那些有害或有毒的草木。屈原赋予香草高洁、美好的象征寓意，开创了香草比德的文学传统，在中国文学史上影响深远。

屈原作品中的植物种类繁多，据统计，《离骚》《九歌》《九章》《天问》中一共提到了59种植物[1]，其中"香草"有36种，分别是江离、芷、兰、木兰、宿莽、椒、菌桂、蕙、茝、荃、留夷、揭车、杜衡（蘅）、菊、木根、薜荔、胡绳、芰、荷（芙蓉）、桂、荪、杜若、辛夷、药、麋芜、女罗、橘、芭、露申、薚茅、三秀、扶桑、若木、琼枝、疏麻、瑶华[2]；"恶草"有7种，分别是薋、菉、葹、艾、茅、萧、樧；无香恶之分的草木有16种[3]，分别是白蘋、蘋、篁、葛、松、柏、蒻、荼、茅、黄棘、荓、枲华、秬黍、莆、蘿、薇。由此可见，在屈原作品的整个植物系

---

① 案：《离骚》《九章》《九歌》《天问》目前学术界已基本确定为屈原作品，《大招》《卜居》《远游》《渔夫》尚有争议，故本文只取《离骚》《九章》《九歌》《天问》四篇。另外这里只统计了比较明确的植物意象，对于那些虽有其字，却与植物无关的情况，如"台桑"（地名）、"桑扈"（人名）等，均不在统计之内。

② 案：薚茅、扶桑、若木、琼枝、疏麻、瑶华，古今多释为灵草、神草、玉树、玉花等，不能实指，是传说或虚构的一类植物，但屈原将它们与其它香草并提，并赋予了香草特有的象征寓意，因此这里也将它们归为香草一类。

③ 案：这些草木在屈赋中并无香恶之分，仅是纯粹客观的描述，故归为无香恶之分的草木。

统中，香草的数量约占百分之六十，占据主要地位。另外，屈原作品中还反复提到了芳草、众芳、草木、百草，这些都是对花草树木的统称，其中芳草在其作品中出现了5次，众芳出现了3次，两者共出现了8次，而草木出现了3次，百草出现了2次，香草地位的重要性可见一斑。

香草是屈原作品植物系统中最重要的一类草木，然而在这个系统中，每种草木的价值和地位都不一样，有的地位重要，有的仅是陪衬，其中兰草在整个香草系统中占据着最为重要的地位，其重要地位主要体现在以下两方面：首先，兰草在屈原作品中出现次数最多，其出现频率远远高于其它香草。据笔者考察，屈原作品中的36种香草只出现于《离骚》《九歌》《九章》三篇中，统计情况如下：

序号	名称	离骚	九歌	九章	总计
1	兰	8	9	1	18
2	蕙	6	4	3	13
3	椒	6	2	2	10
4	荷/芙蓉	2	5	1	8
5	桂	0	7	0	7
6	茝	3	1	2	6
7	荪	0	4	2	6
8	薜荔	1	4	1	6
9	杜若	0	3	2	5
10	木兰	2	2	1	5
11	芷	3	1	0	4
12	杜衡	1	2	1	4

					(续表)
13	江离	2	0	1	3
14	菊	1	1	1	3
15	辛夷	0	2	1	3
16	荃	2	0	0	2
17	菌桂	2	0	0	2
18	揭车	2	0	0	2
19	宿莽	1	0	1	2
20	扶桑	1	1	0	2
21	若木	1	0	1	2
22	琼枝	2	0	0	2
23	橘	0	0	2	2
24	芰	1	0	0	1
25	留夷	1	0	0	1
26	木根	1	0	0	1
27	胡绳	1	0	0	1
28	薋茅	1	0	0	1
29	药	0	1	0	1
30	疏麻	0	1	0	1
31	瑶华	0	1	0	1
32	麋芜	0	1	0	1
33	女罗	0	1	0	1
34	三秀	0	1	0	1
35	芭	0	1	0	1
36	露申	0	0	1	1

由以上表格可以看出，兰共出现了18次，位居第一，蕙出现了13次，位居第二，两者共计31次，而其它34种香草一共才出现99次，平均每种香草出现次数不足3次，可见兰蕙是屈原香草系统中最重要的两种香草，占据主要地位，可谓冠冕群芳。

其次，兰草的重要地位还体现在屈原对其重视的态度上，《离骚》云"余既滋兰之九畹兮，又树蕙之百亩。畦留夷与揭车兮，杂杜衡与芳芷。冀枝叶之峻茂兮，愿竢时乎吾将刈"，单就屈原种植香草的面积而言，兰九畹，蕙百亩，留夷、揭车皆一畦，杜衡、芳芷则杂种在留夷、揭车之间。畹，王逸注曰"十二亩曰畹"[①]，《说文》曰"畹，田三十亩也"[②]，不论是十二亩还是三十亩，九畹都大于一百亩，可见兰蕙的种植面积都在百亩以上。畦，王逸注曰"五十亩为畦也"[③]，《说文》亦曰"田五十亩曰畦"[④]，一畦为五十亩，留夷和揭车的种植面积都是五十亩，而杂种的杜衡和芳芷的面积不会超过留夷和揭车，更不会超过兰蕙，因此屈原种植兰蕙的面积最多。屈原所言种植香草虽不一定是实指，可能仅是一种文学上的表现方式，但屈原笔下兰蕙的种植面积确实比其它香草要多得多，这表明兰蕙是屈原心目中最重要的香草。

二、屈原重兰的生活背景

兰草意象之所以在屈原作品中占据重要地位，不仅出于屈原对兰草的爱重，也与楚国的地域文化有关。首先，兰草是楚国境地常见的一种

---

① ［宋］洪兴祖撰，白化文等点校《楚辞补注》，第10页。
② ［汉］许慎撰，［清］段玉裁注《说文解字注》，上海古籍出版社1988年版，第699页。
③ ［宋］洪兴祖撰，白化文等点校《楚辞补注》，第10页。
④ ［汉］许慎撰，［清］段玉裁注《说文解字注》，第699页。

香草。楚辞是基于楚国地域特色的语言、乐调、名物而创作的辞赋，宋人黄伯思云："盖屈、宋诸骚，皆书楚语、作楚声、纪楚地、名楚物，故可谓之楚词……兰、茝、荃、药、蕙、若、蘋、蘅者，楚物也，他皆率若此，故以楚名之。"①兰蕙等诸多香草是楚地的特色物产，其中兰草生命力旺盛，性喜湿，多生长在水边、山林等比较湿润的地方，而楚国位于长江中下游地区，境内河湖纵横，山林密布，雨水充沛，气候湿润，十分适宜兰草生长，如屈原《九歌·湘夫人》云"沅有茝兮澧有兰"，澧水岸边就生长着大量的兰草。正是因为兰草是楚地常见的一种香草，所以屈原以兰草这种习见的香草作为其诗歌意象来寄托己意，可以说是一种自然而然的选择。其次，兰草在楚国文化中具有重要地位。楚人"信巫鬼，重淫祀"②，故特别重视祭祀活动，而在楚人祭祀乐曲《九歌》中的《东皇太一》《云中君》《湘君》《湘夫人》《少司命》《山鬼》《礼魂》都多次言及兰草，表明兰草是与楚人祭祀活动关系十分密切的一种香草。另外，兰草在楚人心目中是美德的象征，是楚人十分崇拜的一种香草。上海博物馆藏战国楚竹书《兰赋》，作者以兰比德、托物咏志，作者笔下的兰草虽然生存环境恶劣，遭受蝼蚁虫蛇的损害，但仍然保持自身的美好品德，这与屈原作品中的兰草比德相似，表明兰草在楚国具有重要的精神文化意义，这也是屈原辞赋中大量写兰的一个原因。

另外不独楚人崇拜兰草，中原各诸侯国亦对兰草崇拜有加，如《左传·宣公三年》记载郑国国君郑穆公由其母梦兰而生，最后又刈兰而卒，一生都与兰草息息相关，表明兰草在郑国绝非一般香草。兰草对生长环境要求并不很高，凡是温度适宜、气候湿润之地皆有分布，从现存

---

① [宋]黄伯思撰《宋本东观余论》，中华书局1988年版，第344~345页。
② [汉]班固撰《汉书》，中华书局1962年版，第1666页。

文献资料来看，先秦时期我国黄河流域的山西、河南、山东一线，以及长江流域的湖南、湖北等地区都有兰草的自然分布，而兰草在这些地区都有着重要的社会影响力，主要表现为：一方面，兰草具有广泛的社会应用价值。"按照人类历史的一般规律，植物的利用总是先及其实用价值，然后才是观赏"①，因此先秦时期人们最先发现并利用的就是兰草的实用价值，如《夏小正》"五月……蓄兰，为沐浴也"②，人们用兰草煮汤沐浴；《诗经·溱洧》"士与女，方秉蕳兮"③，人们在上巳节秉执兰草以祓除不祥；《左传·宣公三年》"以兰有国香，人服媚之如是"④，兰有国香，人们佩带兰草可以受到别人尊敬；《管子·轻重甲》"昔尧之五吏五官无所食，君请立五厉之祭，祭尧之五吏。春献兰，秋敛落，原鱼以为脯，鲵以为殽"⑤，人们用兰草作祭品。总之兰草在先秦时期的社会应用价值，是兰草具有重要社会影响力的"物质"基础。另一方面，兰草是先秦儒家比德的自然物象之一。关于兰草比德，前面已经作出详细论述，先秦儒家以兰草之芳香来象征君子的高尚品德，赋予了兰草君子的人格象征意义，这是兰草具有重要社会影响力的文化基础。先秦时期兰草的社会应用价值以及重要的精神文化意义，都是屈原兰草意象能够冠冕群芳的社会文化背景。

三、屈原作品中的兰草意象

屈原作品中兰草意象的运用主要表现为三类，分别是作为佩饰的

---

① 程杰撰《中国梅花审美文化研究》，《中国花卉审美文化研究书系》，巴蜀书社 2008 年版，引言第 3 页。
② 方向东集解《大戴礼记汇校集解》，中华书局 2008 年版，第 233 页。
③ 程俊英，蒋见元撰《诗经注析》，第 261 页。
④ [清] 阮元校刻《十三经注疏》，第 1868 页。
⑤ 黎翔凤校注《管子校注》，《新编诸子集成》，中华书局 2004 年版，第 1413 页。

意象、作为祭祀用品的意象和作为景物的意象，这些意象不仅是屈原情志的象征和寄托，同时还反映了当时的社会生活风貌，带有一定的写实倾向。

首先兰草作为佩饰。屈原在《离骚》中说他既具有天生的美德，后天又具备很强的才干，即使已经如此优秀，他仍然不断提升自己的德行，而屈原作品中塑造的大量香草服饰意象，就是他内美以及修身的一种比喻象征。如"扈江离与辟芷兮，纫秋兰以为佩"，身上披着江离和白芷，缀结秋兰作为佩饰；"制芰荷以为衣兮，集芙蓉以为裳"，裁制菱叶与荷叶作为上衣，缝制荷花作为下裙。屈原表示他的这种装束是"謇吾法夫前修兮，非世俗之所服"，即效法前贤装束，非世俗之人的穿着打扮方式，体现了他的特立独行与卓荦不群。在这些香草构成的服饰中，兰蕙则是作为腰间的一种佩饰。如《离骚》"纫秋兰以为佩"，王逸注曰"佩，饰也"①，《说文》曰"佩，大带佩也"②，大带是古代以丝编成的腰带，佩是系在大带上的饰物，因此这里缀结而成的兰草是系在腰间的一种佩饰。另外"户服艾以盈要兮，谓幽兰其不可佩"，也证明了兰草是佩带在腰间的饰物，世人将艾草佩带在腰间，并且反说幽兰不可佩带，比喻世人善恶不分，以恶为美。接着是"矫菌桂以纫蕙兮，索胡绳之纚纚"，上文是"纫"秋兰，这里是"纫"蕙，表明兰蕙都需要经过"纫"，然后方可佩带。"纫"，王逸注曰"索也"③，《说文》曰"索，草有茎叶，可作绳索"④，因此这里是将蕙

---

① ［宋］洪兴祖撰，白化文等点校《楚辞补注》，第5页。
② ［汉］许慎撰，［清］段玉裁注《说文解字注》，第366页。
③ ［宋］洪兴祖撰，白化文等点校《楚辞补注》，第5页。
④ ［汉］许慎撰，［清］段玉裁注《说文解字注》，第273页。

草捻搓成绳状，绳状的蕙草不可能是作为遮体的衣服，应是系在身上的装饰。而"既替余以蕙纕兮"则表明蕙草是系在腰间位置，"纕"，王逸注曰"佩带也"①，佩带是古人系在腰间以佩挂饰品的衣带，蕙纕即蕙草制成的佩带，是系在腰间的饰物。兰蕙作为屈原腰间佩饰时一共出现了三次，作为神的佩饰时出现了一次，少司命"荷衣兮蕙带"，蕙带即蕙草结成的佩带，也是系在腰间。这都表明，兰蕙是系在腰间的一种佩饰，是古人服饰中十分重要的一部分。

屈原以诸多香草作为服饰，实际上都是一种文学上的虚构表现手法，仅仅是屈原的一种臆想，比如以荷叶、荷花缝制衣裳显然是不可能的，现实中也无人会穿这样的衣服，然而兰草作为佩饰则并非出于虚构，因为先秦时期确实存在佩兰习俗，关于佩兰习俗，前文已有论述，此不再言，因此屈原作品中兰草作为佩饰的意象源于当时社会上真实存在的佩兰习俗，而这与其它香草作为服饰的意象显然是不同的。

其次，兰草作为祭祀用品。这一类意象主要集中在《九歌》，《九歌》是屈原在楚地民间祭歌的基础上加工润饰而成，具有十分浓郁的民间文化色彩。姜亮夫先生从"宗教情感"的角度认为"九歌宗教之情感之处理，乃写实化之描写"②，《九歌》所流露出的宗教情感不仅是写实化的描写，其所呈现的祭祀仪式过程也带有很大程度的写实性质，反映了当时楚地的民间祭祀风貌。而《九歌》中反复出现的兰草实际上就是当时楚人祭祀中的一种常用香草，主要有两方面的功用：一是巫师祭祀前沐浴兰汤，以示对神明的尊敬。《九歌·云中君》"浴兰汤兮沐芳，华采衣兮若英"，巫师以兰汤浴身，以香草沐发，然后

---

① [宋]洪兴祖撰，白化文等点校《楚辞补注》，第14页。
② 姜亮夫校注《重订屈原赋校注》，天津古籍出版社1987年版，第168页。

穿上华美的衣服去侍奉神灵，这是巫师为迎神而做的一系列准备工作，清洁自身以示对神的尊敬。古人很早就有浴兰习俗，以兰汤沐浴洁身，可以显示祭祀之诚心。此外，南朝梁宗懔《荆楚岁时记》所记载的荆楚地区盛行的"浴兰节"，则是对楚地早期宗教"浴兰"习俗最有力的印证。因此巫师祭祀之前"浴兰汤"是对当时祭祀习俗的一种真实反映。二是兰草用作祭品。《九歌·东皇太一》云"蕙肴蒸兮兰藉，奠桂酒兮椒浆"，兰、蕙、桂、椒皆是香草，用于祭祀之中是为取其香味以祀神，其中兰草用来垫在食物之下，蕙草用来蒸肉，都是祭品的一部分。《九歌·礼魂》"春兰兮秋菊，长无绝兮终古"，王逸注曰："言春祠以兰，秋祠以菊，为芬芳长相继承，无绝于终古之道也。"①春天祭祀用兰，秋天祭祀用菊，兰菊也是取其芳香作为祀神的祭品。以香祀神自古有之，早在周代祭祀礼仪中人们就已经利用香味来取悦神灵，而兰草作为先秦时期的一种重要香草，自然是祭祀用香的常用香草之一。

  《九歌》中兰草作为祭祀用品的意象，在当时社会生活中都是有迹可循、真实存在的现象，既是对当时楚地民间祭祀风貌的真实再现，也是对当时整个社会中兰草普遍盛行状况的一种反映，而祭祀中其它香草的应用则不似兰草这样有迹可循，也没有兰草这样广泛、重要的社会影响力。

  再者，兰草作为景物。兰草作为景物的意象主要有两种：一种是自然野生的兰草。《离骚》"步余马于兰皋兮，驰椒丘且焉止息"，"兰皋"指的是长满兰草的岸边。兰草一般生长在湿润之地，水边是兰草最适宜的生长地之一。《九歌·湘夫人》"沅有茝兮澧有兰，思公子兮未敢言"，

---

① ［宋］洪兴祖撰，白化文等点校《楚辞补注》，第84页。

也提到了水边的兰草，沅和澧都是楚国的两条河流，这一句采用了比兴手法，由沅水和澧水岸边生长茂盛的茝和兰起兴，引出主人公的相思之情，借茝、兰香草的芳香和茂盛来比拟主人公的思念之深切。其它楚辞类作品中也常以兰草作为景物，如《招魂》"皋兰被径兮斯路渐"，王褒《九怀·蓄英》"将息兮兰皋"，刘向《九叹·惜贤》"游兰皋与蕙林兮"，这都表明水边的兰草是比较常见的一种自然景物。另外一种就是人工种植的兰草。《九歌·少司命》"秋兰兮麋芜，罗生兮堂下。绿叶兮素枝，芳菲菲兮袭予。夫人自有兮美子，荪何以兮愁苦！秋兰兮青青，绿叶兮紫茎。满堂兮美人，忽独与余兮目成"，此处对秋兰的描写比较具体，涉及到了其枝、叶、茎以及香气，鲜活而生动，秋兰和麋芜罗列分布在祭堂之下，这样有秩序的排列，显然是人为的栽种。祭堂是举行祭祀礼仪的神圣之地，在这里栽种兰草一方面可取其芳香祀神，另一方面还可装饰、点缀祭堂，具有美化环境的功用。

兰草作为景物的这两种意象实际上也是当时兰草的两种生长方式，自然野生和人工种植，人们最先发现的是野生的兰草，后来随着人们对兰草应用价值的深入了解以及对兰草需求的增多，便开始了对兰草的人工种植，早在春秋时期就出现了兰草种植的迹象，如南宋张淏《(宝庆)会稽续志》引《越绝书》云"句践种兰渚山"[①]，句践在兰渚山种植兰草，而屈原作品中所流露出的种种迹象，则表明战国时期兰草种植已经兴起。

四、兰草的象征内涵

兰草是先秦儒家比德的自然物象之一，一开始便被赋予了君子的

---

① ［宋］张淏撰《(宝庆)会稽续志》卷四，清嘉庆十三年刻本。

人格象征意义。屈原在孔子兰草比德的影响之下，使兰草的象征内涵更加丰富和深化，同时也更加鲜明而独特。

（一）清正高洁的德行

兰草具有独特的芳香，其香可去除浊气，人们可以通过沐浴兰汤、佩带兰草等方式来香体洁身，因此兰草在古人心中具有芳洁之质。屈原"纫秋兰以为佩"既具有香体洁身的实用意义，又蕴含着独特的象征意义。王逸注曰："兰，香草也，秋而芳。佩，饰也，所以象德。故行清洁者佩芳，德仁明者佩玉，能解结者佩觿，能决疑者佩玦，故孔子无所不佩也。"[①]古人以不同的佩饰来象征不同的德行，"行清洁者佩芳"，表明古人以香草来象征人的清正高洁德行，而兰草是屈原香草系统中最重要的一种香草，因此最能象征屈原清洁的德行。屈原在《离骚》中抒写了自己良好的家世出身，并称"皇览揆余初度兮，肇锡予以嘉名。名余曰正则兮，字余曰灵均"，名正则，字灵均，正则即公正而有法则，灵均即灵善而均调，他的名字含有正直、美善之意，可见屈原一出生就被赋予了清正、美好的品质。而屈原长大之后也十分重视自身修行，以保持内在的美好品质，在《离骚》中屈原以众多香草来修饰自身，唯恐自身的美德被世俗污染。其实众多香草就是众多美德的象征，兰草作为众芳之首，具有芳洁之质，自然深受屈原重视，故将兰草佩带在腰间作为美德的重要象征。

虽然后世兰草比德的内涵在屈原影响之下更加丰富，但屈原赋予兰草的高洁人格却成为历代咏兰文学创作的主题之一，即使是宋代兰花兴起后，屈原赋于兰草的这种人格象征内涵也常为文人所提及和引

---

① ［宋］洪兴祖撰，白化文等点校《楚辞补注》，第5页。

用，如欧阳修《送朱生》"佩兰思洁身"①，释道潜《寄题济源令杨君兰轩》"佩服比修洁"②。同时兰花也继承了兰草的这一象征内涵，如苏辙《次韵答人幽兰》"幽花耿耿意羞春，纫佩何人香满身"③，苏洞《次韵勺父秋怀》其五"士有修身者，娟如女在房。刈兰供作佩，采菊当为粮"④，兰花质弱易萎不能刈割、纫佩，这里显然仅是沿用了屈原佩兰的象征意义。此外，后世由屈原佩兰还衍生出新的立意，如韩愈《猗兰操》"不采而佩，于兰何伤"⑤，王十朋《兰子芳》"林下自全幽静操，纵无人采亦何伤"⑥，都强调兰无需他人采撷、纫佩，更加凸显出兰的人格的独立性。

（二）坚定不移的政治节操

屈原是楚国贵族，自幼就接受良好教育，加之聪明好学，故"博闻强志，明于治乱，娴于辞令。入则与王图议国事，以出号令；出则接遇宾客，应对诸侯"⑦，这是屈原政治得意的时期，此时屈原以兰草作为佩饰主要为了彰显德行和追求内美，兰草象征屈原高洁的德行；后来屈原遭到奸佞小人的嫉恨和陷害，被楚王斥逐，但他依然坚持以兰草作为佩饰，此时则是为了表明坚守己志的决心和立场，兰草象征屈原坚定不移的政治节操。兰草意义的这种转变，在其作品中就有体

---

① 傅璇琮等主编《全宋诗》第6册，北京大学出版社1995年版，第3759页。
② 傅璇琮等主编《全宋诗》第16册，第10722页。
③ ［宋］苏辙撰，陈宏天、高秀芳点校《苏辙集》，《中国古典文学基本丛书》，中华书局1990年版，第260页。
④ 傅璇琮等主编《全宋诗》第54册，第33901页。
⑤ ［唐］韩愈撰，钱仲联集释《韩昌黎诗系年集释》，上海古籍出版社1984年版，第1148页。
⑥ 傅璇琮等主编《全宋诗》第36册，第22649页。
⑦ ［汉］司马迁撰《史记》，中华书局2014年版，第3009页。

现，《离骚》"余虽好修姱以鞿羁兮,謇朝谇而夕替。既替余以蕙纕兮,又申之以揽茝",屈原腰间佩蕙成为他被楚王疏远废弃的一个原因,但屈原表示仍会继续佩蕙,"亦余心之所善兮,虽九死其犹未悔",表示为了政治理想,虽死而不悔。如果说古人腰间佩饰是一种身份地位的重要象征,那么屈原腰间的兰蕙则是一种独立人格和政治立场的重要象征。屈原被斥逐之后,楚国社会政治日趋黑暗,甚至"户服艾以盈要兮,谓幽兰其不可佩",人人都腰间佩带着艾草,表明国家上下都已善恶不分,但屈原依然坚持佩带兰草,兰草成为屈原与敌对势力划清界限的一种标识,象征着屈原独立的人格以及不随波逐流的坚定政治节操。

屈原佩兰明志,象征着坚定的政治节操,后人也多以兰草作为气节操守的象征,如李公进《幽兰赋》"偶贞士而必佩"①,贞士即志节坚定、操守方正之士,兰草成为有气节操守之士的一种标配。而后世兰花对兰草的这一内涵也多有沿袭,如向子諲《浣溪沙·宝林山见兰》:"绿玉丛中紫玉条。幽花疏淡更香饶。不将朱粉污高标。　空谷佳人宜结伴,贵游公子不能招。小窗相对诵离骚。"②词人的生平经历与屈原有相似之处,词人借兰喻己,兰花象征了词人的政治操守。宋元易代之际,兰花则上升为文人墨客寄寓爱国情操的一种媒介,如著名的爱国遗民诗人、画家郑思肖就借咏兰、画兰明志,兰花成为他坚贞民族气节及爱国情操的象征。

(三)幽独自守的崇高人格

野生兰草一般生长在比较幽僻的地方,如野外河湖岸边、深山丛

---

① [清]董诰等编《全唐文》,第6256页。
② 唐圭璋编《全宋词》,中华书局1965年版,第960页。

林等地，《九章·悲回风》云"兰茝幽而独芳"，兰和茝生长于幽僻之地，独自散发着芳香。盖屈原感兰草幽独，故称之为幽兰，如"结幽兰而延伫""谓幽兰其不可佩"。关于幽兰，洪兴祖云："刘次庄云兰喻君子，言其处于深林幽涧之中，而芬芳郁烈之不可掩，故《楚辞》云云。"[①]屈原之前虽未见"幽兰"之称，但孔子曾有过类似表述，其曰"兰芷生于深林，非以无人而不芳"，兰和芷生长于深山丛林之中，无人自芳，以之象征君子，这与屈原幽兰之意相似。实际上屈原借兰喻己，一方面屈原的人生处境与幽兰有相似之处，屈原因小人陷害而被放逐到举目无亲的幽远之地，同样是身处幽地；另一方面，屈原的人生态度与幽兰有契合之处，兰草幽而独芳，不因无人欣赏而不芳，屈原则特立独行，幽独自守。屈原幽独的精神状态在其作品中多有流露，如《九歌·山鬼》"余处幽篁兮终不见天，路险难兮独后来。表独立兮山之上，云容容兮而在下，杳冥冥兮羌昼晦"，借山鬼言己，身处路途艰险的幽远之地，独立于山颠，浮云蔽日而天色昏暗，喻君王疏远，小人蔽贤。又《九章·涉江》"哀吾生之无乐兮，幽独处乎山中"，言己一生郁郁寡欢，独自幽居深山之中。然而屈原的这种幽独并不是一种消极悲观的情绪，而是一种对人生信仰的执著坚守，他表示"吾不能变心而从俗兮，固将愁苦而终穷"，即便将会愁苦一生，也绝不会改变初心，他这种幽独自守的人格精神孤独而又崇高，犹如幽兰一般，遗世独立而又芳香浓郁。

至后世，兰草这种幽独的形象反复出现在文人笔下，但其象征内涵一方面继承了屈原幽独自守的积极意义，另一方面也发生了新的变

---

① ［宋］洪兴祖撰，白化文等点校《楚辞补注》，第30页。

化，幽独的兰草成为文人感伤不遇的一种政治寄托。如汉代假托孔子之名的《猗兰操》，其序云："孔子历聘诸侯，诸侯莫能任。自卫反鲁，过隐谷之中，见芗兰独茂，喟然叹曰：'夫兰当为王者香，今乃独茂，与众草为伍，譬犹贤者不逢时，与鄙夫为伦也。'"①兰草生于幽谷，独自繁茂，不为人知，寄托的是作者感伤不遇的消极情感。陈子昂《感遇三十八首》其二："兰若生春夏，芊蔚何青青。幽独空林色，朱蕤冒紫茎。迟迟白日晚，袅袅秋风生。岁华尽摇落，芳意竟何成。"②虽然兰芬芳秀丽冠绝群芳，却无人赏识，只能随风摇落，寄托了诗人怀才不遇、壮志难酬的消极情绪。而后世兰花幽而独芳的特性也依然引人关注，但人们更加侧重其幽隐之意，被赋予了隐士的人格象征，如姚宽《西溪丛语》将花列为三十客，其中"兰为幽客"，幽客即隐士，指那些具有超凡学识及高洁人格却隐居不仕的人。

（四）譬喻贤才

《离骚》云："余既滋兰之九畹兮，又树蕙之百亩。畦留夷与揭车兮，杂杜衡与芳芷。冀枝叶之峻茂兮，愿俟时乎吾将刈。虽萎绝其亦何伤兮，哀众芳之芜秽。"屈原广植兰蕙等香草，原本希望等到它们枝繁叶茂之时一起收割待用，令人哀痛的是它们最后都变成了荒草，这里兰蕙等香草譬喻贤才，而滋兰树蕙则象征培育人才。结合屈原生平可知，他一生都致力于追求美政，可以说"美政理想是屈原爱国思想的核心"③，而屈原尽心尽力为国家广植贤才，是保证其美政施行的一

---

① 逯钦立辑校《先秦汉魏晋南北朝诗》，第 300～301 页。
② ［唐］陈子昂撰，徐鹏校点《陈子昂集》，中华书局 1962 年版，第 2～3 页。
③ 周东晖《再论美政理想是屈原爱国思想的核心》，《新疆师范大学学报（哲学社会科学版）》1992 年第 2 期。

种政治手段。美政的施行和实现都需要依靠贤能、贤德的人才去执行，因此屈原广泛培植贤才是推行美政的坚实基础，从这个层面来讲，屈原滋兰树蕙还象征着他对美政理想的孜孜追求，体现了他的爱国思想。

屈原以后，兰成为人才的一种美称，如《三国志·蜀志·周群传》："先主将诛张裕，诸葛亮表请其罪。先主答曰：'芳兰生门，不得不鉏。'裕遂弃市。"①芳兰喻指贤才，张裕虽是贤才，但他行为越规，于人有碍，因此不为刘备所容，故除之。皇甫谧《让征聘表》："陛下披榛采兰，并收蒿艾。"②兰亦指人才，采兰则指君王选拔人才。又刘义庆《世说新语》："谢太傅问诸子侄子弟：'亦何预人事，而正欲使其佳？'诸人莫有言者，车骑答曰：'譬如芝兰玉树，欲使其生于阶庭耳。'"③芝兰分别是种植在庭院中的芝草和兰草，是对优秀子弟的一种美称。另外，"滋兰之九畹"，畹原义是面积单位，九畹是屈原植兰的面积，但后世文学作品中时常出现"兰畹"或"畹兰"意象，畹泛指花圃或园地，兰畹指种兰的花圃，即兰圃，如江淹《爱远山》"兰畹兮芝田，紫蒲兮光水"④，张正见《赋新题得兰生野径诗》"披襟出兰畹，命酌动幽心"⑤，兰畹皆兰圃之意。至宋代，兰畹则被注入了隐逸、闲适的内涵，如王迈《西轩春坐》"生意无边庭下草，清香不断畹中兰。日长无事真仙隐，作甚辛辛苦苦官"⑥，胡仲弓《采采歌》"朝采畹中兰，

---

① ［晋］陈寿撰《三国志》，中华书局1959年版，第1021页。
② ［清］严可均辑《全晋文》，商务印书馆1999年版，第750页。
③ ［南朝宋］刘义庆撰，［南朝梁］刘孝标注，余嘉锡笺疏《世说新语笺疏》，《中华国学文库》，中华书局2011年版，第129页。
④ 逯钦立辑校《先秦汉魏晋南北朝诗》，第1589页。
⑤ 逯钦立辑校《先秦汉魏晋南北朝诗》，第2496页。
⑥ 傅璇琮等编《全宋诗》第57册，第35786页。

暮采篱下菊"①，篱菊意象源于陶渊明的"采菊东篱下"，具有隐逸的思想内涵，这里畹兰与篱菊并举，也被注入了隐逸的内涵。

兰草外形朴素，不似后世兰花那般清丽优雅，但其枝叶皆有芳香，具有香体洁身、药用保健、净化环境等多种应用价值，因此先秦时期，兰草在人们社会生活中占有重要地位，人们感其美好、重要，故以之象德，这是屈原爱重兰草的社会生活及文化背景。而屈原作品中的兰草无论是作为佩饰、祭祀用品，还是作为景物的意象，都是对兰草在当时社会生活中应用表现的一种反映，带有一定的写实色彩，具有重要的精神文化意义，而这正是兰草与其它香草意象的不同之处。另外，兰草芳洁、幽独的品性以及重要的实用意义还促成了兰草丰富的象征内涵，兰草成为屈原高洁德行、政治节操以及独立人格的象征，从而奠定了我国文学中以兰比德的传统，这对后世兰草、兰花意象及题材的文学书写具有重要的典范意义。

---

① 傅璇琮等编《全宋诗》第63册，第39742页。

第五章　汉魏六朝兰草文学创作及审美认识的兴起

先秦时期虽然兰草已经进入文学表现的领域，但兰草仅仅是比德、比兴之物，缺少独立的审美表现。即便是上海博物馆藏战国楚竹书专题咏兰作品《兰赋》，也主要是作者借兰喻己、托物言志之作，基本没有涉及到对兰草物色美感的描写，兰草还不是独立的审美表现对象。如果说先秦时期是兰草文学创作的萌芽期，那么进入汉代以后，兰草意象和题材的文学创作开始兴起，至南北朝时期则进入一个相对迅速的发展阶段。这一时期人们对兰草的审美认识也逐渐兴起，兰草的物色美感以及季节性特征都成为人们欣赏的对象，兰草的生物属性得到充分揭示和表现，成为独立的审美对象。在动荡不安的社会里，兰草的美丽易衰、盛衰交替都能引发人们的敏感情绪，兰草成为人们寄寓情感的载体，同时在前代以兰比德的基础上，兰草的象征内涵也得以丰富和完善。

第一节　兰草文学的创作情况

汉魏六朝时期，兰草文学创作体裁以诗歌为主，据《先秦汉魏晋南北朝诗》统计，兰蕙意象在诗歌中共出现617次，其中汉诗部分共出现39次，魏诗部分共出现46次，晋诗部分共出现142次，而南北朝部分共出现390次。①以兰为篇题或主题内容的诗歌共13首，其中汉代4首，魏2首，晋2首，南北朝5首。与诗歌相比，这一时期以兰为题材的文赋则少之又少，遍检《全上古三代秦汉三国六朝文》，以兰草作为题材的作品仅南朝周宏正《山兰赋》1篇，可见这一时期兰题材的文赋创作还未兴起。兰草的文学创作随着朝代的发展呈渐兴趋势，汉至魏晋是一个兴起阶段，至南北朝时期，兰草意象的文学作品在数量上骤增，比以前所有朝代的总和还要多，兰草文学的创作进入一个相对迅速的发展时期。兰草的文学创作主要分两种情况，一是兰草作为独立的题材，二是兰草作为意象成员。

这一时期兰草作为独立题材的文学作品共有诗歌13首，赋1篇。诗歌方面，有的诗歌虽未以兰为题，但其诗歌内容以兰草为主题，兰草是中心意象，因此亦属咏兰诗歌，作品情况如下：

两汉时期诗4首：

1. 张衡《怨篇》并序：秋兰，咏嘉人也。嘉而不获用，故作是诗也。

猗猗秋兰，植彼中阿。有馥其芳，有黄其葩。虽曰幽深，厥美弥嘉。之子之远，我劳云何。②

2. 无名氏《猗兰操》并序：猗兰操者，孔子所作也。孔子历聘诸侯，诸侯莫能任，自卫反鲁，过隐谷之中，见芗兰独茂，喟然叹曰："夫兰当为王者香，今乃独茂，与众草为伍，

---

① 案：这里仅统计了比较明确的兰蕙意象，其中含有兰蕙的人名、地名均不在统计之内，人名如刘兰芝、苏若兰等，地名如兰陵、楼兰等。
② ［汉］张衡撰，张震泽校注《张衡诗文集校注》，上海古籍出版社1986年版，第11页。

譬犹贤者不逢时，与鄙夫为伦也。"乃止车援琴鼓之云云。自伤不逢时，托辞于芗兰云：

习习谷风，以阴以雨。之子于归，远送于野。何彼苍天，不得其所。逍遥九州，无所定处。世人闇蔽，不知贤者。年纪逝迈，一身将老。①

3. 无名氏《古诗·新树兰蕙葩》：新树兰蕙葩，杂用杜蘅草。终朝采其华，日暮不盈抱。采之欲遗谁，所思在远道。馨香易销歇，繁华会枯槁。怅望欲何言，临风送怀抱。②

4. 无名氏《古艳歌·兰草》：兰草自生香，生于大道傍。十月钩帘起，并在束薪中。③

魏晋时期诗4首：

1. 魏繁钦《咏蕙诗》：蕙草生山北，托身失所依。植根阴崖侧，夙夜惧危颓。寒泉浸我根，凄风常徘徊。三光照八极，独不蒙余晖。葩叶永雕瘁，凝露不暇晞。百卉皆含荣，已独失时姿。比我英芳发，鶗鴂鸣已衰。④

2. 魏嵇康《酒会诗七首》其七：猗猗兰蔼，殖彼中原。绿叶幽茂，丽藻丰繁。馥馥蕙芳，顺风而宣。将御椒房，吐薰龙轩。瞻彼秋草，怅矣惟骞。⑤

3. 晋傅玄《秋兰篇》：秋兰映玉池，池水清且芳。芙蓉随风发，中有双鸳鸯。双鱼自踊跃，两鸟时回翔。君其历九秋，

---

① 逯钦立辑校《先秦汉魏晋南北朝诗》，第 300～301 页。
② 逯钦立辑校《先秦汉魏晋南北朝诗》，第 336 页。
③ 逯钦立辑校《先秦汉魏晋南北朝诗》，第 292 页。
④ 逯钦立辑校《先秦汉魏晋南北朝诗》，第 385 页。
⑤ [三国魏]嵇康撰，戴明扬校注《嵇康集校注》，第 131 页。

与妾同衣裳。①

4. 东晋陶渊明《饮酒诗二十首》其十七：幽兰生前庭，含薰待清风。清风脱然至，见别萧艾中。行行失故路，任道或能通。觉悟当念还，鸟尽废良弓。②

南北朝时期诗5首、赋1篇：

1. 南朝宋袁淑《种兰诗》：种兰忌当门，怀璧莫向楚。楚少别玉人，门非植兰所。③

2. 萧衍《紫兰始萌诗》：种兰玉台下，气暖兰始萌。芬芳与时发，婉转迎节生。独使金翠娇，偏动红绮情。二游何足坏，一顾非倾城。羞将苓芝侣，岂畏鹖鸠鸣。④

3. 萧绎《赋得兰泽多芳草诗》：春兰本无绝，春泽最葳蕤。燕姬得梦罢，尚书奏事归。临池影入浪，从风香拂衣。当门已芬馥，入室更芳菲。兰生不择逵，十步岂难稀。⑤

4. 萧詧《咏兰诗》：折茎聊可佩，入室自成芳。开花不竞节，含秀委微霜。⑥

5. 南朝陈张正见《赋新题得兰生野径诗》：披襟出兰畹，命酌动幽心。锄罢还开路，歌喧自动琴。华灯共影落，芳杜杂花深。莫言闲迳里，遂不断黄金。⑦

---

① 逯钦立辑校《先秦汉魏晋南北朝诗》，第559页。
② ［晋］陶渊明撰，逯钦立校注《陶渊明集》，《中国古典文学基本丛书》，中华书局1979年版，第97页。
③ 逯钦立辑校《先秦汉魏晋南北朝诗》，第1212页。
④ 逯钦立辑校《先秦汉魏晋南北朝诗》，第1536页。
⑤ 逯钦立辑校《先秦汉魏晋南北朝诗》，第2046页。
⑥ 逯钦立辑校《先秦汉魏晋南北朝诗》，第2107页。
⑦ 逯钦立辑校《先秦汉魏晋南北朝诗》，第2496页。

6. 南朝陈周弘正《山兰赋》：爰有奇特之草，产于空崖之地。仰鸟路而裁通，视行踪而莫至。挺自然之高介，岂众情之服媚。宁纫结之可求，兆延伫之能洎。禀造化之均育，与卉木而齐致。入坦道而销声，屏山幽而静异。犹见识于琴台，窃逢知于绮季。①

从以上这些咏兰作品可以看出，汉至魏晋时期，以兰草为题材的诗歌几乎都带有浓厚的比兴色彩，其主题内容多以兰草自比：或是以兰草的遭遇来寄托诗人的身世之感，如张衡《怨篇》、无名氏《猗兰操》、无名氏《古艳歌》、繁钦《咏蕙诗》、嵇康《酒会诗·其七》、陶渊明《饮酒诗·其十七》；或是以兰草比女子，寄托相思离怨，如《古诗·新树兰蕙葩》《古艳歌·兰草》。至南北朝时期咏兰诗歌比兴色彩渐消，兰草的审美属性开始凸显。萧衍《紫兰始萌诗》描写了早春兰草萌芽、芬芳始发、枝叶始长等生物属性，最后赞美了兰草的高洁品质，全诗纯粹以兰草作为独立的审美对象。萧詧《咏兰诗》赞美了兰草秋季不畏寒霜开花的季节性特征，都是对兰草审美属性的展现。兰草比兴色彩逐渐剥落，开始成为真正的审美对象。值得一提的是，周弘正的《山兰赋》是汉魏六朝时期唯一一篇写兰草的赋，然而此赋内容并没有对兰草的生物属性进行描写，而是带有浓厚比兴色彩。赋中兰草生长于山崖之上，显然不同于生长在近水或低湿之地的兰草，应是古兰的一种，作者将它视为一种奇特之草，并称赞它具有高介之质，实际上仍是以兰自比。可见汉魏六朝时期以兰草作为题材的咏兰作品实际上大多不出比兴模式，多是故意"言志"之作，而脱离比兴色彩的诗歌仅南朝

---

① ［清］严可均辑《全陈文》，商务印书馆1999年版，第328页。

时出现了一两首，不足以代表兰草审美认识的整体发展状况，因此最能体现兰草审美属性，并且能代表兰草审美认识发展的要数诗文中丰富的兰草意象。

屈原辞赋中出现了大量的兰蕙意象，正式开启了兰草意象的文学书写历程，至汉魏六朝时期，兰草意象的文学作品在数量上递增明显，尤其是南北朝时期，文学作品中的兰草意象数量迅速增长，超过前代数量总和。兰草意象的频繁出现是兰草文学创作兴起的一种表现，而兰草审美属性的充分揭示与表现，则是兰草文学创作由量变到质变的一种提升，表明兰草审美认识的兴起。这一时期文学作品中的兰草意象一方面沿袭了先秦时期兰草比德的书写模式，即兰草依然是文人笔下美好品德的象征。这一类兰草意象主要集中在文赋之中，许多辞赋中的兰草意象继续沿袭屈赋中兰草意象的表现方式，如王褒《九怀·尊嘉》"季春兮阳阳，列草兮成行。余悲兮兰生，委积兮从横"，张衡《思玄赋》"旌性行以制佩兮，佩夜光与琼枝。繡幽兰之秋华兮，又缀之以江蓠"①，皆是对屈原辞赋中兰草意象的沿用。此外许多碑文、墓志、灵表中常常会用到兰蕙意象，如汉代《帝尧碑》"于赫大圣，奕孔祯纯。性发兰石，生自馥芬"②，蔡邕《太傅安乐侯胡公夫人灵表》"夫人编县旧族，章氏之长子也……体季兰之姿，蹈思齐之迹"③，庾信《周太傅郑国公夫人郑氏墓志铭》"夫人令淑早闻，芝兰独茂，既容既德"④，都是以兰草比喻象征逝者的美好德行。另一方面兰草主要是作为景物

---

① ［汉］张衡撰，张震泽校注《张衡诗文集校注》，第196页。
② ［清］严可均辑《全后汉文》，商务印书馆1999年版，第1038页。
③ ［清］严可均辑《全后汉文》，商务印书馆1999年版，第789页。
④ ［清］严可均辑《全后周文》，商务印书馆1999年版，第271页。

意象，这实际上是对当时兰草栽种及欣赏活动的一种反映，透露着人们对兰草的审美认识。其中既有对兰草生物特性的描写与表现：描写兰草香气，如"幽兰吐芳烈"①（王粲《诗》），"香气动兰心"②（庾信《咏春近余雪应诏诗》）；描写兰草外形，如"芳兰媚紫茎"③（刘义隆《登景阳楼诗》），"桃含红萼兰紫芽"④（鲍照《代白纻曲二首》）；描写兰草季节性特征，如"兰生未可握，蒲小不堪书"⑤（萧绎《望春诗》），"草木摇落，幽兰独芳"⑥（王俭《侍太子九日宴玄圃诗》）。又有对兰草景观的描写与表现：描写路边兰草景象，如"清露被皋兰，凝霜沾野草"⑦（阮籍《咏怀诗八十二首》其四），"泽兰渐被径，芙蓉始发池"⑧（谢灵运《游南亭》）；描写园中兰草景象，如"积芳兮选木，幽兰兮翠竹"⑨（谢朓《游后园赋》），"兰生已匝苑"（王俭《春诗二首·其一》）；描写庭院中兰草景象，如"荣荣窗下兰"⑩（陶渊明《拟古诗九首·其一》），"庭前华紫兰"⑪（鲍令晖《题书后寄行人诗》）。兰草在这些诗歌中虽然仅仅是作为一种意象出现，但是兰草真正的审美属性得到了充分有效的揭示和表现，从而使我们能够了解和把握当时人们对兰草的审美认识，这是兰草作为意象成员

---

① 逯钦立辑校《先秦汉魏晋南北朝诗》，第364页。
② 逯钦立辑校《先秦汉魏晋南北朝诗》，第2480页。
③ 逯钦立辑校《先秦汉魏晋南北朝诗》，第1137页。
④ 逯钦立辑校《先秦汉魏晋南北朝诗》，第1273页。
⑤ 逯钦立辑校《先秦汉魏晋南北朝诗》，第2056页。
⑥ 逯钦立辑校《先秦汉魏晋南北朝诗》，第1378页。
⑦ [三国魏]阮籍撰，陈伯君校注《阮籍集校注》，中华书局1987年版，第219页。
⑧ 逯钦立辑校《先秦汉魏晋南北朝诗》，第1161页。
⑨ [南朝齐]谢朓撰，曹融南校注《谢宣城集校注》，第37页。
⑩ [晋]陶渊明撰，逯钦立校注《陶渊明集校注》，第109页。
⑪ 逯钦立辑校《先秦汉魏晋南北朝诗》，第1314页。

的巨大贡献。

第二节 兰草审美认识的兴起

先秦时期，人们主要关注的是兰草的社会应用价值，很少会关注兰草的物色美感，此时人们对兰草的审美认识尚未兴起，进入汉魏六朝时期，人们才开始关注、欣赏兰草的物色美感，兰草的香气、形色等生物属性得到了充分有效的表现，表明人们对兰草的审美认识拉开了序幕。

一、两汉时期——萌芽阶段

汉代我国进入一个气势恢弘的大一统时期，统治者为了满足享乐需求，大量建设宫苑园林，使得皇家园林在汉代园林中占据主导地位。汉代皇家园林珍禽异兽、奇花异草无所不有，兰草作为当时十分重要的一种香草，自然也囊括其中。如杨雄《羽猎赋》"望平乐，径竹林，蹂蕙圃，践兰唐"①，描写了天子在皇家园林上林苑中的盛大狩猎场面，其中蕙圃、兰唐就是上林苑中营造的景观，体现了皇家园林的宏伟与壮丽。另外，汉代宫殿周围也会种植许多香草花木，并以所植草木之名作为宫室之名，据西汉《三辅黄图》记载："椒房殿，在未央宫，以椒和泥涂，取其温而芬芳也。武帝时后宫八区，有昭阳、飞翔、增成、合欢、兰林、披香、凤皇、鸳鸯等殿。后有增修安处、常宁、茞若、椒风、发越、蕙草等殿，为十四位。"②其中合欢、兰林、茞若、椒风、

---

① [汉]杨雄撰，张震泽校注《杨雄集校注》，上海古籍出版社1993年版，第96页。
② 陈宜校正《三辅黄图校证》，陕西人民出版社1980年版，第57页。

蕙草等殿名就是以附近所植草木命名。兰草种植之盛，在汉代文学作品中也有所体现，如司马相如《上林赋》"揭车衡兰，槀本射干"①，张衡《东京赋》"芙蓉覆水，秋兰被涯"②。总之，两汉时期兰草开始进入皇家宫苑之中，起到装饰、点缀园林的作用，已经带有观赏的成分。

这一时期人们开始注意到了兰草的物色美感。如张衡《怨篇》："猗猗秋兰，植彼中阿。有馥其芳，有黄其葩。虽曰幽深，厥美弥嘉。之子之远，我劳云何。"③此诗虽未以兰为题，但内容却以兰为主题，可以说这是我国最早的一首咏兰诗歌。"猗猗""馥芳""黄葩"是对兰草形象特征的描写，涉及到了兰草的长势、香气以及花色，揭示和展现了兰草的物色美感。同时，整首诗歌都以秋兰比兴，以秋兰之美比喻人才之嘉，抒发了诗人怀才不遇的感伤之情。此外人们对兰草的生长习性也有所关注，如《古诗十九首·冉冉孤生竹》："伤彼蕙兰花，含英扬光辉。过时而不采，将随秋草萎。"④蕙兰具有秋季枯萎的季节性特征，故诗人以蕙兰花的凋谢、枯萎比喻女子青春易逝、容颜易衰。又郦炎《诗二首》其二："灵芝生河洲，动摇因洪波。兰荣一何晚，严霜瘁其柯。"⑤以兰草秋季遭受严霜摧残比喻贤才遭受排挤。总之这一时期文学作品中的兰草主要用于比兴，成为文人抒发情志的物象，虽然对兰草的物色审美特征有所关注，但更多的是作为比兴的物象，是文人情感表达的载体，缺乏纯粹审美的观赏，还处于审美认识的萌

---

① ［清］严可均辑《全汉文》，商务印书馆1999年版，第215页。
② ［汉］张衡撰，张震泽校注《张衡诗文集校注》，第109页。
③ ［汉］张衡撰，张震泽校注《张衡诗文集校注》，第11页。
④ 逯钦立辑校《先秦汉魏晋南北朝诗》，第331页。
⑤ 逯钦立辑校《先秦汉魏晋南北朝诗》，第183页。

芽阶段。

二、魏晋时期——凸显阶段

魏晋时期虽然国家政权更迭频繁，但社会思想文化却十分开放自由，进入了一个"人的自觉"时期，人们普遍追求"个性的自由、生活的自适、情感的恣纵、精神的超越"[①]，同时玄学的兴起，佛教的传入等，使得这一时期的文化艺术得到了巨大发展，而这一切又促使着人们对自然风景审美意识的兴起。文人士大夫逐渐投入山水自然的审美关照之中，再加上门阀士族的形成以及庄园经济的发展，士人园林大量兴起并成为文人士大夫的一种精神家园。在这种背景下，许多植物开始进入人们的欣赏视野之中，兰草便是其中一种，人们逐渐对兰草的物色美感表现出较多的兴趣与关注，兰草被引入园林之中，成为园林一景。曹植《公宴诗》："公子敬爱客，终宴不知疲。清夜游西园，飞盖相追随。明月澄清影，列宿正参差。秋兰被长坂，朱华冒绿池。"[②]西园是当时的名园，聚集在曹操身边的文人们常常在此欢宴，曹植此诗所写就是西园夜游之事，园内兰草长满坡岸，荷花水中盛开，应是诗人即景而写。晋王济《平吴后三月三日华林园诗》"思乐华林，薄采其兰"[③]，华林即华林园，是魏晋南北朝时期著名的皇家御花园，园中亦植有兰草。不仅士人贵族园林中种植兰草，一般文人庭院中也有兰草点缀，如陶渊明《问来使》："尔从山中来，早晚发天目。我屋南窗下，今生几丛菊。蔷薇叶已抽，秋兰气当馥。归去来山中，山中

---

① 程杰撰《中国梅花审美文化研究》，巴蜀书社2008年版，第21页。
② ［三国魏］曹植撰，赵幼文校注《曹植集校注》，人民文学出版社1984年版，第49页。
③ 逯钦立辑校《先秦汉魏晋南北朝诗》，第597页。

酒应熟。"①诗人在房屋窗下栽种菊花、蔷薇和兰草。可见魏晋时期兰草的栽种与欣赏活动已是比较普遍，兰草已经成为比较明确的观赏对象。

在文学作品中，兰草的物色美感得以描写，审美属性开始凸显，兰草作为独立的审美对象出现在文学作品之中。如魏嵇康《酒会诗七首》其七是以兰草为主题的咏兰诗，诗曰："猗猗兰蔼，殖彼中原。绿叶幽茂，丽藻丰繁。馥馥蕙芳，顺风而宣。将御椒房，吐薰龙轩。瞻彼秋草，怅矣惟骞。"②茂绿的叶子，艳丽、丰繁的花朵，浓郁的芳香，对兰草外形特征的观察与描写十分细致，而诗人由眼前美丽芬芳的兰草联想到它以后任人取用的命运，不由感慨万分。这里兰草显然是全诗的中心意象，已是独立的审美表现对象。这一时期对兰草审美认识具有重要突破性的则属张协与郭璞的诗歌，张协诗云"飞雨洒朝兰，轻露栖丛菊"③（《杂诗十首》其二），描写了清晨雨中的兰草，极具画面美感，开始注意到了不同时空中的兰草之美。郭璞诗云"翡翠戏兰苕，容色更相鲜"④（《游仙诗十九首》其三），描写翠鸟嬉戏兰丛之中，两者颜色相映生辉，明丽活泼，令人赏心悦目，表现出了独特的审美视角，而且对后世产生了较大影响，如杜甫《戏为六绝句》其四"或看翡翠兰苕上"⑤，苏轼《莲龟》"只应翡翠兰苕上"⑥都化

---

① 袁行霈撰《陶渊明集笺注》，中华书局2003年版，第601页。
② ［三国魏］嵇康撰，戴明扬校注《嵇康集校注》，第131页。
③ 逯钦立辑校《先秦汉魏晋南北朝诗》，第745页。
④ 逯钦立辑校《先秦汉魏晋南北朝诗》，第865页。
⑤ ［唐］杜甫撰，［清］仇兆鳌注《杜诗详注》，《中国古典文学基本丛书》，中华书局1979年版，第900页。
⑥ ［宋］苏轼撰，［清］王文诰辑注，孔凡礼校点《苏轼诗集》，《中国古典文学基本丛书》，中华书局1982年版，第1576页。

用了郭璞的诗句。与汉代相比,魏晋时期兰草成为明确的欣赏对象,其物色审美属性得以凸显,具有明显的进步。

三、南北朝时期——兴起阶段

东晋南渡,社会政治文化中心逐渐南移,皇家贵族享乐游玩的园林建造之风也逐渐在江南地区兴起,兰草性喜湿润之地,而南方河湖众多,雨水充盈,是盛产兰草之地,因此兰草的栽种与欣赏活动逐渐兴盛起来。此时不管是皇家贵族园林还是一般的文人园林之中都普遍种植兰草,兰草成为当时园林中的一种常见观赏植物。如谢朓《游后园赋》云"积芳兮选木,幽兰兮翠竹。上芃芃兮荫景,下田田兮被谷。左蕙畹兮弥望,右芝原兮写目"①,后园指的是竟陵王萧子良位于建康鸡笼山西邸的园林,萧衍《紫兰始萌诗》云"种兰玉台下,气暖兰始萌"②,谢朓《杜若赋》云"冯瑶圃而宣游,临水木而延伫……荫绿竹以淹留,藉幽兰而容与"③,萧统《晚春》云"紫兰初叶满,黄莺弄始稀"④,描写的都是宫廷、王公贵族的园林景象,其中都种植有兰草。而王俭《春诗二首》其一"兰生已匝苑,萍开欲半池"⑤,江淹《清思诗五首》其三"秋夜紫兰生,湛湛明月光"⑥,刘孝绰《归沐呈任中丞昉》"虹蜺拖飞阁,兰芷覆清渠"⑦等,描写的则是一般文士的园林景象,也都种植有兰草。随着兰草种植与欣赏活动的盛行,

---

① [南朝齐]谢朓撰,曹融南校注《谢宣城集校注》,第37页。
② 逯钦立辑校《先秦汉魏晋南北朝诗》,第1536页。
③ [南朝齐]谢朓撰,曹融南校注《谢宣城集校注》,第33页。
④ 逯钦立辑校《先秦汉魏晋南北朝诗》,第1799页。
⑤ 逯钦立辑校《先秦汉魏晋南北朝诗》,第1380页。
⑥ 逯钦立辑校《先秦汉魏晋南北朝诗》,第1583页。
⑦ 逯钦立辑校《先秦汉魏晋南北朝诗》,第1835页。

兰草意象及题材的文学创作也逐渐增多，兰草成为这一时期文学作品中出现频率最高的植物意象之一，而人们对兰草生物特性的观察视角也呈现出多样化，兰草的审美属性得到了充分有效的揭示与表现。

首先，对兰草物色美的认识。这一时期文学作品中出现了紫兰、红兰、绿兰等不同的名称，表明人们开始注意到了兰草的物色美，但这些不同的颜色并不是指不同的兰草品种，而仅是就兰草植株不同部分的颜色而言。紫兰，紫是就兰草紫茎而言，如屈原《九歌·少司命》最先言兰"绿叶紫茎"，后世郦道元《水经注》中亦有详细记载："山上有涔水，既清且浅，其中悉生兰草，绿叶紫茎，芳风藻川，兰馨远馥，俗谓兰为都梁。"[1]因此南北朝时期人们多称兰为紫兰，如鲍照《秋夕诗》"紫兰花已歇，青梧叶方稀"[2]，鲍令晖《题书后寄行人诗》"帐中流熠耀，庭前华紫兰"[3]，江淹《清思诗五首》其三"秋夜紫兰生，湛湛明月光"[4]等。红兰是就兰草花朵颜色而言，兰草的花朵颜色主要有红、白两种，如江淹《别赋》"见红兰之受露，望青楸之离霜"[5]。绿兰则是就兰草绿叶而言，如江淹《知己赋》"绿兰比而无芳"[6]，王筠《诗》"回崖掩绿蕙"[7]等。兰草以香著称，人们对兰草的关注最先源于其香，在兰草审美认识的过程中，兰香一直都是最重要的一个审美特征。南北朝之前，人们对兰香的描写都十分直接，如"幽兰吐

---

[1] [北魏]郦道元撰，陈桥驿校证《水经注校证》，中华书局2007年版，第888页。
[2] 逯钦立辑校《先秦汉魏晋南北朝诗》，第1307页。
[3] 逯钦立辑校《先秦汉魏晋南北朝诗》，第1314页。
[4] 逯钦立辑校《先秦汉魏晋南北朝诗》，第1583页。
[5] [清]严可均辑《全梁文》，第356页。
[6] [清]严可均辑《全梁文》，第359页。
[7] 逯钦立辑校《先秦汉魏晋南北朝诗》，第2022页。

芳烈"①（王粲《诗》），"馥馥蕙芳"②（嵇康《酒会诗·其七》），兰草香气浓郁，"芳烈""馥馥"都是人们对兰草香气最直接的感受。而至南北朝时期，人们多从侧面着手描写兰香，如庾信《咏春近馀雪应诏》"丝条变柳色，香气动兰心"③，张正见《对酒》"风移兰气入，月逐桂香来"④，萧绎《赋得兰泽多芳草诗》"临池影入浪，从风香拂衣"⑤等。

其次，对兰草不同生长形态的认识。汉至魏晋时期，人们对兰草的审美认识主要从整体性方面予以把握，很少涉及到对兰草不同生长阶段形态的关注，至南北朝时期，人们开始注意到兰草不同生长阶段的形态之美，如鲍照《代白纻曲二首》"春风澹荡侠思多，天色净绿气妍和。桃含红萼兰紫芽，朝日灼烁发园华"⑥，紫芽即兰草初春始萌状；萧绎《望春诗》"叶浓知柳密，花尽觉梅疏。兰生未可握，蒲小不堪书"⑦，兰草尚且"不可握"的短小状；萧纲《答湘东王书》"暮春美景，风云韶丽，兰叶堪把，沂川可浴"⑧，兰草刚刚可以用手握住；萧衍《子夜四时歌·春歌》其二"兰叶始满地，梅花已落枝"⑨，兰叶满地的茂盛状。兰草由萌芽至茂盛的生长状态都予以生动展现，表明人们对兰草生物属性的把握渐趋细致和深入。

---

① 逯钦立辑校《先秦汉魏晋南北朝诗》，第364页。
② ［三国魏］嵇康撰，戴明扬校注《嵇康集校注》，第131页。
③ 逯钦立辑校《先秦汉魏晋南北朝诗》，第2394页。
④ 逯钦立辑校《先秦汉魏晋南北朝诗》，第2480页。
⑤ 逯钦立辑校《先秦汉魏晋南北朝诗》，第1536页。
⑥ 逯钦立辑校《先秦汉魏晋南北朝诗》，第1273页。
⑦ 逯钦立辑校《先秦汉魏晋南北朝诗》，第2056页。
⑧ ［清］严可均辑《全梁文》，商务印书馆1999年版，第116页。
⑨ 逯钦立辑校《先秦汉魏晋南北朝诗》，第1516页。

再者，对兰草季节性特征的认识。兰草包括多种，其中有春芳者，亦有秋芳者，早在屈原辞赋中就有春兰、秋兰之分，汉代兰草秋枯的季节性特征引发人们伤时惊逝之感，带给人们的多是消极的情感体验，而至南北朝时期，春兰春萌、春荣的季节性特征开始引人瞩目，兰草充满生机、欣欣向荣的一面被人发掘、欣赏。萧衍《紫兰始萌诗》："种兰玉台下，气暖兰始萌。芬芳与时发，婉转迎节生。独使金翠娇，偏动红绮情。二游何足坏，一顾非倾城。羞将苓芝侣，岂畏鵾鸠鸣。"[①]描写了春兰开始萌芽的状态，兰草香气与时而发，枝叶迎节而生，充满生机与活力。顾野王《饯友之绥安》："谷风扬暖律，扶旭开馀霭。兰芽被平皋，冰澌泮微濑。悟彼芳岁新，惬此赏心会。"[②]初春兰草萌芽生长，十分茂盛，以至将河水覆盖，带给诗人"芳岁新"的喜悦之感。另外，秋兰秋芳、不畏寒霜的习性特征也得到了人们的欣赏。王俭《侍太子九日宴玄圃》："秋日在房，鸿雁来翔。寥寥清景，霭霭微霜。草木摇落，幽兰独芳。"[③]秋季天气变冷，寒霜降临，草木凋零，惟有秋兰独自芳香，表现了秋兰迎寒独芳的坚贞品质。萧詧《咏兰》："折茎聊可佩，入室自成芳。开花不竞节，含秀委微霜。"[④]表现了秋兰不与众花争春、迎霜盛开的品质。此时人们对兰草季节性特征的表现，不再局限于汉魏时期的感伤色彩，更多的是对积极向上的正面形象的展示。

---

① 逯钦立辑校《先秦汉魏晋南北朝诗》，第1536页。
② 逯钦立辑校《先秦汉魏晋南北朝诗》，第2469。
③ 逯钦立辑校《先秦汉魏晋南北朝诗》，第1378页。
④ 逯钦立辑校《先秦汉魏晋南北朝诗》，第2107页。

第三节　兰草的情感意蕴

兰草随季节产生的荣枯交替以及兰草芳香的散发与消尽，在那个动荡不安、昏暗危乱的社会时代里，都能激发时人的各种敏感情绪，有对时序变迁的惊觉，有对美丽易逝的悲伤，主要寄托的是对自身生命柔弱无助、短暂艰辛的消极悲观情绪。

一、寄托身世之感

兰草幽而独芳、静默自守，孔子赞兰不因无人而不芳，屈原也以幽兰自比，然至汉代，兰草这种幽而独芳或幽而独茂的特性被注入了强烈的身世之感，同时兰草春荣秋枯的季节性特征，在动荡不安的年代里极易引发文人对自身命运的感慨，故兰草成为文人士大夫寄托身世或政治命运感慨的一种载体，主要有以下几方面的表现。

（一）遭受压迫不被任用的苦闷

汉张衡《怨篇》："猗猗秋兰，植彼中阿。有馥其芳，有黄其葩。虽曰幽深，厥美弥嘉。之子之远，我劳云何。"①美丽茂盛的秋兰生长在偏远的山中，有着馥郁的芳香、黄色的花朵，虽生长在幽静深远的地方，它却愈加的美善，诗人不禁感慨道：你离我如此的遥远，我是多么的忧伤无奈啊！其诗序云："秋兰，嘉美人也。嘉而不获用，故作是诗也。"秋兰象征美善的人才，然而却幽居深山，不被赏用。结合张衡生平可知，他因政治观点与当时的宦官集团相左而遭受压迫和排挤，"永和初，出为河间相"②，被外放到京外为官，永和三年（138）返京，翌年便郁闷而卒。《怨篇》就作于他出任河间相期间，秋兰虽

---

① ［汉］张衡撰，张震泽校注《张衡诗文集校注》，第11页。
② ［南朝宋］范晔撰《后汉书》，中华书局1965年版，第1939页。

美却不被任用，诗人托物言志，借兰抒情，抒发了他郁郁不得志的苦闷情绪。

汉蔡邕《琴操》录有托名孔子的《猗兰操》，据宋代郭茂倩《乐府诗集》记载，《琴操》《古今乐录》《琴集》这三本书都将《猗兰操》归之为孔子所作，今学者多认为是汉人托名孔子、模拟孔子口吻而作，当以为是。诗曰："习习谷风，以阴以雨。之子于归，远送于野。何彼苍天，不得其所。逍遥九州，无所定处。世人闇蔽，不知贤者。年纪逝迈，一身将老。"[①]其诗序交代了孔子作《猗兰操》的缘由："《猗兰操》者，孔子所作也。孔子历聘诸侯，诸侯莫能任。自卫反鲁，过隐谷之中，见芗兰独茂，喟然叹曰：'夫兰当为王者香，今乃独茂，与众草为伍，譬犹贤者不逢时，与鄙夫为伦也。'乃止车援琴鼓之云……自伤不逢时，托辞于芗兰。"[②]可知此诗是托兰抒情言志之作。此诗虽题为《猗兰操》却全篇未提及兰，诗歌前四句借用《诗经·谷风》与《诗经·燕燕》中的诗句，中间四句感慨自己虽历经坎坷，周游列国，却仍然得不到重用。最后四句道出了诗歌的主旨，"世人暗蔽，不知贤者"，世人愚昧，不识贤人，抒发了诗人怀才不遇、无人赏识的孤独感。"年纪逝迈，一身将老"，岁月将晚，生命所剩时光无多，而自己却依然无所树立，反映了诗人想要建立功业的迫切心情。此诗颇能反映孔子晚年的部分心态，同时也流露出诗人心中渴望建功立业，但又因仕途无望而感到抑郁愤懑，与《古诗十九首》所表达的心境较为相似。后来韩愈也作过同名《猗兰操》，诗云"兰之猗猗，扬扬其香。不采而

---

① 逯钦立辑校《先秦汉魏晋南北朝诗》，第300～301页。
② 逯钦立辑校《先秦汉魏晋南北朝诗》，第300～301页。

佩，于兰何伤"①，但诗歌立意显然发生了改变，兰草即使无人采撷、佩带，也于兰无伤，强调的是兰草自身品质高洁并不屑于他人的赏识，颇有君子不与世俗为伍、独立自守之意。

汉郦炎《诗二首》其二："灵芝生河洲，动摇因洪波。兰荣一何晚，严霜瘁其柯。哀哉二芳草，不值泰山阿。文质道所贵，遭时用有嘉。绛灌临衡宰，谓谊崇浮华。贤才抑不用，远投荆南沙。抱玉乘龙骥，不逢乐与和。安得孔仲尼，为世陈四科。"②芝草和兰草都是珍贵的香草，却分别遭受洪波和严霜的摧残，诗人借物抒怀，抒发了自己遭受压迫、怀才不遇的苦闷。魏徐干《室思诗》其四："惨惨时节尽，兰叶凋复零。喟然长叹息，君期慰我情。展转不能寐，长夜何绵绵。蹑履起出户，仰观三星连。自恨志不遂，泣涕如涌泉。"③由兰草的凋零引发对自身境遇的悲叹，时光流逝而自己却还未建功立业，抒发的是壮志难酬的政治苦闷。

（二）对不幸人生命运的悲愤

魏繁钦《咏蕙诗》以蕙自比，泣诉了命运的不幸与苦难，诗云："蕙草生山北，托身失所依。植根阴崖侧，夙夜惧危颓。寒泉浸我根，凄风常徘徊。三光照八极，独不蒙余晖。葩叶永雕瘁，凝露不暇晞。百卉皆含荣，己独失时姿。比我英芳发，鶗鴂鸣已衰。"④蕙草生长在山崖背阴的一侧，不仅整日担心坠落悬崖，还要忍受寒泉浸根、冷风摧残的折磨。日月星辉可以照耀到八方极远之地，却独独不使蕙草蒙

---

① [唐]韩愈撰，钱仲联集释《韩昌黎诗系年集释》，上海古籍出版社1984年版，第1148页。
② 逯钦立辑校《先秦汉魏晋南北朝诗》，第183页。
③ 逯钦立辑校《先秦汉魏晋南北朝诗》，第377页。
④ 逯钦立辑校《先秦汉魏晋南北朝诗》，第385页。

受一点余晖。蕙草花叶上凝结的露水还未变干,便已凋零枯萎。百花都欣欣向荣之时,唯蕙草独失风姿,好不容易等到花开之时,杜鹃的啼叫又令它早早的枯萎衰败。诗人实际上以蕙草凄风苦雨、饱经摧残的苦难遭遇象征自身的不幸命运。繁钦生活在东汉末年,经历了当时社会的战火纷争和动乱不安,对人生命运的沉浮自是多有体会,诗中蕙草的凄惨遭遇恐怕是当时许多文人都有过的不幸经历。整首诗歌充斥着诗人的哀怨凄苦和悲愤不平,深沉而感人,体现出浓郁的悲剧色彩,具有鲜明的时代特征及个性特征。

兰草芬芳美丽,用途广泛,人们为了利用兰草,大量采集兰草,而兰草却无力反抗,只能任人采取,因此许多文人还以兰草的命运来寄托生命"不由自主"的无奈和悲伤。魏嵇康《酒会诗七首》其七:"猗猗兰蔼,殖彼中原。绿叶幽茂,丽藻丰繁。馥馥蕙芳,顺风而宣。将御椒房,吐薰龙轩。瞻彼秋草,怅矣惟骞。"①郁郁葱葱的兰草生长在广阔的原野之上,兰草花繁叶茂,浓郁的香气随风飘散。然而不久它们将会被供奉到皇后的椒房殿,还会用来装饰皇帝的驾车。瞻望那些秋天的兰草,令人惆怅的是它们将会被人无情的拔取。整首诗风格清峻,流露出沉重的身世之感,极具感染力,具有鲜明的个性色彩。从题目可知这首诗歌是饮酒聚会之时而作,然而却并没有丝毫饮酒的欢愉,反倒流露出一种沉重的忧伤之感。兰草原本生长在原野之中,美丽芬芳,具有芳洁之质,但最后却摆脱不了供奉朝廷的命运,诗人以兰草的命运来寄托时人"不由自主"的命运,这也是当时许多文人的命运,他们为了生存不得不屈从司马氏政权并为其效忠,生命只能

---

① [三国魏]嵇康撰,戴明扬校注《嵇康集校注》,第131页。

任人宰割，失去了对生命的自主权。

（三）离官退隐的政治觉悟

陶渊明《饮酒诗二十首》其十七，以幽兰自比，表达了想要归隐田园、远离黑暗官场的政治觉悟，诗云："幽兰生前庭，含薰待清风。清风脱然至，见别萧艾中。行行失故路，任道或能通。觉悟当念还，鸟尽废良弓。"①《饮酒诗二十首》是诗人出任江州祭酒一职期间所作，其诗序云："余闲居寡欢，兼秋夜已长。偶有名酒，无夕不饮。顾影独尽，忽焉复醉。既醉之后，辄题数句自娱。"②可知这二十首诗歌都是诗人饮酒之后所题。此诗虽是一首饮酒诗，但诗中并没有提到饮酒，而是借饮酒谈人生。诗歌前四句说幽兰生长在庭院之中，含着香气等待清风的到来，清风忽然而至，隐藏在萧艾之中的幽兰便会被人识别出来。诗人以幽兰自比，也可能是以之比喻满腹才华的贤人，幽兰本是生长在幽谷之中，现在生长在庭院之中，比喻贤人不再隐居山林，而是走上出仕谋官之路，这实际上也是诗人的自身现状，为生计不得不出仕为官。后四句则有觉悟念还之意，诗人在仕途中迷失了旧路，如果继续前行下去或许也能走得通，但是诗人此时有所觉悟，用鸟尽弓废的典故来告诫自己，人生最终的归宿应当远离官场，退隐山林。陶渊明借兰抒情，他早已厌倦官场上的尔虞我诈、兔死狗烹，一方面感慨官场政治的黑暗，一方面寄寓自己的归隐之志。

二、寄托离愁别绪

别离是中国古代文学中的一种重要主题，文人别离情感的表达有赖于各种意象，其中植物意象就是常见的一种，如杨柳、梅花、芍药等，

---

① ［晋］陶渊明撰，逯钦立校注《陶渊明集》，第97页。
② ［晋］陶渊明撰，逯钦立校注《陶渊明集》，第86页。

特别是杨柳意象,古人有折柳赠别的风习,取其谐音"留",表达挽留、不舍之意,而兰草作为一种芳草,也蕴含着丰富的别离情感。

兰草芳香且生长茂盛,尤其是在万物复苏、草长莺飞的春天,兰草的芬芳极易撩人情思,从而触发远方游子的相思之情。晋张华《情诗五首》其五:"游目四野外,逍遥独延伫。兰蕙缘清渠,繁华荫绿渚。佳人不在兹,取此欲谁与。巢居知风寒,穴处识阴雨。不曾远别离,安知慕俦侣。"① 兰蕙花繁叶茂,久滞他乡的游子睹芳思人,想要采摘兰蕙却又无人可赠,徒增伤感。又《古诗》:"兰若生春阳,涉冬犹盛滋。愿言追昔爱,情款感四时。美人在云端,天路隔无期。夜光照玄阴,长叹念所思。谁谓我无忧,积念发狂痴。"② 这里是比兴手法,以兰草和杜若两种香草起兴,兰若经过冬天的蕴育,至春天更加芳香茂盛,引出对远在他乡情人的深切思念之情。不仅兰草的芳香和茂盛可以引发游子的相思之情,初春刚刚开始生长的兰草也能引发闺中女子的怀春思远之情,如南朝鲍令晖《寄行人诗》"桂吐两三枝,兰开四五叶。是时君不归,春风徒笑妾"③,初春桂、兰抽枝长叶,芬芳始发,触发了女子对远方夫君的殷切相思。春天的兰草主要寄寓的是春心荡漾的怀远相思之情,而秋天的兰草在寄寓相思之余,还含有深深的幽怨之情。如鲍照《咏秋》:"幽闺溢凉吹,闲庭满清晖。紫兰花已歇,青梧叶方稀……临宵嗟独对,抚赏怨情违。跨踏空明月,惆怅徒深帷。"④ 兰草花谢、青梧叶稀的深秋凄景,渲染了女子独守空闺的幽怨情绪。

---

① 逯钦立辑校《先秦汉魏晋南北朝诗》,第619页。
② 逯钦立辑校《先秦汉魏晋南北朝诗》,第335页。
③ 逯钦立辑校《先秦汉魏晋南北朝诗》,第1315页。
④ 逯钦立辑校《先秦汉魏晋南北朝诗》,第1307页。

古人离别之时有折花相赠的风习,早在楚辞中就已经出现,如"折芳馨兮遗所思"(《九歌·山鬼》),"折疏麻兮瑶华,将以遗乎离居"(《九歌·少司命》),都是折花赠远之意,此后文人骚客多以折荣赠远来寄托离愁别绪。其中兰草亦有赠远寄情之意,如汤惠休《杨花曲三首》其一"掩涕守春心,折兰还自遗"①,欲要折兰赠远,最终只能自遗。古代路途遥远、交通不便,香草鲜花自是不便远寄,因此折兰仅是主人公表达相思情感的一种想象和寄托。又范云《别诗》"别君河初满,思君月屡空。折桂衡山北,摘兰沅水东。兰摘心焉寄,桂折意谁通"②,摘兰、折桂是诗人相思离怨情感的一种寄托。

兰草不仅寄寓了情人之间的相思离怨,还寄托了文人的怀乡之情,如谢庄《怀园引》"想绿苹兮既冒沼,念幽兰兮已盈园"③,想象家乡故园中的池沼已冒出绿萍,幽兰也已经长满故园,绿萍和幽兰是诗人思乡的媒介。《李陵录别诗二十一首》其七"烛烛晨明月,馥馥我兰芳。芬馨良夜发,随风闻我堂。征夫怀远路,游子恋故乡"④,兰草的芳香触发了征夫、游子对故乡的怀念之情。又鲍照《梦归乡诗》"刈兰争芬芳,采菊竞葳蕤"⑤,梦中刈兰、采菊是诗人对家乡的美好记忆,寄托了诗人对家乡的迫切思念之情。

三、叹惋红颜易老

花自古就与女子联系密切,古人常以花来类比、隐喻女子,兰草以香著称,虽然花朵不似梅花、牡丹那般引人瞩目,但人们对其亦有

---

① 逯钦立辑校《先秦汉魏晋南北朝诗》,第1244页。
② 逯钦立辑校《先秦汉魏晋南北朝诗》,第1546页。
③ [清]严可均辑《全宋文》,商务印书馆1999年版,第339页。
④ 逯钦立辑校《先秦汉魏晋南北朝诗》,第339页。
⑤ 逯钦立辑校《先秦汉魏晋南北朝诗》,第1303页。

关注，并常以兰草花朵的凋零来寄寓女子青春容颜易衰的悲叹与惋惜。如《古诗十九首·冉冉孤生竹》："冉冉孤生竹，结根泰山阿。与君为新婚，菟丝附女萝。菟丝生有时，夫妇会有宜。千里远结婚，悠悠隔山陂。思君令人老，轩车来何迟！伤彼蕙兰花，含英扬光辉。过时而不采，将随秋草萎。君亮执高节，贱妾亦何为。"[①]全诗抒发了新婚远别之恨，诗中的蕙兰花类比女子，新婚中的女子如同蕙兰花一般光彩照人，若不及时采摘，就会随秋草枯萎，用花朵的凋零来喻指女子容颜易老，呈现出一种美丽易衰的伤感形象，同时还有暗示夫君多加珍惜之意。又《古诗》："新树兰蕙葩，杂用杜蘅草。终朝采其华，日暮不盈抱。采之欲遗谁，所思在远道。馨香易销歇，繁华会枯槁。怅望欲何言，临风送怀抱。"[②]则以兰草馨香的销歇、花朵的枯萎来感叹女子青春的凋零、容颜的衰老。因为思念的人在远方，所以女子采花时心不在焉，从早到晚所采蕙兰花还不满一怀，想要将这些兰蕙花送给情人，但距离遥远无法送达，女子美丽易衰、伤感忧怨的形象跃然纸上、生动感人。南朝宋汤惠休《怨诗行》："明月照高楼，含君千里光。巷中情思满，断绝孤妾肠。悲风荡帷帐，瑶翠坐自伤。妾心依天末，思与浮云长。啸歌视秋草，幽叶岂再扬。暮兰不待岁，离华能几芳。愿作张女引，流悲绕君堂。君堂严且秘，绝调徒飞扬。"[③]这是一首怨妇诗，诗中女子空守闺房，思念着远方的情人，心中满是幽怨。"暮兰不待岁，离华能几芳"，亦是兰草隐喻女子，岁暮的兰草恐怕等不到年底就要枯萎了，凋落的花朵还能有几多芳香，颇有美人迟暮之感，同时也抒

---

① 逯钦立辑校《先秦汉魏晋南北朝诗》，第 331 页。
② 逯钦立辑校《先秦汉魏晋南北朝诗》，第 336 页。
③ 逯钦立辑校《先秦汉魏晋南北朝诗》，第 1243 页。

发了对远方情人的思念与怨恨之情。

兰草在人们心中是一种十分美好的香草，但兰草与其他花草一样，有花开花落、荣枯交替，因此人们将这种美丽易衰的形象多与女子青春容颜的易老联系在一起，呈现出一种凄美的幽怨，令人为之悲惋。

四、惊时伤逝之感

兰草既有春芳者又有秋芳者，即所谓春兰与秋兰，春兰早芳、秋兰后调，这种盛衰交替、春秋代序，能够引发时人内心的敏感情绪，尤其是春荣秋枯的这种时序代迁最能使人感动，触发惊时伤逝之感。晋傅玄《鸿雁生塞北行》："退哀此秋兰草，根绝随化扬。灵气一何忧美，万里驰芬芳。常恐物微易歇，一朝见弃忘。"①秋兰如此美丽芬芳，却最终摆脱不了根绝枯萎的命运，触发了诗人对生命美好易逝的悲伤与无奈。晋陆机《短歌行》："置酒高堂，悲歌临觞。人寿几何，逝如朝霜。时无重至，华不再阳。蘋以春晖，兰以秋芳。来日苦短，去日苦长。"②蘋生在春天，兰芳在秋天，这种"一时之秀"的季节性引发了诗人对生命苦短、人生多艰的悲伤情绪。晋李颙《悲四时赋》："秋日悲兮！火流天而涤暑，风入林而疏条。菊挺葩于绿茎，兰飞馨于翠翘。"③秋天菊花盛开，兰草芳香，本是美好的景致，诗人却乐景生哀情，触发悲秋之感。南朝宋谢灵运《游南亭》："久痗昏垫苦，旅馆眺郊歧。泽兰渐被径，芙蓉始发池。未厌青春好，已观朱明移。戚戚感物叹，星星白发垂。药饵情所止，衰疾忽在斯。逝将候秋水，息景偃旧崖。

---

① 逯钦立辑校《先秦汉魏晋南北朝诗》，第 563 页。
② 逯钦立辑校《先秦汉魏晋南北朝诗》，第 651 页。
③ ［清］严可均辑《全晋文》，商务印书馆 1999 年版，第 561 页。

我志谁与亮，赏心惟良知。"①泽兰被径，芙蓉生池，表明春天将尽，夏天始至，而久病郁闷的诗人面对春夏交替的变迁引发了对韶光易逝、人生病老的幽愤情绪。又南朝梁萧子范《伤往赋》："彼兰菊之芳茂，及蕣槿之荣色，终于邑乎繁霜，俱飘飖于路侧。"②兰菊等芳草经霜而枯，这种由盛而衰的变化使诗人联想到生命的柔弱和短暂，触发的是诗人孤寂、落寞的悲伤情感。

第四节　兰草的象征内涵

先秦时期在孔子和屈原的作用下，奠定了以兰比德的文学传统，使兰草具有了鲜明的人格象征意义。至汉魏六朝时期，兰草的象征内涵既有对前代的继承和沿袭，又有新的演变，兰草比德的内涵得到了丰富和发展，兰草成为贤才的美称，同时兰草还成为友情的象征，并与女子之间建立了类比关系。

一、兰草比德

汉代作品中兰草意象的书写大多继承了屈原辞赋中的兰草比德传统。如王褒《九怀·通路》"纫蕙兮永辞，将离兮所思"，"纫蕙"即缀结蕙草作为佩带，明显沿用了屈原辞赋中的"纫秋兰以为佩"，佩兰明志。又刘向《九叹·缝纷》"怀兰蕙与衡芷兮，行中壄而散之"，王逸注曰："言已怀忠信之德，执芬香之志，远行中野，散而弃之，伤不见用也。"③兰蕙、衡芷象征忠贞的德行。《九叹》是刘向追思

---

① 逯钦立辑校《先秦汉魏晋南北朝诗》，第1161～1162页。
② ［清］严可均辑《全晋文》，商务印书馆1999年版，第253页。
③ ［宋］洪兴祖撰，白化文等点校《楚辞补注》，第283页。

屈原所作，这里言屈原德行忠贞却不被任用，含有作者对屈原不幸遭遇的同情与愤慨。类似的还有刘向《九叹·远游》"怀兰茝之芬芳兮，妒被离而折之"，《九思·悯上》"怀兰英兮把琼若英，待天明兮立踯躅"，怀兰象征怀德，兰草象征忠贞、忠信的德行。冯衍《显志赋》"揵六枳而为篱兮，筑蕙若而为室；播兰芷于中庭兮，列杜衡于外术"①，以兰蕙等诸多香草筑造房屋、装饰庭院，象征洁身自修之意，也是对屈原辞赋中兰草比德内涵的继承。

这一时期兰草的比德内涵在继承前代的基础上，不断丰富和完善。一方面，兰草枝繁叶茂，长势茂盛，因此人们常以兰茂象征人品德之美盛。晋左棻《武帝纳皇后赋》云："钟于杨族，载育盛明。穆穆我后，应期挺生。含聪履哲，岐嶷夙成。如兰之茂，如玉之荣。"②赋中赞美皇后品德如兰草一般既芳且盛，左棻即左思之妹，其名就有芬芳之意，其字兰芝，亦是取芳兰象德之意。南北朝庾信《周太傅郑国公夫人郑氏墓志铭》云："夫人令淑早闻，芝兰独茂，既容既德。"③称赞已故郑国公妇人有"兰茂"之德。另一方面人们还常将兰草与石并举，以之象征人具有天生的美德。汉刘安《淮南鸿烈解·说林训》云："石生而坚，兰生而芳，少自其质，长而愈明。"④石头天生质地坚硬，兰草生来自带芳香，以之象征人自幼就有良好品质，而长大后品质更加优秀。兰草多春生秋枯，春天宿根发芽生苗，枝叶出土后就散发芳香，因此可谓生而自带芳香。基于石坚兰芳这种与生俱来的特性，人

---

① ［清］严可均辑《全后汉文》，商务印书馆1999年版，第193页。
② ［唐］房玄龄等撰《晋书》，中华书局1974年版，第961页。
③ ［清］严可均辑《全后周文》，商务印书馆1999年版，第271页。
④ ［汉］刘安等撰，刘文典集解，冯逸、乔华点校《淮南鸿烈集解》，《新编诸子集成》，中华书局1989年版，第577页。

们多以兰石比喻、象征人坚贞、芳洁的美好品德，强调人自幼就品性纯良，具有美好的品德。如汉《孔谦碑》云："孔谦字德让者，宣尼公廿世孙都尉君之子也。幼体兰石自然之姿，长膺清妙孝友之行。"①孔谦是孔子二十代孙，孔宙之第六子，其生平事迹虽未见史书记载，但碑文赞其自幼就有"兰石自然之姿"，意思是孔谦从小就具有美好的品行。汉《帝尧碑》云："于赫大圣，奕孔祯纯。性发兰石，生自馥芬。"②赞美尧帝具有天生的美德，而汉《成阳灵台碑》云："惟帝尧母，昔者庆都，兆舍穹精，氏姓曰伊。体兰石之操，履规矩之度。"③则是称颂尧母具有"兰石之操"。

图09　吴昌硕《兰石芳坚图》。

另外兰草不仅与石并举，还常与玉、金、桂等并举，都象征着美好的品德。如傅玄《秋胡行》"玉磨逾洁，兰动弥馨"④，兰、玉象征秋胡妻子的贞洁品行。傅玄《永宁太仆庞侯诔》"如兰之芳，如金之贞"⑤，称赞庞侯有馨德、贞德。温子升《印山寺碑》"大丞相渤

---

① ［清］严可均辑《全后汉文》，商务印书馆1999年版，第997页。
② ［清］严可均辑《全后汉文》，商务印书馆1999年版，第1038页。
③ ［清］严可均辑《全后汉文》，商务印书馆1999年版，第1028页。
④ 逯钦立辑校《先秦汉魏晋南北朝诗》，第554页。
⑤ ［清］严可均辑《全晋文》，商务印书馆1999年版，第479页。

海王膺岳渎之灵，感辰象之气，直置与兰桂齐芳，自然共圭璋比洁"①，兰桂齐芳象征着高贵的品德，而后世兰桂齐芳却演变成子孙兴旺发达之意。刘昼《刘子·大质》云："兰可燔而不可灭其馨，玉可碎而不可改其白，金可销而不可易其刚，各抱自然之性，非可强变者也。"②兰草变干后具有熏香功用，人们可以通过焚烧兰草获取芳香，故谓之"可燔而不可灭其馨"，以之象征人的坚贞品德。

二、兰草与友情

兰草与友情之间的关联源于《子夏易传》，其云"二人同心，其利断金；同心之言，其臭如兰"③，两个人只要同心同德，他们的力量就会犹如利剑一般锋利，可斩断坚硬的金属，而他们的之间的谈话则犹如兰草一样芳香，强调的是君子之间相处之时，同心同德的重要性。兰草气味芳香，闻之令人愉悦，以之比喻君子同心之言，亦能令人心情愉悦。《世说新语·贤媛》引东晋戴逵《竹林七贤论》云"山公与嵇、阮一面，契若金兰"④，说山涛与嵇康、阮籍第一次见面，就彼此情意契合，相交成为好友。"金兰"二字分别取用《易传》"其利断金"与"其臭如兰"的最后一字，象征朋友之间彼此情投意合且感情深厚，后来"金兰"则逐渐引申为结拜兄弟或结拜姐妹的意思。后世人们常引用或化用《易传》这一语典，以兰草之芳香比喻象征朋友之间的默契相交。如嵇康《与阮德如诗》云："含哀还旧庐，感切伤心肝。良时

---

① ［清］严可均辑《全后魏文》，商务印书馆1999年版，第501页。
② ［南北朝］刘昼撰，傅亚庶校释《刘子校释》，《新编诸子集成》，中华书局1998年版，第359页。
③ ［清］阮元校刻《十三经注疏》，第79页。
④ ［南朝宋］刘义庆撰，［南朝梁］刘校标注，余嘉锡笺疏《世说新语笺疏》，《中华国学文库》，中华书局2011年版，第587页。

遘数子，谈慰臭如兰。畴昔恨不早，既面侔旧欢。"①阮德如即阮侃，与嵇康相交甚好，此为嵇康赠别阮侃之诗，两人相会之时交谈甚欢，馨香犹如芳兰。针对嵇康之诗，阮侃亦作出回复，其《答嵇康诗二首》第一首云"与子犹兰石，坚芳互相成"②，则以兰石比喻二人之间相交情谊的深厚。

此外，人们还以兰蕙借喻朋友之间的赠答诗文，如晋潘尼《赠陆机出为吴王郎中令诗》云"昔子忝私，贻我蕙兰。今子徂东，何以赠旃"③，蕙兰代指陆机赠送诗人的诗歌。又其《送大将军掾卢晏诗》云"赠物虽陋薄，识意在忘言。琼琚尚交好，桃李贵往还。萧艾苟见纳，贻我以芳兰"④，萧艾代指潘尼的赠诗，芳兰则代指大将军赠送给潘尼的诗歌，在屈原辞赋中萧艾是恶草，芳兰是香草，诗人以萧艾代指自己所作诗歌，实为自谦之意。兰蕙借喻友人之间的赠答诗歌，实际上是对同心之言的一种延伸，都是建立在朋友之间相交契合的基础之上。陶渊明则以兰草的荣枯来象征友情的好坏，其《拟古诗九首》其一云："荣荣窗下兰，密密堂前柳。初与君别时，不谓行当久。出门万里客，中道逢嘉友。未言心相醉，不在接杯酒。兰枯柳亦衰，遂令此言负。多谢诸少年，相知不中厚。意气倾人命，离隔复何有。"⑤诗中兰与柳的盛衰状态暗喻了诗人与友人之间感情的合离，诗人与朋友离别之时，窗下的兰草长势茂盛，堂前的柳树也十分茂密，兰草芳洁，象征此时诗人与朋友之间的友情还十分纯洁，而柳树有挽留、惜别之意，

---

① ［三国魏］嵇康撰，戴明扬校注《嵇康集校注》，第 66 页。
② 逯钦立辑校《先秦汉魏晋南北朝诗》，第 477 页。
③ 逯钦立辑校《先秦汉魏晋南北朝诗》，第 764 页。
④ 逯钦立辑校《先秦汉魏晋南北朝诗》，第 770 页。
⑤ ［晋］陶渊明撰，逯钦立校注《陶渊明集校注》，第 109 页。

暗含着诗人对朋友的惜别情意。然而后来朋友却背弃诗人,虽与朋友相知但未必忠厚,可谓交友不慎,而此时兰草枯萎,柳树衰落,则象征着诗人与朋友之间友情的破裂。

三、兰草与贤才

兰草芳香实用,故人们多以之象征德才兼备的贤者,屈原最早以兰草譬喻贤才,后世相继沿用。如《猗兰操》序云:"夫兰当为王者香,今乃独茂,与众草为伍,譬犹贤者不逢时,与鄙夫为伦也。"① 就以兰草比喻贤者。曹植《藉田说二首》其一:"兰、蕙、荃、蘅,植之近畴,此亦寡人之所亲贤也。刺藜、臭蔚,弃之乎远疆,此亦寡人之所远佞也。"② 以种植兰蕙荃蘅象征选拔任用贤才,沿用屈原滋兰树蕙的象征意义。同时兰还成为贤才的一种代称,如晋皇甫谧《让征聘表》"陛下披榛采兰,并收蒿艾"③,以兰代称贤才,采兰比喻君主选拔人才。又南朝宋刘义庆《世说新语》记载:"谢太傅问诸子侄子弟:'亦何预人事,而正欲使其佳?'诸人莫有言者,车骑答曰:'譬如芝兰玉树,欲使其生于阶庭耳。'"④ 芝兰玉树都是芳香美好之物,以之比喻家族中的优秀子弟,此后"芝兰玉树"成为家族中优秀人才的一种美称。

兰草芳香受人爱重,但如果兰草生错地方,于人有碍,也会令人心生厌弃,同样,若贤才于人有碍,也会遭受废弃,招惹厄运。如《三国志·蜀志·周群传》记载:"先主将诛张裕,诸葛亮表请其罪。先

---

① 逯钦立辑校《先秦汉魏晋南北朝诗》,第 300~301 页。
② [三国魏]曹植撰,赵幼文校注《曹植集校注》,第 429 页。
③ [清]严可均辑《全晋文》,商务印书馆 1999 年版,第 750 页。
④ [南朝宋]刘义庆撰,[南朝梁]刘孝标注,余嘉锡笺疏《世说新语笺疏》,第 129 页。

主答曰：'芳兰生门，不得不鉏。'裕遂弃市。"①张裕精通天象，能够预言吉凶，但他生性耿直，常常犯言直谏，刘备明知他是"芳兰"，有超凡才能，但却生在"门口"，言行越轨，妨碍自己，因此执意将其铲除。后多以"芳兰生门"譬喻贤才抗直，不为主上所容。如南朝袁淑《种兰诗》："种兰忌当门，怀璧莫向楚。楚少别玉人，门非植兰所。"②化用芳兰生门的典故，含有对贤才的警劝之意。另外，兰草遇风芳香愈浓，因此人们还以清风拂兰譬喻贤才蒙受皇上、朝廷的赏识任用。兰草在清风的吹拂之下更加芳香馥郁，正如晋葛洪《抱朴子》所言"芳兰之芬烈者，清风之功也；屈士起于丘园者，知己之助也"③，兰草之所以香气浓烈，实际上都是清风的功劳，以之譬喻"伯乐"对贤才的知遇之恩。又晋陶渊明《饮酒诗二十首》其十七言"幽兰生前庭，含薰待清风。清风脱然至，见别萧艾中。"④幽兰生长在庭院之中，含着香气等待清风到来，清风忽然而至，隐藏在萧艾之中的幽兰便会被区别出来，以幽兰譬喻贤才，清风譬喻朝廷，清风吹拂幽兰，象征朝廷对贤才的赏识与任用。

四、兰草与女子

先秦时期兰草多与男性联系在一起，象征君子、贤才，至汉魏六朝时期兰草与女子之间逐渐发生联系，从而建立了兰草与女子之间的类比关系。人们最先以兰香来比拟女子的芬芳气息，如宋玉《神女赋》对神女的美丽进行了生动细致的描绘，"陈嘉辞而云对兮，吐芬芳其

---

① ［晋］陈寿撰《三国志》，中华书局1959年版，第1021页。
② 逯钦立辑校《先秦汉魏晋南北朝诗》，第1212页。
③ ［晋］葛洪撰，杨明照校笺《抱朴子外篇校笺》，《新编诸子集成》，中华书局1991年版，第428页。
④ ［晋］陶渊明撰，逯钦立校注《陶渊明集》，第97页。

若兰"①，形容女神谈吐犹如兰草一般芳香。曹植《洛神赋》描绘了洛神的旷世之美，言其"微幽兰之芳蔼兮，步踟蹰于山隅"②，洛神徘徊走动之时，身上散发着幽兰一般的芳香，"含辞未吐，气若幽兰"③，则是形容洛神的气息如幽兰一般芳香。此外曹植《美女篇》言美女"顾盼遗光彩，长啸气若兰"④，亦是以兰香形容女子气息。这一时期很少以兰草来比拟女子的容颜，兰草主要以香著称，形色并不十分美丽，不似桃花、荷花那般光鲜亮丽，因此人们很少以兰草比拟女子的美丽容貌。

刘安《淮南鸿烈》云："男子树兰，美而不芳……情不相与往来也。"注曰："兰，芳草，女之美芳也，男子树之，盖不芳。"⑤男子种植兰草虽然美丽，却不芳香，这是因为缺少感情上的交流与投入。既然男子植兰不芳，那么言外之意女子植兰才会既美且芳。对此，刘勰《文心雕龙》云："男子树兰而不芳，无其情也。夫以草木之微，依情待实。"⑥他认为男子种植兰草没有芳香是因为没有投入感情，草木虽然微小，但也是需要依赖感情投入才能结出果实的。与男子相比，女子感情更加细腻，因此女子种植兰草之时会更加精心地养护它们，可以说这就是对兰草灌注了感情。宋人陆佃《增修埤雅广要》云："《淮南子》曰'男

---

① [清]严可均辑《全上古三代文》，商务印书馆1999年版，第135页。
② [三国魏]曹植撰，赵幼文校注《曹植集校注》，第283页。
③ [三国魏]曹植撰，赵幼文校注《曹植集校注》，第284页。
④ [三国魏]曹植撰，赵幼文校注《曹植集校注》，第384页。
⑤ [汉]刘安等撰，刘文典集解，冯逸、乔华点校《淮南鸿烈集解》，第327页。
⑥ [南朝梁]刘勰撰，黄叔琳注，李详补注，杨明照校注拾遗《增订文心雕龙校注》，中华书局2000年版，第416页。

子树兰，美而不芳'，说者以为兰女类也，故男子树之不芳。夫草木之性，兰宜女子树之。"①认为兰性倾向于女性。明人王路《花史左编》则从生物特性方面分析了"兰为女类"，其云："《淮南子》曰'男子树兰，美而不芳'，说者以为兰女类也，故男子树之不芳，夫草水之性，兰宜女子。"②兰草性喜水，多生长在低湿之地，在草木中属阴类，而女性属阴，故以之比附女子。晋傅玄《秋兰篇》就以池边秋兰比附女子，诗云："秋兰映玉池，池水清且芳。芙蓉随风发，中有双鸳鸯。双鱼自踊跃，两鸟时回翔。君其历九秋，与妾同衣裳。"③诗人生动地刻画出了一位感情真挚、伤而不怨的思妇形象。宋人郭茂倩认为此诗的主旨是"言妇人之托君子，犹秋兰之荫玉池"④，以秋兰比附女子，在古代封建统治社会中女子地位一般比较低微，多依附、附属男性，故言女子托身男子。

兰草的外形虽不出众，但芳香独特，可谓"内秀"，因此人们还常以兰蕙来形容女子内在的美好品质。如鲍照《芜城赋》云"东都妙姬，南国丽人，蕙心纨质，玉貌绛唇"⑤，蕙心比喻女子纯洁、美好的内心。

---

① [宋]陆佃撰《增修埤雅广要》，《续修四库全书》第1271册，上海古籍出版社2002年版，第488页。
② [明]王路撰《花史左编》，《续修四库全书》第1117册，上海古籍出版社2002年版，第193页。
③ 逯钦立辑校《先秦汉魏晋南北朝诗》，第559页。
④ [宋]郭茂倩编《乐府诗集》，《中国古典文学基本丛书》，中华书局1979年版，第930页。
⑤ [清]严可均辑《全宋文》，商务印书馆1999年版，第453页。

唐代王勃《七夕赋》云"荆艳齐升，燕佳并出。金声玉韵，蕙心兰质"[①]，"蕙心兰质"比喻女子具有美好的内在品质，后来"蕙心兰质"成为一个专门赞美女子的成语，形容女子美好的内心以及高雅的气质。

[①] ［唐］王勃撰，［清］蒋清翊注《王子安集注》，上海古籍出版社1995年版，第22页。

第六章　唐代兰草审美认识与文学书写的发展

唐代是我国历史上政治军事强大、经济文化繁荣的一个重要朝代，国力强盛、社会意气风发、艺术文化丰富多元，在这种恢弘气象的时代氛围之下，唐人对兰草的审美认识更加全面、细致、深入。唐代兰草意象及题材的文学作品不仅在数量上比汉魏六朝时期要多，在审美艺术表现上也更加成熟。唐人发掘了"衰兰"意象之美，兰草的衰败、凋零景象与诗人的主观情思交融，这是唐人对兰草审美认识的一大进步。唐人在前代兰草比德的基础上，更加注重兰草独立自由、不受外界束缚影响的人格象征意义，从而使兰草的独立人格象征意义得以强化。唐代文人大都具有积极入仕的政治热情，文人借兰言志，兰草成为他们寄托入仕政治理想的一种载体。"采兰"意象源于我国古代悠久的采兰农事活动，在唐代逐渐发展成为一种独特鲜明的文学意象，不仅被赋予了尽孝养亲的内涵，还成为游子怀乡思亲的媒介，对后世影响深远。

第一节　唐代兰草文学创作概况及背景

与前代相比，唐代兰草意象及题材的文学创作进入一个相对的兴盛阶段，其中以兰草为篇题或以兰草为主题内容的诗歌一共20首，以兰草为题材的赋一共8篇，另外还有1篇以兰草为题材的散文，共计29篇作品。而唐代之前的咏兰文学作品情况则是，诗歌13首，赋1篇，共14篇，可见唐代专题咏兰作品数量是唐前的2倍多。单从诗歌作品中兰草意象的出现频次上看，唐代兰草意象的出现次数也大大多于前代之总和。据《全唐诗》统计，"兰"意象一共出现了1223次，"蕙"意象一共出现了313次，两者共计出现1536次[①]，而据《先秦汉魏晋南北朝诗》统计，兰蕙意象共计出现617次，可见唐代诗歌作品中的兰草意象出现次数约是前代总和的2.5倍。另外，从横向比较上来看，唐代兰草意象也是十分丰富。渠红岩博士论文《中国古代文学桃花题材与意象研究》[②]以及石润宏著作《唐诗植物意象研究》[③]，都对《全唐诗》中重要植物意象的出现次数作出统计，因为受统计标准等因素的差异，两者在统计数量上存在一定的偏差，但从统计结果上看，位列前九名的植物都是相同的，仅在个别植物的排序上存在差异，因此还是具有一定参考意义的。其中渠红岩统计的前九名植物排序是：杨柳、松柏、竹、荷花、兰、苔藓、桃、桂、梅，兰排名第4；石润宏统计的前九名植物排序是：竹、松柏、杨柳、莲、苔藓、桃、兰、桂、梅，

---

① 案：这里仅统计了比较明确的兰蕙意象，其中含有兰蕙的人名、地名、机构名称、佛教用语均不在统计之内，人名如丁兰、兰成、阿兰等，地名如兰陵、楼兰、贺兰等，机构名称如兰台、兰省、兰署等，佛教用语如兰若、法兰、盂兰等；"兰舟""兰桡""兰枻""兰桹"中的"兰"均指的是木兰，不是兰草，故也不再统计之内；诗歌内容中的"兰"可明确判定是兰花而不是兰草的也不统计在内。
② 渠红岩《中国古代文学桃花题材与意象研究》，南京师范大学2008年博士学位论文，第23页。
③ 石润宏、陈星撰《唐宋植物文学与文化研究》，北京联合出版公司2017年版，第16页。

兰排名第7。但需要指出的是石润宏对兰意象的统计未将蕙意象包括在内，如果加上蕙意象的数量，兰意象的的排名应位于苔藓之前，即前五名之内。因此兰草意象是唐代诗歌中出现次数较多的植物意象之一。

　　唐代兰草意象文学作品创作的兴盛并非偶然，而是有着特定的社会文化背景。首先与唐代兰草园艺栽培的盛行有关。中国古典园林经过漫长的历史演变与发展，到唐代已经逐渐达到全盛时期。唐代推行均田制，因此传统经济结构中的的庄园经济渐趋没落，而地主小农经济则逐渐恢复，这为唐代园林艺术的发展提供了经济上的支持。另外唐代确立了科举取士制度，打破了传统的门阀士族制度，为广大知识分子打开了门路，也为下层文人提供了入仕的途径，而文人入仕又为他们的生活提供了稳定的经济来源。政局的稳定、经济文化的繁盛无形中促进了文人追求园林享乐的心态，因此入仕文人在经济条件较为充裕的情况下，广泛购买、营建园林，促进了文人私家园林的兴盛发展，如王维的辋川别墅、白居易的履道池台、李德裕的平泉山庄、杜牧的阳羡别墅等。而唐代园林艺术的兴盛发展，又促进了兰草园艺栽培的兴盛，兰草成为当时园林中的一种常见观赏植物，无论是皇家园林还是普通文士园林中都普遍栽种兰草。皇家园林，如李世民《芳兰》"春晖开紫苑，淑景媚兰场"[①]，描写的是气势恢宏的皇家种兰场所景象；温庭筠《太子西池二首》其二"花红兰紫茎，愁草雨新晴"[②]，太子居住的宫中也种植有兰草。文人园林，如白居易《郡中西园》"闲园

---

① ［清］彭定求等编《全唐诗》，第16页。
② ［清］彭定求等编《全唐诗》，第6715页。

多芳草,春夏香靡靡……院门闭松竹,庭径穿兰芷"①,白居易在庭院小径上种植兰草;钱起《中书王舍人辋川旧居》"几年家绝甃,满径种芳兰"②,王维辋川别墅中满径种兰草;王建《原上新居十三首》其九"和暖绕林行,新贫足喜声。扫渠忧竹旱,浇地引兰生"③,王建新居内也种植有兰草。其次则与唐代文人对兰草的青睐有关。兰草与当时盛行的牡丹、荷花、芍药等花朵艳丽的观花植物相比,外形上并不出色,但兰草自先秦时期就是比德植物之一,至唐代其比德内涵愈加丰富,兰草幽洁的神韵以及深厚的文化意蕴都颇受唐代文人的青睐。唐代文人对园林表现出十分浓厚的兴趣,许多文人还会亲自参与园林的营建,以体现园林主人高雅的审美品位,而兰草丰富的文化内涵使之成为许多文人心中的芳洁、幽雅之物,因此广为文人园林所种植,成为文人园林中的一种常见观赏植物。

总之唐代兰草园艺栽培的盛行,以及文人对兰草的普遍关注与喜爱,都促进了唐代兰草意象及题材文学创作的发展,这是唐代兰草意象及题材文学创作兴盛的重要社会文化背景。

第二节 唐代咏兰诗与咏兰赋

一、唐代咏兰诗

从创作数量上看,唐代咏兰诗歌是汉魏六朝时期总量的二倍,而

---

① [唐]白居易撰,谢思炜校注《白居易诗集校注》,《中国古典文学基本丛书》,中华书局2006年版,第1659页。
② [清]彭定求等编《全唐诗》,第2665页。
③ [清]彭定求等编《全唐诗》,第3395页。

从诗歌艺术以及情感内容等方面来看，唐代咏兰诗歌也有着明显的进步，主要表现在以下三个方面。

（一）兰草的物色描摹更加全面细致

与汉魏六朝时期相比，唐人对兰草的审美观察更加细腻，这一时期的咏兰诗歌更加注重对兰草物色美感的细致描摹，并且还注意表现和揭示兰草的神韵美。如李世民《赋得花庭雾》："兰气已熏宫，新蕊半妆丛。色含轻重雾，香引去来风。拂树浓舒碧，萦花薄蔽红。还当杂行雨，仿佛隐遥空。"①诗歌描写了种植在宫廷花苑中的兰草，首联写兰草的香气萦绕在整个皇宫，半开的花蕊掩映在绿叶中；颔联描写花色在雾气中若隐若现，花香随风四溢；颈联写轻风拂动树木枝叶，叶色或浓或碧，花朵也随风轻摇，颜色深浅相间，描写尤为细致生动；尾联诗人从整体着眼，描写置身雨雾中的兰草仿佛隐藏在遥远的天空之中，给人以朦胧、梦幻的神韵美感。全诗以兰草作为中心意象，既有对兰草色、香、姿的整体关照，又有对兰草枝叶、花的局部观察，对兰草的物色描摹可谓细腻而生动，兰草的物色美感得到了淋漓尽致的展现。此外李世民的《芳兰》一诗，对兰草的物色描摹也是十分细腻，诗云："春晖开紫苑，淑景媚兰场。映庭含浅色，凝露泫浮光。日丽参差影，风传轻重香。会须君子折，佩里作芬芳。"②诗中描写的仍是种植在皇家宫廷中的兰草。首联写皇家园林"紫苑"，再写种兰场所"兰场"，由大及小，由远及近，意境开阔，气势恢宏，显示了皇家种兰规模之大、气势不凡，同时诗人作为园林主人生发的自豪感跃然纸上。颔联、颈联分别从"色""光""影""香"四个方面来描写兰草之

---

① ［清］彭定求等编《全唐诗》，第16页。
② 同上。

美：颜色素雅，光泽晶莹，花影参差，香气时轻时重。诗人逐层道来，全面细致地表现出了兰草之美。尾联升华全诗，言兰草应有君子佩带，强调兰草的君子品质。总之全诗十分注重对兰草物色的细致描摹，使兰草的物色美感得以全面表现。

从艺术表现上看，唐代咏兰诗歌除了对兰草香、色、姿的正面描写外，还予以侧面描写，即"彼物比况，或借景映带，言用不言体，言意不言名，所谓离形得似，虚处传神"①。无可《兰》："兰色结春光，氤氲掩众芳。过门阶露叶，寻泽径连香。畹静风吹乱，亭秋雨引长。灵均曾采撷，纫珮挂荷裳。"②诗人没有直接正面描写兰草的色、香特征，而是言其色"结春光"，其香"掩众芳"，颜色与春光融合，香气则掩盖群花之香，通过与众花的对比强调了兰草色、香的超凡。同时诗人还将兰草与露、风、雨等自然现象联系在一起，更加渲染、烘托出兰草的自然之美。类似的还有杜牧的《兰溪》："兰溪春尽碧泱泱，映水兰花雨发香。楚国大夫憔悴日，应寻此路去潇湘。"③描写了雨中的兰草，溪水边的兰草倒映水中，在细雨这一气候环境的烘托下越发芳香，突出了兰草的清新脱俗之美。这种通过侧面描写来表现兰草的物色美感，有"虚处传神"之妙。

（二）更加注重情感的抒发与寄托

汉魏六朝时期的咏兰诗歌多以"言志"为主，诗人托兰言志，表达自己的志向和决心，而唐代咏兰诗歌虽未完全摆脱言志成分，但诗

---

① 程杰撰《中国梅花审美文化研究》，巴蜀书社2008年版，第290页。
② ［清］彭定求等编《全唐诗》，第9156页。
③ ［唐］杜牧撰，吴在庆校注《杜牧集系年校注》，《中国古典文学基本丛书》，中华书局2008年版，第399页。

人开始更加注重自己情感的抒发，可谓寄托深远。陈子昂《感遇诗三十八首》其二："兰若生春夏，芊蔚何青青。幽独空林色，朱蕤冒紫茎。迟迟白日晚，袅袅秋风生。岁华尽摇落，芳意竟何成。"①兰草和杜若生长在幽静的山林之中，它们的美丽芬芳令群花黯然失色。诗人运用了对比、反衬手法，通过与林中其它花草的对比，突出兰若的秀色冠绝群芳，而群芳失色又反衬出兰若的风姿卓然，然而兰若即便如此美好，最终也难逃芳华零落的命运。全诗虽是写兰若，但诗人由林中兰若的凋零，联想到自身的境遇，拥有出众的才华却不被赏识，只能任年华老去、理想破灭，重在抒发自己孤独、失落的悲伤情感。又贺兰进明《古意二首》其二："崇兰生涧底，香气满幽林。采采欲为赠，何人是同心。日暮徒盈把，裴回忧思深。慨然纫杂佩，重奏丘中琴。"②此诗亦是旨在抒情，诗人借"涧底兰"抒发无人赏识、怀才不遇的郁闷之情。刘禹锡《令狐相公见示新栽蕙兰二草之什兼命同作》则寄寓了友人之间的深厚情谊，诗云："上国庭前草，移来汉水浔。朱门虽易地，玉树有馀阴。艳彩凝还泛，清香绝复寻。光华童子佩，柔软美人心。惜晚含远思，赏幽空独吟。寄言知音者，一奏风中琴。"③诗中令狐相公指的是令狐楚，是刘禹锡的好友，两人之间相交颇深，时有诗歌唱和，此诗便是两人的唱和之作。诗人借兰蕙易地而植，暗喻令狐楚任职兴元之事，兰蕙虽然移栽别处，但其美艳、清香依然令人赏心悦目，寄托了诗人对好友的勉励之意以及怀念之情。

---

① ［唐］陈子昂撰，徐鹏校点《陈子昂集》，中华书局1962版年，第2～3页。
② ［清］彭定求等编《全唐诗》，第1612页。
③ ［唐］刘禹锡撰，卞孝萱校订《刘禹锡集》，《中国古典文学基本丛书》，中华书局1990年版，第475页。

(三)注入了显明的政治寓意

唐代咏兰诗歌中的兰草意象还被注入了显明的政治寓意,既有诗人政治理想的寄托,又有诗人对政治现状的揭露与疑惑。如李白《古风》:"孤兰生幽园,众草共芜没。虽照阳春晖,复悲高秋月。飞霜早淅沥,绿艳恐休歇。若无清风吹,香气为谁发。"①诗中幽兰被众草淹没,虽然有过春晖的照耀,但是升起的秋月又使它陷入悲伤,再加上寒霜的摧残,兰草的花叶恐怕很快就要凋谢了吧,如果没有清风的吹拂,兰草会为谁而香呢?诗人借兰抒怀,一个有才华的人若是没有伯乐的赏识和推荐,那么只能像兰草那样即使满腹馨香,也最终埋没荒草之中,不为世人所知、所赏。诗歌最后两句则寄托了诗人的政治理想,诗人希望能够得到君主的赏识任用,好使自己的满腹才华得以发挥施展。李白类似的诗歌还有《赠友人三首》其一:"兰生不当户,别是闲庭草。夙被霜露欺,红荣已先老。谬接瑶华枝,结根君王池。顾无馨香美,叨沐清风吹。余芳若可佩,卒岁长相随。"②诗歌以兰自喻,描写了兰草的不幸遭遇,遭霜露欺凌,虽然有清风的吹拂,馨香却不被人喜欢,暗喻诗人不被欣赏、任用的政治遭遇。另外,白居易《问友》一诗则抒发了他对当时朝政黑暗现状的不满,诗云:"种兰不种艾,兰生艾亦生。根荄相交长,茎叶相附荣。香茎与臭叶,日夜俱长大。锄艾恐伤兰,溉兰恐滋艾。兰亦未能溉,艾亦未能除。沉吟意不决,问君合何如。"③诗中兰、艾沿用了屈原辞赋中贤臣、佞臣的寓意,兰比喻贤臣,

---

① [唐]李白撰,郁贤皓校注《李太白全集校注》,凤凰出版社2015年版,第126页。
② [唐]李白撰,郁贤皓校注《李太白全集校注》,第1501页。
③ [唐]白居易撰,谢思炜校注《白居易诗集校注》,第87页。

艾比喻佞臣，兰艾并生、茎叶交附，则比喻贤臣与奸佞同时在朝为官，这实际上是对当时朝政现状的一种揭露，诗人对这种政治状况深感疑惑与不满，故写诗问友，其中的政治寓意十分明显。

二、唐代咏兰赋

汉魏六朝时期的咏兰赋作品仅有周宏正的一篇《山兰赋》，主要强调的是兰草的奇特性以及高介品质，如"爰有奇特之草，产于空崖之地。仰鸟路而裁通，视行踪而莫至。挺自然之高介，岂众情之服媚"①，兰草生长在山崖之上，有自然高介之质，通篇缺少对兰草生物属性的关照与描写。唐代以兰草为题材的赋共有八篇，与同时期其他花卉题材的赋作相比，兰草赋要少得多，虽然数量不多，但从中亦可了解唐代人们对兰草的审美认识以及人们对兰草的描写视角与表现方式。

（一）兰草"幽""奇"品性的彰显

唐代八篇咏兰赋皆名"幽兰赋"，内容都以强调兰草的"幽""奇"特征为主。人们对兰草"幽"性的认识实主要与兰草生长环境的幽僻特征有关，如仲子陵《幽兰赋》云"兰为国香，生彼幽荒。贞正内积，芬芳外扬。和气所资，不择地而长。精英自得，不因人而芳。况乃崖断坂折，溪分石裂。山有木而转深，迳无人而自绝"②，兰草生长在幽荒之地，无人亦芳香；韩伯庸《幽兰赋》云"阳和布气兮动植齐光，惟彼幽兰兮偏含国香。吐秀乔林之下，盘根众草之旁。虽无人而见赏，且得地而含芳"③，兰草生长在深林之中，与众草杂生，无人自芳；陈有章《幽兰赋》云"翘翘嘉卉，独成国香，在深林以挺秀，向无人

---

① ［清］严可均辑《全陈文》，第328页。
② ［清］董诰等编《全唐文》，第5239页。
③ ［清］董诰等编《全唐文》，第6255页。

而见芳。幽之可居,达萌芽于阴壑;时不可失,吐芬香于春阳"①,兰草幽居深林之中,独成国香。以上都强调了兰草生于幽地、无人自芳的"幽"性。同时兰草生于幽地又带给人神秘、奇特之感,故唐人也多强调兰草的奇特品性。颜师古《幽兰赋》云"惟奇卉之灵德,禀国香于自然。俪嘉言而擅美,拟贞操以称贤。咏秀质于楚赋,腾芳声于汉篇。冠庶卉而超绝,历终古而弥传"②,作者称兰草为奇卉,认为它有灵德;杨炯《幽兰赋》云"惟幽兰之芳草,禀天地之纯精,抱青紫之奇色,挺龙虎之嘉名"③,兰草秉承了天地的精纯之气,故有青、紫之奇色;李公进《幽兰赋》云"幽有寂兮兰有香。香者取其服媚,寂者契其韬光。是以绿叶紫茎,偶贞士而必佩;深林绝壑,挺奇质而独芳"④,认为兰草有奇特之质。"奇卉""奇色""奇质"都强调的是兰草的"奇性",人们对兰草的这种奇特性认识除了与兰草的幽独特性以及不同于众草的独特芳香有关外,也与人们对兰草"辟邪""通神明"的认知有关。

(二)兰草生物属性的铺陈描绘

《文心雕龙·诠赋》云:"赋者,铺也。铺采摛文,体物写志也。"⑤唐代咏兰赋就充分体现了赋的这一文体特征,对兰草的生物属性有着全面、细致的描绘。如颜师古《幽兰赋》"光风细转,清露微悬。紫

---

① [清]董诰等编《全唐文》,第9847页。
② [清]董诰等编《全唐文》,第1487页。
③ [唐]杨炯撰,徐明霞点校《杨炯集》,《中国古典文学基本丛书》,中华书局1980年版,第10页。
④ [清]董诰等编《全唐文》,第6256页。
⑤ [南朝梁]刘勰撰,黄叔琳注,李详补注,杨明照校注拾遗《增订文心雕龙校注》,中华书局2000年版,第95页。

茎膏润，绿叶水鲜。若翠羽之群集，譬彤霞之竞然"①，"紫""绿"分别是兰草茎、叶的颜色，"翠羽""群集"形容兰草之叶翠绿而密集，"彤霞""竞然"形容兰草之花红艳而繁盛，鲜艳生动而又生机勃勃，极具画面色彩感。陈有章《幽兰赋》"自下并高，结根耸干，布叶逾密，重阴未晚。开缃蕊而乍合，擢丹颖而何远"②，"耸""密"分别是茎直立、叶密集的形态，"缃""丹"则是花的颜色，对兰草的铺陈描写可谓精雕细琢。又仲子陵《幽兰赋》"扬翘布叶，错翠舒红"③，韩伯庸《幽兰赋》"枝条嫩而既丽，光色发而犹新"④，李公进《幽兰赋》"叶凝露以珠缀，花含烟而色新"⑤等，皆是对兰草物色美感的细致描绘。另外杨炯《幽兰赋》云"不起林而独秀，必固本而丛生。尔乃丰茸十步，绵连九畹"⑥，则是对兰草易于繁殖这一生长习性的描写。可见唐代咏兰赋已经对兰草的生物属性有着十分全面细致的认识和把握，既有对兰草茎、叶、花的局部刻画，又有对兰草生长习性的关照，兰草的物色美感特征得到了铺陈性的描绘。

（三）咏兰明志

唐代咏兰诗更加注重抒情，而唐代咏兰赋则更加侧重言志。唐代文人志士普遍情绪高扬，并且敢于直言对政治理想及功名利禄的向往追求，故这一时期的咏兰赋作品多是体物言志之作，通过对兰草美好生物属性的描绘，借兰自喻，寄寓渴望得到赏识与重用的政治志愿。

---

① ［清］董诰等编《全唐文》，第1487页。
② ［清］董诰等编《全唐文》，第9847页。
③ ［清］董诰等编《全唐文》，第5239页。
④ ［清］董诰等编《全唐文》，第6255页。
⑤ ［清］董诰等编《全唐文》，第6256页。
⑥ ［唐］杨炯撰，徐明霞点校《杨炯集》，第10页。

如颜师古《幽兰赋》云"既不遇于揽采，信无忧乎剪伐。鱼始陟以先萌，鹈虽鸣而未歇。愿擢颖于金陛，思结荫乎玉池。泛旨酒之十酝，耀华灯于百枝"①，"擢颖金陛""结荫玉池"，传递出作者希望能够得到皇帝任用的政治期待。仲子陵《幽兰赋》亦是先铺陈兰草的诸种美好，极尽文采，最后表示"为君洒微芳于素衿，希见宝于重袭"②，希望能够侍奉君主左右，散发自身芳香，流露出作者对政治仕途的殷切期盼。乔彝《幽兰赋》则大量运用与兰草相关的典故，突显兰草的高洁品质，实际上作者以兰自比，表明自己才华出众、品行高洁，"傥一借于韶光，庶余香之可袭"③，倘若得春光拂照，希望余香可以袭人，即渴望承蒙圣恩、报效朝廷政治意愿。韩伯庸《幽兰赋》则表示"既征之而见寄，愿移根于上苑"④，上苑即汉代著名的皇家园林上林苑，比喻朝廷，"移根上林苑"，表示自己想要入朝为官的志愿。

第三节　唐代兰草审美认识的进步

唐代兰草的审美认识较前代有着明显进步，人们不仅对兰草的观察与表现更加细致成熟，而且还发掘了"衰兰"之美，兰草凋零、残破之美得以揭示与表现，同时兰草的独立人格象征意义也在此时得到了进一步的凸显与强化，这都是唐人对兰草审美认识的一种进步和贡献。

---

① ［清］董诰等编《全唐文》，第 1487 页。
② ［清］董诰等编《全唐文》，第 5239 页。
③ ［清］董诰等编《全唐文》，第 5536 页。
④ ［清］董诰等编《全唐文》，第 6255～6256 页。

一、兰草意象艺术表现的成熟

随着唐代兰草审美认识的深入,兰草意象的艺术表现在唐代也渐趋成熟。兰草的审美形象不再拘泥于纯粹、客观的物色描摹,而是流露出较强的主观色彩,兰草的形象更加立体可感。兰草形象的塑造离不开映衬烘托手法的巧妙运用,日、月、雨、雪等气候环境都成为兰草的衬托对象,起到了渲染与烘托的作用,呈现了兰草的不同形态之美。另外,这一时期文学作品中与兰草并提的植物种类也呈现多样化的特点,起到了彼物比况、借景映带的作用。

(一)兰草审美形象描写的主观色彩增强

人们对兰草的审美无非涉及香气与外形两方面的特征,其中兰草香气是人们最先关注并予以描写的对象,这与兰草作为香草的应用价值有关。先唐时期人们对兰草香气的描写整体上较为客观,且多是正面描写,如"幽兰吐芳烈"[1](王粲《诗》),"馥馥蕙芳"[2](嵇康《酒会诗·其七》),"芬芳与时发"[3](萧衍《紫兰始萌诗》),基本都是直言其香,较为直切。而唐人描写兰草香气则更加注重个人的主观感受。如"风传轻重香"[4](李世民《芳兰》),兰草的香气在风的作用之下给人时浓时淡之感;"清香绝复寻"[5](刘禹锡《令狐相公见示新栽蕙兰二草之什兼命同作》),"清香"是说兰草香气给人清新之感;"暗香兰露滴"[6](武元衡《甫构西亭偶题因呈监军及幕中诸

---

[1] 逯钦立辑校《先秦汉魏晋南北朝诗》,第364页。
[2] [三国魏]嵇康撰,戴明扬校注《嵇康集校注》,第131页。
[3] 逯钦立辑校《先秦汉魏晋南北朝诗》,第1536页。
[4] [清]彭定求等编《全唐诗》,第16页。
[5] [唐]刘禹锡撰,卞孝萱校订《刘禹锡集》,第475页。
[6] [清]彭定求等编《全唐诗》,第3565页。

公》），"暗香"与幽香之意相似，突出了兰草的幽韵。可见唐人对兰草香气的感受是多样的，有"轻重香""幽香""清香""暗香"等，都带有人们对兰草香气的主观感受，在技巧上明显比前代客观直言兰香要略胜一筹。另外，在兰草外形的描写上唐代较前代亦有明显进步。先唐时期，人们对兰草外形的描写侧重于客观再现，如"秋兰兮青青，绿叶兮紫茎"（屈原《九歌·少司命》），"绿叶幽茂，丽藻丰繁"（《酒会诗·其七》）。而唐人描写兰草则开始注重神韵，有以形写神之意。如李世民《芳兰》"映庭含浅色，凝露泫浮光。日丽参差影，风传轻重香"，不仅描写了兰草的色、香，还写到了兰草在光照之下的倩丽姿影，颇有韵味；郭震《二月乐游诗》"绿兰日吐叶，红蕊向盈枝"[①]，"吐叶""盈枝"，写出了初春兰草欣欣向荣的生机与活力，颇具神韵。总之唐代时期无论是在兰草意象的描写方法还是表现技巧上，较前代都有着明显的进步，对兰草形象的塑造更加成熟。

（二）映衬烘托手法的大量运用

兰草形象的描写与塑造，不外乎正面描写与侧面描写两种方法，这里我们所说的映衬烘托手法就属于典型的侧面描写，通过借助其他事物的映衬烘托，达到离形得似、虚处传神的效果。先唐时期用来映衬烘托兰草的自然物象主要有风、霜、露，多用以烘托兰草不畏寒秋的坚贞品格，而至唐代用来烘托兰草的自然物象则大大增多，如雨、雪、日、月等都成为映衬兰草形象特征的常用自然物象。

兰草与雨一起描写，其中既有春雨又有秋雨，分别烘托了兰草的不同形态、神韵之美。春雨中的兰草更多的是渲染、烘托兰草的清新

[①] ［清］彭定求等编《全唐诗》，第758页。

之美，如杜牧《兰溪》"兰溪春尽碧泱泱，映水兰花雨发香"①，暮春时节，在细雨的滋润之下，兰草越发的芳香怡人，表现了春雨滋润之下兰草的自然清新之美。而秋雨中的兰草则添有几分萧瑟之美，如韦应物《燕居即事》"萧条竹林院，风雨丛兰折"②，温庭筠《太子西池二首》其二"花红兰紫茎，愁草雨新晴"③，无可《兰》"畹静风吹乱，亭秋雨引长"④等，描写的都是秋雨中的兰草，给人以凄凉、萧瑟之感。兰草与雪一起描写，表现的是兰草不畏风雪的顽强生命力，充满活力与生机。如李端《旅舍对雪赠考功王员外》"杨花惊满路，面市忽狂风。骤下摇兰叶，轻飞集竹丛"⑤，描写了在风雪中飘摇的兰草；李德裕《忆平泉杂咏·忆药栏》"野人清旦起，扫雪见兰芽"⑥，野人清晨扫雪，雪中发现萌芽的兰草，在白雪的映衬之下，嫩绿的兰芽生机勃勃，尤为醒目。兰草与月一起描写，最早见于江淹《清思诗五首》其三"秋夜紫兰生，湛湛明月光"⑦，秋夜里紫兰静静散发芳香，月光清明而澄澈，月下兰香浮动，甚是清雅。然而直至唐代，描写月下兰草的作品才逐渐增多。许浑《游钱塘青山题李隐居西斋》"兰叶露光秋月上，芦花风起夜潮来"⑧，兰叶上的露珠在月光之下熠熠生辉，

---

① ［唐］杜牧撰，吴在庆校注《杜牧集系年校注》，第399页。
② ［唐］韦应物撰，孙望校笺《韦应物诗集系年校笺》，《中国古典文学基本丛书》，中华书局2002年版，第504页。
③ ［清］彭定求等编《全唐诗》，第6715页。
④ ［清］彭定求等编《全唐诗》，第9156页。
⑤ ［清］彭定求等编《全唐诗》，第3250页。
⑥ ［清］彭定求等编《全唐诗》，第5413页。
⑦ 逯钦立辑校《先秦汉魏晋南北朝诗》，第1583页。
⑧ ［清］彭定求等编《全唐诗》，第6091页。

静谧而美好；孙氏《闻琴》"夜深弹罢堪惆怅,露湿丛兰月满庭"①,夜深露重,月下兰草挂满露珠,给人以清冷之感。月下兰草的形象或静谧,或清冷,而日光照耀下的兰草形象则明媚而艳丽,如辛德源《猗兰操》"散条凝露彩,含芳映日华"②,李世民《芳兰》"日丽参差影"③,和凝《宫词百首》其二十三"日照红兰露未晞"④,"华""丽""红"都是艳丽之词,表现的是兰草的鲜艳明丽之美。

（三）兰草"配偶"的多样性

在兰草意象及题材的文学作品中,兰草常常与其他植物并举,早在楚辞中,就已经出现了这种联类并举的现象,如《九歌·湘夫人》"沅有茝兮澧有兰",《九歌·礼魂》"春兰兮秋菊",《招魂》"兰薄户树,琼木篱些"等,兰草是香草,楚辞中与兰草并举的这些植物也都是香草。汉魏六朝时期,随着人们对兰草审美认识的兴起,与兰草类聚、比较的植物种类也渐趋丰富,并且多以对偶句的形式出现,如"芙蓉覆水,秋兰披涯"⑤(张衡《东京赋》),"苹以春晖,兰以秋芳"⑥(陆机《短歌行》),"荣荣窗下兰,密密堂前柳"⑦(陶渊明《拟古诗九首》其一),"风轻桃欲开,露重兰未胜"⑧(鲍照《与谢尚书庄三连句》),"桂吐两三枝,兰开四五叶"⑨(鲍令晖《寄行人诗》)等。在这些对偶中,

---

① ［清］彭定求等编《全唐诗》,第8991页。
② 逯钦立辑校《先秦汉魏晋南北朝诗》,第2649页。
③ ［清］彭定求等编《全唐诗》,第16页。
④ ［清］彭定求等编《全唐诗》,第8394页。
⑤ ［汉］张衡撰,张震泽校注《张衡诗文集校注》,第109页。
⑥ 逯钦立辑校《先秦汉魏晋南北朝诗》,第651页。
⑦ ［晋］陶渊明撰,逯钦立校注《陶渊明集校注》,第109页。
⑧ 逯钦立辑校《先秦汉魏晋南北朝诗》,第1312页。
⑨ 逯钦立辑校《先秦汉魏晋南北朝诗》,第1315页。

尤以兰、荷搭配最多,这与两者相近的生长环境有关,兰草多生长在低湿之地,荷花是水生植物,因此水中荷花、水边兰草,两者遥相呼应。至唐代兰荷并举仍然比较常见,但至宋代则几乎不再出现,这是因为宋代的"兰"是兰花,兰花是陆生植物,不宜生长在水边,与荷花并无相交之处,故两者不再予以并举。另外需要注意的是,汉魏六朝兰荷并举多为比兴手法,有时并不是诗人真实的眼前景象,仅是一种文学上的虚构表现,而唐代文学作品中的兰荷并举,不仅多是眼前实景,还融入了诗人的各种情思,是情与景的结合,如白居易《池上》"兰衰花始白,荷破叶犹青"①,"衰兰"与"衰荷"并举,开始注意到兰、荷的"衰"美,并营造了一种寂寥氛围,可以说这是对前代兰、荷搭配模式的一种突破。

柳也是常与兰草并举的一种植物,兰草与柳都是早春景物,兰草是嗅觉上的早芳,柳树是视觉上的早绿,两者有相依互补之效。兰草与柳并举最早见于陶渊明《拟古诗九首》其一"荣荣窗下兰,密密堂前柳"②,窗下兰草向荣,堂前柳树茂密,呈现出一派欣欣向荣之景。唐前文学作品中兰柳并举现象并不多,除陶渊明外,仅有三处,分别是檀秀才《阳春歌》"兰萌犹自短,柳叶未能长"③,范云《四色诗四首》其一"折柳青门外,握兰翠疏中"④,庾信《咏春近馀雪应诏诗》"丝条变柳色,香气动兰心"⑤,兰、柳都是早春景色,多少都带有物候表征之意。唐代兰柳并举现象渐多,兰柳搭配的景观开始成为诗

---

① [唐]白居易撰,谢思炜校注《白居易诗集校注》,第2022页。
② [晋]陶渊明撰,逯钦立校注《陶渊明集校注》,第109页。
③ 逯钦立辑校《先秦汉魏晋南北朝诗》,第1476页。
④ 逯钦立辑校《先秦汉魏晋南北朝诗》,第1553页。
⑤ 逯钦立辑校《先秦汉魏晋南北朝诗》,第2394页。

人眼中真正意义上的美景。杜牧《怀钟陵旧游四首》"十顷平湖堤柳合，岸秋兰芷绿纤纤"①，湖堤种植柳树，岸边种植兰芷香草，两者高下相映，搭配成景。柳性喜水，根系发达，种植在湖边可以防洪固堤，同时柳树枝繁叶茂，具有美化环境的功用，而兰草性喜湿，多生长在近水处，人们常在水边植兰，除了美化环境，也有净化空气的功用，因此从生物特性及功用价值上看，兰、柳有相似之处，搭配在一起十分"般配"。兰、柳并举在唐代文学作品中十分常见，如齐己《渚宫西城池上居》"风摇柳眼开烟小，暖逼兰芽出土齐"②，描写柳叶初长、兰芽始齐的景象，十分生动活泼；刘禹锡《和乐天春词依忆江南曲拍为句》"弱柳从风疑举袂，丛兰裛露似沾巾"③，运用了拟人手法，描写柳枝轻摇好似拂动衣袖，丛兰沾露好似泪水沾湿衣巾，呈现出一种凄凉的阴柔之美；陆龟蒙《和袭美初冬偶作寄南阳润卿次韵》"衰柳尚能和月动，败兰犹拟倩烟笼"④，"衰柳"与"败兰"并举，表现的是一种衰败、枯槁之美。唐人似乎十分钟意植物的这种枯槁、残破之美，与"衰兰"并举的除了"衰荷"与"衰柳"外，还有或老残、或萧条、或断折等的菊、竹、桂等，这是唐代之前未曾出现过的，体现出唐人独特的审美倾向。如李世民《山阁晚秋》"疏兰尚染烟，残菊犹承露"⑤，韦应物《燕居即事》"萧条竹林院，风雨丛兰折"⑥，

---

① ［唐］杜牧撰，吴在庆校注《杜牧集系年校注》，第475页。
② ［清］彭定求等编《全唐诗》，第9577页。
③ ［唐］刘禹锡撰，卞孝萱校订《刘禹锡集》，第495页。
④ ［清］彭定求等编《全唐诗》，第7191页。
⑤ ［清］彭定求等编《全唐诗》，第9页。
⑥ ［唐］韦应物撰，孙望校笺《韦应物诗集系年校笺》，第504页。

杜甫《遣兴五首》其三"兰摧白露下,桂折秋风前"①等,都是对"衰"美的发掘与表现。

先唐时期与兰草并举的植物,如荷、菊、桂等都是比较常见的观赏植物,很少会与果树一类的植物并举,仅出现过桃树一种,桃花姿色艳丽,是春日引人瞩目的芳菲之物,因此六朝时期时人们会将桃花与兰草并举,如鲍照《代白纻曲二首》"桃含红萼兰紫芽"②,沈约《四时白纻歌·春白纻》"兰叶参差桃半红"③。而至唐代,兰草与桃、李、杏等果树类植物的并举渐多,如兰草与桃花并举,李白《鹦鹉洲》"烟开兰叶香风暖,岸夹桃花锦浪生"④,张说《舞马千秋万岁乐府词三首》其三"莫言阙下桃花舞,别有河中兰叶开"⑤;兰草与杏花并举,白居易《二月一日作赠韦七庶子》"园杏红萼圻,庭兰紫芽出"⑥,柳道伦《赋得春风扇微和》"稍抽兰叶紫,微吐杏花红"⑦;兰草与梨花并举,王周《自和》"兰芽纤嫩紫,梨颊抹生红"⑧。唐代园林园艺十分发达,桃、李、杏等果树的观赏价值在唐代也得以凸显,与兰草一样都是当时园林构景的常见植物,这就为文学作品中兰草与桃、杏等果树之花的并举提供了可能性条件。

二、"衰兰"意象美的发掘

"衰兰"即凋谢、枯萎之兰,早在汉魏六朝时期人们就已经注意

---

① [唐]杜甫撰,[清]仇兆鳌注《杜诗详注》,第569页。
② 逯钦立辑校《先秦汉魏晋南北朝诗》,第1273页。
③ 逯钦立辑校《先秦汉魏晋南北朝诗》,第1626页。
④ [唐]李白撰,郁贤皓校注《李太白全集校注》,第2642页。
⑤ [清]彭定求等编《全唐诗》,第962页。
⑥ [唐]白居易撰,谢思炜校注《白居易诗集校注》,第2316页。
⑦ [清]彭定求等编《全唐诗》,第3886页。
⑧ [清]彭定求等编《全唐诗》,第8691页。

到兰草的这种衰落现象,如徐干《室思诗》其四"惨惨时节尽,兰华凋复零"①,傅玄《鸿雁生塞北行》"退哀此秋兰草,根绝随化扬"②,鲍照《咏秋诗》"紫兰花已歇,青梧叶方稀"③等,都是以兰草的枯萎、凋零比喻象征人生青春的消逝,从而引发怀才不遇、壮志未酬的苦闷,但缺少对"衰兰"这一客观景物本身的审美关照。唐代衰兰作为客观景物之"美"得以发掘,并且人们从中得到不同程度的审美感受。其中白居易对衰兰形象的描摹尤为细致,如《酬李二十侍郎》"笋老兰长花渐稀,衰翁相对惜芳菲"④,《池上》"兰衰花始白,荷破叶犹青"⑤,《秋怀》"桐柳减绿阴,蕙兰消碧滋"⑥,"花渐稀""花始白"是对兰草衰败之际花朵形态的描摹,花朵渐渐稀少,花的颜色开始泛白,而"消碧滋"则是对蕙兰之叶的描写,兰草叶子绿色逐渐消减,诗人对兰草衰败形象的把握可谓十分精准。此外衰兰意象还出现了"兰死"的极端表现方式,如郭震《同徐员外除太子舍人寓直之作》"叶死兰无气,荷枯水不香"⑦,李商隐《河阳诗》"幽兰泣露新香死,画图浅缥松溪水"⑧,李群玉《秋怨》"金风死绿蕙,玉露生寒松"⑨,王周《赠怤师》"兰死不改香,井寒岂生澌"⑩。以上诗人除了郭震

---

① 逯钦立辑校《先秦汉魏晋南北朝诗》,第 377 页。
② 逯钦立辑校《先秦汉魏晋南北朝诗》,第 563 页。
③ 逯钦立辑校《先秦汉魏晋南北朝诗》,第 1307 页。
④ [唐]白居易撰,谢思炜校注《白居易诗集校注》,第 762 页。
⑤ [唐]白居易撰,谢思炜校注《白居易诗集校注》,第 2022 页。
⑥ [唐]白居易撰,谢思炜校注《白居易诗集校注》,第 762 页。
⑦ [清]彭定求等编《全唐诗》,第 757 页。
⑧ [唐]李商隐撰,刘学锴、余恕诚撰《李商隐诗歌集解》,《中国古典文学基本丛书》,中华书局 2016 年版,第 1643 页。
⑨ [清]彭定求等编《全唐诗》,第 6571 页。
⑩ [清]彭定求等编《全唐诗》,第 8682 页。

是初唐诗人外,余者皆为中晚唐时期的诗人,中唐时期的诗歌创作有尚怪奇、重主观的思想倾向,"他们所表现的,往往是自己内心的情状,是自己心灵的历程……他们所表现的世界,往往是非世俗所常有的,甚至是怪异的、变形的;加以他们所描绘的形象的奇特,着色的浓烈与强烈的对比,选辞的怪癖和构辞的异样"①。"兰死"意象就是一种极尽枯槁、残破的怪奇形象,是时代精神与文人心态的一种映射,带有强烈的个人主观色彩。实际上兰草"死"仅仅是地面部分枝叶的枯萎,其根不会死,待到明年春天依然会萌芽生苗。

这一时期人们由"衰兰"意象所引发的情感也是多样的,一方面是孤独、寂寥的伤感情绪,如魏徵《暮秋言怀》"霜剪凉阶蕙,风捎幽渚荷。岁芳坐沦歇,感此式微歌"②,"剪"字突出寒霜对蕙草的摧残,诗人由眼前凄凉景象产生孤独寂寞之感。白居易《杪秋独夜》"前头更有萧条物,老菊衰兰三两丛"③,徐仲雅句"衰兰寂寞含愁绿,小杏妖娆弄色红"④,"萧条""愁"都透露出孤寂、凄凉的惆怅情绪。张九龄《园中时蔬尽皆锄理唯秋兰数本委而不顾彼虽一物有足悲者遂赋二章》"场藿已成岁,园葵亦向阳。兰时独不偶,露节渐无芳。旨异菁为蓄,甘非蔗有浆。人多利一饱,谁复惜馨香"⑤,则流露出诗人对秋兰逐渐失去芳香、遭受冷落境况的哀叹与惋惜,表达的是惜兰之情。另一方面则流露出闲适之意,如韦应物《燕居即事》"萧条竹林院,风雨丛兰折。幽鸟林上啼,青苔人迹绝。燕居日已永,夏木纷

---

① 罗宗强撰《隋唐五代文学思想史》,中华书局2003年版,第196页。
② [清]彭定求等编《全唐诗》,第441页。
③ [唐]白居易撰,谢思炜校注《白居易诗集校注》,第2610页。
④ [清]彭定求等编《全唐诗》,第8651页。
⑤ [清]彭定求等编《全唐诗》,第584页。

成结。几阁积群书，时来北窗阅"①，这首诗作于诗人退朝隐居之时，诗人以平静的口吻言兰草遭受风雨的摧折，并无萧瑟、凄凉之感，语言朴素，风格冲淡，流露出几分恬淡宁静与闲情逸致。陆龟蒙《和袭美初冬偶作寄南阳润卿次韵》"窗怜返照缘书小，庭喜新霜为橘红。衰柳尚能和月动，败兰犹拟倩烟笼"②，诗中描写了初冬庭院中的景象，"衰柳""败兰"虽都是枯萎景物，但并无十分凄凉之感，体现了诗人的闲逸生活，流露出一种冬日静好的淡泊情思。

唐代衰兰意象之美的发掘是唐人对兰草审美的一大进步，衰兰枯槁、残破的形态之美，以及表现出的或凄凉或平淡的意境之美，都与诗人内心的情感相契合，达到了情与景的融合境界，这也是唐人对兰草审美的一大贡献。

三、兰草独立人格象征意义的强化

兰草自先秦时期就被赋予了美德的象征意义，尤其是在屈原的作用之下，兰草具有了独立的人格精神，汉魏六朝时期沿袭了兰草比德的传统，人们以兰草来比拟人的各种美好品德，并无太多变化，而至唐代，兰草独立的人格象征意义则得到了进一步的凸显与强化。

汉代文人托名孔子作《猗兰操》，叹惜兰草芳香却不被赏识，借以感伤不遇，而唐代韩愈也效仿作《猗兰操》，但其创作主旨明显与汉代不同。在探讨韩愈《猗兰操》之前，这里有必要提一下隋代辛德源的《猗兰操》，其诗云："奏事传青阁，拂除乃陶嘉。散条凝露彩，含芳映日华。已知香若麝，无怨直如麻。不学芙蓉草，空作眼中花。"③

---

① [唐]韦应物撰，孙望校笺《韦应物诗集系年校笺》，第504页。
② [清]彭定求等编《全唐诗》，第7191页。
③ 逯钦立辑校《先秦汉魏晋南北朝诗》，第2649页。

诗人将兰草与芙蓉进行比较，认为芙蓉仅仅是外形美丽，而兰草不仅外形可圈可点，还芳香挺拔，可谓"内外兼修"，开始注重兰草的内在品质，俨然已经摆脱了汉代《猗兰操》感伤不遇的主题影响。至唐代韩愈，其《猗兰操》强调的是兰草独立的人格象征意义，其诗云："兰之猗猗，扬扬其香。不采而佩，于兰何伤。今天之旋，其曷为然。我行四方，以日以年。雪霜贸贸，荠麦之茂。子如不伤，我不尔觏。荠麦之茂，荠麦之有。君子之伤，君子之守。"①诗人言兰草芳香，不因无人采佩而感伤，以之象征君子保持自我、坚守节操的独立人格精神，这与汉代《猗兰操》等许多文学作品中的兰草哀怨形象正好相反，前者更加独立、自由，不被外界左右，后者尚且处于一种依附地位，缺少独立的人格精神，这表明唐代兰草的独立人格象征意义得以凸显，这在唐代文人咏兰作品中都多有体现。张九龄《感遇十二首》其一："兰叶春葳蕤，桂华秋皎洁。欣欣此生意，自尔为佳节。谁知林栖者，闻风坐相悦。草木有本心，何求美人折。"②春天的兰草枝繁叶茂，芳香溢远，但是草木有自己的"本心"，根本不需要"美人"来折，即无需取悦他人。钱起《过曹钧隐居》："荃蕙有奇性，馨香道为人。不居众芳下，宁老空林春。之子秉高节，攻文还守真。"③兰草"不居众芳下"，具有超凡脱俗的品质，而"宁老空林春"，则是坚守自我的节操，兰草象征着坚守自我的高洁秉性，象征着独立的人格精神。李农夫《幽兰赋》："兰之猗猗，窅窅其香，遁世无闷，抱道深藏。不

---

① ［唐］韩愈撰，钱仲联集释《韩昌黎诗系年集释》，上海古籍出版社1984年版，第1148页。
② ［清］彭定求等编《全唐诗》，第571页。
③ ［清］彭定求等编《全唐诗》，第2606～2607页。

以无人而遂废其芳，磅礴冰霜之际，虚徐萧艾之场。揭之扬之，于古有光；不采而佩，于兰无伤。岂膏黍之为用也，必焚必割？珠犀之毕通也，必剖必绝。虽佩玉而垂绅，亦吐哺而握发。"①作者赞美兰草深藏不露、避世不争的高洁品格，并且直言"不采而佩，于兰无伤"，兰草不在乎无人采佩，象征着抱独守真的独立人格。

总之，唐人更加关注兰草独立自由，不被外界束缚、左右的人格象征意义，如果说唐代之前的兰草意象多是文人寄托怀才不遇、壮志难酬的载体，那么唐代则开始表现出更加积极向上的一面，兰草被赋予了抱独守真、坚守自我、不为名利束缚的人格象征意义，其独立的人格精神象征得以凸显和强化。

第四节　唐代兰草意象的入仕理想寄托

儒家一直倡导积极入仕的思想观，把入仕视为一种君臣之义，如《论语·微子》中子路认为"不仕无义。长幼之节，不可废也；君臣之义，如之何其废也"②，《孟子·滕文公下》云"士之仕也，犹农夫之耕也"③，都认为士人入朝为官是其本分，也是其义务，同时这也是历代文士的一种政治追求。唐代进入一个恢弘盛大的时代，经济繁荣，政治开放，国力强盛，唐人大多怀有一种无比的时代自豪感，同时统治者求贤、重贤的鼓励政策，以及科举制度的确立，打破了传统的士族门阀制度，

---

① ［唐］韩愈撰，钱仲联集释《韩昌黎诗系年集释》，第1148页。
② ［宋］朱熹撰《四书章句集注》，《新编诸子集成》，中华书局1983年版，第186页。
③ ［宋］朱熹撰《四书章句集注》，第270页。

为普通文人打开了入仕的道路，这都大大激励了唐代文人入仕的政治热情，可以说唐代大多数文人无不怀有济世安邦的强烈愿望，而他们这种谋求入仕的政治理想在其诗文作品中都多有表现。这一时期文学作品中的兰草意象无形之中也受到这种入仕思想的影响，兰草成为许多文人寄托入仕理想的一种载体。兰草自古就有比德传统，特别是屈原辞赋奠定了兰草贤才的象征意义，因此唐代文人多以兰草自喻，表明自己具有贤才品质，从而抒发自己希望得到朝廷重用的入仕理想。

李白诗歌作品中就多次以兰草意象来寄托自己强烈的入仕理想，如其《赠友人三首》其一："兰生不当户，别是闲庭草。夙被霜露欺，红荣已先老。谬接瑶华枝，结根君王池。顾无馨香美，叨沐清风吹。馀芳若可佩，卒岁长相随"。①诗人以兰草自喻，写兰草不当户而生，生长在闲散之地，却遭受风霜雨露欺压，故花未开而先衰老。但是曾经有幸接名贵之高枝，结根在君王之池，虽没有馨香之美，但承蒙清风吹拂，剩余芳香若还有人佩带，愿意终岁长相伴随。实际上诗人以兰草的遭遇来暗喻自身遭际，据郁贤皓先生《李太白全集校注》可知，此诗作于李白天宝初供奉翰林之时，李白超凡出众的才华颇受唐玄宗的宠信，而这也引起了许多人的嫉恨，故李白遭受了不少谗人的打击欺侮，另外李白当时的职务主要是陪侍皇帝左右，负责诗文娱乐，这与李白心中"济苍生""解世纷"的雄心壮志相去甚远，李白心中不免为此苦闷，他希望能够获得更高的官职，以实现远大的政治抱负。从这首诗中我们可以看出李白心中抑郁不得志的苦闷，他坦言"馀芳若可佩，卒岁长相随"，期望能够获得友人的提携，其强烈的入仕理

---

① ［唐］李白撰，郁贤皓校注《李太白全集校注》，第1501页。

想由此可见一斑。李白以兰草自喻，这是因为兰草在李白心目中绝非一般花草，而是具有十分重要的地位，是理想君子的象征，这在其《于五松山赠南陵常赞府》中有所体现，诗云"为草当作兰，为木当作松。兰秋香风远，松寒不改容。松兰相因依，萧艾徒丰茸"①，明确表示做人要像兰松那样坚贞有芳，而不能做像萧艾一类的小人。另外，李白诗歌中还塑造了"孤兰"形象，《古风五十九首》其三十八云："孤兰生幽园，众草共芜没。虽照阳春晖，复悲高秋月。飞霜早淅沥，绿艳恐休歇。若无清风吹，香气为谁发？"②关于李白此诗的主旨，历来颇多批评者，如萧士赟云："诗谓君子在野，未能自拔于众人之中，虽蒙主知，而小人之馋谮已至。若非引类拔萃而荐用之，虽有馨香，何以自见哉！"③陈沆《诗比兴笺》云："在野不能自拔，虽蒙主知，已被众忌，若无当位之人披拂而吹嘘之，虽有德馨，何由自达哉？此则伤遇主被谗，孤立莫援也。"④皆认为李白以孤兰自比，抒发的是自己虽蒙受皇恩，却遭受小人谗言而被疏远的愤懑之情。曾国藩《求阙斋读书录》则认为："此首喻贤才处幽谷，须有汲引之士者。"⑤表达了李白渴望得到引荐的政治期望。实际上这首诗李白亦是以孤兰遭遇暗喻自身遭际，孤兰被众草淹没，虽然享受到春日的照耀，但是却遭到秋霜的摧残，恐怕花叶很快就要凋零，比喻自己虽才华出众，蒙受皇帝恩宠，却遭受众多小人谗言陷害，逐渐被皇帝疏远。而最后两

---

① ［唐］李白撰，郁贤皓校注《李太白全集校注》，第1491页。
② ［唐］李白撰，郁贤皓校注《李太白全集校注》，第126页。
③ ［唐李白］撰，［宋］杨齐贤补注，［元］萧士赟删补《分类补注李太白诗》卷二，《四部丛刊》影明本。
④ ［清］陈沆撰《诗比兴笺》，中华书局1959年版，第136页。
⑤ 曾国藩撰《求阙斋读书录》，《续修四库全书》第1161册，第211页。

句"若无清风吹,香气为谁发",指的是没有了皇恩的披拂,自身才华难以施展,充满了无奈与悲痛,同时又暗含着希望能够重新得到重用的愿望。郁贤皓先生认为"此诗似亦天宝三载被放还山后所作"①,此时李白因受高力士等小人谗谤,遭玄宗疏远,心中郁闷不得志,故请求放还,玄宗趁机赐金予以放还。但是李白被放还之后,并没有就此断绝入仕的理想,而是一直在寻求时机,希望有朝一日能够重新得以重用,实现自己建功立业的政治抱负,而这首《孤兰生幽园》正是其放还后所作,李白借孤兰写自己政治仕途的不幸,抒发内心的愤懑,希望能够再次得到"清风"的赏识与重用,寄托了他强烈的入仕政治理想。

类似的还有晚唐著名诗人陈陶《种兰》一诗,亦是借兰草抒发自己希望得到朝廷赏识重用的入仕理想。陈陶(约805—约870),字嵩伯,籍贯不详,他中年以前曾多次参加科举考试,但均不中榜,于是广泛交游,干谒地方官员,渴望得到引荐,却最终无果,无奈之下,最后隐居洪州西山(今江西南昌),自称"三教布衣"。《种兰》诗云:"种兰幽谷底,四远闻馨香。春风长养深,枝叶趁人长。智水润其根,仁锄护其芳。蒿藜不生地,恶乌弓已藏。椒桂夹四隅,茅茨居中央。左邻桃花坞,右接莲子塘。一月薰手足,两月薰衣裳。三月薰肌骨,四月薰心肠。幽人饥如何,采兰充糇粮。幽人渴如何,酝兰为酒浆。地无青苗租,白日如散王。不尝仙人药,端坐红霞房。日夕望美人,佩花正煌煌。美人久不来,佩花徒生光。刘荻及葳蕤,无令见雪霜。清芬信神鬼,一叶岂可忘。举头愧青天,鼓腹咏时康。下有贤公卿,

---

① [唐]李白撰,郁贤皓校注《李太白全集校注》,第128页。

上有圣明王。无阶答风雨，愿献兰一筐。"①诗中种兰过程实际上象征诗人尽力完善自身品德、追求仕途理想的过程，诗人尽心竭力种植兰草，完善自身，最后的目标是希望能够得到"贤公卿"或"圣明王"的赏识重用，并且"愿献兰一筐"，表达了希冀入仕的强烈政治愿望。然而陈陶最终也未成功入仕，他生值晚唐，社会时局动荡不安，政治黑暗腐败，受当时这种社会状况的影响，他的政治期待与入仕理想注定落空，因此被迫隐居，但他的隐居并不是真的彻底摒弃入仕理想，而是希望以隐待仕，依然希望寻得机会来实现其政治理想。

总之，在唐代文人普遍热衷于功业名利的时代氛围之下，诗文成为文人抒发雄心壮志的重要途径，而兰草作为一种重要的文学意象，自古就有贤才的象征意义，因此唐代之前，文人多以兰草寄托怀才不遇的感伤，委婉含蓄，而至唐代，文人则以兰草自喻，借兰言志，表达他们渴望入仕的政治期盼，十分显露直接，兰草成为他们入仕理想的一种寄托，这是唐代兰草审美认识的一种新变。

第五节 "采兰"意象的文学意蕴

我国古代文学中有大量描写农事活动的作品，早在《诗经》中就有许多以农事活动为主题的诗歌，如《芣苢》《采蘩》《采蘋》《采葛》《采薇》《采芑》《采菽》《桑柔》等，描写的都是一些采集类的农事活动，其中尤以"采桑"影响最为深远，成为我国古代文学中的一种重要题材，如汉乐府《陌上桑》、唐宋词牌《采桑子》等，期间还产生了大量以

---

① ［清］彭定求等编《全唐诗》，第8469页。

"采桑"为主题的故事或诗词，颇具影响。另外汉代开始兴盛的"采莲"农事活动，也成为我国古代文学中的一种重要题材，与采桑不同的是，采莲带有鲜明的江南色彩，这与荷花的南方生长分布属性有关。在以采莲为主题的文学创作中，尤以采莲曲最为引人瞩目，这是人们在进行采莲农事活动的过程中逐渐创作的民间歌曲，南朝时期采莲则逐渐从民歌走向文学，直至唐代又恢复了其民间本色，并且其文化内涵得以成熟[①]。总之无论是采桑还是采莲文学意象都源于我国古代的农事活动，而本节所探讨的"采兰"意象亦是源于我国古代悠久的农事活动。"采兰"意象频频出现于唐代诗文之中，而其所蕴含的文学意义也在唐代得以完善，因此我们将这一意象放在唐代来进行专门论述。虽然文学作品中的采兰意象远不如采桑、采莲意象的内涵丰富，甚至采兰于大部分人都较为陌生，但是采兰确实作为一种意象出现在我国古代文学作品之中，并且形成了特定的文学意蕴，正如德国哲学家黑格尔所言"存在即合理"，因此采兰意象并不是凭空出现的，也不是毫无意义的，而是具有特定的文学意义，值得我们一探究竟。

一、"采兰"意象的原型意义

先秦时期，兰草是一种十分重要的香草，具有广泛的应用价值。《夏小正》记载"（五月）蓄兰，为沐浴也"[②]，人们在五月会采集兰草以备沐浴所用。又《礼记·内则》："妇将有事，大小必请于舅姑。子妇无私货，无私畜，无私器，不敢私假，不敢私与。妇或赐之饮食、衣服、布帛、佩帨、茝兰，则受而献诸舅姑，舅姑受之则喜，如新受赐，

---

① 参见俞香顺撰《中国荷花审美文化研究》，巴蜀书社 2005 年版，第 88 页。
② 方向东集解《大戴礼记汇校集解》，中华书局 2008 年版，第 233 页。

若反赐之则辞,不得命,如更受赐,藏以待乏。"①莒兰是与饮食、衣服、布帛等日用品一类的物品,"藏以待乏"则表明莒兰可以收藏以待不时之需。鉴于兰草广泛的社会应用价值,人们为了满足日常生活中对兰草的需求,便会种植、采集兰草,因此"采兰"最初与采桑、采莲一样,都是一种农事采集活动。另外先秦时期人们采摘兰草还受当时习俗使然,《诗经·溱洧》云"溱与洧,方涣涣兮。士与女,方秉蕳兮"②,《韩诗》记载"郑国之俗,三月上巳,之溱、洧两水之上,招魂续魄,秉兰草,拂不祥"③,郑国上巳节之时,人们有秉执兰草拂除不祥的习俗,人们认为兰草的芳香可以被除邪恶,带来好运,因此人们采摘兰草拿在手中以被除不祥。先秦时期人们采摘兰草不仅是为了满足日常生活需求的一项农事活动,还是一种寄寓避邪趋吉愿望的民间习俗,这就是"采兰"的最初形态和意义。

汉魏六朝时期,人们对兰草社会应用价值的认识更加深入,兰草种植逐渐盛行,无论民间还是宫廷都广泛种植兰草,在这一背景下,采兰活动开始逐渐成为文学作品中的一种表现对象。如汉代《古诗十九首·冉冉孤生竹》"伤彼蕙兰花,含英扬光辉。过时而不采,将随秋草萎"④,以女子的口吻言兰草如果不及时采摘就会随秋草枯萎,比喻女子红颜易衰,含有劝诫远方夫君要及时珍惜自己之意。又《古诗·新树兰蕙葩》"新树兰蕙葩,杂用杜蘅草。终朝采其华,日暮不盈抱。采之欲遗谁,所思在远道"⑤,亦是女子口吻,言采摘兰蕙花而无人

---

① [清]阮元校刻《十三经注疏》,中华书局1980年版,第1463页。
② [清]阮元校刻《十三经注疏》,第346页。
③ [南朝梁]沈约撰《宋书》,中华书局1974年版,第386页。
④ 逯钦立辑校《先秦汉魏晋南北朝诗》,第331页。
⑤ 逯钦立辑校《先秦汉魏晋南北朝诗》,第336页。

可赠,表达了对远方情人的相思之苦。值得注意的是,两首诗歌中的"采兰"均指的采摘兰草或蕙草的花朵,这与当时作为农事活动的采兰是有区别的,兰草枝叶芳香,人们采集利用的是兰草地面部分的整棵植株,因此古诗中的"采兰"更多程度上是一种比兴手法,比喻红颜易老、青春易逝,抒发别离怨恨。汉代以后,"采兰"意象在文学作品中的出现频率稍增,如晋王济《平吴后三月三日华林园诗》"思乐华林,薄采其兰"①,谢灵运《郡东山望溟海》"采蕙遵大薄,搴若履长洲"②,鲍照《梦归乡诗》"刈兰争芬芳,采菊竞葳蕤"③,这些诗句中的采兰都指的是采集兰草枝叶,其原型意义是采兰这一农事活动,特别是鲍照《梦归故乡中》"刈兰争芬芳"一句,这是诗人梦中家乡的场景,说明在他家乡有刈兰的农事活动。总体而言,这一时期采兰意象虽在文学作品中时有出现,但是其文学意蕴并不十分鲜明,直至唐代,采兰意象的文学内涵才得以成熟。

二、"采兰"意象的文学意蕴

唐代随着人们对兰草审美认识的深化以及兰草文学创作的兴起,文学作品中的"采兰"意象渐多,逐渐形成了独特的文学意蕴,对后世产生了一定的影响,具有重要的文学意义。

(一)比喻尽孝养亲

兰草意象的尽孝养亲之意源于西晋束皙的《补亡诗·南陔》一诗,其云:"循彼南陔,言采其兰。眷恋庭闱,心不遑安。"④《诗经·小

---

① 逯钦立辑校《先秦汉魏晋南北朝诗》,第597页。
② 逯钦立辑校《先秦汉魏晋南北朝诗》,第1163页。
③ 逯钦立辑校《先秦汉魏晋南北朝诗》,第1303页。
④ 逯钦立辑校《先秦汉魏晋南北朝诗》,第639页。

雅》中有六篇笙诗，都是有目无诗，即仅有题目而无诗歌内容，《南陔》就是其中之一，毛传"《南陔》，孝子相戒以养也"①，言《南陔》一诗的内容与孝子侍奉父母双亲有关，因此束皙据此意作《南陔》以补《诗经》。其诗歌意思是，沿着南边的田埂去采摘兰草，念及家中父母心中就会不安。唐代李善注《文选》云："循陔以采香草者，将以供养其父母，喻人求珍异以归。"②古代兰草用途广泛，在人们日常生活中占据着十分重要的地位，故孝子采集兰草以供父母享用，而唐人在这一意义基础之上逐渐用以比喻象征尽孝养亲之意。高适《送萧十八与房侍御回还》"辛勤采兰咏，款曲翰林主。岁月催别离，庭闱远风土"③，采兰即象征尽孝养亲之意。韩愈《送汴州监军俱文珍》"晓日驱征骑，春风咏采兰。谁言臣子道，忠孝两全难"④，诗中采兰也是比喻象征尽孝养亲之意，并表达身为国家臣子报国尽忠与尽孝父母不能两全的苦恼。陈羽《送辛吉甫常州觐省》"西去兰陵家不远，到家还及采兰时。新年送客我为客，惆怅门前黄柳丝"⑤，"觐省"即回家探望双亲之意，好友要回老家探望双亲，诗人作诗相送。其中"到家还及采兰时"一句并不是真的指回家采摘兰草供奉父母，而是沿用《南陔》之意，象征回家侍奉父母之意。类似的还有刘长卿《送张七判官还京觐省》"春兰方可采，此去叶初齐。函谷莺声里，秦山马首西。

---

① [清]阮元刻《十三经注疏》，中华书局1980年版，第418页。
② [南朝梁]萧统编，[唐]李善注《六臣注文选》，中华书局2012年版，第905页。
③ [唐]高适撰，刘开扬笺注《高适诗集编年笺注》，《中国古典文学基本丛书》，中华书局1981年版，第60页。
④ [唐]韩愈撰，钱仲联集释《韩昌黎诗系年集释》，第42页。
⑤ [清]彭定求等编《全唐诗》，第3895页。

庭闱新柏署，门馆旧桃蹊。春色长安道，相随入禁闱"①，兰草叶子刚刚长齐，正是采摘兰草的时候，交代了时间为初春，又运用采兰典故象征回家侍奉父母。后来宋人还以"采兰子"喻指孝子，见王禹偁《送赵令公西京留守》诗"趋庭采兰子，投刺茹芝翁"②。

采兰意象主要见于送友人省觐的诗歌中，采兰不仅比喻尽孝养亲之意，还代指在外地做官的官员回家探望双亲的行为。如岑参《送陶铣弃举荆南觐省》"采兰度汉水，问绢过荆州"③，采兰代指回家探望父母。钱起《送边补阙东归省觐》"东去有馀意，春风生赐衣。凤凰衔诏下，才子采兰归。斗酒百花里，情人一笑稀"④，及其《送陈供奉恩敕放归觐省》"得意今如此，清光不可攀。臣心尧日下，乡思楚云间。杨柳依归棹，芙蓉栖旧山。采兰兼衣锦，何似买臣还"⑤，诗中采兰皆代指回家探望双亲之意。

（二）寄托怀乡思亲之情

唐代文学作品中的采兰意象不仅用来比喻象征尽孝养亲之意，还用来寄托怀乡思亲之情。郑德玄《晚至乡亭》："长亭日已暮，驻马暂盘桓。山川杳不极，徒侣默相看。云夕荆台暗，风秋郢路寒。客心一如此，谁复采芳兰。"⑥诗人日暮之时到达离家不远的乡亭，在此驻马停留，虽然已经离家很近，但心中感慨万千，颇有"近乡情更怯"

---

① ［清］彭定求等编《全唐诗》，第 1514 页。
② 傅璇琮等编《全宋诗》第 2 册，第 705 页。
③ ［唐］岑参撰，陈铁民、侯忠义校注《岑参集校注》，上海古籍出版社 1981 年版，第 427 页。
④ ［清］彭定求等编《全唐诗》，第 2634 页。
⑤ ［清］彭定求等编《全唐诗》，第 2635 页。
⑥ ［清］彭定求等编《全唐诗》，第 8800 页。

之意，最后两句抒发了诗人的游子之思，诗人由"谁复采芳兰"，表达了对家乡父母的牵挂与思念。韩愈《孟生诗》"采兰起幽念，眇然望东南"①，孟生即孟郊，诗序云："孟郊下第，送之谒徐州张建封也。"孟郊两次科举不第，年近五十方进士登第，韩愈与孟郊相交颇深，贞元九年（793）孟郊落第，故韩愈作此诗以鉴之。诗中赞美了孟郊的人品与学识，对其不幸遭遇深表同情，而"采兰起幽念，眇然望东南"两句是诗人站在孟郊立场上代其抒发心中感慨，想到再次落第，辜负了家中母亲的期许，既含有对远方家中母亲的深切思念，又怀有落第无颜面对母亲的愧疚之感。又白居易《思归》："养无晨昏膳，隐无伏腊资。遂求及亲禄，黾勉来京师。薄俸未及亲，别家已经时。冬积温席恋，春违采兰期。夏至一阴生，稍稍夕漏迟。块然抱愁者，长夜独先知。悠悠乡关路，梦去身不随。坐惜时节变，蝉鸣槐花枝。"②此诗作于贞元十九年（803）长安，此时诗人初任校书郎。诗人言自己远离家乡不能侍奉父母左右，冬天不能给父母温暖被褥，春天也不能采摘兰草供奉父母，抒发的是诗人对家中父母的思念之情。李端《下第上薛侍郎》："蓬莱春风起，开帘却自悲。如何飘梗处，又到采兰时。明镜方重照，微诚寄一辞。家贫求禄早，身贱报恩迟。"③从诗题可知此为诗人落第之后所作，春风已至，又是采兰时节，而自己却还漂泊在外，没有着落，心中不由怀念家乡父母，同时又流露出诗人因落第而感到愧对父母的落寞情绪。

至宋代，虽然兰花开始盛行，但"采兰"作为一种文学意象仍然

---

① ［唐］韩愈撰，钱仲联集释《韩昌黎诗系年集释》，第12页。
② ［唐］白居易撰，谢思炜校注《白居易诗集校注》，第756～757页。
③ ［清］彭定求等编《全唐诗》，第3274页。

频繁出现于诗歌作品中，此时采兰意象一方面沿用了唐代尽孝养亲的文学意义，如梅尧臣《汝南江邻几》"且奉采兰养，应无抱玉啼"[1]，杨亿《弟伸归乡》"泽国思归咏采兰，束书携剑出长安"[2]，苏颂《和陈和叔秋寒》"急节惊收潦，归心念采兰"[3]等，这些诗句中的"采兰"都喻指尽孝养亲之意。宋人还有以采兰为房屋命名者，如黄公度作《张云翔采兰堂》诗，诗云："丈夫贵成名，人子重养志。志养非鼎食，名成要身致。世上万男儿，二者少称遂。乐哉张公子，此事有馀地。昔我游武林，始与张君值。津津紫芝眉，落落青云器。骅骝步康衢，雕鹗腾秋翅。一官天南州，艰难已尝试。悠然望白云，归来为隐吏。轩裳非吾心，菽水重亲意。筑堂九畹边，远取南陔义。膳羞务馨洁，晨夕必躬视。老人嗜国香，幽怀时一寄。春风敷柔丝，色与恩袍类。不效荆楚俗，纫之为佩璲。不学会稽亭，徒然修禊事。愿言倚玉树，同作庭阶瑞。他年粉署握，永伴莱衣戏。"[4]从诗歌内容可知，采兰堂乃诗人好友张云翔所筑，诗人赞美了他的一片孝心，为了侍奉父母，张云翔辞官归隐，并专门筑造了采兰堂，之所以命名为采兰堂，一是《南陔》"采兰"尽孝养亲之意，二是因为"老人嗜国香"，父母喜爱兰花，故堂前种植兰花以供奉父母。

宋代在沿袭唐代"采兰"意义的同时，也逐渐生发出新的文学内涵，如"采兰"之"兰"开始指采摘兰花，并且"采兰"被赋予了隐逸的文化内涵。如胡仲弓《采采歌》："朝采畹中兰，暮采篱下菊。采采复

---

[1] ［宋］梅尧臣撰，朱东润校注《梅尧臣集编年校注》，《中国古典文学丛书》，上海古籍出版社1980年版，第353页。
[2] 傅璇琮等编《全宋诗》第3册，第1372页。
[3] 傅璇琮等编《全宋诗》第10册，第6362页。
[4] 傅璇琮等编《全宋诗》第36册，第22483页。

采采,终日不盈掬。为怜芳洁姿,忍受红尘触。采兰杀风味,采菊盈芬馥。落英固可飧,何如饱藜藿。秋香亦可纫,何如鸣佩玉。俾尔全其天,得志在岩谷。所以山中人,终身抱幽独。"①"采菊"自陶渊明后就被赋予了隐逸的内涵,而兰花幽洁,有超尘之姿,诗中"采兰"与"采菊"并举,都是隐逸的象征。类似的还有林宪《雪巢三首》其二:"采兰以纫佩,不久香消歇。何如深林中,岁寒自时节。清芳御微风,幽态含皎月。世或无骚人,宁甘伴冰雪。"②释文珦《采兰吟》:"楚芳有幽姿,采采倏盈把。馨香满襟袖,欲寄同心者。道远不可求,余怀为谁写。佩服林下游,自爱逸而野。"③诗中采兰皆含有高洁的隐逸之志,可以说这是宋代兰花流行时期,"采兰"意象文学意蕴的一种新变。

总之,"采兰"意象源于我国古代悠久的采兰农事活动,汉魏六朝时期"采兰"开始进入文学作品之中,但并不常见,直至唐代,文学作品中的"采兰"意象渐增并得以发展,被赋予了尽孝养亲的文学内涵,同时还成为游子怀乡思亲的媒介,形成了鲜明而独特的文学意义,对后代产生了深远的影响,宋代采兰意象则在继承中发展,沿用唐代采兰文学意蕴的同时还形成了具有"兰花"特色的独特文学内涵,具有了隐逸的象征内涵。

---

① 傅璇琮等编《全宋诗》第 63 册,第 39742 页。
② 傅璇琮等编《全宋诗》第 37 册,第 23102 页。
③ 傅璇琮等编《全宋诗》第 63 册,第 39687 页。

下 编 兰花时代

第七章　兰花的起源及生物特性

宋代兰花取代兰草地位，独享"兰"名，尤其是宋室南渡以后，兰花成为园艺、文学、绘画等领域的常见题材，并与梅、竹、菊并称为"四君子"，成为文人雅士争相竞逐的一种观赏花卉。那么兰花究竟具体起源于何时？兰花有怎样的植物特性？兰花的自然分布情况如何？本章将对这些问题进行相应的探索和考证，以期对古代的兰花有一个全面、准确的认识和了解。

第一节　兰花起源考论

宋代兰花十分流行，尤其是宋室南渡以后，随着社会政治、经济重心的南移，主产于南方的兰花成为文人雅士争相竞逐的一种观赏花卉。那么宋代流行的兰花究竟起源于何时呢？今学界一些学者认为兰花起源于唐代，但至于兰花具体出现于唐代那一阶段，目前则尚存争议，主要有初盛唐说和晚唐说两种观点，前者提前了兰花的出现时间，后者则推迟了兰花的出现时间，而本文认为兰花应起源于中唐时期。

一、初盛唐说不可靠

初盛唐说的依据来源于唐代冯贽《云仙杂记》一书，书中引《汗漫录》王维艺兰之事："王维以黄磁斗贮兰蕙，养以绮石，累年弥盛。"①黄磁斗即黄色瓷盆，以瓷盆栽种兰蕙，并且利用绮石养兰，从栽种方法上来看，其所言似乎是兰花。《云仙杂记》所载王维艺兰之事得到了后世不少人的认同，如清人朱克柔《第一香笔记》云："摩诘种兰蕙，用黄磁斗，养以绮石，夫砂盆固佳，若用石恐压遏其根，必须大盆，先将石叠好，然后加土栽种，布置疏密，高下得势，足供清赏。"②朱克柔对王维艺兰之事深信不疑，并对此种养兰方法作出了详细介绍。此外《云仙杂记》中还有"窃花"一条，转引自《曲江春宴录》，其云："霍定与友生游曲江，以千金募人窃贵侯亭榭中兰花插帽，兼自持往绮罗丛中卖之。士女争买，抛掷金钗。"③霍定花重金雇人窃花，并且士女争相抢购，表明此兰花是珍奇之花，而绝非寻常可见的兰草，应是兰科兰属兰花。单就这两条文献的内容而言，以瓷盆、绮石养兰的方法今亦有之，兰花珍贵，宋代之时就屡有偷盗兰花之事，皆与兰花相符，然而这两条文献的真伪性则有待商榷。《云仙杂记》原名《云仙散录》，在宋代其真实性已被怀疑，张邦基、洪迈、赵与时、陈振孙等人都怀疑是宋人依托之作，如陈振孙《直斋书录解题》指出："自云取世所蓄异书，撮其异说，而所引书名，皆古今所不闻；且其记事造语，如出一手，正如世俗所行东坡《杜诗注》之类。然则所谓冯贽者，及其所蓄书，皆子虚乌有也，亦可谓枉用其心者矣。"④《四库全书

---

① [唐]冯贽撰《云仙杂记》，中华书局1985年版，第20页。
② [清]朱克柔撰，郭树伟译注《第一香笔记》，《兰谱》，中州古籍出版社2016年版，第196页。
③ [唐]冯贽撰《云仙杂记》，中华书局1985年版，第29页。
④ [宋]陈振孙撰，顾美华点校《直斋书录解题》，上海古籍出版社2015年版，第339页。

总目》也指出："自序称天复元年所作，而序中乃云天祐元年退归故里，书成于四年之秋，又数岁始得终篇。年号先后亦复颠倒，其为后人依托，未及详考明矣。"①《云仙杂记》不仅自序漏洞百出，又其所引每条内容皆注明出处，然而核之原书，常常存在无中生有者，更有随意窜改者，如这两条所引的《汗漫录》《曲江春宴录》两书，其作者与成书未曾见诸任何文献记载，且少有引录此书者，故其真实性存疑。今人曹之先生认为："原书序跋、征引书目、内容文字等方面来看，《云仙杂记》确实是一部伪书。"②既然《云仙杂记》是宋人所造的伪书，而这两条文献又来源不明，故王维艺兰之说、霍定窃花之事并不可靠，不能作为初盛唐时期兰花已经出现的证据。

二、兰花出现于中唐

既然初盛唐时期未见兰花迹象，那么兰花当产生于何时呢？有学者提出中唐时期郭橐驼《种树书》中的兰是兰花，并以此作为兰花出现于中唐的依据。郭橐驼《种树书》云："种兰蕙，忌洒水。"③这里言及兰蕙的栽种方法，种兰蕙不能直接洒水，这显然不是兰草，兰草一般性喜湿，无惧洒水，而兰花性畏湿，艺兰最忌直接向兰花洒水，故从这一习性来看，这里的兰蕙应是指兰科兰属的兰花。虽然郭橐驼《种树书》中的兰蕙指的是兰花，然而郭橐驼《种树书》并非中唐时期郭橐驼所撰。郭橐驼是中唐时期柳宗元所作寓言性作品《种树郭橐驼传》中的主人公，其人是否存在已是未知，即使真有其人，其《种

---

① ［清］永瑢等撰《四库全书总目》，中华书局1965年版，第1186页。
② 曹之《〈云仙杂记〉真伪考》，《古籍整理研究学刊》1992年第4期。
③ ［明］俞宗本撰，康成懿校注《种树书》，《中国古农书丛刊》，农业出版社1962年版，第48页。

树书》未见于任何宋代的史志目录学著作著录，也未被宋元人提起过，直到明代以后才有人提及。又《种树书》中还引用了宋元之人的资料，若郭橐驼是唐人，断不可能出现这种情况，因此郭橐驼当是后人托名。康成懿先生在《关于〈种树书〉的作者成书年代及其版本》一文中指出，《种树书》乃明人俞宗本假托郭橐驼之名而作，而俞宗本之所以要假托郭橐驼之名，是因为他"与忠于建文帝的姚善友善，在统治王朝叔侄内讧时，作者做了牺牲品"[①]。俞宗本又名俞贞木、俞有立，元末明初人，其《种树书》见于明焦竑《国史经籍志》、祁承㸁《澹生堂藏书目》等著录，该书资料丰富，流传有序，在明清两代皆有一定影响。托名郭橐驼的《种树书》与俞宗本《种树书》在内容上相似之处甚多[②]，二书当为同一本书的两个版本。既然郭橐驼《种树书》乃明人托名郭橐驼而作，故不可作为中唐时期已有兰花的证据。

既然学者们提及的郭橐驼《种树书》不可靠，那么中唐时期是否还有其它文献证明此时已经有兰花出现呢？笔者认为还是有的，钱起与皎然诗歌中所提及的蕙就是兰科兰属的蕙兰。钱起《奉和杜相公移长兴宅奉呈元相公》诗云："种蕙初抽带，移篁不改阴。"[③]钱起（约720-约780），字仲文，吴兴（今浙江省湖州市）人。诗中言蕙"抽带"，即蕙刚刚长出叶子，"带"喻指蕙叶，带呈细长状，表明蕙叶呈细长带状，这显然符合兰科兰花的生物特性，而兰草类蕙草的叶子形状似麻叶，与"带"状相差甚远，因此诗人所言之蕙应是兰科兰属植物蕙

---

① ［明］俞宗本撰，康成懿校注《种树书》，第80页。
② 详见康成懿《关于〈种树书〉的作者成书年代及其版本》，农业出版社1962年版，第85～91页。
③ ［清］彭定求等编《全唐诗》，第2661页。

兰,是我国传统兰花的一个品种。又皎然《释裴循春愁》诗云:"蝶舞莺歌喜岁芳,柳丝袅袅蕙带长。"①皎然(730-799),俗姓谢,字清昼,湖州长城下山(今浙江长兴县)人。诗中亦言及"蕙带",即蕙叶,并且与细长的柳丝并举,"蕙带长"表明蕙叶呈细长状,所指也应是今之兰科蕙兰。钱起和皎然生活年代都主要在中唐时期,且两人同为浙江湖州人,而浙江是我国春兰、蕙兰的一大产地,故两人应对兰花非常熟悉。钱起与皎然的这两首诗歌说明中唐时期,湖州地区已经有兰花的踪迹,表明兰花已经进入人们的视野,但这仅是个别现象,此时兰花还并未得到人们的普遍重视。

三、晚唐五代的兰花

兰花的栽种与欣赏活动虽在中唐时期已经出现,但属少见情况,至晚唐五代时期,与兰花相关的文献材料渐多,可一窥此时兰花的栽种与欣赏活动状况。

此时兰花开始进入诗人的视野,并为后世留下了宝贵的笔墨。晚唐诗人唐彦谦的《兰二首》是最早出现的明确以兰花作为主题的诗歌,诗云:

清风摇翠环,凉露滴苍玉。美人胡不纫,幽香蔼空谷。(其一)

谢庭漫芳草,楚畹多绿莎。于焉忽相见,岁晏将如何。(其二)②

唐彦谦,生卒年不详,字茂业,自号鹿门先生,并州晋阳(今山西太原市)人。他虽是北方人,但据《旧唐书》记载,乾符末年,他

---

① [清]彭定求等编《全唐诗》,第9183页。
② [清]彭定求等编《全唐诗》,第7665页。

曾因避乱而携家到汉南（今属湖北武汉市）；中和中期，王重荣镇守河中时任其为从事，杨守亮镇守兴元（今陕西省汉中市）时担任判官，后历阆、壁二郡刺史。可见唐彦谦一生足迹还算广阔，先后在山西、湖北、陕西、四川等地待过，其中湖北、四川都是盛产兰花之地，因此唐彦谦应对兰花比较熟悉。第一首诗歌的前两句描写了兰花的物色美，清风拂过，兰叶轻摇，就像翠绿的玉环一样温润可爱；兰花上面凝结着晶莹的露珠，就像青绿色的玉石一样素净润泽。"翠环"指兰叶，兰叶姿态一般有直立、斜立、弯垂三类，诗人将兰叶比作翠环，表明兰叶呈弯垂姿态。"苍玉"则指兰花，苍玉是青绿色的玉，兰草的花朵颜色一般是白色、紫红色，没有青绿色，而兰花中的春兰、蕙兰的花朵颜色都是以绿色为基调，其中不乏"苍玉"色。第二首诗歌，前两句诗人运用了与兰相关的两个典故：谢家庭院中长满了兰草，比喻谢氏一族人才辈出；楚国大夫屈原也曾广植兰草，比喻培养了许多贤才，然今已不复存矣，有怀古、惜古之意。因屈原《离骚》云"余既滋兰之九畹兮，又树蕙之百亩"[1]，故诗人称"楚畹"。而"绿莎"则代指兰，莎草叶子呈条形，宋罗愿《尔雅翼》云："予生江南，自幼所见兰蕙甚熟。兰之叶如莎，首春则茁其芽，长五六寸，其杪作一花。"[2]可见诗人虽引用屈原滋兰的典故，但诗中"绿莎"代指的却是今之兰花，故唐彦谦所咏之兰确实是兰花。陈心启先生认为唐代中期以前的兰蕙都不是兰科植物，兰花最早出现于唐代末年，其依据便是此首诗歌，他说："翠环显然是指下弯成半圆形的带形绿叶；苍玉是绿白色的花；莎是

---

[1] ［宋］洪兴祖撰，白化文等校《楚辞补注》，《中国古典文学基本丛书》，中华书局1983年版，第10页。

[2] ［宋］罗愿撰，石云孙点校《尔雅翼》，黄山书社1991年版，第16页。

指具带形叶的植物,如莎草科和兰属植物,后人也有称兰属植物为莎的。除此以外,其他植物很少具有这样的特征。"①陈先生认为此首诗歌所咏之兰为兰花的观点十分正确,然兰花并非最早在唐末出现,中唐时期就已经出现。

另外,温庭筠也有一首借兰抒怀之作,《余昔自西滨得兰数本,移艺于庭,亦既逾岁,而芃然蕃殖。自余游者,未始以芳草为遇矣。因悲夫物有厌常,而返不若混然者有之焉,遂寄情于此》:"寓赏本殊致,意幽非我情。吾常有流浅,外物无重轻。各言艺幽深,彼美香素茎。岂为赏者设,自保孤根生。易地无赤株,丽土亦同荣。赏际林壑近,泛馀烟露清。余怀既郁陶,尔类徒纵横。妍蚩苟不信,宠辱何为惊。贞隐谅无迹,激时犹拣名。幽丛霭绿畹,岂必怀归耕。"②诗中对兰的物色描摹并不具体,因此关于兰的形象特征并不十分明确,但是"素茎",表明兰茎的颜色为浅色,而兰草的茎是紫色,故其所咏之兰不可能是兰草,又古人多误以兰花花葶为茎,许多兰花花葶的颜色都是浅色,所以诗人所咏之兰极有可能是指兰花。

五代时期,兰花还进入了皇家宫廷园林之中,深受统治者的喜爱。南唐中主李璟非常喜欢兰花,甚至还戏封兰花为"馨列侯",李璟封赏兰花之事见于北宋陶谷《清异录》:

> 唐保大二年,国主幸饮香亭赏新兰。诏苑令取沪溪美土,为馨列侯壅培之具。③

---

① 陈心启《中国兰史考辨春秋至宋朝》,《武汉植物学研究》1988年第1期。
② [唐]温庭筠撰,刘学锴校注《温庭筠全集校注》,《中国古典文学基本丛书》,中华书局2007年版,第209页。
③ [宋]陶谷撰《清异录》,《宋元笔记小说大观》,上海古籍出版社2001年版,第33页。

陶谷（903-970）字秀实，邠州新平（今陕西邠县）人，他博通经史，早年历仕后晋、后汉、后周，入宋后官至户部尚书。陶谷原姓唐，后晋时因避晋高祖石敬瑭名讳，而改姓陶，其祖父就是晚唐诗人唐彦谦。陶谷所著《清异录》采摭唐至五代流传的掌故词语若干条，每条之下都注明其事实缘起，在后世影响颇大。据郑文宝《南唐近事》记载："陶谷学士奉使，恃上国势，下视江左，辞色毅然不可犯。韩熙载命妓秦弱兰诈为驿卒女，每日敝衣持帚扫地，陶悦之与狎，因赠一词，名《风光好》。"①郑文宝由南唐入宋，仕历两朝，对南唐之事知之甚多，故著《南唐近事》一书，该书所载多是其耳闻目睹之事，比较可信。陶谷出使南唐之事在《玉壶清话》中亦有详细记载，而陶谷也因此事被人诟病。可见陶谷应确实出使过南唐，而江南又盛产兰花，因此关于"馨列侯"一条的记载应是其亲闻之事，是比较可靠的。唐保大二年指的是南唐中主李璟的保大二年（944），此时南唐国势尚盛，因此李璟仍有闲心把玩花卉。李璟封兰花为"馨列侯"，将兰花种植在饮香亭旁边，特意命苑令取用溪边肥美之土来为兰花培土，足见对兰花之珍视。兰草易于繁殖，不需要精心培植便可生长的很好，而且兰草以实用价值取胜，其观赏价值并不高，而李璟赏兰之余特意命人为兰培土，表明这里的兰绝不是寻常的兰草，而是兰花。另外《清异录》中还有"香祖"一条，云："兰虽吐一花，室中亦馥郁袭人，弥旬不歇，故江南人以兰为香祖。"②这里的"吐一花"之兰显然就是今之春兰，表明此时兰花因香气馥郁而深得江南人的喜爱。

---

① ［宋］郑文宝撰《南唐近事》，《宋元笔记小说大观》，上海古籍出版社2001年版，第281页。
② ［宋］陶谷撰《清异录》，第31页。

需要注意的是，学者们还常常提及晚唐时期杨夔《植兰说》一文，陈心启先生认为《植兰说》所言内容符合今天兰花的栽种经验，并且认为这篇文章"是迄今所知对兰花栽培方法最早的记述"①。陈先生之语，笔者并不认同，杨夔所言之兰并非指兰花，而是兰草。杨夔《植兰说》全文如下：

> 或植兰荪，鄙不遄茂，乃法圃师汲秽以溉。而兰净荪洁，非类乎众莽。苗既骤悴，根亦旋腐。噫！贞哉兰荪欤！迟发舒守其元和，虽瘠而茂也；假杂壤乱其天真，虽沃而毙也。守贞介而择禄者，其兰荪乎？乐淫乱而偷位者，其杂莽乎？受莽之伪爵者，孰若龚胜之不仕耶？食述之僭禄者，孰若管宁之不位耶？呜呼！业圃者以秽为主，而后见龚管之正。②

杨夔生卒年不详，自号弘农子，弘农（今河南灵宝）人，晚唐散文家、诗人。《植兰说》一文，作者先讲述了一则植兰不当之事：有人在花圃中种植兰荪，因为嫌它们生长太慢，于是就学花匠护理其它花草那样，用粪水浇灌兰荪，最后导致兰荪苗枯根烂。接着作者道明了兰荪枯死的原因：兰荪生长缓慢是为了固守其体内的精气，即使土壤贫瘠，兰荪也会生长繁茂，如果不假选择的给兰荪施加粪壤就会扰乱兰的本性，即使土壤肥沃兰荪也会枯死。最后作者讽刺花圃主人无能，"以秽为主"。实际上作者是借植兰不当之事，来讽刺当权者不辨好坏，多任用奸佞小人，而忽视了那些品行端正、有真才实学的人。荪是一种香草，洪兴祖《楚辞补注》云："荪与荪同。《庄子》云：得鱼而忘荃。《音义》云：七全切，崔音。孙，香草，可以饵鱼。疏云：荪，荃也。

---

① 陈心启《中国兰史考辨：春秋至宋朝》，《武汉植物学研究》1988年第1期。
② ［清］董浩等编《全唐文》，中华书局1983年版，第9085～9086页。

陶隐居云：东间溪侧有名溪荪者，根形气色极似石上菖蒲，而叶正如蒲，无脊。诗咏多云兰荪，正谓此也。"①洪兴祖认为荃即荪。沈括《梦溪笔谈》云："香草之类，大率多异名，所谓兰荪，荪即今菖蒲是也。"②沈括认为荪即菖蒲，吴仁傑《离骚草木疏》、罗愿《尔雅翼》皆采此说，认为荃就是菖蒲。菖蒲多生长在沼泽、溪边、水田边等湿润地，这与兰草生长习性一致，而且《楚辞》中荃与兰蕙并提，《离骚》"兰芷变而不芳兮，荃蕙化而为茅"③，《九叹·惜贤》"纫荃蕙与辛夷兮"④，因此兰蕙与荃并提时，兰蕙应是兰草。另外，兰花同其他花卉的生长一样，也是需要追施肥料的，并非文中所言不能施肥，即使是野生兰花也离不了肥料，野生兰花生长的土壤中富含丰富的腐殖质，足以满足兰花的营养需求，因此才不需要专门施加肥料。但是人们在栽培兰花的时候，不仅要选择腐殖质丰富的土壤，还要进行合理的施肥，兰花才能茁壮成长。文中植兰不当之事，应是作者有意杜撰的一则小故事，主要是为了借事抒怀，兰荃自古就是芳洁之物，所以作者想当然的认为兰荃不需要污浊的肥料，可能觉得这与兰荃的芳洁之质不符，因此《植兰说》中的兰并非兰花，而是兰草。

四、宋代兰花取代兰草的原因

晚唐五代时期，兰花的欣赏活动虽然见多，但依然未成气候，值得注意的是，此时兰花进入宫廷之中，成为供皇室赏玩的一种珍稀花卉，颇受皇族珍爱，上有所好，下必甚焉，皇室贵族的青睐必将推动下面

---

① ［宋］洪兴祖撰，白化文等校《楚辞补注》，第9页。
② ［宋］沈括撰，胡道静校注《新校正梦溪笔谈》，中华书局1957年版，第41页。
③ ［宋］洪兴祖撰，白化文等校《楚辞补注》，第40页。
④ ［宋］洪兴祖撰，白化文等校《楚辞补注》，第296页。

阶层人士对兰花的欣赏活动，这为兰花在宋代的流行起到了重要的推动作用。入宋后兰花审美活动很快兴起，结束了上古、中古的兰草文化时代，开启了自宋至今的兰花文化时代，从此兰花取代兰草，独享"兰"名。而"兰"由兰草向兰花的演变，原因是多方面的，既有兰草、兰花生物特性方面的内在原因，又有社会文化方面的外在原因，其中主要表现为以下几个方面：

（一）兰草社会应用价值的衰退

兰草以香著称，唐代之前人们对兰草的关注主要源于其广泛、独特的社会应用价值，作为香草、药草，兰草不仅可以满足人们具体的日常生活需要，如煮汤沐浴、焚烧熏香、防治疾病等，还具有重要的精神文化意义，如秉兰祓邪、梦兰生子、以兰比德等，总之兰草具有十分重要的社会影响力。然而随着社会的发展进步，自唐代开始，兰草的社会应用价值日渐衰退，其社会影响力无法再与前代相比。一方面是兰草香料地位的衰落。我国用香历史悠久，早在先秦时期人们已经有用香习俗，但人们用香主要来源于一些芳香植物，即古人所说的香草，兰草就是其中十分重要的一种香草。先秦时期无论是中原地区还是南楚地区，兰草在人们的社会生活中都占有重要地位，如郑国上巳节秉执兰草，兰草被推崇为"国香"，而楚国则以兰草祀神等，兰草地位非比寻常。然而自汉代开始，随着海陆丝绸之路的开拓，西域、南海香料逐渐输入中国，如苏合香、迷迭香、鸡舌香、沉香等，都是十分名贵的香料，这些香料较我国传统香草的香气更加浓郁、更加持久，因此也更加为人所重视。至唐代，海外、域外香料已经成为上层社会以及宗教祭祀的主要用香来源，以兰草为首的诸多香草不再是人们用香的主要来源，因此兰草作为香料的社会应用价值就此衰落。另一方面则是用兰习俗的消逝。兰草的重要地位离不开传统节庆习俗的影响，如先秦时期中原地区的上巳节、南北朝时期荆楚地区的浴兰节和浴佛节都有用兰习俗，此外兰草还被应用到祭祀、丧葬等各种民俗礼仪之中，这些民俗节庆中的各种用兰习俗，都极大地提高了兰草的社会影响力，然而随着这些民俗节庆的衰落以及用兰习俗的消逝，兰草的社会影响力也逐渐下降，如起源于先秦时期的上巳节到宋代已经逐渐衰落，而南北朝时期出现的浴兰节，到了唐代就已经不再有"浴兰节"之称，浴兰习俗也逐渐消逝。又祭祀中的用兰习俗，先秦时期人们多以兰草作为祭品，或佩兰行祭祀之礼，后来随着人们用香水平的提高与进步，兰草逐渐废弃不用。这些用兰习俗的消逝，都是兰草社会应用价值衰退的表现。兰草之所以在人们心中具有崇高地位，主要建立在其广泛的社会应用价值之上，是一种人们十分需要的香草，因此一旦兰草不再具有重要的应用价值，其社会影响力必然也会随之下降，到了宋代，兰草的"身份"基本上仅是一种药草，不再像从前那般为人所熟知。

（二）兰花观赏价值优势的凸显

唐代中期以后，兰花的欣赏与栽种活动在江南地区出现，此时人们对兰花的审美认识尚且处于萌芽状态，进入宋代以后，兰花的欣赏与园艺活动迅速兴起，兰花成为受人喜爱、推崇的花卉之一，从此兰花取代兰草地位，独享"兰"名。

兰花的兴起除了社会文化背景的因素外，最主要的还是兰花自身具有很高的观赏价值。首先，从香气上看，兰花与兰草一样，都是以香著称，但两者存在明显的差别：兰草之香主要由枝叶散发，而兰花之香则由花朵散发，花开之时清香远溢，此外兰草香气带有药草的辛香，而兰花之香则是醇正馥郁的清香，闻之沁人心脾；从功用层面来看，人们更多的是利用兰草香气，如防虫驱蚊、焚烧熏香等，而兰花香气则无此功用，主要带给人们嗅觉上的美感，是人们鉴赏兰花的主要内容。因此，兰花香气较兰草香气更具有"欣赏"价值。其次，从形态上看，与兰草外形相比，兰花外形具有明显优势。兰草外形十分普通，绿叶紫茎，花小繁多，并不十分出众，常常被淹没于丛草之中，并且秋冬以后就会凋零枯萎，而兰花虽疏花简叶，但形态优美，清新素雅，有超凡出尘之姿，而且兰叶四时常青，有凌寒之韵，不仅迎合了宋人清雅的审美情趣，还更加符合宋人对花卉品格的讲究。另外，兰花生性娇气，自然资源数量有限，且不易栽培，故比较珍稀，而兰草生命力旺盛，易于繁殖，自然资源分布广泛，相对而言比较常见，因此从这个方面来讲，物以稀为贵，兰花比兰草要更加珍贵。总之兰花无论在香气还是外形上都要比兰草更胜一筹，具有很高的观赏价值，故入宋以后随着兰花的兴起，兰草也就逐渐退出了园林领域，不再为人所关注。

（三）宋人审美情趣的自觉选择

宋代园林繁盛，游园赏花风气盛行，文人莳花弄草成为一种雅事，而宋人的总体审美倾向为尚雅，表现在花卉欣赏中，人们更加青睐那些清新素雅的花卉，如以"清气"著称的梅花就颇受宋人推崇。宋代理学的兴起发展，使得宋人更加注重对自身道德品格的追求与完善，而这种道德追求反映到花卉审美中，则表现为对花卉品格意趣的追求，因此宋代花卉"比德"意识尤为高涨。正是在宋代这种花卉欣赏的文化背景之下，兰花凭借清新素雅的外形、超凡出尘的姿韵在众花之中脱颖而出，成为受人推崇的"后起之秀"。宋代之前，园林中的兰多是兰草，人们对兰草的欣赏与栽种，一方面建立在它重要的实用价值基础之上，另一方面则源于对它高洁品质的推崇，因此兰草的栽种方式一为大面积的圃栽，主要用于实用，满足人们的生活需求，一为供人欣赏的园栽，多用以修饰庭池。兰花虽不具有兰草的诸多实用价值，但拥有很高的观赏价值，兰花的栽种方式主要是园栽和盆栽两种，两种方式都以突出兰花美丽、供人观赏为目的，而兰花的栽培过程十分繁琐复杂，要求艺兰者既要细心还要有耐心，许多文人都亲自艺兰，并将艺兰视为陶冶性情、修身养性之举，颇具闲情逸致。另外，兰花在继承兰草品格象征内涵的基础上，还具有多种神韵品格，如超凡脱俗、凌寒不凋、淡泊自然等，较兰草更具神韵美。无论是外在形象还是内在神韵方面，兰花显然比兰草更加符合宋人对花卉的审美情趣，因此兰草的衰落、兰花的兴起，可是说是宋人高雅审美情趣之下的一种自主自觉的选择。

（四）宋人古今兰之辨的推动作用

宋人对古兰、今兰的辨析，无形之中提高了兰花的知名度，对兰花取代兰草地位起到了推波助澜的作用。当时参与古兰、今兰问题辨析的，不仅有药物学家，还有许多知名文人，文人的参与无疑扩大了这一问题的社会影响力，使得更多的人对此问题予以关注。其中黄庭坚虽未对古兰、今兰作出辨析，但他对今兰的描写使得宋代兰花形象得以明确，即"一干一花"为兰，"一干多花"为蕙，使兰花形象特征深入人心。黄庭坚是当时官僚知识分子阶层之中的翘楚人士，他的艺兰、赋兰行为自然会在当时社会中产生广泛影响，从而大大提高兰花的知名度和影响力。对古兰、今兰的辨析最清晰有力的要数朱熹，朱熹是南宋时期的理学大家，他在《楚辞辩证》中对古今兰蕙作出考证，所言十分准确合理，影响深远。另外，朱熹本人也有艺兰、赏兰、咏兰行为，并表现出对兰花的赞赏、推崇之意，以朱熹的社会地位，他的言行举止自然也带有很大的社会影响力，而他对兰花的一系列欣赏活动，自然也会提高兰花的影响力。总之宋人围绕古今兰问题展开的一系列辨析，都为兰花在宋代的流行起到了很大的推动作用，使得兰花成为一种众所周知的花卉，虽然当时也有人指责兰花盗用了古代兰草之名，但在大部分宋人心中，"兰"就是兰花，而兰草类的古兰则不再享有兰名。

总而言之，兰草的没落、兰花的兴起，是自然历史发展规律使然，随着社会的发展，兰草已经不再满足人们的审美需求，而此时出现的兰花刚好与人们的审美需求相适应，于是兰花自然而然的取代兰草地位，成为人们心中唯一的"兰"。可以说"兰"由兰草演变为兰花的这一过程，是人的主观意识起到了决定性的作用，更多的是一种人的自觉选择。

第二节　兰花的生物特性

我国传统兰花包括春兰、蕙兰、建兰等，属于兰科兰属植物中的地生兰，所谓地生兰主要是就兰花的生长方式而言，指的是根系生长在土壤之中，靠吸收土壤中的水分和养分得以生长的兰花。除了地生兰，还有附生兰和腐生兰，附生兰主要附着生长在树干或岩石表面，根系大部分裸露在空气中，靠吸取雨水中的水分和无机盐以及根系周围细小残物中的营养为生，腐生兰则通常生长在腐烂的植物体上，根茎发达但无绿叶，靠吸收腐烂物中的营养生长。而我们这里探讨的兰花仅是我国兰科兰属中的部分地生兰的生物特征，即春兰、蕙兰、建兰等国兰的生物特征。

图10　兰花。张晓蕾摄于南京清凉山精品兰花展。

一、兰花的外形

兰花的根多为圆柱形，上面长有大量根毛，具有吸收、贮存水分和养分的作用，因此兰花可以忍受短时间内的干旱。兰花的茎是假鳞茎，膨大而缩短，叶片着生在假鳞茎的两侧，与根一样假鳞茎也具有贮存水分和养分的作用，然而古人却常将花葶误认为是兰花的茎，称花葶为"花茎"。根和茎虽然是兰花生长的重要器官，但人们赏兰主要欣赏的是花叶部分，故对兰根、兰茎的关注较少，人们眼中的兰花外形主要是花叶的形态。

与其他绿叶植物一样，兰叶是兰花进行光合作用制造营养的器官，兰叶从假鳞茎长出，假鳞茎上有节，每节生一枚叶片，叶片数量因类而异，如春兰一般4～6枚，蕙兰一般5～7枚，建兰一般2～6枚，墨兰一般4~5枚。兰叶从假鳞茎上长出后，假鳞茎便不再长叶，新的兰叶需要从新的假鳞茎上长出，并且兰叶寿命较长，经冬不凋，即便叶老脱落，但新叶已经长出，新旧交替，因此兰叶一年四季都呈现常绿状态。兰叶的形状一般呈带形，但不同品种有长短、宽窄的区别，这是辨别兰花品种的基本特征之一，如春兰叶片细长狭窄，蕙兰叶较春兰叶要长、略宽，建兰叶虽然比蕙兰叶要宽厚，但却不如蕙兰叶长，而墨兰叶则比建兰叶还要宽。兰叶除了有长短、宽窄的不同外，叶片尖端的形状、叶片边缘有无锯齿、叶脉凹凸及粗细状况等，也是区别兰花不同品种的重要特征。兰叶的颜色多为翠绿色或深绿色，但有的兰花由于基因变异等因素，叶片上会出现条纹、斑块等不同的形状，如赵时庚《金漳兰谱》中的金棱边："叶自尖处分二边各一线许，直下至叶中处，色映日如金线。"[1]叶片边缘的颜色就与叶色不一样，阳光下呈金色，故名金棱边，并被奉为紫兰中的奇品。古人赏兰以花为主，无花之时则赏叶，如明代张羽有《咏兰叶》诗云"泣露光偏乱，含风影自斜。俗人那解此，看叶胜看花"[2]，认为赏叶胜过赏花。从观赏时间长短来看，兰花花期有时，花开时间并不很长，而兰叶则四季常青，可时时观赏。现今还出现了"线艺"兰，即以赏叶为主的兰花，又称作"叶艺"，人们精心培育兰花叶片上的白色或黄色条纹、斑块，而且针对不同的形状都有专门的名称，如兰叶先端边缘的白色、黄色条纹称作"爪"，叶片边缘的白色、黄色条斑称作"覆轮"，叶片中部的黄色条纹称作"缟"，叶片上有斑点纹的称作"虎斑"等等。总

---

[1] ［宋］赵时庚撰，郭树伟译注《金漳兰谱》，《兰谱》，中州古籍出版社2016年版，第12页。

[2] ［清］汪灏等撰《广群芳谱》，上海书店出版社1985年版，第1066页。

之线艺兰形态丰富、变化多姿,具有较高的观赏价值,极大地丰富了人们的赏兰视野。兰叶姿态也是人们品评鉴赏兰花的标准之一,一般兰叶姿态可分为直立叶、斜立叶和弯垂叶三种。直立叶,叶片自基部至尖端都向上直立生长,仅先端略倾斜向外,如陈梦良"背虽似剑脊,至尾棱则软薄斜撒"[1],就是标准的直立叶;斜立叶,叶片自基部1/2以上逐渐向外倾斜生长,如陈八斜"叶绿而瘦,尾似蒲下垂"[2],就是斜立叶;弯垂叶,叶片自基部1/3以上逐渐弯曲生长并呈半圆弧形,如唐彦谦《兰》"清风摇翠环,凉露滴苍玉"[3],描写的就是呈翠环状的弯垂叶。

兰花花朵着生在花葶之上,花葶又称"花茎""箭""荑",花葶由假鳞茎基部长出,通常一茎一枝,也有多枝的情况。花葶下部为鞘,俗称"壳""苞壳""衣壳",主要有保护花蕾的作用,同时壳也是品评鉴赏兰花的一项标准,一些艺兰经验丰富的艺兰家在兰花盛开之时,还能够根据壳的颜色、厚薄等状态判断出花的颜色与瓣形。花葶着花数量因兰花品种不同而有差异,如春兰一般一葶一花,偶尔也会出现一葶两花的情况,蕙兰一般一葶5~12朵,建兰一般一葶5~9朵,墨兰一般7~17朵。关于不同品种花葶着花数量,古人也早有认识,如黄庭坚最早提出"一干一花"为兰,"一干五七花"为蕙,元代戴侗《六

---

[1] [宋]赵时庚撰,郭树伟译注《金漳兰谱》,《兰谱》,中州古籍出版社2016年版,第11页。

[2] [宋]王贵学撰,郭树伟译注《王氏兰谱》,《兰谱》,中州古籍出版社2016年版,第63页。

[3] [清]彭定求等编《全唐诗》,第7665页。

书故》云"春兰一干一华,夏、秋、冬一干十数花"①,都注意到了不同品种兰花花葶在着花数量上的差异。具体来讲,花葶实际上包括花轴和花序两部分,花轴即着生花朵的部分,花序即花朵在花轴上的排列顺序,但通常人们都将两者混为一谈,不予细分。值得一提的是,着生在花轴上的花蕾开放次序十分独特,其开放次序由下面的第二朵首先开放,其次是下面的第一朵和第三朵,然后才陆续向上开放。另外,花葶的长短、粗细也因类而异,如春兰花葶一般高 10～20 厘米,蕙兰花葶比春兰的粗壮,一般高 30～80 厘米,建兰花葶一般高 25～35 厘米,而墨兰花葶既高又粗壮,可达 80～100 厘米。

兰花花被分为花萼和花冠两轮,皆为三枚,外轮为花萼,俗称"外三瓣",内轮为花冠,也就是花瓣,俗称"内三瓣"。外三瓣中间的一枚为中萼片,俗称"主瓣",两侧为侧萼片,俗称"副瓣";内三瓣左右两枚花瓣称为"捧"或"捧心",而中央下方的一瓣称为"唇瓣",俗称为"舌"。兰花的花朵自古以来就是人们品评的主要对象,人们在长期的兰花欣赏过程中,逐渐形成了一套完善的兰花鉴赏标准,并且还出现了专门的兰花品评术语。如两侧萼片呈水平的"一"字形,即两者之间的夹角为180°,称作"平肩"或"一字肩",这种肩形被视为兰中佳品,若两侧萼片微微上翘,上方夹角小于180°,则称作"飞肩",被视为兰中上品、奇品,若两侧萼片呈下垂状,上方夹角大于180°,则称作"落肩",被视为兰中次品。当然,肩形并不是固定不

---

① [元]戴侗撰《六书故》,文渊阁《四库全书》第226册,台湾商务印书馆1986年版,第443页。

变的，如"有初开肩平，久而花瓣向上者"①，变成了飞肩，还有"初舒平如一字，久渐落，谓之开落"②，变成了落肩。另外人们还根据捧心的不同形状，细分为"蚕蛾捧""观音捧""蚌壳捧""剪刀捧"等，根据唇瓣的不同形状，细分为"如意舌""刘海舌""大圆舌""大铺舌""大卷舌"等，这些都是人们品评鉴赏兰花的重要内容。其中我国传统兰花中的春兰、蕙兰花瓣（指的是外三瓣）形状多样，因此人们依据其形状的不同，主要分为梅瓣形、水仙瓣形、荷瓣形三种。简单来说，梅瓣型，外三瓣短圆，形似梅花花瓣；荷瓣型，外三瓣阔大，形似荷花花瓣；水仙瓣型，外三瓣狭长，形似水仙花花瓣。至于这三种瓣型的优劣，不同时期有不同观点，但今天无论哪种瓣形，都以"端正"为佳。花瓣的颜色也因类而异，但传统上一般以颜色素净者为佳，如果花萼、花瓣、花茎为同一颜色，如全白、全绿、全黄等，并且唇瓣无其他颜色的条纹、斑点，则称作"素心兰"，被奉为兰中上品。

虽然兰花品种多样，其叶存在长短、粗细、厚硬的差异，其花存在多少、瓣形、颜色的差异，花葶也存在高低、粗细的不同，但它们总体上的外形特征还是一致的，都呈现出兰科兰属中的建兰亚属植物的共同特征，即兰叶丛生，呈带形，经冬不凋、四时常青，兰花着生在花葶之上，花被由外轮花萼和内轮花瓣组成，皆为三片。总体来看，兰花外形比较简约，形态高雅优美，具有清新脱俗的美感特征。

二、兰花的香气

与国兰相对的"洋兰"，即欧美等国家生产的兰花，虽然花硕艳丽，

---

① ［清］袁世俊撰《兰言述略》，《兰花古籍撷萃》，中国林业出版社2006年版，第113页。
② 同上。

但大都缺少清新的香气，因此欧美人们主要欣赏的是兰花的艳丽外表，而我国人们更加喜爱的是兰花的香气。我国传统兰花以香著称，自古就有"香祖""第一香"的美誉，兰香还是人们品评鉴赏兰花的重要标准，可以说兰花引起人们的关注与欣赏，很大程度上得益于兰花香气的吸引。

　　兰花的香气十分醇正清新，不似有的花卉香气给人以浊闷之感。兰花虽清香，但不同品种兰花之间的清香亦有差别，既有浓清香又有淡清香，有浓淡之分，如春兰就是十分浓郁的清香，而墨兰则是较淡的清香。陶谷《清异录》云"兰虽吐一花，室中亦馥郁袭人，弥旬不歇"①，这里的"吐一花"之兰就是春兰，可谓一枝在室，满室皆香，足见春兰香气之浓郁。在兰花的品评鉴赏中，浓清香要优于淡清香。早在宋代，人们就已经注意到兰花香气的浓淡之分，如刘次庄《乐府集》云"今沅澧所生，花在春则黄，在秋则紫，然而春黄不若秋紫之芬馥也"②，他认为秋兰比春兰更香。又王楙《野客丛书》云"世言春兰秋兰，各有异芬，不知秋兰之香尤甚于春兰也"③，亦是认为秋兰之香甚于春兰。其实，春兰与秋兰香味各有所长，今多认为春兰香气更加醇正，但秋兰中的素心兰，香气十分浓郁，并不亚于春兰。另外，古人还注意到了不同产地的兰花香气亦有优劣之分。如《袁石公兰言》云："建兰叶短细而花透出其上，茎白而花淡黄，且殊其唇，一茎可七八蕊，香则幽远而令人静。赣兰则叶粗而长，花丛押于中，茎紫而花近绿，一茎可十一二蕊，香不免有檀降气矣。此亦兰中莠也。荆溪兰一茎一

---

① ［宋］陶谷撰《清异录》，第31页。
② ［宋］洪兴祖撰，白化文等点校《楚辞补注》，第5页。
③ ［宋］罗椅撰，王文锦点校《野客丛书》，中华书局1987年版，第235页。

蕊，香亚于建兰而品在赣兰上。"①建兰即福建所产之兰，赣兰即江西所产之兰，荆溪兰即江苏宜兴所产之兰，袁宏道认为建兰香气最佳，其次为荆溪兰，最后为赣兰。明张应文《罗钟斋兰谱》云："闽花大萼，多而香韵有余；赣花小萼，少而香韵不足。"②亦认为福建所产兰花比江西所产兰花的香气更足更佳。今许多学者认为，兰花香气的浓淡主要与兰花植株的壮瘦情况及接受日照多少等因素有关，如植株旺盛强壮、花头较大的兰花香气较浓，生长在光照较多、气温较高环境中的兰花香气也会比较浓郁。

值得一提的是，颜色素淡的兰花一般要比颜色鲜艳的兰花香气更加浓郁，如白色素心兰的香气就格外浓郁，十分受人推崇。这可能因为兰花是虫媒花，要靠昆虫来传播花粉，需要凭借花色和花香吸引昆虫前来传粉，若花色鲜艳则很容易吸引昆虫前来，若花色比较素淡，则需要更加浓郁的香气才能引诱昆虫，因此颜色越素淡的兰花香气便会越浓郁。与其他花卉相比，兰花的香气较为持久，其中香气最盛的时间可达七八天，随着兰花的开落，香气才会逐渐消失。人们感兰花香气之佳，还想方设法延续利用兰花香气，如有的人巧妙食用兰花，明张应文《罗钟斋兰谱》记载了食用兰花的两种方法："一法，拾其将蜕之花，或用蜜炼过者，或用糖醋同煎熟者，浸之为菽。一法，摘其初开之花，用佳茶，或天池焙熟者，或顾渚蒸熟者，一层茶一层花，入罐密封听用。右二法，作菽可施于闽，以其少而难得也，故收于既

---

① ［清］庄继光编，郭树伟译注《翼谱丛谈》，《兰谱》，中州古籍出版社2016年版，第129页。
② ［明］张应文撰，郭树伟译注《罗钟斋兰谱》，《兰谱》，中州古籍出版社2016年版，第82页。

褪而并咀其质；制茶可施于兴，以其多而易致也，故采于方吐而单夺其香。"①不管是以兰花作蕟，还是以兰花薰茶，两者都带有兰花的清香，可谓是一种对兰花香气延续利用的巧妙之法。

需要注意的是，兰花的香气是阵发性的，故同一株兰花可令人产生若隐若现、若远若近、若浓若淡之感，如李纲《邓纯彦家兰盛开见借一本》其二云"特地闻时却不香，暗中芬馥度微芳"②，如果特意去闻兰花的香气反而却不香了。曹组《卜算子·兰》亦云"着意闻时不肯香"③，因此兰花会给人以"幽香似有如无"的神秘感。《袁石公兰言》则提到了兰花在一日之内不同时间段的香气变化："日初起，兰香微动，是兰睡足初醒也。亭午兰香四彻，是兰入座时也。日晡香气渐收，是兰就倦将倩人抚矣。夜深则香敛不出，其兰之熟睡乎？"④早上微香，中午香气最盛，下午香气渐淡，晚上则基本无香。其实，兰香的这些特点主要是源于其生理特征，今学者多认为，兰花的香气主要来自花朵蕊柱内的芳香油脂腺体分泌出来的挥发油，而兰花在分泌挥发油的时候存在间隔性，因此才会致使兰花的香气具有阵发性的特点，从而给人若隐若现的神秘感，而这也正是兰花的独特魅力所在。

三、兰花的习性

兰花多生长在比较幽僻的深山丛林之中，如黄庭坚《书幽芳亭》

---

① ［明］张应文撰，郭树伟译注《罗钟斋兰谱》，《兰谱》，中州古籍出版社2016年版，第116页。
② ［宋］李纲撰《梁溪集》，文渊阁《四库全书》第1125册，台湾商务印书馆1986年版，第554页。
③ 唐圭璋编《全宋词》，中华书局1965年版，第806页。
④ ［清］庄继光编，郭树伟译注《翼谱丛谈》，《兰谱》，中州古籍出版社2016年版，第132页。

云"兰盖甚似乎君子,生于深山丛薄之中"[1],寇宗奭《本草衍义》云"(兰)今江陵、鼎、澧州山谷之间颇有,山外平田即无。多生阴地,生于幽谷益可验矣"[2],庄绰《鸡肋编》云"兰蕙叶皆如菖蒲,而稍长大,经冬不凋。生山间林箐中"[3],皆言兰花生长于山间丛林之中。兰花性喜阴,茂密的树林可以为兰花遮挡太阳强光的照晒,而透过树林缝隙之间的稀疏阳光,足以适应兰花光合作用的需求,此外山林中绿色植物茂盛,空气清新且湿度较大,利于兰花生长,同时山间树林之中落叶等杂物堆积腐败,使得土壤中含有丰富的腐殖质,能够满足兰花生长的营养需求,因此兰花生长于深山丛林是其生长习性使然。虽然兰花多生长于深山丛林,但也并非随处可见,兰花性畏湿,过湿则根腐,因此兰花还必须生长在排水良好的地方,一般要求土壤中含有较多碎石以保持土壤疏松透气。古人艺兰就充分考虑到了兰花的习性特点,园林之中兰花往往栽种在繁茂的树木或修竹之下,以为兰花遮挡强光,盆栽之时会在土壤之中掺杂碎石、贝壳等物,以保持土壤疏松通透,这在诸多兰谱之中都有相关记载。然而也有的兰花生长在山崖峭壁之处,如宋王象之《舆地纪胜》记载"南岩有石室,乃岩之佳处,北岩上多兰蕙"[4],北岩即北面的山崖,古代山南水北为阳,山北水南为阴,因此北岩即山北面的山崖,是背阳阴地,兰花扎根于此亦可免受烈日的照晒,而且山崖缝隙排水良好,适宜兰花生长。总

---

① [宋]黄庭坚撰,刘琳、李勇先、王蓉贵校点《黄庭坚全集》,四川大学出版社2001年版,第705页。
② [宋]寇宗奭撰《本草衍义》,人民卫生出版社1990年版,第54页。
③ [宋]庄绰撰,萧鲁阳点校《鸡肋编》,上海书店出版社1983年版,第9页。
④ [宋]王象之编撰,赵一生点校《舆地纪胜》,《浙江文丛》,浙江古籍出版社2012年版,第842页。

之兰花习性复杂多样,栽培起来着实不易,许多艺兰家在长期艺兰过程中逐渐总结出了丰富的艺兰经验,而他们艺兰心得的相通之处,就是尽量适应兰花生长习性,正如赵时庚所云"顺天地以养万物,必欲使万物得遂其本性而后已"①。其中,对兰花生长习性的总结最为详尽的要数明人冯京第,其《兰易·十二翼》云兰花"喜日而畏暑""喜风而畏寒""喜雨而畏潦""喜润而畏湿""喜干而畏燥""喜土而畏厚""喜肥而畏浊""喜树荫而畏尘""喜暖气而畏烟""喜人而畏虫""喜聚族而畏离母""喜培植而畏骄纵",尤为细致全面。

兰花花期因类而异,兰叶四时常青。我国传统兰花种类多样,因此花期各异,如春兰春季开花,蕙兰夏季开花,建兰的大部分品种都在秋季开花,寒兰则在冬季开花,墨兰则在春节前后开花。古人很早就已经注意到了兰花花期的不同,如春兰与秋兰,刘次庄《乐府集》云"今沅澧所生,花在春则黄,在秋则紫,然而春黄不若秋紫之芬馥也"②,邵博《闻见后录》云"兰有二种,细叶者春花,花少;阔叶者秋花,花多"③,春兰春季开花,秋兰秋季开花。春兰与蕙兰,宋谢维新《事类备要》云"(兰)花时常在春初,虽冰霜之余,高洁自如尔。至于蕙,亦有似于兰,而叶差大,一干而五七花,花时常在夏秋间,香不及兰也"④,明张应文《罗钟斋兰谱》云"一干一花为兰,开在冬春之交;一干数花为蕙,开在春末夏初"⑤,春兰花期在春天,

---

① [宋]赵时庚撰,郭树伟译注《金漳兰谱》,《兰谱》,第19页。
② [宋]洪兴祖撰,白化文等点校《楚辞补注》,第5页。
③ [宋]邵博撰《闻见后录》,中华书局1983年版,第230页。
④ [宋]谢维新撰《古今合璧事类备要》,文渊阁《四库全书》第941册,台湾商务印书馆1986年版,第159页。
⑤ [明]张应文撰,郭树伟译注《罗钟斋兰谱》,《兰谱》,第88页。

蕙兰花期在夏天。虽然建兰中的大部分兰花花期主要在秋季，但也有一部分建兰自夏至秋都会开花，甚至春末、冬初也会有花，开花十分频繁，故又叫做四季兰，如明周文华《汝南圃史》云："四季兰叶长劲苍翠，干青微紫，花白质而紫纹。自四月至九月，相继繁盛。闻诸闽人云此种在彼处，隆冬亦常有花，要不甚贵。盖其所长，独勤于花耳。"①春节前后开花的墨兰，古人也多有注意，如明冯京第《兰史》云"又有献岁兰，元旦开花"②，正月开花，新年伊始，故又名报岁兰、拜岁兰、献岁兰、贺岁兰等。兰花有花之时人们赏花，无花之时则赏叶。前面已经对兰叶四时常青作出说明，此外兰叶质地为薄革质，叶面或光滑，或粗糙，或有光泽，或无光泽，兰叶角质层较厚，气孔下陷，水分不易散发，因此兰花能够忍受短时间内的干旱，除了根、茎贮藏水分的作用外，还得益于兰叶对水分的保持。

　　兰花外形简约，细叶幽花，既不似牡丹花朵硕大艳丽，也不似梅花可以一树繁花，是属于花小且少的一类。兰叶从假鳞茎上长出，细长优美而四时常青，兰花着生在花葶之上，清秀素雅而精致玲珑，虽是疏花简叶，却有幽姿雅韵。兰花以香著称，其香由花朵散发而出，香气醇正、幽远，可谓一枝在室，满室尽香，同时兰花香气的阵发性特点，带给人似有若无的神秘美感，此谓幽香，兰花又多生长在幽僻之地，故有"幽客"之称。兰花生长习性复杂，繁殖不易，十分娇气，因此人们栽培养护兰花的过程既复杂又繁琐，从而使得艺兰逐渐成为

---

① ［明］周文华撰《汝南圃史》，《续修四库全书》第1119册，上海古籍出版社2002年版，第113页。
② ［明］冯京第撰《兰史》，《兰花古籍撷萃》（第2集），中国林业出版社2007年版，第76页。

一种艺术，文人雅士常常通过艺兰来陶冶情操。

第三节 兰花的自然分布

兰科植物是个庞大的家族，据《中国植物志》记载："全科700属20000种，产全球热带地区和亚热带地区，少数种类也见于温带地区。我国有171属1247种以及许多亚种、变种和变型。"①其中，我国目前已知的兰属植物有30种，而传统的春兰、蕙兰、建兰、墨兰等这些兰属植物中的地生兰，在我国的分布尤为广泛。据吴应祥《中国兰花》可知："春兰和蕙兰分布在北纬25°—34°地带的山区；在云南几乎全省都有分布。建兰分布在北纬26°—28°以南地区，最北可至北纬30°。寒兰与建兰相差不多，分布区域在北纬24°—28°之间。墨兰分布范围较小，北纬25°以南地区有零星分布，比较多的是海南和云南南部。"②可见我国兰花集中分布在秦岭淮河以南地区，而尤以亚热带地区为主。古代兰花的自然分布与今天大致一样，兰花产地主要集中在广大的南方地区。

江南地区自古就是兰蕙的一大产地，其中以春兰和蕙兰为主。宋陶谷《清异录》记载："兰虽吐一花，室中亦馥郁袭人，弥旬不歇，故江南人以兰为香祖。"③这里的兰指的是一干一花的春兰，江南地区盛产春兰，称其为香祖。宋罗愿《尔雅翼》云："予生江南，自幼所见兰蕙甚熟，兰之叶如莎，首春则苗其芽，长五六寸。其杪作一花，

---

① 中国科学院编《中国植物志》卷五九，科学出版社1988年版，第1页。
② 吴应祥撰《中国兰花》，中国林业出版社1991年版，第10页。
③ [宋]陶谷撰《清异录》，第31页。

花甚芳香。"①罗愿生于江南，自幼常见兰蕙，"其杪作一花"显然是春兰。江南地区尤以江苏、浙江地区的兰蕙最负盛名，如浙江的温州、杭州、绍兴、余姚，江苏的宜兴、南京、海虞、无锡等地都分布着较多的兰蕙。明王世懋《学圃杂疏》云："一茎一花者曰兰，宜兴山中特多，南京、杭州俱有。"②宜兴、南京、杭州皆产春兰。清杜筱舫《艺兰四说》云："余生于浙而宦于苏，所蓄之兰取材江浙，大致多产浙江温州，古瓯越地，故名瓯兰；蕙多产江苏宜兴及浙江长兴，故名兴兰。"③温州盛产春兰，宜兴、长兴则盛产蕙兰。明张元忭《（万历）绍兴府志》云："《越绝书》'句践种兰渚山'，王右军兰亭是也。今会稽山甚盛，余姚县西南并江有浦，亦产兰，其地曰兰墅。蕙，余姚江边多产之，因名蕙江。"④古之会稽、余姚产兰蕙，会稽治所位于今绍兴市区，而今绍兴依然产兰，并且兰花还是绍兴的市花。清华希闵《广事类赋》引《一统志》："浙江兰溪县兰阴山多兰蕙。"⑤兰溪今属浙江省金华市。清朱克柔《第一香笔记》："海虞有以花（兰花）为业者，舍其耕耨，专事花丛。"⑥海虞今属江苏常熟市，当时有人专门以艺兰为生。南宋李纲《梁溪四友赞》序云："山居有松、竹、兰、菊，目为四友，且字之。松曰岁寒，竹曰虚心，兰曰幽芳，菊曰粲华。"⑦梁溪是无锡的别称，无锡山中有兰。可见江浙大部分地区几乎都有兰蕙分布。

---

① ［宋］罗愿撰，石云孙点校《尔雅翼》，黄山书社1991年版，第16页。
② ［明］王世懋撰《学圃杂疏》，中华书局1985年版，第1页。
③ ［清］杜筱舫撰《艺兰四说》，《兰花古籍撷萃》，第147页。
④ ［明］张元忭编《（万历）绍兴府志》，成文出版社1983年版，第881页。
⑤ ［清］华希闵撰《广事类赋》，《续修四库全书》第1248册，上海古籍出版社2002年版，第437页。
⑥ ［清］朱克柔撰，郭树伟译注《第一香笔记》，《兰谱》，第202页。
⑦ ［宋］李纲撰《梁溪集》，文渊阁《四库全书》第1126册，第586页。

长江中游以南地区亦有大量的兰花分布，春兰、蕙兰、建兰皆有，如湖北、湖南、江西、安徽境内都盛产兰花。宋寇宗奭《本草衍义》云："（兰）今江陵、鼎、澧州山谷之间颇有，山外平田即无。"①江陵即今湖北荆州，鼎州属今湖南常德市，澧州即今湖南澧县，可知当时湖北、湖南地区的山林谷中颇多兰花。宋刘次庄《乐府集》云："今沅澧所生，花在春则黄，在秋则紫，然而春黄不若秋紫之芬馥也。"②所言亦是湖南地区的兰花，既有春兰，又有建兰。《舆地纪胜》云："清水岩，在分宁县东北二十里，南岩有石室，乃岩之佳处，北岩上多兰蕙。"③分宁县即今江西修水县，是黄庭坚的家乡，那里有兰蕙分布，可见黄庭坚应是自幼就熟知兰蕙。又明张应文《罗钟斋兰谱》云"兰自远方来者，大都二途，曰闽，曰赣。闽少而优，赣多而劣"④，可见明代江西地区盛产兰花，但其品质不如福建兰花优秀。

西南地区兰花的自然分布也十分广泛，并且兰花种类多样，其中四川、云南、贵州等地皆产有兰花。宋代吕大防元丰五年（1082）任成都知府，期间他对蜀地兰花多有研究，并在成都府治西园建"辨兰亭"，旁边种植兰花，还专门作《辨兰亭记》一文。《舆地纪胜》引《风俗形胜》云："蓬州，山多崇兰、蕙花，每春秋开时，清芬满山谷间，剑外他州无有也。"⑤蓬州治安固县，今四川营山县安固乡。清陈祥裔《蜀都碎事》记载："庆符县南石门山，其林薄中多兰，有春兰、秋

---

① ［宋］寇宗奭撰《本草衍义》，人民卫生出版社1990年版，第54页。
② ［宋］洪兴祖撰，白化文等点校《楚辞补注》，第5页。
③ ［宋］王象之编撰，赵一生点校《舆地纪胜》，第842页。
④ ［明］张应文撰，郭树伟译注《罗钟斋兰谱》，《兰谱》，第82页。
⑤ ［宋］王象之编撰，赵一生点校《舆地纪胜》，第3856页。

兰、夏兰、雪兰、凤尾兰、素兰、石兰、竹兰，一名兰山。"①庆符县治今四川高县庆符镇。表明古代四川多地皆有兰花，时至今天，四川地区依然是我国兰花的重要产地。徐霞客在《滇游日记》中记载"初八日与严君同至方丈叩体空。由方丈南侧门入幽径，游禾木亭……中有兰二本，各大丛合抱，一为春兰，止透二挺；一为冬兰，花发十穗，穗长二尺，一穗二十余花"②，徐霞客游筇竹寺禾木亭之时见到春兰、冬兰两种兰花，筇竹寺位于云南昆明西郊玉案山之上，这里的冬兰应是墨兰。又清代冒襄《兰言》云："乙卯初春，于梅公行笥得大错所修《鸡足山志》，读之鸡足产兰，有紫、有朱、有蜜色、碧玉色，而以雪兰为第一，开于深冬，其色如雪，鲜洁可怜。"③鸡足山位于云南大理宾川县境内。云南地区兰花种类多样，既有春兰、蕙兰、建兰、墨兰、莲瓣兰等地生类兰花，还有风兰、虎头兰等附生类兰花，这在清人吴其濬的《植物名实图考》中也有相关记载。

东南沿海地区亦是兰花的一大产地，而且以盛产建兰为主。建兰因产自福建而得名，但其他地方，如广东、广西、湖南、云南、海南等地也产此种兰花，并非为福建一地所有，为何专以"建兰"相称？清芬室主人《艺兰秘诀》对此有相关解释，其云："盖优胜劣败，天之公理，以闽地所产者佳，即以建字冠之，表明与他处之花有别。因人人欢迎建兰，而他处所产者，遂默默无闻。一班市侩，为谋利起见，但求迎合买客之心理，即非闽产者，也浑充建兰，无论何处所产，统

---

① [清]陈祥裔编《蜀都碎事》卷四，清康熙漱雪轩刻本。
② [明]徐弘祖撰，丁文江编《徐霞客游记》，商务印书馆1986年版，第31～32页。
③ [清]张潮等编《昭代丛书》，上海古籍出版社1990年版，第89页。

以建兰呼之，将错就错，人人但知有建兰，而不知其它兰矣。"①福建兰花自古就颇负盛名，清代之前，古人多崇尚福建之兰。南宋时期赵时庚的《金漳兰谱》以及王贵学的《王氏兰谱》实际上是建兰谱，所记皆为建兰名品，产地涉及福建南平、莆田、泉州、龙岩、四明、漳州等地，几乎跨越整个福建省，分布十分广泛。清代以前，古人多崇尚建兰，以闽产为贵，如明张应文《罗钟斋兰谱》云："兰自远方来者，大都二途，曰闽，曰赣。闽少而优，赣多而劣……凡购兰用闽勿用赣，而又有闽中之闽焉，自福州抵泉、漳五百里而遥，所产兰弥奇。"②又《袁石公兰言》云"乃兰以建特闻，次及荆溪，最下赣江矣"③，可见人们确实以福建所产之兰为优、为贵。另外，广东地区也盛产兰花，明冯京第《兰史》云："建兰以福建得名，而楚粤山谷皆生之。"④广东地区也有建兰分布。清区金策的《岭海兰言》则是一部专门记载广东地区兰花的兰谱，书中记录了广东地区的数百种兰花，其中以墨兰为主，并且作者认为"粤兰以仁化之丹霞，惠州之罗浮所产者，最为知名"⑤。另外，台湾地区亦有兰花分布，《岭海兰言》云"台湾孤县闽海，山里人踪罕至，番社中兰极多，土蛮不知爱重"⑥，然而当地人对兰花却并不爱重。

古代兰花的自然分布十分广泛，古之产兰之地今亦产之，变化并

---

① ［清］清芬室主人撰《艺兰秘诀》，《兰花古籍撷萃》，第227页。
② ［明］张应文撰，郭树伟译注《罗钟斋兰谱》，《兰谱》，第82～84页。
③ ［清］庄继光编，郭树伟译注《翼谱丛谈》，《兰谱》，第129页。
④ ［明］冯京第撰《兰史》，《兰花古籍撷萃》（第2集），第76页。
⑤ ［清］区金策撰，鲁子青校注《岭海兰言》，广东人民出版社1992年版，第28页。
⑥ ［清］区金策撰，鲁子青校注《岭海兰言》，第38页。

不很大。其中艺兰又以江浙和福建地区最盛,江浙地区以栽种春兰和蕙兰为主,福建地区则以栽种建兰为主。

第八章 宋代兰花园艺种植的兴起

中晚唐时期兰花种植活动开始出现，但仅属个别现象，入宋以后，兰花的园艺种植活动开始兴起，兰花以高雅优美的外形、清新幽远的香气以及丰富深厚的文化意蕴，得到文人雅士的普遍喜爱，逐渐成为园林中的一种常见花卉，其园林艺术价值得以显现，体现着园林主人高雅的审美情趣。兰花造景方式多样，既有表现兰花自然清幽之美的园景，又有凸显兰花精致灵秀之美的盆景，前者多与其他植物等搭配成景，后者多是文人书案常见摆设，两者各有其韵。这一时期兰花的园艺种植技术也得到迅速发展，一方面表现为兰花品种意识的确立，另一方面则是兰花专著兰谱的出现。兰花园艺种植的兴起，引发了宋人对古兰、今兰的热烈辨析，在这一辨析过程中，宋人逐渐揭露了古兰兰草类植物的真实面貌，并且对今兰兰花的认识也渐趋成熟，兰花最终取代兰草，独享兰名。

第一节 兰花的种植情况

兰花种植迟至中晚唐时期出现，但此时兰花的欣赏与种植活动还比较少见。钱起《奉和杜相公移长兴宅奉呈元相公》云"种蕙初抽带，移篁不改阴"①，长兴今隶属于浙江省湖州市，浙江盛产兰蕙，诗中杜相公居宅中就种植有蕙兰。陶谷《清异录》记载了南唐中主李璟培兰之事："唐保大二年，国主幸饮香亭，赏新兰。诏苑令取沪溪美土，为馨列侯壅培之具。"②李璟至饮香亭观赏兰花，并命人取溪边肥美之土来为兰花培土。南唐都城在今南京，当时宫中种植兰花供皇帝观赏，而李璟不仅命人为兰花精心培土，还将兰花封为"馨列侯"，足见他对兰花的重视与喜爱。又《清异录》所载多为当时新奇事物，说明兰花在当时应该还是一种比较珍贵、稀奇的花卉。因此中晚唐时期，兰花的欣赏与种植活动还仅是个别现象，并未普遍流行开来。

  艺兰活动在北宋时期得以流行，南宋时期则趋于兴盛。北宋时期，兰花以清新高雅的脱俗形象为文人雅士所青睐，成为文人园林中的一种常见花卉，许多文人都有艺兰行为，如黄庭坚不仅对兰蕙的外形予以区分，还曾亲自艺兰，并在长期的艺兰过程中总结出了丰富的艺兰经验，他在《修水记》中写道"兰蕙丛生，莳以沙石则茂，沃之以汤茗则芳"③，以沙石栽种兰蕙，能够使土壤保持疏松透气，利于兰根呼吸生长，以茶水浇灌兰蕙则是为了使土壤更加适宜兰蕙的生长习性需求，并且还可以补充适量的营养元素，可见黄庭坚对艺兰还是比较在行的。兰花主要生长分布在秦岭淮河以南地区，是一种主产于南方的花卉，但北宋时期，南方的兰花还被引种到了北方，这在李格非《洛阳名园记》中就有记载："今洛阳良工巧匠，批红判白接以它木……而

---

① ［清］彭定求等编《全唐诗》，第2661页。
② ［宋］陶谷撰《清异录》，《宋元笔记小说大观》，上海古籍出版社2001年版，第33页。
③ ［宋］黄庭坚撰，刘琳、李勇先、王蓉贵校点《黄庭坚全集》，四川大学出版社2001年版，第705页。

又远方奇卉，如紫兰、茉莉、琼花、山茶之俦，号为难植，独植之洛阳，辄与其土产无异。"①李氏仁丰园是宋代洛阳名园，原为唐代李德裕原平泉别墅，宋人特意从南方引种兰花，说明当时兰花已经具有一定的知名度，也说明当时宋人的兰花种植技术已经十分高超。

宋室南渡，随着政治、经济和文化中心的南移，艺兰活动日臻繁盛，艺兰区域主要集中在江南、福建等地区。南宋迁都临安，即今浙江杭州，而江浙地区正好是我国古代兰花的一大产地，海上交通的便利，又使得福建地区的兰花得以输送至江南地区，因此有"香祖""第一香"之称的兰花自然受到越来越多人的关注，艺兰群体也不断扩大，艺兰活动可谓一时兴盛。这一时期随着人们对兰花审美认识的成熟，越来越多的文人在闲暇之余都热衷于艺兰。甚至连朱熹这样严肃的理学家也曾亲自艺兰，如其《兰》云："谩种秋兰四五茎，疏帘底事太关情。可能不作凉风计，护得幽香到晚清。"②为了避免秋兰遭受冷风的摧折，朱熹专门用竹帘予以遮盖，希望它们一直都能散发清香，可见朱熹十分关心和爱护兰花。兰花园艺种植的兴盛，使得兰花逐渐进入市场。在市场利益的驱动下，有的人甚至盗兰谋财，如刘克庄《漳兰为丁窃货其半纪实四首》其一云："五十盆苍翠，皆从异县求。不能防狡窟，未免破鸿沟。惨甚兵初过，苛于吏倍抽。渠侬慕铜臭，肯为国香谋？"③刘克庄家中的漳州兰花被家仆偷盗，这说明兰花当时的市场价格一定

---

① [宋]李廌记撰《洛阳名园记》，《丛书集成初编》，中华书局1985年版，第10页。
② [宋]朱熹撰《晦庵先生朱文公文集》，《朱子全书》第20册，上海古籍出版社、安徽教育出版社2002年版，第550页。
③ [宋]刘克庄撰，辛更儒笺校《刘克庄集笺校》，《中国古典文学基本丛书》，中华书局2011年版，第1575页。

不菲，否则家仆也不至于犯险偷盗兰花。另外，南宋时期的艺兰技术也达到了很高水平，此时出现了我国最早的两部兰谱，赵时庚的《金漳兰谱》与王贵学的《王氏兰谱》，代表了当时艺兰技术的最高水平，两部兰谱不仅记录了当时福建地区的多种兰花名品，还详细记载了兰花的种植方法与经验，而且其中的一些艺兰技术也同样适用于今之艺兰。

需要注意的是，明清时期延续了南宋时期的艺兰热潮，艺兰活动发展至鼎盛阶段，艺兰区域进一步扩大，西南地区、岭南地区的艺兰活动也逐渐兴起，赣兰、粤兰逐渐为人所知，此时艺兰不仅成为世人争相竞逐的一种风尚，还成为一些人谋求生计的一种行业。这一时期的艺兰活动逐渐从文人雅事发展成为一种雅俗共赏的活动。特别是清代，赏兰风气尤为兴盛，许多艺兰人士经常会聚在一起赏兰、品兰，彼此相互观摩、交流，还出现了专门的兰花会，比如上海、苏州、杭州、无锡等地每年都会举行比较大型的兰花会，这都大大促进了兰花园艺种植的发展。同时，在宋代兰谱的影响之下，明清时期也涌现出了大批兰谱，如明代张应文的《罗钟斋兰谱》、冯京第的《兰易》、李奎的《种兰诀》、清代朱克柔的《第一香笔记》、许霁楼的《兰蕙同心录》等，皆体现了当时高超的艺兰技术和水平，成为今人研究古代兰花种植情况的重要文献资料。

第二节 兰花的造景方式

兰花的造景方式主要表现为园景和盆景两类，兰花园景多借助其他植物、建筑物等组合成景，着重表现的是兰花的自然清幽之美，而兰花盆景姿态优美、玲珑有致，着重凸显的是兰花精致的清秀之美，两者各有其美。

一、兰花园景

兰花生长习性十分"娇气"，如《金漳兰谱》录有"培兰四戒"："春不出，夏不日，秋不干，冬不湿。"①即春天不能放置室外，夏天不能受烈日照晒，秋天不能缺水干燥，冬天不能浇水过湿。冯京第《兰易十二翼》则言兰花"喜日而畏暑""喜风而畏寒""喜雨而畏潦""喜润而畏湿""喜干而畏燥""喜土而畏厚""喜肥而畏浊""喜树荫而畏尘""喜暖气而畏烟""喜人而畏虫"等，足见兰花习性之复杂。因此种植培养兰花绝非易事，要求艺兰者必须掌握一定的种植经验和技术，才能养好兰花。兰花的不易栽培，决定了园林中兰花的种植规模不会很大，不似梅花、牡丹那样可以进行大面积的园林造景，而是主要以丛植、配植为主。兰花丛生，兰叶由假鳞茎上生出，聚为一丛，故园林中的兰花种植多为丛植。如苏辙《种兰》"根便密石秋芳早，丛倚修筠午荫凉"②，楼钥《春雨》其一"石斗微微覆浅沙，兰丛短短茁青芽"③，戴表元《郎中令韩进道春兰堂诗》"而况丛根生，森然在庭除"④等，描写的皆是丛兰。兰花还与其他植物搭配种植在一起，其中最常见的便是兰竹配植，如邵雍《秋怀三十六首》其二"红兰静

---

① ［宋］赵时庚撰，郭树伟译注《金漳兰谱》，《兰谱》，中州古籍出版社2016年版，第38页。
② ［宋］苏辙撰，陈宏天、高秀芳校点《苏辙集》，《中国古典文学基本丛书》，中华书局1990年，第240页。
③ ［宋］楼钥撰《攻媿集》，文渊阁《四库全书》第1152册，第353页。
④ ［元］戴表元撰《剡源逸稿》，《续修四库全书》第1322册，第505页。

自披，绿竹闲相倚"①，张栻《题城南书院三十四咏》其十"移得幽兰几本来，竹篱深处手栽培"②，郑清之《竹下见兰》"竹下幽香祇自知，孤高终近岁寒姿"③等，描写的都是竹下植兰。兰竹搭配既有生物属性方面的考虑，又有文化内涵方面的影响：一方面竹子修长繁茂，可以为兰花遮蔽烈日、阻挡风雨，能够照顾到兰花的生长习性，又两者四季常青，兰清香，竹清幽，组合成景十分清雅，可时时供人欣赏；另一方面兰幽、竹劲，都具有高洁、坚贞的人格象征意义，因此两者在精神文化层面上具有相似性。

兰花还与怪石、建筑等组合造景，构成独特的园林景致，如兰石、兰亭、兰轩。兰石即将兰花种植在假山、怪石旁边，如舒岳祥《送潘少白赴连山馆》"箬长潜沙笋，兰开傍石花"④，赵蕃《琛卿坐上作》"梅高居竹表，石瘦倚兰层"⑤，吴锡畴《兰》"石畔棱棱翠叶长，葳蕤紫蕊吐幽芳"⑥等，描写的都是石边兰花。汉魏六朝时期，兰草与石也常常并举，因为"石生而坚，兰生而芳"（《淮南洪烈·说林》），喻人品德坚贞、芳洁。入宋以后，兰花与石组合也是园林中的常见景致，主要表现为石边种植兰花，除了继承兰草时期"石坚兰芳"的文化寓意外，兰花外形清新、姿态优雅，种植在石边更能凸显其柔美。另外，兰花还与梅、竹、石一起组合造景，构成"四清"景致，如宋祁云"兰轩初成，公退，独坐，因念若得一怪石立于梅竹间，以临兰，

---

① ［宋］邵雍撰《击壤集》，文渊阁《四库全书》第1101册，第21页。
② ［宋］张栻撰《南轩集》，文渊阁《四库全书》第1167册，第468页。
③ ［宋］郑清之撰《安晚堂集》，文渊阁《四库全书》第1176册，第853页。
④ ［宋］舒岳祥撰《阆风集》，文渊阁《四库全书》第1187册，第377页。
⑤ ［宋］赵蕃撰《章泉稿》，文渊阁《四库全书》第1155册，第351页。
⑥ 傅璇琮等编《全宋诗》第64册，第40400页。

上隔轩望之，当差胜也。然未尝以语人，沈吟之际，适髯生历阶而上，抱一石至，规制虽不大，而巉岩可喜，欲得一书籍易之时，予几上适有二书，乃插架之重者，即遣持去。寻命小童置石轩南，花木之精彩顿增数倍，因作长句书以遗髯生，聊志一时之偶然也"，诗云"竹石梅兰号四清"①，可见四清景致在当时已经出现并流行。而梅、兰、竹、菊含有"四君子"寓意的组景也在南宋时期开始出现。

兰亭、兰轩则是与园中建筑物亭、轩构成的景致，一般是在亭、轩周围种植兰花。亭、轩是一种园林小品，造型独立、小巧玲珑，可供人休憩，亭边、轩边植兰可供人休憩之时予以观赏，能够更好地凸显兰花的幽姿雅韵，因此兰亭、兰轩是园林中的常见景致。亭边植兰，如吕大防《辨兰亭记》云"乃为小亭，种兰于其旁，而名曰'辨兰'"②。而赵时庚年少时期就是因其祖父在亭边"环列兰花"，他"日在其中，每好其花之艳、叶之清、香之夐，目不能舍，手不能释，即询其名，默而识之，是以酷爱之心殆几成癖"③，于是日后他极度嗜爱艺兰并潜心研究兰花，终成艺兰名家。轩边植兰，如苏辙《种兰》"兰生幽谷无人识，客种东轩遗我香"④，释道潜《寄题济源令杨君兰轩》，苏过《寄题岑彦明猗兰轩诗》，杨万里《题刘直卿崇兰轩》，释慧空《静香轩》等，皆是在轩边种植兰花。堂前植兰、窗下植兰也是园林中的常见造景方式，如罗畸《兰堂记》"元佑四年，予出而仕司法于滁。五年季春，作堂于廨宇之东南。堂之前植兰数十本，微风飘至，

---

① ［宋］宋祁撰《景文集》，文渊阁《四库全书》第1088册，第123页。
② ［明］曹学佺撰《蜀中广记》，文渊阁《四库全书》第592册，第30页。
③ ［宋］赵时庚撰，郭树伟译注《金漳兰谱》，《兰谱》，第9页。
④ ［宋］苏辙撰，陈宏天、高秀芳校点《苏辙集》，第240页。

庭槛馥然"①，描写的就是在堂前植兰，释文珦《栖迟》"窗下列芳兰，门前艺修竹"②，则是窗下植兰。

二、兰花盆景

兰花生长对生态环境的要求很高，对土壤、温度、光线、空气湿度、水分、通风等都有一定的要求，因此从兰花种植方式上看，盆栽显然要比园栽更方便养护兰花。盆兰方便搬移，因此既可放置室外点缀庭院，又可放置室内作为摆设，如遇恶劣天气还可将兰花移置室内，晒兰时可随时调整兰花位置满足光照需求，方便管理和养护兰花。盆兰在北宋时期已经出现，南宋兰花盆景则成为欣赏兰花的主要方式，文人雅士无不对盆兰青睐有加，兰花成为文人书桌案头的最佳"伴侣"。并且这一时期出现的我国最早的两部兰谱——《金漳兰谱》和《王氏兰谱》，其中记载的兰花种植及养护方法，都是针对盆兰而言。

与兰花园景相比，兰花盆景更显端庄秀美，也更加精致玲珑。盆兰主要用于室内摆设，是文人墨客书桌案头的常见观赏花卉之一。戴复古《浒以秋兰一盆为供》："吾儿来侍侧，供我一秋兰。萧然出尘姿，能禁风露寒。移根自岩壑，归我几案间。养之以水石，副之以小山。俨如对益友，朝夕共盘桓。清香可呼吸，薰我老肺肝。"③所咏就是案头盆兰，体现了文人的高雅情趣。兰花清新简逸，摇曳多姿，花开之时，清香怡人，可消解文人伏案之劳，并能愉悦身心，而文人亲自艺兰的过程还可以陶冶情操、颐养性情。盆兰还可点缀庭院、花

---

① ［宋］王霆震撰《古文集成前集》，文渊阁《四库全书》第1359册，第80页。
② 傅璇琮等编《全宋诗》第63册，第39690页。
③ ［宋］戴复古撰，金芝山校点《戴复古诗集》，浙江古籍出版社1992年版，第9页。

园，如金似孙《双头兰和吴应奉韵》"手种盆兰香满庭，闲来趣味独幽深"①，描写的是庭院中的盆兰。赵蕃《呈愚卿昆仲二首》其一"百个修篁一树梅，蕙盆兰斛共相陪"②，描写的是花园中的盆兰，盆兰、盆蕙放置在修竹、梅树之下，相映成景。王灼《层兰》："仙翁有兰癖，肆意搜林垌。负墙累为台，移此万紫青。九畹与九层，异世皆可铭。收拾众妙香，逍遥醉魄醒。隐几光风度，开帘皎月停。门前勿通客，翁续离骚经。"③诗人在园中筑台摆放兰花，亦是盆兰。此外文人还时常对兰饮酌。陈著《午酌对盆兰有感》："山中酒一樽，樽前兰一盆。兰影落酒卮，疑是湘原魂。乘醉诵离骚，意欲招湘原。湘原不可招，桃李花正繁。春事已如此，难言复难言。聊借一卮酒，酹此幽兰根。或者千载后，清香满乾坤。"④赵友直《兰边晚酌》："深谷笼幽色，超然味更长。薰人先欲醉，对客漫斟尝。初触来歌席，犹疑扑酒觞。主人困坐久，寂寂不闻香。"⑤描写的都是赏兰饮酒的乐趣。

第三节　兰花的种类

随着兰花园艺种植的兴起，宋人逐渐意识到了兰花的种类问题，并根据兰花的不同生物特性予以分类。从观赏方面来看，人们最初主要根据兰花的花期、颜色等形态特征进行分类。花期与颜色是人们欣

---

① 傅璇琮等编《全宋诗》第68册，第43137页。
② ［宋］赵蕃撰《淳熙稿》，文渊阁《四库全书》第1155册，第265页。
③ ［宋］王灼撰《颐堂先生文集》，《续修四库全书》第1317册，第79页。
④ ［宋］陈撰撰《本堂集》，文渊阁《四库全书》第1185册，第128页。
⑤ 傅璇琮等编《全宋诗》第70册，第43961页。

赏兰花过程中最显而易见的生物特性，因此依据兰花的不同花期、不同颜色来划分兰花种类，成为宋代最主要的兰花分类方法。

图11 春兰。引自《中国高等植物图鉴》第五册，北京：科学出版社，1994年，第746页。

图12 蕙兰。引自《中国高等植物图鉴》第五册，北京：科学出版社，1994年，第745页。

一、依据花朵数量分类

这一分类方法主要是就春兰、蕙兰而言。春兰与蕙兰的关系十分密切，兰和蕙是很早就引起人们注意的两个品种，据陶谷《清异录》记载，五代时期的张翊"致尝戏造《花经》，以九品九命升降次第之，时服其允当"[①]，其中就有兰、蕙，表明当时人们已经对兰、蕙有所

---

① ［宋］陶谷撰《清异录》，第40页。

区分。其后,黄庭坚《书幽芳亭》云"兰蕙丛生,初不殊也,至其发华,一干一华而香有余者兰,一干五七华而香不足者蕙"①,从花朵数量以及香味浓淡两个方面对兰、蕙作出区分:一干开一朵花、香气浓郁的是兰,即春兰;一干开五七朵花、香气不足的是蕙兰。每葶花朵数量的不同,的确是春兰、蕙兰在生物特征上最显著的差异,因此黄庭坚这一兰、蕙分类方法,得到了许多人的认可,并屡被后人提及、引用,然而这一分类并不十分完善,后来一些人认为凡是每葶数花的就是蕙兰,实际上其他种类的兰花,如建兰、墨兰等也都是一葶多花,因此每葶花朵数量的不同,可以作为区分春兰和蕙兰的一个依据,但不能作为区分春兰和蕙兰的唯一标准。到南宋时期,人们对春兰和蕙兰的认识则有了明显的进步,谢维新《事类备要》引《格物丛话》云:"至于蕙,亦有似于兰,而叶差大,一干而五七花,花时常在夏秋间,香不及兰也"②,除了花朵数量的不同,还注意到了蕙兰与春兰在叶、花期方面的差异。至清代,人们对春兰与蕙兰的区别已经十分明晰,如朱克柔《第一香笔记》中将春兰和蕙兰分而言之,对两者的外形、生长习性、栽种方法都分别作出了详尽的介绍,兰、蕙之不同,使人一目了然。

需要注意的是,宋人还存在蕙不如兰的认识倾向,其实这一倾向早在张翊《花经》中就已见端倪,他将兰列为一品九命,蕙则位列二品八命,兰在蕙前。后来。黄庭坚言称蕙不如兰,则引起广泛影响。宋人认为蕙不如兰,主要是源于两者生物特性上的不同,如黄庭坚所

----

① [宋]黄庭坚撰,刘琳、李勇先、王蓉贵校点《黄庭坚全集》,第705页。
② [宋]谢维新撰《古今合璧事类备要》,文渊阁《四库全书》第941册,第159页。

言"蕙之九畹不如兰之一花"①，春兰一葶一花清香馥郁，而蕙兰一葶多花反而香气不足，故春兰优于蕙兰。这种认识倾向至清代才得以转变，人们不再存在贵兰贱蕙的思想，这在清代诸多兰谱中都有体现，如袁世俊、屠用宁、杜筱舫等人的兰谱著作之中，都将兰蕙一视同仁，对它们各自的外形、习性、品种、栽种方法等都分别作出介绍，无任何高下之分。

二、依据花期分类

不同花期也是人们区分兰花种类的一项依据，其中最常见的就是春兰和秋兰。关于"春兰""秋兰"之名，早在先秦时期就已经出现，但均指的是兰草而非兰花，入宋以后"春兰""秋兰"才专指兰花。宋人言兰，往往会将春兰和秋兰并举，因此我们这里也一并言之。春兰与秋兰之名是就花期而言，春兰花期主要在春季，一般在2～3月，秋兰花期主要在秋季，多在7～10月。春兰一般有叶4～6枚，花单生，少数会有两朵，花朵直径4～5厘米，颜色以绿、黄绿、黄白为主，且有香气。春兰不仅栽培历史悠久，深受国人喜爱，还是我国传统兰花中分布最广泛的一种。据吴应祥《中国兰花》可知，"春兰和蕙兰分布在北纬25°～34°地带的山区"②，北至甘肃南部，南至广东北部都有春兰分布，其中尤以江苏、浙江地区的春兰品种最佳，这也是我国古代春兰的主要产区。秋兰是对建兰中一部分兰花的俗称，指的是花期在秋季的兰花，秋兰有叶2～6枚，花5～9朵，花朵直径4～6厘米，浅黄绿色，有香气。另外还有一部分建兰自夏至秋都会开花，有的花期还会在春末或早冬，开花十分频繁，故建兰又叫做四季兰。

---

① ［宋］黄庭坚撰，刘琳、李勇先、王蓉贵校点《黄庭坚全集》，第1415页。
② 吴应祥撰《中国兰花》，中国林业出版社1991年版，第10页。

明代张应文《罗钟斋兰谱》中就有对四季兰的详细记载，其云"四季兰，叶长劲苍翠，干青微紫，花白质而紫纹。其花自四月至十月相继繁盛，几及百茎。闽人云此种在彼处值隆冬亦每每有花，而要价不甚难得，盖所长独勤于花耳"①，但大部分建兰的花期还是主要集中在盛夏至金秋这一段时期。

北宋时期，人们赏兰主要以春兰为主，北宋初期陶谷《清异录》中就记载有春兰品种，其云"兰虽吐一花，室中亦馥郁袭人，弥旬不歇，故江南人以兰为香祖"②，生长于江南地区，且一干一花，所言是春兰无疑，这是能够明确判定为春兰品种的最早文献记载。陶谷自五代入宋，其《清异录》多采撷唐至五代流传的掌故词语，因此迟至晚唐五代时期，春兰就已经在江南地区"小有名气"。而进入北宋以后，春兰已经十分流行，这在文人作品中也多有体现，如苏轼《题杨次公春兰》、苏辙《幽兰花》、道潜《春日》、张载《晚春》等，都是以春兰为题材的诗歌。与春兰相比，人们对秋兰品种的关注略晚，关于秋兰品种比较明确的记载始见于洪兴祖《楚辞补注》，他引宋刘次庄《乐府集》云"今沅澧所生，花在春则黄，在秋则紫，然而春黄不若秋紫之芬馥也"③，这里秋天开紫花的兰就是秋兰。遍检北宋时期文学作品，以秋兰为题材的作品仅有一首诗歌，即毛滂《育阇黎房见秋兰有花作》，这表明北宋时期春兰要比秋兰更加引人瞩目。而进入南宋以后，秋兰则迅速流行起来，人们对秋兰的园艺欣赏呈现出兴盛局面，此时春兰则呈现渐衰之势。秋兰主要产于闽广地区，宋室迁都临安，

---

① ［明］张应文撰，郭树伟译注《罗钟斋兰谱》，《兰谱》，第85页。
② ［宋］陶谷撰《清异录》，第31页。
③ ［宋］洪兴祖撰，白化文等点校《楚辞补注》，第5页。

偏安江南，社会娱乐风气高涨，园林园艺兴盛，再加上沿海交通运输的便利，为秋兰的兴盛提供了"天时地利人和"的外在条件；此外秋季本是草木零落的季节，可供人欣赏的花卉种类远不如春季繁多，而秋兰继春兰、蕙兰之后盛开，尤为可贵。同时秋兰在色、香、姿、韵方面并不比春兰、蕙兰逊色，这是秋兰得以兴盛的内在条件。南宋时期赵时庚的《金漳兰谱》与王贵学的《王氏兰谱》，皆是建兰谱，而建兰中的大部分品种都是秋季开花的秋兰。自南宋以后世人尤为重视建兰，这种局面延续到清代才发生转变。清代江浙地区的春兰、蕙兰地位攀升，专门的兰蕙花谱开始大量出现，如朱克柔的《第一香笔记》、袁世俊的《兰言述略》、屠用宁的《兰蕙镜》、杜筱舫的《艺兰四说》、许霁楼的《兰蕙同心录》等，表明此时春兰又重新占据主流地位。

总之春兰和秋兰是兰花欣赏中最早出现的比较明确的两个品种，人们由花期的不同而注意到两者的品种差异，这是对兰花种类最直接、最质朴的一种认识。但是古人对春兰和秋兰的认识并不简单停留在花期不同的层面上，而是对两者的花、叶、香等具体生物特性也有着清晰的认识，这种认识在宋代就已经存在。如寇宗奭《本草衍义》云"有春芳者为春兰，色深；秋芳者为秋兰，色淡"[1]，认识到两者颜色的不同；邵博《闻见后录》云"兰有二种：细叶者春花，花少；阔叶者秋花，花多"[2]，认识到两者在叶形及花朵数量上的不同；王楙《野客丛书》云"世言春兰秋兰各有异芬，不知秋兰之香尤甚于春兰也"[3]，则认识到了两者在香气上的不同。至明清时期，随着人们对兰花审美

---

[1] ［宋］寇宗奭撰《本草衍义》，人民卫生出版社1990年版，第54页。
[2] ［宋］邵博撰《闻见后录》，中华书局1983年版，第230页。
[3] ［宋］罗椤撰，王文锦点校《野客丛书》，中华书局1987年版，第235页。

认识的进步，人们对兰花生物类型的认识渐趋成熟，不仅对春兰、秋兰的形态特征有着清晰的认识，还对两者的生长习性、栽培方法和技术都有着科学、准确的认识。另外从审美情感上来说，两者带给人们的审美感受有相同亦有不同，而这种不同主要还是建立在"春""秋"的不同之上，春兰带给人们更多的是生机、清新之感，秋兰则更多的是孤贞、高洁之感。

三、依据花色分类

花朵颜色的不同也是人们区分兰花的一种依据，最早出现于南宋时期，始于赵时庚《金漳兰谱》和王贵学《王氏兰谱》，两人都将福建地区的兰花依据花色分为紫兰和白兰两大类。但是需要注意的是，紫兰的颜色并不局限于紫色，还包括紫红色、红色等相近色系的颜色，如许景出、石门红、小张青皆是红花，但依然归在紫兰行列。同样，白兰也不只局限于白色，还包括微黄色、微绿色、碧色等浅色系颜色，如济老色微绿，施兰色微黄，马大同色碧等。赵氏、王氏的两部兰谱所载主要是福建漳州及其周围地区所产兰花，其中大部分的兰花品种早已失传，后人不得而见，但是根据他们的相关文字描述，紫兰似乎主要是寒兰、墨兰一类，而白兰则主要是建兰一类。这种依据花色分类的方法显然还比较直观、简单，是侧重于感官的直觉分类方法，具有时代局限性，但这为我们了解南宋时期福建地区的兰花状况提供了珍贵的资料。

值得一提的是，明清时期出现的素心兰，也是依据花色作出的分类，与之相对的是彩心兰，古人称作"荤心"或"虫兰"。所谓素心兰是就花色而言，要求花萼、花瓣、花茎为同一颜色，花色可以是任何颜色，如全白、全绿、全黄等，尤其是唇瓣颜色要纯正、无杂色，不能带其他颜色的条纹、斑点。不同种类的兰花都有素心品种,如素心春兰、素心蕙兰、素心建兰、素心墨兰等。素心兰颇受文人雅士推崇,是兰中珍品,凡艺兰、爱兰人士无不对素心兰推崇备至,甚至不惜重金四处求购,兰花中的上品、极品就多出自素心兰。宋代虽未有"素心兰"之称,但赵时庚和王贵学《兰谱》中所载鱼魫兰,"花片澄澈,宛似鱼魫,采而沉之水,无影可指"[①],虽有夸饰成分,但花瓣绝对是白净无瑕,应是素心兰无疑。

宋代以后,随着人们对兰花审美认识的深入与成熟,人们对兰花的分类也愈加细致。至清代,花瓣形状也成为兰花分类的一项标准依据,但此种分类方法仅适用于春兰、蕙兰两种,并且人们在对兰、蕙长期审美过程中还逐渐形成了一套瓣型理论,即依据花瓣形状来命名、分类兰花,其中传统的兰、蕙主要分为梅瓣、荷瓣、水仙瓣三种。另外,明清时期人们还根据兰花的产地来区分兰花,如按省分,有建兰或闽兰、江浙兰、赣兰、荆兰等,都是根据兰花所产省份地区予以分类。需要注意的是建兰,因产自福建而得名,建兰是一种具体的品种,并不是所有产自福建地区的兰花都是建兰,而建兰也不是只有福建地区才有,仅是因为建兰这一品种以福建所产品质最佳,名扬天下,故而得名。还有的按城市分类,如杭兰(杭州)、瓯兰(温州)、兴兰(宜兴)等。花期与颜色是人们欣赏兰花过程中最显而易见的生物特性,因此古人依据兰花的不同花期、不同颜色来划分兰花种类,是比较直观、质朴的分类方法,这也是宋代兰花的主要分类方法。而后世根据花瓣形状来划分春兰、蕙兰品种的方法则更显微观,表明人们对兰花的审美认

---

① [宋]王贵学撰,郭树伟译注《王氏兰谱》,《兰谱》,第65页。

识更加细致、深入。

第四节　兰谱的出现

　　花谱是记载花卉品种、栽培经验技术以及栽培历史的园艺理论著作，既有综合性的花卉著作，如南宋陈景沂的《全芳备祖》、明代王象晋的《二如亭群芳谱》、清代陈淏子的《花镜》等，又有花卉专类著作，如兰谱、梅谱、菊谱等。据闫婷婷《四本古代花谱研究》统计可知，专类花谱著作中，尤以兰谱数量最多[①]。这一方面源于人们对兰花的深厚喜爱之情，另一方面与他花相比，兰花栽培不易，更加需要有一定的经验技术作为指导，因此许多艺兰家在长期的艺兰实践中掌握了丰富的栽培经验，并撰写成谱，希望有益于世人艺兰，同时也希望自己的艺兰经验与心得能够流传于世。

　　宋代园林、园艺十分兴盛发达，各类花木的栽培技术都取得了显著成果，与之相关的园艺著作也随之兴起，据冯秋季、管成学《论宋代园艺古籍》可知，宋代共出现了13种园艺植物的专著，分别是牡丹、菊花、荔枝、芍药、兰花、梅花、海棠、玉蕊、柑桔、桐树、竹子、笋、菌[②]，在这13种植物中，除了竹子早在晋代就已经有专著外，其它12种植物都是自宋代才开始有专著出现，说明这12种植物的园艺栽培技术在宋代已经取得极大的进步，并促进了与之相关园艺理论的进步与发展。与牡丹、梅花、芍药等花卉相比，兰花的园艺栽培与欣赏虽然起步较

---

① 闫婷婷《四本古代花谱研究》，天津大学硕士研究生学位论文，2012年。
② 冯秋季，管成学撰《论宋代园艺古籍》，《农业考古》1992年第1期。

晚，但在宋代却得到了迅速发展，人们在兰花的栽培与欣赏过程中，对兰花的品种认识以及栽培技术等都取得了丰硕成果，而最能代表这种进步的则是宋代兰谱的出现。兰谱不仅记录了当时兰花的栽培技术与经验，还收录了各种兰花名贵品种，表明宋人已经具有了明确的兰花品种意识，这也是宋代艺兰水平进步的一种表现。宋代共出现了两部兰花专著，分别是赵时庚的《金漳兰谱》和王贵学的《王氏兰谱》，这也是我国最早的两部兰谱。

一、赵时庚《金漳兰谱》

赵时庚，福建漳州人，号澹斋，乃宋朝宗室之人，《四库全书总目》言其："以时字联名推之，盖魏王廷美之九世孙也。"[①]《金漳兰谱》成书于绍定癸巳年（1233），赵时庚在自序中交代其著书始末，其祖父解印还乡之后，曾"卜居筑茅，引泉植竹，因以为亭"，并在亭周围"环列兰花"，而赵时庚"尤好其花之香艳清馥者，目不能舍，手不能释，既询其名，默而知之。是以酷爱之，殆几成癖"[②]，年少时期便爱兰成癖，日后更是不断搜集培养兰花，在长期艺兰实践中掌握了丰富的艺兰经验，后听从友人建议，将自己的艺兰经验知识编撰成书以示众流传。《金漳兰谱》是我国第一部兰谱，其体例和内容都为后代兰谱的编撰提供了有益的参考与借鉴。书中一共记载了37种兰花品种，并对它们分别进行了姿色、形态等方面的品评，另外还详细介绍了兰花的各种栽培技术及经验。该书不仅为我国爱兰、艺兰人士所推崇，还曾流传到日本，对日本兰界产生过较大影响，即使是在今天，《金漳兰谱》所载养兰经验也是极为有益和实用的。

[①] ［清］永瑢等撰《四库全书总目》，中华书局1965年版，第992页。
[②] ［宋］赵时庚撰，郭树伟译注《金漳兰谱》，《兰谱》，第9页。

《金漳兰谱》全书内容主要分为"叙兰容质""品兰高下""天下养爱""坚性封植""灌溉得宜"五部分。"叙兰容质"部分，作者将兰花分为紫兰和白兰两大类，所谓"紫兰""白兰"皆是就兰花的颜色而言，但"紫""白"并不局限于单一的颜色，还包括相近的颜色，如紫色还可包括紫红色、红色等相近色系的颜色，白色还可包括微黄色、微绿色、碧色等浅色系颜色。作者对每种兰的花、叶形态介绍可谓栩栩如生，如描写陈梦良："陈梦良，色紫，每干十二萼，花头极大，为众花之魁。至若朝晖微照，晓露暗湿，则灼然腾秀，亭然露奇，敛肤傍干，团圆四向，婉媚娇绰，伫立凝思，如不胜情。花三片，尾如带彻青，叶三尺，颇觉弱，翠然而绿。背虽似剑脊，至尾棱则软薄斜撒，粒许带缁，最为难种，故人希得其真。"①不仅描述出了陈孟良的花叶形状，还把它在朝阳下的娇美形态表现的十分传神。"品兰高下"部分，则对兰花的品质优劣予以排序，分别把紫兰和白兰分为上、中、下三品，而三品之外，又有奇品。其中紫兰以陈孟良为甲等，吴兰、潘花为上品，赵十四、何兰、大张青、蒲统领、陈八斜、淳监粮为中品，许景初、石门红、小张青等为下品，金棱边则为奇品。白兰则以济老、灶山、施花、李通判、惠知客、马大同为上品，郑少举、黄八兄、周染为中品，夕阳红、云矫、朱花、观堂主、弱脚等为下品，赵花为奇品。"天下养爱"部分主要根据兰花的生长习性，交代了兰花种植时的诸多注意事项，如选地、土壤、防虫等，并指出种植兰花的关键是顺应兰花本性，显示出作者精湛的艺兰之道。"坚性封植"部分，详细介绍了如何分盆种植兰花，并指出不同兰花对泥土有着不

---

① ［宋］赵时庚撰，郭树伟译注《金漳兰谱》，《兰谱》，第11页。

同的要求,如"陈梦良以用黄净无泥瘦沙种,而忌用肥,恐有糜烂之失。吴兰、潘兰用赤沙泥"①。"灌溉得宜"部分介绍了为兰花浇水、施肥的具体方法,兰花的不同生长状态、不同季节都要用不同方法浇灌,而且不同品种兰花的浇灌方法也不一样,如"潘兰虽未能受肥,须以茶清沃之,冀得其本生地土之性"②,"吴花看来亦好肥,种亦灌溉,以一月一度"③。总的来说,赵时庚艺兰经验的精华是"顺天地以养万物,必欲使万物得遂其本性而后已"④,即重点在于顺应兰花的生长习性,以尽量创造与兰花原生地生态环境相似的生长条件。

二、王贵学《王氏兰谱》

王贵学,字进叔,号龙江,福建漳州龙溪(今属福建龙海)人,生卒年不详,南宋艺兰家。与赵时庚一样,王贵学也嗜兰成癖,曾四处搜求兰花名品,精心养护,亦是积累了丰富的艺兰经验知识,遂撰写成谱。《王氏兰谱》是王贵学艺兰心得和经验的总结之作,成书于淳祐七年(1247),是继《金漳兰谱》之后我国又一部重要的兰花专著。全书共记载了45种兰花品种,王贵学不仅对每种兰花的形态描写十分形象生动,更加可贵之处在于他还记载了各种兰花名称的由来,为后人更好的了解宋代兰花品种提供了准确、翔实的资料。明人王世贞曾评价道:"兰谱惟宋王进叔本为最善。"⑤

《王氏兰谱》全书正文包括"品第之等""灌溉之候""分坼之法""泥沙之宜""受养之地""兰品之产"六个部分,另外还分别记录、介

---

① [宋]赵时庚撰,郭树伟译注《金漳兰谱》,《兰谱》,第22页。
② [宋]赵时庚撰,郭树伟译注《金漳兰谱》,《兰谱》,第25页。
③ 同上。
④ [宋]赵时庚撰,郭树伟译注《金漳兰谱》,《兰谱》第9页。
⑤ [清]永瑢等撰《四库全书总目》,第1003页。

绍了"紫兰"和"白兰"中的诸多名贵品种。"品第之等"分别对紫兰、白兰品种按优劣高下予以排序，其中对紫兰的排序与赵时庚的排序基本一致，但对白兰的排序则稍有不同，赵时庚以赵花为奇品，而王贵学则以鱼魫兰为奇品，显然鱼魫兰要比赵花的品质更奇特。"灌溉之候"主要介绍了不同季节的灌溉方法，其中有的内容则是对赵时庚《金漳兰谱》的抄录和引用，如"秋七八月，预防冰霜，又以濯鱼肉水，或秽腐水，停久反清，然后浇之"①，这与赵时庚《金漳兰谱》中的记载基本一致。"分坼之法"介绍了兰花分盆的步骤方法，胜在方法简单，易于操作。"泥沙之宜"指出栽种不同品种的兰花需要用不同的泥沙，并且作者云"世称花木多品，惟竹三十九种，菊有一百二十种，芍药百余种，牡丹九十种，皆用一等沙泥，惟兰有差"②，竹、菊、芍药、牡丹等花虽然也是品种多样，但不同品种栽种所用泥沙并无区别，而兰花则是不同品种需要用不同泥沙，表明兰花的生长习性十分娇气。"受养之地"介绍了如何选择栽种兰花的适宜之地。"兰品之产"列举并详细介绍了多种兰花的形态特征及名称来源。书中最后附录的诸多"紫兰""白兰"品种，对每种兰的形态描写与介绍都十分形象准确，尤为可贵的是他还交代了各种兰花名字的由来。

赵时庚与王贵学皆为福建人，两部兰谱所记均为原产于福建的建兰，同时又是我国现存最早的两部兰谱，可谓是专述建兰的双璧。这两部兰谱展现了宋代福建地区兰花的品种及栽种状况，其中对兰花的品评分类，不仅表明宋人兰花品种意识的确立，也反映出宋人对兰花的审美品味及鉴赏标准。

---

① [宋]王贵学撰，郭树伟译注《王氏兰谱》，《兰谱》，第51页。
② [宋]王贵学撰，郭树伟译注《王氏兰谱》，《兰谱》，第53页。

第五节 宋人对"兰"的辨析及认识变化

随着宋代兰花园艺种植的兴起,宋人开始质疑前代的兰蕙是否为当时流行的兰蕙,从而引发了"古兰"与"今兰"的辨析问题。当时不仅一些著名的药物学家,如唐慎微、寇宗奭等参与其中,一些文人名士,如周必大、朱熹等人也多有参与,可谓影响广泛。本节将对这一辨析过程予以全面梳理和论述,以期把宋人对"兰"的认识及态度变化有一个比较全面、准确的把握。

一、北宋时期

宋代文献中关于这一问题的发端见于王钦臣《王氏谈录》一书,此书内容是王钦臣记载其父王洙之言而成,其中有"兰蕙"条目:"公言兰蕙二草,今人盖无识者,或云藿香为蕙草。"①王洙(997-1057)曾任翰林学士,博览群书、学识丰富,但对兰蕙为何物也不甚清楚,这说明北宋前期就已经存在古今兰蕙的名实争辩问题。屈原是我国古代第一个大量描写兰蕙意象的文人,兰蕙也因屈原而显,"兰"高洁、幽独的人格形象对后世产生了深远的影响,因此在古今兰蕙的辨析问题上,宋人最先质疑的是屈原辞赋中的"楚兰",如梅尧臣、司马光都曾写诗质疑楚兰。梅尧臣《和石昌言学士官舍十题》以及司马光《和昌言官舍十题》,皆为唱和石昌言《官舍十题》而作,石昌言即北宋官员石扬休,然其原诗今已不存,但从梅、司马二人诗歌题目可知,石扬休《官舍十题》乃分别题咏十种植物之作,其中就有兰和石兰两种。梅尧臣《兰》云:"楚泽多兰人未辩,尽以清香为比拟。萧茅杜若亦莫分,

---

① [宋]王钦臣撰《王氏谈录》,《全宋笔记》第三编,大象出版社2008年版,第10页。

唯取芳声袭衣美。"①诗人言楚地多兰而楚人不能辨识,并且连萧、茅、杜若楚人也不能予以分辨,表明当时人们已经注意到楚兰"未辨""莫分"的问题。又其《石兰》云:"言石曾非石上生,名兰乃是兰之类。疗痾炎帝与书功,纫佩楚臣空有意。"②石兰最早见于屈原辞赋,分别见于《九歌·山鬼》"被石兰兮带杜衡"和《九歌·湘夫人》"疏石兰兮为芳"。关于石兰,历代楚辞注家多曰香草,并未详解,故宋人亦对石兰也多有质疑。司马光《石兰》云:"楚人歌紫兰,华禁无传久。循名意兹是,谁得明真否。天怜菊性孤,秀发秋风后。固令芳物生,聊作黄花友。"③诗人言屈原所咏之兰年代久远,其究竟为何物,今已不能明辨真假。虽然石扬休《兰》《石兰》两诗内容今已不知,但据梅尧臣和司马光诗歌内容可以判断石氏应对楚兰问题也多有质疑。

与梅尧臣、司马光同一时期的吕大防对兰亦有考辨,他于元丰五年(1082)任成都知府,期间作有《辨兰亭记》,文曰:"蜀有草如萱,紫茎而黄叶,谓之石蝉,而楚人皆以为兰。兰见于《诗》《易》,而著于《离骚》,古人所最贵,而名实错乱,乃至于此,予窃疑之。乃询诸游仕荆湘者,云楚之有兰旧矣,然乡人亦不知兰之为兰也。前此十数岁,有好事者以色、臭、花、叶验之于书而名著,况他邦乎?予于是信以为兰。考之《楚辞》,又有石兰之语,盖兰、蝉声近之误。其叶冬青,其华寒,其生沙石瘠土,而枝叶峻茂,其芳不外扬。暖风晴日,有时而发,则郁然满乎堂室。是皆有君子之德,此古人之所以

---

① [宋]梅尧臣撰,朱东润校注《梅尧臣集编年校注》,《中国古典文学丛书》,上海古籍出版社1980年版,第452页。
② [宋]梅尧臣撰,朱东润校注《梅尧臣集编年校注》,第451页。
③ [宋]司马光撰,李文泽、霞绍晖校点《司马光集》,四川大学出版社2010年版,第41~42页。

为贵也。乃为小亭，种兰于其旁，而名曰'辨兰'。无使楚人独识其真者，命亭之意也。"①吕大防判定蜀地石蝉实际上就是楚地的兰花，楚辞中有石兰之称，"盖兰、蝉声近之误"，为此他还特地在府中西园亭边种植兰花，命名为"辨兰亭"，并作《西园辨兰亭》一诗，诗云："手种丛兰对小亭，辛勤为访正嘉名。终身服佩骚人宅，举国传香楚子城。削玉紫芽凌腊雪，贯珠红露缀春英。若非郫客相开市，几被方言误一生。"②而其好友李大临则与之唱和作《西园辨兰亭和韵》，诗云："沙石香丛叶叶青，却因声误得蝉名。骚人佩处唯荆渚，识者知来遍蜀城。消得作亭滋九畹，便当人室异群英。非逢至鉴分明说，汩没人间过此生。"③李大临从弟李之纯亦作《西园辨兰亭和韵》云："绿叶纤长间紫茎，蜀人未始以兰名。有时只怪香盈室，此日方传誉满城。恩意和风扬馥郁，光荣灏露滴清英。庭阶若不逢精鉴，何异深林静处生。"④可见两人皆对吕大防的判定十分赞同。然据宋祁《益部方物略记》记载，玉蝉花"始生其苔，森擢长二三尺，叶如菖蒲，紫萼五出，与蝉甚类，黄绿相侧，蜀人因名之，又白者号玉蝉花"⑤。宋祁曾知益州（今四川成都市）多年，应对当地物产较为熟悉，于嘉祐二年（1057）编成《益部方物略记》一卷，主要记载了益州地区的草木鸟兽等物，而玉蝉花就是其中之一。据宋祁所言可知，玉蝉花叶长二三尺，形如菖蒲叶，即细长条带状，这与兰花之叶确实相似，但是"紫萼五出"，有五片花瓣，这与兰花特征不否，兰花共有六片花瓣，可见吕大防所言不足

---

① ［明］曹学佺撰《蜀中广记》，文渊阁《四库全书》第592册，第30页。
② 傅璇琮等编《全宋诗》第11册，第7395页。
③ 傅璇琮等编《全宋诗》第7册，第4440页。
④ 傅璇琮等编《全宋诗》第15册，第10215页。
⑤ ［宋］宋祁撰《益部方略记》，中华书局1985年版，第7页。

为信，但通过其文我们可以得到两条比较重要的信息：一是作者称"兰见于《诗》《易》，而著于《离骚》，古人所最贵，而名实错乱，乃至于此"，表明当时宋人对古兰名实问题的辨析已经比较普遍；二是楚地虽然很早就已经有兰花，但当地人并不称其为兰，直到十几年前"有好事者以色、臭、花、叶验之于书而名著"，表明楚地兰花大约在北宋中后期才开始引人瞩目。

其后，特别值得一提的是黄庭坚，他虽未参与古兰、今兰问题的辨析，却对古今兰的辨析活动起到了重要的推动作用。黄庭坚《书幽芳亭》对兰、蕙予以辨别，这在当时及后世都引起了十分广泛的影响，其云："然兰蕙之才德不同，世罕能别之。予放浪江湖之日久，乃尽知其族姓。盖兰似君子，蕙似士，大概山林中十蕙而一兰也。《楚辞》曰：'予既滋兰之九畹，又树蕙之百亩。'以是知不独今，楚人贱蕙而贵兰久矣。兰蕙丛生，初不殊也。至其发华，一干一华而香有余者兰，一干五七华而香不足者蕙。蕙虽不若兰，其视椒榝则远矣。"[①]黄庭坚所言兰蕙指的兰科兰属植物春兰和蕙兰，他以两者花葶上着生花朵的数量以及香味的浓郁程度作为区分兰蕙的标准，一干一花、香味浓郁者为兰，一干数花、香味不足者蕙，这一区分依据屡被后人引用，影响深远。关于这一文章的写作时间作者并未交代，但他另外还有一篇《幽芳亭记》，应是同时之作。《幽芳亭记》的内容颇有禅理，文中言"涪翁不惜眉毛，为诸人点破：兰是山中香草，移来方广院中。方广老人作亭，要东行西去，涪翁名曰'幽芳'，与他著些光彩"[②]，这里黄庭坚自

---

① [宋]黄庭坚撰，刘琳、李勇先、王蓉贵校点《黄庭坚全集》，四川大学出版社2001年版，第705页。
② [宋]黄庭坚撰，刘琳、李勇先、王蓉贵校点《黄庭坚全集》，第1493页。

称"涪翁"，涪翁是其晚年称号，据《黄庭坚年谱新编》可知，黄庭坚绍圣初贬谪涪州（今四川省涪陵县）别驾，黔州（今四川省彭水县）安置，于绍圣二年（1094）至黔州，寓居开元寺，绍圣三年（1096）六月作《忠州复古记》始用"涪翁"之名，①因此黄庭坚作此文的时间不会早于绍圣三年。从文中内容可知，幽芳亭位于寺院之内，应是黄庭坚当时寓居之所。考黄庭坚生平可知，黄庭坚于元符元年（1098）避嫌移至戎州（今四川宜宾市），直到哲宗元符三年（1100）才离开戎州赴荆州，戎州期间黄庭坚虽也寓居寺院中，但当时他因连遭打击，心境十分沉郁，将其居室命名为"槁木寮""死灰庵"，在如此凄惨、绝望心态之下，恐怕很难写出像《幽芳亭记》《书幽芳亭》这样充满禅趣、情趣的文章。又上文内容言兰花由僧人从山中移栽到寺院之中，并为此在院中筑亭，而僧人将要东行西去，因此黄庭坚为之命名为"幽芳亭"。考黄庭坚寓居黔州四年，虽然迫于生计他曾亲自建房、种地，但是并无贬谪愁苦心态，心境十分坦然，而且他还颇受当地士子的拥戴，两川人士都争相与之交游，四川山区盛产兰花，寺院之中植有兰花并不稀奇，因此黄庭坚《幽芳亭记》《书幽芳亭》极有可能作于此时，即绍圣三年至绍圣五年之间。

虽然黄庭坚《书幽芳亭》将古今兰蕙混为一谈，认为楚辞之兰蕙就是当时流行的兰科兰蕙，但他对兰、蕙从花朵数量和香气浓淡上予以辨别，明确了"今兰"的外形特征，使"一干一花""一干五七花"成为宋代兰花的标志性特征，同时也成为后人区分古兰、今兰外形特征的主要依据。另外，黄庭坚将古今兰蕙视为一物，显然也遭到了许

---

① 郑永晓编《黄庭坚年谱新编》，社会科学文献出版社1997年版，第263～286页。

多人的驳斥，而引用《离骚》之言，称古人与今人一样贵兰贱蕙，此观点也引起后人诸多争议，如邵博《闻见后录》云："兰有二种，细叶者春花，花少；阔叶者秋花，花多。黄鲁直兰说云楚人滋兰之九畹，树蕙之百亩，兰以少故贵，蕙以多故贱，予以为非是。盖十二亩为畹，则九畹百亩，亦相等矣。又云'一干一花而香有余者兰，一干五七花而香不足者蕙'，是以细叶为兰，阔叶为蕙，亦非也。"①邵博对黄庭坚所言一一进行了辩驳。黄庭坚虽未参与古兰、今兰问题的争辩，但他对兰、蕙的区分在当时及后世都引起了很大的反响，对古今兰的辨析活动起到了推动作用，促使更多的人都积极参与到古今兰辨析的行列之中。

与黄庭坚同时的刘奉世也对今兰外形特征作出较为明晰的描述，司马相如《子虚赋》云"其东则有蕙圃衡兰"，唐颜师古注曰"兰，即今泽兰也"，刘奉世则注曰"泽兰，自别一种草，非兰也。兰，今管城多有之，苗如麦门冬而长大，花黄紫两色"②。黄庭坚言兰主要言其花，而刘奉世则言及兰的花叶，其叶如麦门冬，既长且大，花有黄色和紫色两种颜色，刘奉世对兰花外形特征的这一描述也屡被后人引用。稍后的晁说之则断言楚兰非今兰，其《兰室记》云："兰之为物，久被诬而且难辨，何则？或者见楚大夫屈原侘傺怫郁之辞，多以兰为况，乃曰兰生荆楚江湖之山，非中州之所有，不知《诗》《易》《礼记》《左氏》所载之草木，皆因其土物而致意焉，非若后人徒逞浮虚不根之语也。则兰为中州之物，而曰国香，曰王者香矣。此孔子自卫反鲁，见于隐谷之中，喟然长叹，而为之赋《猗兰操》者也。予久以是为兰

---

① ［宋］黄庭坚撰，刘琳、李勇先、王蓉贵校点《黄庭坚全集》，第705页。
② ［汉］班固撰，［唐］颜师古注《汉书》卷五七，清乾隆武英殿刻本。

之被诬而莫或告焉。"①当时人们多认为兰是荆楚之物，而非中原之物，作者认为此说是"后人徒逞浮虚不根之语"，他认为《诗》《易》《礼记》《左氏》中记载的草木都是源于本土的物产，而这些文献中都记载有兰，因此他断言兰是中原之物。文中又云："屈原之所赋者秋兰也，后之人则以菊秋而兰春矣。原又以木兰、石兰称，今曾不辨其生于石与林之异也。原于兰则九畹而蕙百亩，兰佩而蕙带，兰不芳则蕙为茅，是正兰而庶蕙也。今则二物相贷，而往往以蕙为兰，不知干一花者兰，而一干丛花者蕙也，其亦难乎！"②晁说之言今"干一花者兰，而一干丛花者蕙"，显然是受黄庭坚的影响。简言之，晁说之认为屈原楚辞中的兰蕙不是今之兰蕙，而《诗》《易》《礼记》《左传》中的兰都是今之兰花。而同时的刘次庄则认为楚兰即今兰，其《乐府集》云："《离骚》曰'纫秋兰以为佩'，又曰'秋兰兮青青，绿叶兮紫茎'，今沅澧所生，花在春则黄，在秋则紫，然而春黄不若秋紫之芬馥也。由是知屈原真所谓多识草木鸟兽，而能尽究其所以情状者欤。"③沅澧指的是沅水和澧水，是湖南境内的两条河流，刘次庄言沅水、澧水岸边生长的兰花有两种，一种在春天开黄花，一种在秋天开紫花，他认为屈原辞赋中的秋兰就是这种秋天开紫花的兰。刘次庄指出兰有春花和秋花两种，说明北宋晚期人们已经注意到兰花的不同品种问题。

至北宋末期，古兰、今兰的辨析问题愈演愈烈，人们对古兰和今兰有了更加清晰的认识。如陈正敏《遯斋闲览》云："楚辞所咏香草曰兰，曰荪，曰茝，曰药，曰蘪，曰荃，曰芷，曰蕙，曰薰，曰蘪，曰

---

① 曾枣庄，刘琳主编《全宋文》，上海辞书出版社2006年版，第256页。
② 曾枣庄，刘琳主编《全宋文》，第256页。
③ [宋]洪兴祖撰，白化文等点校《楚辞补注》，第5页。

芜，曰江篱，曰杜若，曰杜衡，曰揭车、曰留夷，释者但一切谓之香草而已。如兰一物，或以为都梁香，或以为泽兰，或以为猗兰草，今当以泽兰为正。山中又有一种如大叶门冬，春开花则香，此则名幽兰，非真兰也。荪则今人所谓石菖蒲者。茝、药、蘪、芷，虽有四名，止是一物，今所谓白芷是也。蕙即零陵香，一名薰。"[1]陈正敏认为楚辞所咏之兰应是泽兰，而生长在山中的兰花叫做幽兰，并不是真的兰，有"今兰"冒用"古兰"名字的嫌疑。此时，人们对古今兰问题辨析的重点已经由质疑古兰是否为今兰的阶段进入考证古兰为何物的阶段，这表明许多人已经认定古兰非今兰，并开始积极探求古兰的真实面貌。同时人们对今兰的观察认识也渐趋细致，如庄绰《鸡肋编》云："兰蕙叶皆如菖蒲，而稍长大，经冬不凋，生山间林篁中。花再重，皆三叶，外大内小，色微青，有紫文，其内重一。叶色白无文，覆卷向下，通若飞蝉之状，以春秋二时开。茎短，每枝一花者为兰；茎长，一枝数花者为蕙。"[2]对兰蕙花叶形状、颜色的描绘尤为细致，既准确又生动，表明当时人们对兰花的植物特性已经十分熟悉。虽然此时人们已经十分熟悉兰花，但是在古兰、今兰之辨的影响之下，不免会产生一些名实混乱的现象，如当时的药物学家寇宗奭在其著作《本草衍义》中云："兰草，诸家之说异同，是曾未的识，故无定论。叶不香惟花香，今江陵、鼎、澧州山谷之间颇有，山外平田即无。多生阴地，生于幽谷益可验矣。叶如麦门冬而阔且韧，长及一二尺，四时常青，花黄，中间叶上有细紫点，有春芳者为春兰，色深；秋芳者为秋兰，色淡。秋

---

[1] ［宋］陈景沂撰，程杰、王三毛点校《全芳备祖》，浙江古籍出版社2014年版，第488页。
[2] ［宋］庄绰撰，萧鲁阳点校《鸡肋编》，上海书店出版社1983年版，第9页。

兰稍难得，二兰移植小槛中，置座右，花开时满室尽香，与他花香又别。"①寇宗奭所言为兰花，然而他却误以"兰草"之名冠之，实际上兰草又别是一种，兰草与泽兰都是"古兰"。

另外，这一时期的古今兰之辨，亦包括古今蕙在内，宋人一般将当时流行的兰蕙视为一种，而"古兰蕙"人们也多视为一类，因此宋人亦对古蕙进行考辨，如早在北宋前期的王洙认为古蕙可能是指藿香，但他并不确定，也未作出任何辨析，仅仅是一种猜测。至北宋中期，苏颂等人编撰的《本草图经》中亦言及古蕙："零陵香，生零陵山谷，今湖岭诸州皆有之。多生下湿地，叶如麻，两两相对，茎方，气如蘼芜。常以七月中旬开花，至香，古所谓薰草是也。或云蕙草，亦此也。又云其茎叶谓之蕙，其根谓之薰。"②认为古之蕙可能就是零陵香。北宋中后期的沈括亦持相同观点，其《梦溪补笔谈》云："零陵香本名蕙，古之兰蕙是也。又名薰，《左传》曰'一薰一莸，十年尚犹有臭'，即此草也。唐人谓之铃铃香，亦谓之铃子香。谓花倒悬枝间，如小铃也。至今，京师人买零陵香，须择有零子者。铃子乃其花也，此本鄙语，文士以湖南零陵郡遂附会名之，后人又收入《本草》，殊不知《本草正经》自有薰草条，又名蕙草，注释甚明，南方处处有。《本草》附会其名，言出零陵郡，亦非也。"③沈约言古蕙就是零陵香，但对"零陵香"这一名称持怀疑态度，认为是有人因为湖南有零陵郡这一地名而刻意附会。

---

① ［宋］寇宗奭撰《本草衍义》，人民卫生出版社1990年版，第54页。
② ［宋］唐慎微撰，尚志钧等校点《证类本草》，华夏出版社1993年版，第263～264页。
③ ［宋］沈括撰，胡道静校注《新校正梦溪笔谈》，中华书局1957年版，第331页。

综上，北宋前期和中期，人们对古兰、今兰的辨析主要停留在古兰是否为今兰的层面，且观点各异，有的认为古兰不是今兰，有的认为古兰就是今兰。此时人们对今兰，也就是兰花的生物特性还是比较了解的，尤其是黄庭坚"一干一花""一干五七花"之言，可谓是对宋代兰花的"代言"，兰花的形象已经十分直观和明确。北宋末期，人们开始积极探究古兰是何种植物，此时人们对兰花生物属性的认识越来越细致、准确，并且对兰花的不同品种也有了一定的了解。

二、南宋时期

虽然南宋时期兰花已经十分盛行，但人们对古兰、今兰的辨析之声依然不绝如缕，其热烈程度丝毫不逊于北宋。这一时期关于古兰、今兰的辨析，主要有以下几种观点倾向：

（一）"今兰"盗用"古兰"之名。

郑樵《通志·昆虫草木略》云："兰，即蕙，蕙即薰，薰即零陵香……以其质香，故可以为膏泽，可以涂宫室。近世一种草如茅叶而嫩，其根谓之土续断，其花馥郁，故得兰名，误为人所赋咏。"①郑樵将古之兰蕙混为一谈，他认为古兰蕙植株皆香，既可制膏泽香发，又可涂宫室墙壁，而近世叶如茅草的兰花，因为其花香馥郁，所以被世人误作兰而赋咏，简言之，即近世的兰花并不是真正的兰，而是误被冠以兰名。另外南宋著名学者陈傅良亦持此观点，并作《责盗兰说》一文斥责今兰"欺世盗名"之罪，其文曰："予寓梓溪，一夕，友人以园隅兰芳告予，往视之，爱其美，而悯其不知于人也，遂出置于庭。数日，香无闻，欲去而犹迟之。既卒，以不香，遂目之曰'盗兰'……草虽

---

① ［宋］郑樵撰，王树民点校《通志二十略》，中华书局1995年版，第1982页。

似苗，秀而不实，吾固知其为莠。彼固有近似，吾惑之。今汝兰其形，兰其色。花簪焉而瘫，叶修焉而特。吾乃薙茹蘆，剪荆棘。出汝于散地，置汝于坐侧。汝乃假兰之名，乏兰之德，犹如其臭，苕如其贼。吾知汝窃其近似以自欺，深其伪而难测者也。"①今兰花香叶不香，然花开有时，其香不会长久，而古兰枝叶皆香，香味持久不减，因此兰花香气不如兰草持久，故陈傅良斥责今兰盗用古兰之名、徒有兰名却乏兰德。

（二）驳黄庭坚兰蕙之说

黄庭坚《书幽芳亭》引《离骚》"余既滋兰之九畹兮，又树蕙之百亩"之言，断定楚人贵兰贱蕙，此言一出，既有赞同之声，又有反对之音，其中南宋学者多持反对观点，故多有反驳之言。吴仁杰《离骚草木疏》云："《说文》'畹，三十亩也'，'畦，五十亩也'，如此则兰为亩者二百七十，蕙百亩，留夷以下五十亩，盖兰为上，蕙次之，留夷之属为下。所贵者不厌其多，而所贱者不必多。山谷言贱蕙贵兰之意，则是其所以为贵贱之意，则失之矣。兰俗呼为燕尾香，煮水以浴疗风，故又名香水兰。《夏小正》'五月，蓄兰为浴也'，故曰浴兰兮。芳兰固可用浴而不可食，顷闻蜀士云：'屡见人醉渴，饮瓶中兰华水，吐利而卒者，又峡中储毒以药人兰华为第一。'乃知甚美必有其恶，兰为国香，人固服媚之，又当爱而知其恶也，《离骚》以兰为不可恃，亦不为无说。"②吴仁杰认为黄庭坚贵兰贱蕙之说"失之"，但其驳

---

① ［宋］谢维新撰《古今合璧事类备要》，文渊阁《四库全书》第 941 册，第 140 页。
② ［宋］吴仁杰撰《离骚草木疏》，《丛书集成初编》，中华书局 1985 年版，第 7 页。

斥之言甚弱，他还指出兰美中有恶，所以人当"爱而知其恶"，这与贵兰贱蕙之说似乎并无多少关系，所言不甚明了。针对吴仁杰所言，朱熹提出异议，其《答吴斗南》云："《草木疏》用力多矣，然其说兰、蕙殊不分明。盖古人所说似泽兰者，非今之兰，泽兰此中有之，尖叶方茎紫节。正如洪庆善说，若兰草似此，则决非今之兰矣自刘次庄以下所说，乃今之兰而非古之兰也。今并引之而无结断，却只辨得'畦畹'二字，似欠仔细。又所谓蕙，以兰推之，则古之蕙恐当如陈藏器说乃是。若山谷说，乃今之蕙而亦非古之蕙也。此等处正当掊击，乃见功夫，今皆如此放过，似亦太草草矣。"①朱熹所言可谓针针见血，他批评吴仁杰兰蕙之言"殊不分明"，而对"畦畹"之辨，也欠仔细，并言其太过草率。为此朱熹还亲自对兰蕙予以考订，其《楚辞辩证》云："今按《本草》所言之兰，虽未之识，然而云似泽兰，则今处处有之，可类推矣。蕙则自为零陵香，犹不难识，其与人家所种，叶类而花有两种，如黄说者皆不相似，刘说则又词不分明。大抵古之所谓香草，必其花叶皆香，而燥湿不变，故可刈而为佩。若今之人所谓兰蕙，则其花虽香，而叶乃无气，其香虽美，而质弱易萎，皆非可刈而佩者也。"②他认为古兰似是泽兰，古蕙则是零陵香，并非黄庭坚所言之兰蕙，而他言古之香草"花叶皆香""燥湿不变"，今之兰蕙"质若易萎"，不能刈佩，此番考辨较为合理，表明朱熹对古今兰蕙问题的认识已是比较清晰，如此看来，吴仁杰《离骚草木疏》所言确实草草耳。

此外吴曾也同样反对黄庭坚贵兰贱蕙之说，其《能改斋漫录》云："兰蕙，山谷《说兰》云：'兰似君子，而蕙似小人，盖山林中十蕙

---

① ［宋］朱熹撰《晦庵先生朱文公文集》，《朱子全书》第23册，第2838页。
② ［宋］朱熹集注，蒋立甫校点《楚辞集注》，第171页。

而一兰也。《离骚》曰'予既滋兰之九畹兮,又树蕙之百亩',以是知不独今人,虽楚人亦贱蕙而贵兰也。'按《离骚》经注:'三十亩为畹。'即是兰二百七十亩,蕙且百亩,岂十一之谓乎?不应以多少分贵贱。"[1]他认为不应以多少论贵贱,但与吴仁杰一样,仅有观点,而未详辨。又张淏《云谷杂记》云:"《说文》三十亩为畹,王逸《楚辞》注乃以十二亩为畹,未知何据?而五臣注《文选》《离骚经》亦以三十亩为言,岂王逸所注误耶?二注虽不同,以验山谷之言,皆不合。吴邵二公虽知山谷为误,而不知山谷所以致误之由,盖今世所订《玉篇》颇多讹舛,最艰得善本,如畹字注云'三十步为畹','步'字乃'亩'字,误写作'步'尔。原注今浙东宪司与闽中钱塘所刊《玉篇》其误如故,可考山谷不悟,遂以三十步为畹,则九畹乃二百七十步,以今制言之,才一亩余耳,故山谷以多少分贵贱,正《玉篇》谬本有以误之。古者步百为亩,秦孝公时以二百四十步为亩,当原时尚百步为亩也,兰几三而蕙才一,则以多为贵矣,要之楚人于兰蕙,初无贵贱之分也。"[2]张淏也仅是一家之言,并无实据。

(三)"兰"有多种

早在北宋时期晁说之就已经提出《楚辞》之兰不是今兰,而《诗》《易》《礼记》《左传》中的兰则是今兰,即"古兰"既有兰花,也有兰草,但他这一观点在当时并未引人注意。直至南宋时期,类似观点则多次出现,其中罗愿《尔雅翼》言兰蕙十分详细,特别是对今之兰蕙的认识尤为深切,其云:"予生江南,自幼所见兰蕙甚熟,兰之叶

---

[1] [宋]吴曾撰《能改斋漫录》,《全宋笔记》第五编,大象出版社2012年版,第176页。
[2] [宋]张淏撰《云谷杂记》,中华书局1958年版,第7页。

如莎，首春则苗，其芽长五六寸，其杪作一花，花甚芳香，大抵生深林之中，微风过之，其香蔼然达于外……然江南兰只春芳，荆楚及闽中者，秋复再芳，故有春兰、秋兰。"①又云："蕙大抵似兰花，亦春开，兰先而蕙继之。皆柔荑其端作花，兰一荑一花，蕙一荑五六花，香次于兰。大抵山林中一兰而十蕙……蕙虽不及兰，胜于余芳远矣。楚辞又有菌阁蕙楼，盖芝草干杪敷华，有阁之象，而蕙华亦于干杪重重累积，有楼之象云。"②罗愿自幼生于江南，故对今之兰蕙的外形及习性十分了然。读其文可知，他认为《楚辞》《左传》《礼记》中的兰皆为今之兰花，而《诗经》中的兰是"今之兰草都梁香也"，即古兰有兰花亦有兰草。而洪咨夔则直言兰有多种，其《送程叔运掌之湖南序》云："兰有数种，有泽兰，有石兰，有一干一花之兰。或秀于春，或敷于夏，而发荣沅湘者，紫而尤馥，见于秋为正。"③可见这一时期人们已经逐渐意识到"兰"的多样性，认为宋代之前既有古兰又有今兰。

这一时期，除了以上三种情况外，还有一些学者虽然也参与其中，但也不乏抄袭前人、乱说一气的情况，如梁克家《三山志》："兰，一名水香，颜师古云'即泽兰也'。生水旁，叶光润尖长，花蜡色，六出，三桠敷生，瓣耸若鼠耳一卷，而紫晕檀心气清远，盖国香也。"④他将泽兰与兰花混为一谈。又谢维新《事类备要》："兰，香草也。丛生山谷，与泽兰相似，紫茎赤节，绿叶光润，一干而一花，花两三

---

① ［宋］罗愿撰，石云孙点校《尔雅翼》，黄山书社1991年版，第16页。
② 同上。
③ ［宋］洪咨夔撰，侯体健点校《洪咨夔集》，《浙江文丛》，浙江古籍出版社2015年版，第259页。
④ ［宋］梁克家修纂《三山志》，海风出版社2000年版，第662页。

瓣，幽香清远可挹。"①兰花与泽兰外形相差甚远，更是谈不上相似，谢氏拼凑前人之言，不辨是非，十分混乱。

南宋时期，多数人都认为古兰绝非今兰，明确了这一点之后，人们辨析的方向也开始趋向多样化：有的人为古兰抱不平，认为今兰盗用了古兰的名称，古兰才是真正的"兰"，也有不少人针对黄庭坚的"贵兰贱蕙"之说予以辩驳，还有的人则认同古兰、今兰并存的说法。同时，人们不仅对古兰有了一定的认识，对今兰兰花生物属性的认识也渐趋成熟，兰花已经成为一种十分流行的花卉。

综上，宋人对古兰、今兰的辨析是以今兰的兴起作为前提的，表明当时兰花已经比较普遍，人们由对兰花的关注而引起对古兰的怀疑。当然，随着宋代古今兰之辨的演进，宋人对兰花的认识是渐趋深入的，兰花得到越来越多人的关注与认可。而到南宋时期，虽然关于古今兰的辨析仍然存在，但此时关于古兰是否为今兰？古兰是何物？这些问题都不再十分重要，因为在人们心中，"兰"就是兰花，兰花才是人们关注的重点，即使有人认为兰花盗用了古兰的名字，这也不妨碍人们对兰花的欣赏与喜爱，比如朱熹认为古之蕙是兰草类的零陵香，而其咏《蕙》诗云"今花得古名，旖旎香更好"，认为今之蕙兰更好。兰草类的古兰，随着社会应用价值的衰退，逐渐不再为人所熟悉，甚至许多药物学家都不甚明了，兰花的兴起，必然会使兰草更加湮没无闻，此后"兰"专指兰花。

---

① [宋]谢维新撰《古今合璧事类备要》，文渊阁《四库全书》第941册，第159页。

第九章 宋代兰花审美认识的兴起与发展

随着兰花园艺种植的兴起，宋人对兰花的审美认识也得以兴起和发展，并在南宋时期趋于成熟。北宋时期兰花园艺栽培兴起，兰花素雅秀美的形象特征以及清新脱俗的气质神韵，与文人崇尚雅致的审美情趣一拍即合，在文人日常生活中逐渐形成了一股艺兰、赏兰风气，人们对兰花的审美认识就此兴起。人们在对兰花生物特性充分认识的基础上，主要发掘的是兰花既"清"且"幽"的审美特征，同时在黄庭坚的作用之下，兰花君子人格象征意义正式生成。宋室南渡，主产于南方的兰花在园艺栽培方面得到有利发展，文人艺兰、赏兰风气更加普遍，与兰花相关的文艺创作也一时兴盛，不仅兰花题材和意象的文学创作迅速发展，以兰花作为题材的绘画创作也在此时兴起。同时兰花的君子人格象征意义也得到强化，兰花成为文人士大夫追求理想君子人格的完美象征，人们对兰花的审美认识渐趋成熟。

第一节 北宋兰花审美认识的兴起

兰花主要分布在我国秦岭淮河以南的广大地区，主要是一种南方花卉，因此兰花的欣赏与栽种也最先从南方开始。与兰草一样，兰花最引人瞩目的也是其独特的香气，据陶谷《清异录》记载："兰虽吐一花，室中亦馥郁袭人，弥旬不歇，故江南人以兰为香祖。"① 陶谷是历五代入宋之人，这表明最迟在五代时期，江南人就已经发现兰花香气的奇特之处，并称之为"香祖"，"祖"有本源、祖先之意。此外《清异录》中还有"兰花第一香"的条目，言"兰无偶称为第一"，兰花的香气天下第一，可见人们对兰花香气的评价极高，因此人们对兰花的审美关注最先源于其香。《清异录》中载张翊《花经》，张翊仿照魏晋九品制，将诸花分为九品九命，其中位居"一品九命"的分别是兰、牡丹、腊梅、酴醾、紫风流，"二品八命"分别是琼花、蕙、岩桂、茉莉、含笑，兰、蕙排名均在前列。《清异录》云："张翊者，世本长安，因乱南来。先主擢置上列，时邦西平昌令卒。翊好学多思致，尝戏造《花经》，以九品九命升降次第之，时服其允当。"② 当时的人都认为张翊对诸花的排序十分公允得当。张翊生活于五代时期的吴国与南唐，本是北方人士，因避乱迁至南方，长期居住南方，故对南方花卉较为熟悉，其"九品九命"得到时人认可，表明他对诸花的排序符合当时人们对诸花欣赏的实际情况。张翊将兰花与牡丹、腊梅、酴醾、紫风流并列，这五种花中除了牡丹南北皆有之外，其余四种皆为南方花卉。其中牡丹在盛唐时期就已经名扬天下，有"国色天香"之誉，梅花在中晚唐时期渐趋兴盛，而兰花中晚唐时期才开始进入人们的视野范围，其栽种欣赏历史显然不如牡丹与梅花悠久，但却排在两者之前，这应该与兰花香气有关。腊梅、酴醾、紫风流（瑞香）皆为花繁香盛类型，牡丹属于花大浓香类型，唯有兰花花少且小，但香气却不输它花，又

---

① ［宋］陶谷撰《清异录》，《宋元笔记小说大观》，上海古籍出版社2001年版，第31页。
② ［宋］陶谷撰《清异录》，第40页。

有"香祖""第一香"之称，尤为可贵，盖张翊将其排于首位。可见晚唐五代至北宋初期，兰花在江南地区已经具有了一定的关注度，并且以香著称，从而为北宋兰花审美认识的兴起奠定了基础。

一、文人艺兰、赏兰风气的形成

宋朝的建立结束了晚唐五代以来的割据分裂局面，虽然对外还面临着辽、金、西夏等政权的威胁，对内也存在着军事力量薄弱、政治渐趋衰败的问题，但是经济却得到高度发展，文化艺术也十分繁荣，宋代统治者实施重文政策，优待官员，文人士大夫经济充裕，多追求一种平静淡泊、安逸闲适的生活，其中园林生活是许多文士逃避世俗、享受人生的最佳选择。如司马光的"独乐园"，就是他躲避现实、独善其身的蔽身场所，其《独乐园记》记载了他的园林生活："迂叟平日多处堂中读书……志倦体疲，则投竿取鱼，执衽采药，决渠灌花，操斧剖竹，濯热盥手，临高纵目，逍遥相羊，唯意所适。明月时至，清风自来，行无所牵，止无所柅，耳目肺肠，悉为已有，踽踽焉，洋洋焉，不知天壤之间复有何乐可以代此也。"①展示了一幅悠闲、美好的园林生活画面。文人士大夫对舒适园林生活的向往追求，刺激了宋代园林圃艺的发展，"从北宋建隆元年到南宋兴元末年，上自皇亲国戚，下至文人商贾，兴土木，营园圃，历三百余年未间断，数量之多，范围之广，均一开造园史上的记录。"②如北宋都城开封的大内后苑、撷芳园、金明池、玉津园、瑞圣园等，都是当时著名的皇家园林。私家园林更是不计其数，如宋人袁褧《枫窗小牍》记开封名园，其中多

---

① ［宋］司马光撰，李文泽、霞绍晖校点《司马光集》，四川大学出版社2010年版，第1377～1378页。
② 刘托撰《建筑艺术文论》，北京时代华文书局2014年版，第219页。

是私家名园："州南则玉津园，西去一丈佛园子、王太尉园、景初园。陈州门外，园馆最多，著称者奉灵园、灵嬉园。州东宋门外，麦家园、虹桥王家园。州北李驸马园。西郑门外，下松园、王大宰园、蔡太师园。西水门外养种园。州西北有庶人园。城内有芳林园、同乐园、马季良园。其它不以名著约百十，不能悉记也。"①此正如孟元老所言汴京"大抵都城左近，皆是园圃，百里之内，并无闲地"②。洛阳地区亦是名园丛聚，李格非《洛阳名园记》就专门记载了当时有名的私家园林，如富郑公园、董氏西园、董氏东园、天王院花园子、归仁园、赵韩王园、李氏仁丰园等。此外临安、吴兴也是名园聚集，称著一时。

宋代园林圃艺的盛行又促进了宋人游园赏花风气的形成，如《东京梦华录》记载汴京地区元宵节过后人们的采春活动："次第春容满野，暖律暄晴。万花争出粉墙，细柳斜笼绮陌，香轮暖辗，芳草如茵，骏骑骄嘶，杏花如绣，莺啼芳树，燕舞晴空。红妆按乐于宝榭层楼，白面行歌近画桥流水，举目则秋千巧笑，触处则蹴鞠疏狂。寻芳选胜，花絮时坠金樽；折翠簪红，蜂蝶暗随归骑。"③而至清明节，汴京之人又外出游春赏花，多"四野如市，往往就芳树之下，或园圃之间，罗列杯盘，互相劝酬。都城之歌儿舞女，遍满园亭，抵暮而归"④。另外洛阳游园赏花风气亦不输汴京，据邵伯温《闻见录》记载："岁正月梅已花，二月桃李杂花盛，三月牡丹开。于花盛处作园圃，四方伎

---

① ［宋］袁褧撰《枫窗小牍》，《全宋笔记》第四编，大象出版社2006年版，第242页。
② ［宋］孟元老撰，伊永文笺注《东京梦华录笺注》，中华书局2007年版，第613页。
③ ［宋］孟元老撰，伊永文笺注《东京梦华录笺注》，第613页。
④ ［宋］孟元老撰，伊永文笺注《东京梦华录笺注》，第626页。

艺举集，都人士女载酒争出，择园亭胜地，上下池台间引满歌呼，不复问其主人。抵暮游花市，以筠笼卖花，虽贫者亦戴花饮酒相乐。"①宋代游园赏花风气之盛可见一斑。

在宋代园林营造的繁盛以及游园赏花风气盛行的背景之下，兰花作为一种新兴的观赏花卉，其园艺栽培也随之兴起。兰花的主要产地在南方，因此兰花的栽种与欣赏主要发生在南方，宋代之前未见北方有兰花栽培的任何信息，入宋以后兰花作为一种"奇卉"开始被引入北方，此时许多文人园林、住宅内都栽种有兰花，文人艺兰、赏兰风气渐兴。许多文人赏兰之余，还亲自参与兰花景致的营建，如宋祁专门建"兰轩"，并在周围植兰，其诗题曰："兰轩初成，公退，独坐，因念若得一怪石立于梅竹间，以临兰，上隔轩望之，当差胜也。然未尝以语人，沈吟之际，适髯生历阶而上，抱一石至，规制虽不大，而巉岩可喜，欲得一书籍易之时，予几上适有二书，乃插架之重者，即遣持去。寻命小童置石轩南，花木之精彩顿增数倍，因作长句书以遗髯生，聊志一时之偶然也"②，体现出文人艺兰造景的闲情雅致。苏辙《种兰》："兰生幽谷无人识，客种东轩遗我香。知有清芬能解秽，更怜细叶巧凌霜。根便密石秋芳早，丛倚修筠午荫凉。欲遣蘼芜共堂下，眼前长见楚词章。"③其中"根便密石""丛倚修筠"，表明当时人们已经熟知兰花习性，并掌握了一定的艺兰经验。此外这一时期官署中也种植有兰花，如张耒《和吕与叔秘书省观兰》："千里猗猗谁取将，

---

① [宋]邵伯温撰《闻见录》，文渊阁《四库全书》第1038册，第813页。
② [宋]宋祁撰《景文集》，文渊阁《四库全书》第1088册，第123页。
③ [宋]苏辙撰，陈宏天、高秀芳校点《苏辙集》，《中国古典文学基本丛书》，中华书局1990年版，第240页。

忽惊颜色照文房。每怜坠露时施泽,更许光风为泛香。独秀已先梁苑草,讬根宁复楚天霜。坐令黄菊羞粗俗,只合萧条篱下芳。"①吕与叔即吕大临,曾任职于秘书省,官署内栽种兰花供官员欣赏。可见北宋时期文人艺兰、赏兰活动已经十分普遍。

与其他观赏花卉相比,兰花十分"娇气",栽培兰花之时需要精心呵护,稍有不慎兰花就可能会"香消玉殒",因此艺兰要求艺兰者必须具有一定的经验技术,这就决定了兰花不会像其他易于栽培的花卉那样"遍地开花",而是一种比较珍稀的花卉,"物以稀为贵",在宋人眼中兰花是一种名贵的花卉。宋代整体审美文化上呈现出一种质朴清淡、精致素雅的特点,而兰花花色素雅,香气清淡,姿态幽美,气质超凡,十分符合宋人的审美要求,故兰花深受文人雅士的欣赏与推崇。北宋时期文人不仅艺兰、赏兰、咏兰,还相互赠寄兰花聊表情意,如北宋著名诗僧道潜有《送兰花与毛正仲运使》诗两首,毛正仲即毛渐,元祐四年(1089)任江东两浙转运副使,而当时道潜正好住在杭州智果禅院,故两人应结交于此时,道潜特意赠送兰花于毛渐,并且还为此赋诗两首。道潜是当时有名的诗僧,学识渊博,而毛渐属于官僚文人行列,其学识修养也不在话下,因此两人应都具有较高的审美品位,道潜以兰花相赠,这就表明兰花在当时文人心中是一种高雅的花卉,能够迎合当时文人的审美情趣。又苏辙有《答琳长老寄幽兰白术黄精三本二绝》,琳长老指的是杭州径山寺中的惟琳长老,与苏轼、苏辙皆有交往,浙江盛产兰花,因此这里琳长老寄送兰花给苏辙也不足为奇。可见这一时期的兰花在文人心中已经占据十分重要的地位,具有很高

---

① [宋]张耒撰,李逸安等校点《张耒集》,《中国古典文学基本丛书》,中华书局1989年版,第434页。

的审美价值。

二、对兰花"清""幽"的审美认识

兰花园艺欣赏活动的兴起及其独特的观赏价值,使得兰花在北宋时期得以流行,人们对兰花的审美认识就此兴起。这一时期人们对兰花审美特征的认识主要表现在"清"和"幽"两方面。

与兰草一样,人们对兰花的审美关注也是最先源于其香,但人们形容兰草之香多用"香""芳""馨香"等词语,比较笼统、简单,而人们形容兰花之香用的最多的词语则是"清香",清即清淡、清新,是一种十分清晰明确的感觉。"清"不仅仅是兰香给人的一种嗅觉上的感知,还含有一种品格上的清雅意蕴,寄托着宋人的一种精神理想,如程杰所言:"'清'作为一种品德理想……代表的是一种对世俗功利欲念的超越理想及其生活方式与情趣。"[1]因此文人多言兰花为清香,如范仲淹《赠方秀才》"幽兰在深处,终日自清芬"[2],宋庠《题鄩城张氏林亭》"谢庭罗宅资真赏,兰有清芬菊有丛"[3],苏辙《幽兰花》"珍重幽兰开一枝,清香耿耿听犹疑"[4]等。宋祁称"竹石梅兰号四清,艺兰栽竹种梅成"[5],兰与竹、梅、石号称"四清",这里的"清"指的是一种清雅高尚的品格精神,当然这都是建立在兰花清香这一生物特征基础之上。可见文人士大夫赞咏兰花清香之余,借以寄托的是自身的高雅情趣及清高品格。

---

[1] 程杰撰《中国梅花审美文化研究》,巴蜀书社 2008 年版,第 283 页。
[2] [宋]范仲淹撰,李勇先、王蓉贵校点《范文正公全集》,四川大学出版社 2007 年版,第 139 页。
[3] [宋]宋庠撰《元宪集》,文渊阁《四库全书》第 1087 册,第 471 页。
[4] [宋]苏辙撰,陈宏天、高秀芳点校《苏辙集》,第 241 页。
[5] [宋]宋祁撰《景文集》,文渊阁《四库全书》第 1088 册,第 123 页。

"幽"是这一时期人们对兰花审美特征的另一个重要认识，实际上这与兰草亦有相似之处，宋代之前人们也多称兰草为"幽兰"，但兰草之"幽"，更多的是就生于幽地而言，而兰花之所以称"幽"，生于幽地仅仅是一个因素，另外还含有幽香与幽姿两个因素。兰花香气既清且幽，关于"幽"的特征，黄庭坚曾阐发过比较有趣的言论，其云："兰生深林，不以无人而不芳；道人住山，不以无人而不禅。兰虽有香，不遇清风不发；棒虽有眼，不是本色人不打。且道这香从甚处来？若道香从兰出，无风时又却与萱草不殊；若道香从风生，何故风吹萱草无香可发？若道鼻根妄想，无兰无风，又妄想不成。若是三和合生，俗气不除。若是非兰非风非鼻，惟心所现，未梦见祖师脚根有似怎么，如何得平稳安乐去？涪翁不惜眉毛，为诸人点破：兰是山中香草，移来方广院中。方广老人作亭，要东行西去，涪翁名曰幽芳，与他着些光

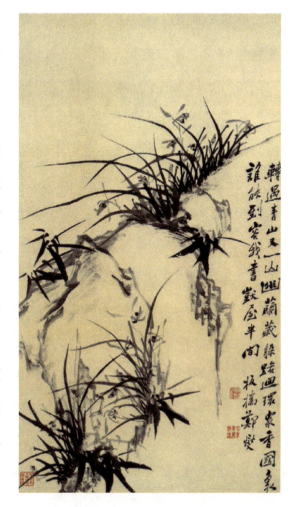

图13　[清]郑燮《幽兰图》。辽宁省博物馆藏。

彩。此事彻底道尽也，诸人还信得及否？若也不得，更待弥勒下生。"①黄庭坚有借兰参禅之意，但可以看出他对兰花香气还是颇有研究的，兰花香气是阵发性的，给人以时淡时浓、若隐若现之感，清风拂过之时，兰香扩散开来，则较为浓郁，因此兰花香气给人以幽谧之感，故黄庭坚称兰花为"幽芳"，可谓十分贴切，"幽"有隐蔽、幽远之意，而这正是兰花香气的一个显著特征。幽姿则侧重的是兰花的气质神韵，是叶和花的整体姿态，兰叶细长优美，兰花玲珑素淡，可谓姿态简逸、气质幽雅，故释道潜言兰花"幽姿冷艳匪妖娆"②。宋人龚明之《中吴纪闻》云："张敏叔常以牡丹为贵客，梅为清客，菊为寿客，瑞香为佳客，丁香为素客，兰为幽客，莲为净客，酴醾为雅客，桂为仙客，蔷薇为野客，茉莉为远客，芍药为近客，各赋一诗，吴中至今传播。"③张敏叔，名景修，常州人，仕神宗、哲宗、徽宗三朝，他从诸多花卉中选评出十二"花客"，其中兰花为幽客，他的这一选评或多或少也能够反映出当时人们对诸花的不同评价。北宋末年姚宽《西溪丛语》云："昔张敏叔有《十客图》，忘其名。予长兄伯声尝得三十客：牡丹为贵客，梅为清客，兰为幽客，桃为妖客……。"④姚宽言其长兄姚伯声评选出三十"花客"，其中与张敏叔十二"花客"重合的仅有牡丹、梅、兰、菊，兰花依然被称作幽客，这说明北宋末期，兰花"幽"的审美特征是得到人们普遍认同的。

兰花虽没有牡丹、梅花的观赏历史悠久，可谓是"后起之秀"，

---

① ［宋］黄庭坚撰，刘琳、李勇先、王蓉贵校点《黄庭坚全集》，第1493页。
② ［宋］释道潜撰《参寥子集》，文渊阁《四库全书》第1116册，第50页。
③ ［宋］龚明之撰《中吴纪闻》，《全宋笔记》第三编，大象出版社2008年版，第240页。
④ ［宋］姚宽撰，孔凡礼点校《西溪丛语》，中华书局1993年版，第36页。

但其"清""幽"的高雅气质，十分符合宋人尚雅的审美情趣，颇受文人士大夫的推崇，因此兰花园艺及欣赏活动的兴起，拉开了人们对兰花审美认识的序幕。

第二节　黄庭坚对兰花审美的贡献

在宋代兰花的审美发展过程中，黄庭坚可以说是发挥了十分重要的作用，他不仅从植物学上对兰蕙予以区分，使得兰花的外形得以明确，还促使兰花成为君子人格的完美象征，奠定了兰花"君子"之花的地位，意义重大，为宋代兰花的审美发展作出了重要贡献。

一、推动了宋代兰花的流行

首先，明确了"今兰"的外形。宋代兰花的流行引发了宋人对古兰、今兰的竞相辨析，然而北宋中期以前却鲜有人对今兰的形象特征作出具体描绘，今兰的形象不甚明了，直至黄庭坚，兰花的形象才开始变得清晰、明确。黄庭坚《书幽芳亭》云："兰蕙丛生，初不殊也，至其发华，一干一华而香有余者兰，一干五七华而香不足者蕙。"①"干"即兰花的花葶，又称"箭""荑"，类似细长的茎，兰花花朵就着生在花葶之上。黄庭坚提出一干一花为兰，一干五七花为蕙，并且还从香味上予以辨别，香味富余的是兰，香味不足的是蕙，虽然他意在区分兰蕙，但是他对兰蕙生物特性的描述，使得"今兰"的形象特征得以明确。兰花之叶细长且四季常青，花葶细直挺立，花朵附着其上，每葶花朵数量又因品种不同而异，春兰一葶仅有一花，很少有两花的

---

① ［宋］黄庭坚撰，刘琳、李勇先、王蓉贵校点《黄庭坚全集》，第705页。

情况，蕙兰则是一葶多花，因此黄庭坚"一干一花""一干五七花"，可以说是十分准确地把握了今兰科兰蕙的外形特征，而这也正是今兰外形最突出、最鲜明的一项特征，从而使得宋代兰花的形象得以明确。

其次，"贵兰贱蕙"说的提出。黄庭坚在《书幽芳亭》中最早提出了"贵兰贱蕙"的观点，其云："予放浪江湖之日久，乃尽知其族姓。盖兰似君子，蕙似士，大概山林中十蕙而一兰也。《楚辞》曰'予既滋兰之九畹，又树蕙之百亩'，以是知不独今，楚人贱蕙而贵兰久矣。"① 黄庭坚言楚辞滋兰九畹，树蕙百亩，兰的种植面积大于蕙的种植面积，因此他认为楚人有贱蕙贵兰的倾向。畹，王逸注曰"十二亩曰畹"，《说文》曰"畹，田三十亩也"，虽然两者说法不一，但无论是十二亩还是三十亩，滋兰面积都大于树蕙面积，兰贵故多植，蕙贱故少植。而"以是知不独今"则表明黄庭坚所处时期也存在贵兰贱蕙倾向，而这一倾向的原因从黄庭坚文中可知一二，其云"盖兰似君子，蕙似士，大概山林中十蕙而一兰也"，山林中野生兰蕙的存在比率大概是蕙十而兰一，蕙的数量比兰多，又其《题公卷小屏》云"蕙之九葶，不如兰之一花。花光作蕙而不作兰，当以其寂漠故耳"②，虽然蕙一葶可以开花九朵，兰仅开一花，但蕙九花却不如兰一花，可见兰无论在分布数量还是开花数量上都少于蕙，世人以兰为贵，颇有"物以稀为贵"之意。此后，黄庭坚"贵兰贱蕙"之说引起了广泛的争议，然而大部分人并不赞同黄庭坚之说，都认为楚人最初并无兰蕙贵贱之分。

再者，为后人提供了艺兰经验。黄庭坚之所以熟悉兰蕙，与他亲自艺兰的行为不无关系，他在艺兰过程中逐渐积累了丰富的艺兰经验。

---

① ［宋］黄庭坚撰，刘琳、李勇先、王蓉贵校点《黄庭坚全集》，第705页。
② ［宋］黄庭坚撰，刘琳、李勇先、王蓉贵校点《黄庭坚全集》，第1415页。

黄庭坚寓居鄂州（今湖北鄂州市）之时曾亲自种植兰蕙，其《修水记》云："兰蕙丛生，苛以沙石则茂，沃之以汤茗则芳，是所同也；至其一干一花而香有余者兰也，一干五七花而香不足者蕙也。余居保安僧舍，开牖于东西，西养蕙而东养兰，观者必问其故，故著其说。"[①]黄庭坚以沙石种植兰蕙，是为了给兰蕙提供疏松、透气的土壤条件；而以茶水浇灌兰蕙，则是为了适应兰蕙原生地土质不易过于肥沃的要求。作于同一时期的《封植兰蕙手约》云："山谷老人寓笔砚于保安僧舍，东西窗外封植兰蕙，西蕙而东兰，名之曰清深轩。涉冬既寒，封塞窗户，久而自隙间视之，郁郁青青矣。乃知清洁邃深，自得于无人之境，有幽人之操也。"[②]之所以"西蕙而东兰"，是因为蕙性喜阳，故宜安置在光照条件好的西边，而兰性喜阴，故安置在光照较弱的东边，而冬天天寒之际，兰蕙怕冻，因此要安置在不易透风的屋室之内。黄庭坚的这些艺兰经验常被后人提及并借鉴，从今天来看，这些艺兰经验还是具有一定科学性的。

总之黄庭坚对兰蕙的辨别，以及"贵兰贱蕙"说的提出，都在当时及后世产生了较大影响，在他的作用之下，宋代兰花的外形特征得以"定型"，而他丰富的艺兰经验也为后世艺兰提供了有益借鉴，可以说在他的影响之下，极大地提高了兰花的知名度，促进了宋代兰花的流行，这是黄庭坚对宋代兰花审美的一大贡献。

二、促进了兰花君子人格象征意义的生成

宋代之前文学作品中的兰主要指的是兰草，兰草虽然没有兰花秀美的外形，但它独特广泛的应用价值奠定了它重要的社会地位，同时

---

① ［宋］黄庭坚撰，刘琳、李勇先、王蓉贵校点《黄庭坚全集》，第705页。
② ［宋］黄庭坚撰，刘琳、李勇先、王蓉贵校点《黄庭坚全集》，第1692页。

在孔子兰草比德、屈原兰草言志的影响之下，兰草为后世诸多文人士大夫所推崇和吟咏，而在这一过程中，兰草比德内涵逐渐得以丰富完善，唐代兰草的独立人格象征意义得到强化，从而成为文人士大夫标榜自我高洁人格的一种常用物象。然而入宋以后，随着兰花的兴起，以及宋人古兰、今兰之辨的推进与发展，兰草作为"古兰"的历史文化地位被"今兰"兰花取而代之。虽然兰草逐渐退出园林的舞台领域，但是自先秦至唐代形成的长达千年的兰草文化内涵并没有就此消逝，特别是兰草形成的比德内涵，宋人在一定程度上将其注入到兰花意象之内，兰花在继承兰草比德内涵的基础上，又逐渐形成了新的比德内涵。因此兰花的君子人格象征意义，实际上是建立在前代兰草君子比德基础之上的。而宋代兰花君子人格象征意义的生成则离不开黄庭坚的作用，其《书幽芳亭》是写兰花的名篇，后人多将其与周敦颐《爱莲说》相媲美，黄庭坚很好的阐释了兰花的君子人格象征意义，从而奠定了兰花"君子"之花的地位。原文如下：

> 士之才德盖一国则曰国士，女之色盖一国则曰国色，兰之香盖一国则曰国香。自古人知贵兰，不待楚之逐臣而后贵之也。兰盖甚似乎君子，生于深山丛薄之中，不为无人而不芳，雪霜凌厉而见杀，来岁不改其性也。是所谓遁世无闷，不见是而无闷者也。兰虽含香体洁，平居萧艾不殊，清风过之，其香霭然，在室满室，在堂满堂，是所谓含章以时发者也。然兰蕙之才德不同，世罕能别之。予放浪江湖之日久，乃尽知其族姓。盖兰似君子，蕙似士，大概山林中十蕙而一兰也。《楚辞》曰："予既滋兰之九畹，又树蕙之百亩。"以是知不独今，楚人贱蕙而贵兰久矣。兰蕙丛生，初不殊也。至其发华，一

干一华而香有余者兰,一干五七华而香不足者蕙。蕙虽不若兰,其视椒榝则远矣。世论以为国香矣,乃曰当门不得不锄,山林之士所以往而不返者邪!①

"国香"虽然是人们对兰草的称誉,但后世兰花同样清香怡人、无可比拟,因此人们依然以"国香"来称誉兰花。文中国士、国色、国香并提,对兰花的崇高地位加以肯定,并直接指出兰花"甚似乎君子",兰花的品性与君子的品德十分相似,主要表现为两个方面:

首先,兰花生长在深山丛林之中,不因为无人欣赏而不芳香,即使遭受霜雪的欺凌摧残,也不会改变自己的本性,这就好比君子隐居避世而心中无忧,不被任用也不会忧愁苦闷。此外黄庭坚《封植兰蕙手约》也言及兰花的此种品性,其云:"山谷老人寓笔研于保安僧舍,东西窗外封植兰蕙,西蕙而东兰,名之曰清深轩。涉冬既寒,封塞窗户,久而自隙间视之,郁郁青青矣。乃知清洁邃深,自得于无人之境,有幽人之操也。"②兰蕙在无人之境怡然自得,有幽人之操,也就是君子操守,实际上作者借兰自喻。黄庭坚晚年时期多处于贬谪境地,尤其是谪蜀十年,心境复杂多样,而《书幽芳亭》就作于他谪居黔州之时,因此他对兰花的欣赏不免融入了诸多的人生感悟。绍圣元年(1093),章惇为相,蔡卞为国史编修官,新党上台掌权,意欲打击报复元祐旧臣,他们对范祖禹与黄庭坚等人编撰的《神宗实录》十分不满,谏官上疏曰:"实录院所修先帝实录,类多附会奸言,诋熙宁以来政事,乞重行窜黜。"③于是黄庭坚被贬涪州别驾,黔州安置。然而黄庭坚面对贬

---

① [宋]黄庭坚撰,刘琳、李勇先、王蓉贵校点《黄庭坚全集》,第705页。
② [宋]黄庭坚撰,刘琳、李勇先、王蓉贵校点《黄庭坚全集》,第1692页。
③ 郑永晓编《黄庭坚年谱新编》,社会科学文献出版社1997年版,第263页。

谪的危难境遇，却心境坦然，敢于直面事实，无所畏惧，如陈纬撰《太常寺议谥》云："绍圣间群小用事，追仇元祐史官，诏拘畿县，以报所问，众悚惕失据，公随问随答，弗惕弗隐，而谪黔徙戎，顿豁万状，略无几微见颜面。"[1]黄庭坚在黔州四年，寓居开元寺，虽生活困窘，但自耕自足，并无愁苦郁闷心态，又四川境内盛产兰花，黄庭坚闲暇之际赏兰、艺兰，故对兰花品性十分熟悉。兰花居深林，厉霜雪而不改其性，这与黄庭坚的境遇有共鸣之处，因此他将兰花视为知己，暗喻自身的贬谪境遇，但却"不见是而无闷"，虽不被任用而无愁闷之心，而这正与儒家所提倡的君子穷困守节品格相契合，正是宋人所追求的一种气节操守。

其次，兰花馨香高洁，平时与萧艾混杂在一起不甚引人注目，但只要清风拂过，兰花就会散发香气，无论是室内还是堂内都会香气充盈，这就好比君子平时韬光养晦，等待时机到来再予以展现。其实这里含有黄庭坚的自勉之意，他因遭受党人陷害而被贬蜀地，但他并未因此而灰心丧气，而是坦然面对，在贬谪之地修身养性以等待被重新任用的时机，颇有儒家"穷则独善其身，达则兼济天下"的君子风范。另外，黄庭坚从植物特性上对兰蕙予以区分，得出蕙不如兰的结论，并且还从内在品性方面对两者进行比较，其云"兰蕙之才德不同"，兰是君子，蕙是士，君子具有高尚的人格和美好的品德，而士指的是普通的读书人，不一定完全具备君子德行，因此从品性上看，蕙还是不如兰。但无论是君子还是士，都属于古代知识分子的行列，代表的是当时社会上最主流的文人阶层，黄庭坚以兰蕙之芳洁品性象征文人之高洁人格，

---

[1] ［宋］黄庭坚撰，刘琳、李勇先、王蓉贵校点《黄庭坚全集》，2445页。

将"兰"的比德内涵推崇到极致，使兰花成为君子人格的完美象征。

黄庭坚是宋代著名的文人、书法家，在当时与苏轼齐名，两人并称为"苏黄"，是官僚知识分子阶层中的杰出人士，颇有名望，因此他艺兰、赏兰、赋兰行为，无疑会在当时引起广泛的影响，尤其是他对兰蕙的辨别，引起诸多文士关注并竞相参与其中，从而大大提高了兰花这一新兴花卉的知名度，可以说起到了一种"名人效应"的推动作用，这是黄庭坚对宋代兰花审美的重要贡献。

第三节　南宋兰花审美认识的成熟

在北宋兰花审美认识的基础上，到了南宋时期，随着政治、经济、文化重心的南移，主产于南方的兰花得到了极为有利的栽种和欣赏条件，人们对兰花的审美认识渐趋成熟。

一、文人艺兰、赏兰风气的盛行

靖康之难，宋室南渡，北方吏民纷纷渡江南迁，大量人口涌入江南、岭南等广大南方地区，形成了我国历史上继"永嘉之乱"和"安史之乱"后的又一次大规模的人口迁移。南宋定都临安后，随着半壁偏安政局的逐步稳定，以临安即杭州为中心的两浙路、福建路及两江南路成为我国人口的稠密区，同时也成为我国经济发展的繁盛区，并逐渐形成了宋室"中兴"的局面，如都城临安的经济繁盛状况就远盛于北宋汴京，吴自牧《梦粱录》云："盖因南渡以来，杭为行都二百余年，户口蕃盛，商贾买卖者十倍于昔，往来辐辏，非他郡比也。"[①]足见临安之繁荣昌盛。

---

① ［宋］吴自牧撰《梦粱录》，文渊阁《四库全书》第590册，第104页。

经济、文化的繁盛背景之下，南宋游玩享乐风气高涨，周密《武林旧事》就记录了当时都城临安的游赏玩乐盛况："西湖天下景，朝昏晴雨，四序总宜。杭人亦无时而不游，而春游特盛焉。承平时，头船如大绿、间绿、十样锦、百花、宝胜、明玉之类，何翅百余。其外则不计其数，皆华丽雅靓，夸奇竞好。而都人凡缔姻、赛社、会亲、送葬、经会、献神、任宦、恩赏之经营，禁省台府之嘱托，贵珰要地，大贾豪民，买笑千金，呼卢百万，以至痴儿呆子，密约幽期，无不在焉。日糜金钱，靡有纪极。故杭谚有'销金锅儿'之号，此语不为过也。"[①]在这种奢侈浮华的社会娱乐风气之下，南宋园林建造甚至胜过北宋，其中尤以临安皇家园林最为繁盛，如宫后苑、德寿宫、集芳园、聚景园、屏山园、延祥园，都是十分有名的皇家园林。同时这一时期私家园林的建造也达到了空前的规模，其中尤以临安最为兴盛，且多绕西湖而建，当时的名园有南园、水乐洞园、云洞园、湖曲园、裴园等。其他各地亦是名园丛聚，如吴兴的南沈尚书园、北沈尚书园、俞氏园、赵氏菊坡园等，平江沧浪亭、乐圃等，此外镇江、绍兴、嘉兴、昆山等地均有名园分布。而在诸多私家园林之中又以文人园林占据主导地位，文人不仅参与园林营造，甚至还亲自莳花艺草，这成为当时文士日常生活中一种普遍盛行的风气。

正是在这种园林建造及莳花艺术盛行的社会风气之下，兰花的园艺欣赏活动得以盛行。兰花作为主产于南方的花卉，江浙、两湖、福建、巴蜀及岭南地区都有兰花分布，因此宋室南渡无疑为兰花的园艺栽培及欣赏提供了有利的条件。艺兰、赏兰成为文人之间十分流行的

---

① ［宋］周密撰《武林旧事》，文渊阁《四库全书》第590册，第199页。

一种风气，如王灼、王十朋、刘克庄、杨万里、陆游、朱熹、张栻等许多文人都曾亲自艺兰。文人艺兰热情的高涨又使得兰花的市场"身价"上涨。刘克庄从各县寻求了五十盆兰花，却遭到家丁偷盗，损失过半，刘克庄为此心疼不已，并专门作《漳兰为丁窃货其半纪实四首》抒写心中郁闷，如其一云："五十盆苍翠，皆从异县求。不能防狡窟，未免破鸿沟。惨甚兵初过，苛于吏倍抽。渠侬慕铜臭，肯为国香谋。"① 痛惜之情溢于言表。家丁不惜犯险而行苟且偷盗之事，表明兰花在当时具有较高的市场价值，可见兰花在当时已经是一种十分畅销的名贵花卉。

　　文人对兰花欣赏的热情，必然会使兰花带上更多的人文色彩。这一时期兰花的园景营造形式较北宋时期更加丰富，如有兰坞、兰谷、兰坡、兰畹、兰亭等。另外，兰花盆景还成为文人赏兰的主要对象，盆兰既可放置于庭院、花园、走廊等室外，又可放置在厅堂、书房、卧室等室内观赏。兰叶细长优美且四季常青，即使无花也具有很高的观赏性，而花期之时香气盈室，沁人心脾，令人倍感愉悦，因此文人喜欢在厅堂、书房之内摆设兰花，如戴复古《浒以秋兰一盆为供》云："吾儿来侍侧，供我一秋兰。萧然出尘姿，能禁风露寒。移根自岩壑，归我几案间。养之以水石，副之以小山。俨如对益友，朝夕共盘桓。清香可呼吸，薰我老肺肝。不过十数根，当作九畹看。"② 诗中对艺兰赏兰活动的描写十分生动有趣，诗人将兰花视为益友，朝夕相对，

---

① ［宋］刘克庄撰，辛更儒笺校《刘克庄集笺校》，《中国古典文学基本丛书》，中华书局 2011 年版，第 1575 页。
② ［宋］戴复古撰，金芝山校点《戴复古诗集》，浙江古籍出版社 1992 年版，第 9 页。

精心养护,艺兰俨然成为文人娱乐消遣、陶冶性情的一件雅事。王灼《层兰》诗云:"仙翁有兰癖,肆意搜林峒。负墙累为台,移此万紫青。"①诗人提到了"兰癖",即嗜爱兰花的癖好,拥有这一癖好的人在当时并不少见,如《金漳兰谱》作者赵时庚以及《王氏兰谱》作者王学贵皆有兰癖,赵时庚云:"予时尚少,日在其中,每好其花之艳、叶之清、香之夐,目不能舍,手不能释,即询其名,默而识之,是以酷爱之心殆几成癖。"②王贵学则云:"余嗜焉成癖,窗几之暇,奥于心于身,后于声举之间,搜求五十品,随其性而植之。"③正是因为他们有嗜兰癖好,所以才会不惜代价、四处搜集兰花,并潜心研究兰花,这才有了兰谱的出现。另外人们还将兰花花葶剪下插在有水的花瓶中观赏,即插花,如薛季宣《刈兰》"东畹刈真香,静院簪瓶水"④,周南《瓶中花》"清晓铜瓶沃井华,青葱绿玉紫兰芽"⑤,描写的都是瓶插兰花。这些都使得兰花的观赏效果得以拓展,同时也表明文人与兰花之间的关系日益密切,文人爱兰风气已是十分普遍。

二、墨兰绘画题材的兴起

南宋时期人们对兰花审美认识的成熟还表现在绘画中"墨兰"题材的兴起,需注意的是,这里的"墨兰"并不是我们后世所说的兰花品种墨兰,而是一种绘画类型,即以水墨绘兰。

兰与梅、竹、菊并称为"四君子",为历代文人所称赞、吟咏,是我国传统花鸟画的重要题材,"四君子"中,梅清、兰幽、竹劲、

---

① [宋]王灼撰《颐堂先生文集》,《续修四库全书》第1317册,第79页。
② [宋]赵时庚撰,郭树伟译注《金漳兰谱》,《兰谱》,第9页。
③ [宋]王贵学撰,郭树伟译注《王氏兰谱》,《兰谱》,第47页。
④ [宋]薛季宣撰《浪语集》,文渊阁《四库全书》第1159册,第191页。
⑤ 傅璇琮等编《全宋诗》第52册,第32271页。

菊逸，它们成为文人、画家标榜高洁品德的君子象征。但与梅、竹、菊相比，兰花入画时间比较晚，我国现存最早的一幅兰花图，是西蜀宫廷画家黄居寀的写生《兰花图》，根据元代虞集的题跋可知，黄居寀入宋后奉懿旨作"写生花蝶虫草二十幅"，而这幅兰花图就是其中之一。黄居寀（933—993后），字伯鸾，五代西蜀画家，其父黄筌是五代西蜀著名宫廷画家，独创工笔重彩花鸟画，因其供职西蜀画院，为宫廷服务，且画风秾丽工致，极具富贵之意，被称作"皇家富贵"。黄居寀乃黄筌季子，绘画得其父亲自授传，作花竹禽鸟，妙得天真，写怪石山景，往往远胜其父。西蜀灭亡后，黄氏父子入宋，供职画院，黄家画风富丽精巧，适合宫廷需要，颇受统治者欣赏，这极大地影响了北宋初期院体画的审美和走向。黄居寀此幅《兰花图》虽是入宋后所作，但此画工笔重彩，兰花形态逼真，富丽精工，属于典型的"皇家富贵"风格。

除了黄居寀的写生《兰花图》，北宋时期以兰花作为绘画题材的作品比较少见，且今多不存，但我们可从相关古籍文献中略知一二。苏轼有《题杨次公春兰》《题杨次公蕙》两首诗，杨次公即杨杰，次公乃其字，号无为子，无为（今安徽无为县）人。苏轼与杨杰相交多年，时常作诗酬唱，交情颇善，因此这两首诗应是苏轼为其友人杨杰所画春兰图、蕙兰图而题。据释居简诗歌《苏叔党所作兰蕙》可知，苏轼之子苏过也曾画过兰花。清代郑燮擅画兰，其《丛兰棘刺图》自题云"东坡画兰长带荆棘，见君子能容小人"[①]，言苏轼曾画兰。又清人郭尚先《芳坚馆题跋》亦云："苏子瞻小幅，作于绍圣二年正月者，花影伶俜，

---

① ［清］郑板桥撰，卞孝萱、卞岐编《郑板桥全集》，凤凰出版社2012年版，第214页。

墨痕按单，盖写身世之感，观者于画外取之。"①然而清代之前未见苏轼画兰相关信息，但苏轼其友、其子皆曾画兰，因此苏轼画兰也是极有可能的。另外，据邓椿《画继》记载："襄阳漫士米黻，字元章……观诸人夜游颍昌西湖之上也。其一乃梅、松、兰、菊，相因于一纸之上，交柯互叶，而不相乱，以为繁则近简，以为简则不疏，太高太奇，实旷代之奇作也！"②又"任谊，字才仲，宋复古之甥也……又取平生所见兰花数十种，随其形状，各命以名。"③米黻即米芾，可见米芾、任谊二人也皆曾画兰，但作品也早已失传。总的来看，北宋时期画兰者并不很多，表明此时兰花作为绘画题材还未兴起。

南宋时期兰花作为绘画题材开始兴起，虽然现存作品不多，但与之相关的题画诗却得以保存下来，因此可帮助我们了解当时的兰花绘画情况。周必大《跋杨无咎画秋兰》云："乡人徐丙字汉章，博于学而赡于文，示予杨无咎手画香草，题曰'秋兰'，后有兵部侍郎章茂献、国子博士汤君宝跋语。"④可知南宋前期，扬无咎作有《秋兰》图。扬无咎（1097-1169），字补之，号逃禅老人，南宋文人，诗、书、画兼擅，而其绘画艺术尤为精湛，尤擅墨梅。刘克庄《跋花光梅》云扬无咎还曾作《梅兰竹石四清图》六幅，其实早在北宋时期就已经出现梅、兰、竹、石号"四清"之说，虽然兰花兴起时间较晚，但宋人将兰花与梅、竹相提并论，表明兰花已经足够引人关注，并且成为一种受人重视的创作题材，如杨万里《跋刘敏叔梅兰竹石四清图》、严粲《画

---

① ［清］郭尚先撰《芳坚馆题跋》卷四，《芋园丛书》，民国南海黄氏汇印本。
② ［宋］邓椿撰，刘世军校注《〈画继〉校注》，广西师范大学出版社2015年版，第48～49页。
③ ［宋］邓椿撰，刘世军校注《〈画继〉校注》，第65～66页。
④ 曾枣庄，刘琳主编《全宋文》第231册，第37页。

梅兰竹石》，皆是"四清图"的题画诗。这一时期的题画兰诗歌还有韩驹《题梅兰图二首》、陈与义《题崇兰图二首》、陈著《赋虚谷黄子羽所藏吴山西（俊）墨兰三章》、俞德邻《水墨兰》、姚勉《题墨梅风烟雪月水石兰竹八轴》，然而遗憾的是这些兰花绘画作品今皆不存，但这也说明当时兰花题材的绘画已经比较普遍。

南宋后期，墨兰绘画题材开始流行，以赵孟坚和郑思肖的作用和影响最为突出。赵孟坚（1199—1264）字子固，号彝斋居士，海盐（今浙江海盐县）人。他是宋朝开国皇帝赵匡胤的第十一世孙，南宋著名画家，能诗、擅书画，工画水墨梅、兰、竹、石，尤精白描水仙，笔致细劲挺秀。现存作品有《墨兰图》《墨水仙图》《岁寒三友图》等。赵孟坚《墨兰图》是我国现存最早的水墨画兰图，开后世水墨绘兰法门。《墨缘汇观录》评价赵孟坚《墨兰图》云："作淡墨幽兰二本于平坡丛草之间，觉清气侵人，笔法飞舞。"[①]此画绘有墨兰两丛，生于丛草之间，花叶纷披，细致挺秀。兰叶细长柔美，施以淡墨，用笔劲利流畅，飘逸潇洒，气韵飞动。兰花亦是淡墨描绘，穿插于细叶丛中，如蝴蝶一般翩翩起舞，清秀灵动。难怪清人张志铃《画家品类举要》评价："宋赵孟坚，子固，墨兰最得奇妙。"[②]赵孟坚画兰实际上有法可循，相传他曾作画兰口诀"龙须凤眼致清幽，花叶参差莫并头。鼠尾钉头皆合格，斩腰断臂亦风流"，龙须即兰叶，凤眼即画兰时两兰叶相交的部分，形似凤眼，画兰时要求花和叶的搭配要参差错落，不能并齐，鼠尾、钉头是所画兰叶的造型，即画兰时起笔较重，然后逐渐提笔，整个叶的形状由粗至细，形似老鼠尾巴，钉头是起笔落笔稍平，形似

---

① ［清］安歧撰《墨缘汇观录》，《续修四库全书》第1067册，第301页。
② ［元］汤垕撰《画鉴》，文渊阁《四库全书》第814册，第434页。

钉头。"斩腰断臂"是说兰叶也可以是断叶，这样更具风韵。这说明赵孟坚已经熟练掌握了水墨绘兰的技法。

郑思肖（1241—1318），字忆翁，号所南，福建连江人，是我国著名的爱国遗民诗人、画家，其墨兰作品寄托遥深。思肖并不是其原名，乃宋亡后所改之名，其原名不详，肖乃宋王朝国姓赵（趙）的组成部分，思肖即思赵之意。他不忘故国，对宋王朝忠心不二，拒绝出仕元朝。他将自己居室取名为"本穴世界"，以"本"字之十置"穴"中，即大宋。他在去世之前叮嘱好友，为其书一牌位，上写"大宋不忠不孝郑思肖"，意思是没有为国而死谓之"不忠"；没有留下后代（他一生未娶，孑然一身）谓之"不孝"。郑思肖精于墨兰，"疏花简叶，不求甚工"[①]，但是画成即毁，从不轻易送人。自从宋亡后，他画兰均不画土，兰根均露在外面，或者直接画无根兰，有人问他原因，他答曰："地为番人夺去，汝犹不知耶？"[②]其忠心如此！自屈原开始，兰就成为文人志士追求坚贞操守和高尚品德的象征，宋代兰花继承这一比兴传统，多为文人墨客所推崇。郑思肖的墨兰图，实际上就是借兰明志之作，如他作于元大德十年（1306）的《墨兰图》，花叶无根无土，遗世独立，寄寓了作者的亡国之痛以及故国之思，感情饱满而沉重，耐人深思，体现出作者晚年的坚贞气节和磊落胸怀，可叹可敬！郑思肖虽然还画过许多兰花，但是都没有流传下来。

他还有一幅《墨兰》图，虽然早已失传，但是画上题诗却流传了下来，诗云："钟得至清气，精神欲照人。抱香怀古意，恋国忆前身。

---

① ［明］陆楫撰《古今说海》，文渊阁《四库全书》第885册，第680页。
② ［明］程敏政辑《宋遗民录》，《丛书集成初编》，中华书局1991年版，第124页。

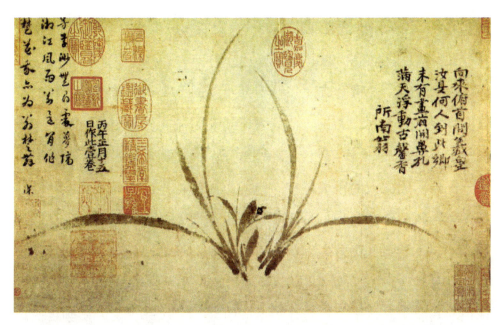

图 14 ［宋］郑思肖《墨兰图》。日本大阪市立美术馆藏。

空色微开晓，晴光淡弄春。凄凉如怨望，今日有遗民。"①由诗可以推测其画主题，依然是亡国之痛、故国之思。另外他还画过一幅《墨兰》，长丈余，高约五寸的长卷，该画天真烂漫，超出物表，上面自题"纯是君子，绝无小人"，亦是失传，甚是可惜。赵孟坚和郑思肖皆是水墨画兰的名家，有"兰出郑赵"之誉，但是郑思肖由宋入元的经历使他的作品更加具有深刻的思想性和寄托性，以坚贞不屈闻名于世，故有"赵孟坚绘兰之姿，郑思肖传兰之质"之说。实际上后世墨兰创作有所师承，不出赵氏和郑氏二派。

总之，南宋时期兰花作为绘画题材开始兴起，这表明兰花已经成为文人墨客心目中的一种重要花卉，尤其是在赵孟坚和郑思肖的影响下，水墨画兰成为明清时期兰花绘画题材创作的主流。墨兰绘画题材

---

① 傅璇琮等编《全宋诗》第 69 册，第 43415 页。

的兴起可以说是宋人对兰花审美的一大发展和进步。

三、对兰花"雅"的审美认识

南宋时期,"雅"成为兰花十分重要的一个审美特征。兰花的欣赏群体以文人士大夫为主,他们属于封建主流文化阶层,大都具有较高的审美品位,总体审美倾向表现为尚雅,而兰花外形素雅、香气清新,十分符合宋代文人的审美倾向。与同时期的牡丹、梅花相比,牡丹花朵硕大艳丽,雍容富贵,是典型的富贵花、太平花,无论是上层统治阶级,还是下层贫民百姓都十分喜爱牡丹,正如周敦颐《爱莲说》所言"牡丹之爱,宜乎众矣"①,梅花虽花朵小巧,但一树繁花,令人惊艳,其欣赏群体十分广泛,"南宋时期……从士大夫阶层到民间市井,爱梅尊梅之风不断扩大,梅花成了继牡丹之后又一广受大众喜爱的花卉"②。就欣赏群体而言,牡丹、梅花可谓雅俗共赏,而兰花简逸、素雅的外形特征与普通民众的审美趣味不甚相投,因此以文人士大夫为主的欣赏群体决定了兰花"雅"的审美定位。

兰花"雅"的审美特征在文人作品中多有体现,如曾几《兰畹》"一点无俗氛,兰芽在幽处"③,李弥逊《春日书斋偶成》其五"清氛远俗推兰友"④,皆言兰花不是庸俗之花,说明兰花是一种高雅的花卉。自古"雅"与"俗"相对,南宋文人还时常将兰花之"雅"与他花之"俗"相比较,其中与桃李的比较最为常见,如饶节《灌兰》"一日不见之,鄙吝生眉目。故将应书手,抱瓮助长毓。孤根著土深,稍稍

---

① [宋]周敦颐撰,梁绍辉、徐荪铭等点校《周敦颐集》,岳麓书社2007年版,第120页。
② 程杰撰《中国梅花审美文化研究》,巴蜀书社2008年版,第102页。
③ [宋]曾几撰《茶山集》,文渊阁《四库全书》第1136册,第532页。
④ [宋]李弥逊撰《筠溪集》,文渊阁《四库全书》第1130册,第765页。

树支族。看渠吐胸中，一洗桃李俗"①，吕本中《谢任伯夫人挽诗》"幽兰在深山，无人终自芳。岂伊桃李颜，取媚少年肠"②等。在世人心中，桃李素来是艳俗、庸俗之花，并多用来比喻鄙吝小人，而兰花高洁、优雅，多喻君子，故人们多将两者对立并举，所谓以俗衬雅。宋代理学思想兴起，宋人更加注重对自身道德品格的追求与完善，而表现在花卉审美中，则是讲求花卉之品格。正如程杰在《宋代咏梅文学研究》中所言："宋人自然审美中处处表现出透过物色表象，归求道义事理，标揭道德进境，抒写品格意趣的特色。自然物色审美中的义理之求应该是丰富多彩的，具体到花卉审美中，由于普遍地用作园林圃艺的题材，直接服务于个人优雅的情趣爱好，也就被视作人格的投射，力求证示道德的情操。"③而宋代兰花的审美也同样如此，宋人对兰花"雅"的审美认识，一方面源于兰花清新脱俗的优雅外形特征，另一方面则基于自兰草时期就已经形成的比德传统，宋人在前代以兰比德的基础上，继续赋予了兰花崇高的道德象征内涵。因此兰花"雅"的审美认识，既包括外在形象的优美素雅，又包括内在品格的高尚雅洁。

四、兰花君子人格象征意义的强化

虽然北宋时期兰花的君子人格象征意义已经得以确立，但进入南宋以后，这一象征意义则更加强化。北宋时期有出现以兰花比喻美女的情况，如苏轼《题杨次公春兰》云"春兰如美人，不采羞自献"④，至南宋时期这种比喻几乎不再出现，而是更加注重表现兰花作为君子

---

① ［宋］饶节撰《倚松诗集》，文渊阁《四库全书》第1117册，第216页。
② ［宋］吕本中撰《东莱诗集》，文渊阁《四库全书》第1136册，第748页。
③ 程杰撰《宋代咏梅文学研究》，安徽文艺出版社2002年版，第58页。
④ ［宋］苏轼撰，［清］王文诰集注，孔凡礼校点《苏轼诗集》，第1694页。

的阳刚一面。如郑伯熊《清畏轩》言兰蕙"不入儿女玩,岁晚得自持"[①],杨万里《兰花五言》"野竹元同操,官梅晚卜邻。花中不儿女,格外更幽芬"[②],皆言兰花没有女子脂粉气。方岳《双头兰》"紫茎孕双苞,岂有儿女情。贤哉二丈夫,万古离骚情"[③],把兰花比作有贤德的丈夫,赵以夫《咏兰》"一朵俄生几案光,尚如逸士气昂藏"[④],潘牥《兰花》其二"叶如壮士冲冠发,花带癯仙辟谷颜"[⑤],分别把兰花比作逸士、壮士,都带有鲜明的阳刚之气。这一时期,人们还常把兰花比作高人、处士、隐士等,都是比较庄严的君子形象,这似乎更加符合兰花高洁、坚贞的神韵品格。兰花君子人格象征意义的强化离不开当时理学思想的影响,朱熹在周敦颐、二程思想的基础上成为理学的集大成者,最终确立了理学的正统地位,理学家们都具有强烈的政治主体意识,以"治道"为理想,并且他们强调通过道德自觉来实现理想人格的建构,因此整个社会的伦理道德意识高涨,士人纷纷讲求气节操守,希望建立完善的君子理想人格,正是在这种社会思想文化氛围之下,人们在对兰花的审美过程中也自觉地强化了它作为君子的人格象征意义,成为文人士大夫寄托精神理想的一种载体。

---

① [宋]李庚编,[宋]林师蒧、林表民增修《天台续集别集》,文渊阁《四库全书》第1356册,第588页。
② [宋]杨万里撰,辛更儒笺校《杨万里集笺校》,《中国古典文学基本丛书》,中华书局2007年版,第1501页。
③ [宋]方岳撰《秋崖集》,文渊阁《四库全书》第1182册,第266页。
④ 傅璇琮等编《全宋诗》第59册,第27021页。
⑤ 傅璇琮等编《全宋诗》第62册,第39206页。

第十章　宋代兰花文学创作及审美意蕴

宋代是我国兰文学发展的重要转折期，随着人们对兰花审美认识的兴起，兰花题材及意象的文学创作开始兴起，兰草题材及意象的文学创作则走向没落，表明我国兰文学由兰草文学演变为兰花文学。需要特别注意的是，兰花文学创作的兴起是建立在前代兰草文学发展基础之上的，换句话说，如果没有前代兰草文学的积淀作用，兰花也不会在宋代迅速兴起，并成为我国古代文学中的一种常见花卉题材和意象。兰花虽然是后起之秀，但其相关的文学创作无论是在作品数量、题材内容还是艺术表现方面，都丝毫不比其他花卉题材的文学创作逊色。宋代兰花题材和意象的文学创作，不仅全面细致地展现了兰花的自然物色美，还充分揭示了兰花的神韵品格美，而兰花的形象美及神韵美又奠定了兰花崇高的君子人格象征意义，这些都使得兰花文学创作具有了丰富而深厚的审美意蕴。

第一节　兰花题材和意象的创作情况

宋代随着兰花园艺种植的兴起，文人赏兰、艺兰热情高涨，兰花成为文人吟咏的对象，无论是对花独吟，还是与人共赏唱和，都产生了不少咏兰佳作，从而促进了兰花文学创作活动的兴盛局面。这一时期兰花题材及意象的文学创作情况主要有以下几个方面的表现。

一、从创作活动上看，呈现出活跃繁荣的景象

宋代文人赏兰、艺兰热情促进了兰花文学创作活动的兴盛。兰花娇嫩难养，需人精心呵护，花开之时，尤为令人欣喜，故极易触发诗兴，文人或对花独吟，或邀人共赏、相互唱和等，创作出诸多咏兰佳作。其中对花独吟，更能表现诗人才情，远离众人喧嚣及世俗纷扰，细细品味、静心沉思，更能触动诗人内心的敏感情绪、捕捉瞬间闪动的灵光，从而创作出情感更加细腻、深沉的咏兰佳作。诗人独自对花，表达爱花、赞花、惜花、叹花等意，或借花抒情、或以兰明志等，都与诗人的情思交融、浑然一体，蕴含了丰富的情感意蕴和象征意蕴。"独乐不如众乐"，兰花盛开可谓赏心乐事，因此邀友共赏，也是别有情趣。文人之间花下聚饮，赏花之际，作诗助兴，彼此唱和，尤为风雅。兰花自然资源稀少、栽培不易，珍品难求，兰花还成为一种贵重、风雅的礼物，文人之间存在以兰会友的风气，因此相互之间赠兰寄诗、寄兰索诗、寄诗觅兰、作诗谢兰等，如释道潜《送兰花与毛正仲运使》二首、王十朋《龙瑞道士赠兰》、朱熹《西源居士斸寄秋兰小诗为谢》、王庭圭《和葛德裕寄纸觅兰四绝句》等。这些你来我往的寄赠酬唱，都大大促进了兰花题材的文学创作。另外，随着宋代兰花题材绘画的兴起，题画兰诗也成为咏兰文学创作的一种题材类型。其中有的兰花绘画作品早已失传不见，但与之相关的题画诗却得以完整保存，这为我们了解绘画作品具有一定的借鉴意义。

从具体创作活动上看，北宋时期兰花文学创作的发展尚处于起步阶段，无论是从作品数量还是题材内容上看，都远落后于南宋时期，但这一时期贵在一些名家的参与，如梅尧臣、司马光、苏轼、苏辙、

黄庭坚等，都有咏兰花文学作品的创作，尤其是黄庭坚《书幽芳亭》一文，奠定了兰花的君子人格象征，意义重大。南宋时期兰花文学创作进入兴盛阶段，这一时期兰花题材的文学作品数量激增，题材内容也渐趋丰富，大量文人名士也纷纷参与其中，其中咏兰作品相对较多的有王十朋、朱熹、刘克庄、李纲、杨万里等。从诗歌形式上看，南宋时期还开始大量出现组诗的创作，虽然与同时期梅花题材出现的"百咏"盛况相差甚远，但兰花的兴起毕竟要比梅花晚太多，因此组诗的出现于兰花文学创作而言，已经算是十分可观的成就表现。

二、从作品数量上看，专题咏兰花作品数量增长迅速

据《全宋诗》检索，以兰花为题材（含兰画）的诗歌共有312首；据《全宋词》检索，以兰花为题材的词共有17首；据《全宋文》检索，以兰花为题材（含题画）的文赋共29篇。以上各项作品总共358篇。与兰草进行比较，宋代之前以兰草为题材的文学作品，先秦时期仅有1篇赋，汉魏六朝时期有诗歌13首、赋1篇，唐代时期有诗歌20首、赋8篇，宋代之前兰草专题文学作品共计43篇。宋代专题咏兰作品的数量是前代各朝咏兰草文学作品总和的8倍之多。兰花是宋代新兴起的一种花卉，仅在有宋一代，专题咏兰花作品在数量上就远远赶超之前历代兰草题材作品的总和，可见与兰草相比，兰花更具魅力，能够在短时间内引起人们的普遍关注。另外，与同时期其它花卉进行比较，许伯卿《宋词题材研究》中的《宋代咏花词题材构成表》[①]共统计了宋词中的58种花卉，其中咏兰花词15首，但是笔者统计应为17首，许伯卿虽有遗漏，但无论是15首还是17首，兰花都正好排名17，在

---

① 许伯卿撰《宋词题材研究》，中华书局2007年版，第121页。

58种花卉中的排名算是上游位置，作为一种后起之秀，兰花能够有这样的排名位置已经十分难得。综合以上数据排比，可见兰花作为新兴花卉，能够在短时间内迅速盛行，得到社会士人的普遍关注与欣赏，并且成为宋代文学作品中常见的花卉题材及意象之一，说明兰花这一花卉品种确实十分符合时代的审美潮流，投合了宋代文人的审美情趣，当然这也离不开前代兰草文学创作的重要影响。

通过以上数量统计可以看出，兰花题材的文学创作主要集中在诗歌这一体裁上，相关的词、文体裁的创作并不很多。古人多认为"诗庄词媚"，诗歌的内容情感往往更加严肃庄重，词的内容情感则略显妩媚柔婉，因此就咏物而言，诗词各有偏宜，而兰花继承了前代兰草美好品德的象征意义，在宋代发展成为君子的人格象征，是君子之花，不同于桃花、杏花等艳丽之花，自然多见于诗歌之中。这一时期兰花题材的文赋作品也不算多，赋体写作较为复杂，故数量稀少，而散文也多是一些题记类的记叙文，如吕大防《辨兰亭记》、罗畸《兰堂记》、晁说之《兰室记》、释宝昙《兰坡记》等。因此与同时期普遍常见的梅花、牡丹、桂花等花卉相比，兰花题材的文体分布并不十分广泛，而是主要以诗歌体裁为主。

三、从题材内容上看，呈现出丰富细致的特征

一方面，咏兰花作品有对前代兰草题材创作模式的沿袭，或借兰花喻高洁之志，或引用屈兰典故，或直接延续兰草形成的各种文学意蕴。比如张咏《萧兰》"种萧芳兰中，萧生兰亦瘁。他日秋风来，萧兰一齐败。自古贤者心，所忧在民泰。不复梦周公，中夜独慷慨"[①]，是对《楚

---

① ［宋］张咏撰《乖崖集》，文渊阁《四库全书》第1085册，第586页。

辞》中萧喻小人、兰草喻君子文学表现的沿用。又如文彦博《幽兰》"燕姞梦魂唯是见，谢家庭户本来多。好将绿叶亲芳穗，莫把清芬借败荷。避世已为骚客佩，绕梁还入郢人歌。虽然九畹能香国，不奈三秋鹈鴂何"[1]，则直接是前代与兰草相关典故的叠用。曹勋《猗兰操》"猗嗟兰兮，其叶萋萋兮。猗嗟兰兮，其香披披兮。胡为乎生兹幽谷兮，不同云雨之施。纷霜雪之委集兮，其茂茂而自持。猗嗟兰兮"[2]，是对汉代《猗兰操》立意的沿袭。这些情况属于兰草与兰花"交接"之际的正常现象，源于前代兰草文学的影响。此外，宋人对"古兰"与"今兰"的辨析也出现在诗文作品之中，成为兰草、兰花"交接"之际的一种题材内容。诗歌方面，如梅尧臣、司马光皆与石昌言《官舍十题》进行唱和，其中《石兰》《兰》都涉及对古兰、今兰的辨析，又吕大防就古之"石兰"问题作《西园辨兰亭》诗，其好友李大临，以及从弟李之纯皆作《西园辨兰亭和韵》与之唱和。同时吕大防还专门作《辨兰亭记》一文，对"石兰"古今问题进行了详细辨析，晁说之《兰室记》、陈傅良《责盗兰说》也是针对古今兰问题的专门文章。另一方面，兰花作为与兰草不同的植物，在内容题材上呈现出不同于兰草的独特性与丰富性。首先是兰花品种在专题咏兰花作品中的出现。宋代之前的兰草文学作品中几乎很少提及兰草的品种分类，常见的也就春兰和秋兰两种，并无明确的品种意识，而宋代文学作品中的兰花题材则体现出明确的品种意识，兰花除了有春兰、秋兰外，还有冬兰、蕙兰、剑兰、双头兰、漳兰等，种类十分丰富。还有就是不同兰花景观的展现，既有充满幽逸情趣的野生兰花，如幽谷之兰、深林之兰、野径之兰、

---

[1] ［宋］文彦博撰《潞公集》，文渊阁《四库全书》第1100册，第596页。
[2] ［宋］曹勋撰《松隐集》，文渊阁《四库全书》第1129册，第329页。

背石之兰等，又有人为营造的兰花景观，如兰轩、兰亭、兰坡、兰坞、兰径、兰庭、兰堂、兰畹等，此外还有与其他事物精心搭配而成的组合景观，如兰花与梅、竹、石搭配而成的"四清"，总之景观纷呈。南宋时期盆景成为人们欣赏兰花的主要方式，因此盆兰也成为文人纷纷吟咏的题材对象。另外，随着水墨兰画的兴起，兰画也成为咏兰花文学作品中的一种常见题材。这些都是兰草文学作品中未曾出现过的题材内容，是兰花题材的独特性，此外与同时期其它花卉题材相比，兰花题材内容的多样性和丰富性也毫不逊色。

  兰花文学作品的创作不仅题材内容丰富，而且还十分全面、细致。首先，宋人对兰花形象的观察和描摹既细腻又生动。描写兰花的不同形态，如花有"嫩芽""蓓蕾""初荣""疏花""盛开""衰败"等不同状态；叶有"嫩叶""细叶""长叶""老叶"等不同形态；香有"微香""清香""细香""暗香""秾香""轻香"等不同程度。兰花还有"青芽""紫芽""红芽""浅绿""浅翠""浅碧""浅黄""金黄""娇红"等不同颜色。兰花的不同生态有"晓起""午后""斜阳""傍晚""夜晚""月下""风吹""雨中""坠露""凌霜""雪后"等等。这些都在宋人咏兰花文学作品中多有表现，说明宋人对兰花形象的审美表现已经细致入微。另外，宋人对兰花的欣赏活动也成为咏兰花文学的常见题材内容，常见的有"种兰""灌兰""赏兰""折兰""采兰""咏兰""画兰""赠兰""寄兰""爱兰""兰癖""惜兰""护兰""惋兰""忆兰""梦兰""寻兰""买兰""盗兰"等等。文人之间还时常兰边聚饮、咏兰唱和，或是独自对兰饮酌，或读书疲倦之余赏兰静心、艺兰怡情，总之兰花与文人日常生活联系密切，而这些与兰花相关的审美活动也都成为咏兰花文学作品中的常见题材内容，促进了兰花文学创作的兴盛发展。

总之，宋代兰花园艺栽培的兴盛、文人士大夫对兰花欣赏活动的兴起，以及前代兰草文学创作的影响，都促进了宋代兰花题材及意象文学创作的兴盛，使得兰花文学创作在宋代迅速发展起来，无论是在作品数量、题材内容，还是艺术表现上都不逊色于同时期其他花卉题材的创作。兰花的审美意蕴在宋代得到淋漓尽致的展现，虽然后来元明清时期兰花的文学创作更加繁盛，但对兰花的文学表现及认识，大都脱离不了宋代的影响，因此可以说宋代是兰花文学创作的定型阶段。

第二节　兰花的物色美及艺术表现

兰花外形优美，香气清新，具有很高的观赏价值，因此兰花的物色美是咏兰文学作品的重要表现对象，人们对兰花的物色审美既有局部性的细致观察，又有整体性的全面认识。兰花的物色美感不仅包括形态、香气上的自然形象美，还包括不同气候中及不同种植形式的自然景观美。在艺术表现手法上已经十分成熟，正面描写与侧面烘托相互结合，从而使兰花的自然物色之美得到充分、完美的展现。

一、兰花的自然形象美

（一）兰形

兰花在外形上的视觉美感主要体现在花、叶两部分，这也是文人咏兰的主要表现对象。兰花着生在花葶之上，花葶即古人常言的"花茎"，实际上花葶并不是茎，兰花的茎膨大而短，称为假鳞茎，花葶从假鳞茎上生出，通常一个假鳞茎上只生一枝，也有多枝的情况，花萼颜色因类而异。兰花花被由花萼和花瓣组成，花萼在外，花瓣在内，皆三片，一般称作外三瓣和内三瓣。其中内三瓣中央下方的一枚花瓣形状迥异，形状如舌，称作唇瓣，俗谓"舌"。兰花颜色虽有多种，但尤以素淡为贵。兰叶呈片带形，具体形状因类而异，一般分为直立叶、半立叶、弯垂叶三类，并且兰叶四季常青，非花期内，兰叶是人们欣赏的主要对象。

兰花之美首先体现在颜色上，兰花颜色虽有多种，如红、紫、黄、绿等，但尤以浅色系列最受人们喜爱，如浅黄、浅绿、白色等，带给人清新素雅的审美感受。杨万里《兰花》"雪径偷开浅碧花，冰根乱吐小红芽"[1]，白色的雪映衬浅碧色的兰花，兰花形象格外清新。王镃《白兰》"楚客曾因葬水中，骨寒化出玉玲珑。生时不饮香魂醒，难着春风半点红"[2]，以玉玲珑形容兰花的颜色，澄澈而纯净。赵以夫《贺新郎》其四"可是花神嫌冷淡，碧丛中、炯炯骈双玉"[3]，描写的是双头兰，以玉比喻兰花，纯净而润泽。总之"色淡而清""神清颜色少"，颜色素淡而清新，是人们对兰花颜色最主要的审美感觉，带有较多的主观意趣。除了单独描写花色外，人们还常常将花色、叶色、茎色放在一起描写，呈现出兰花整体色彩的视觉美感，如李纲《邓纯彦家兰盛开见借一本》其四"纤纤碧叶浅黄花，暗淡香飘物外家"[4]，史弥宁《秋兰三绝》其三"砌蜡成花浅带黄，紫茎绿叶媚秋光"[5]，

---

[1] [宋]杨万里撰，辛更儒笺校《杨万里集笺校》，《中国古典文学基本丛书》，中华书局2007年版，第1463页。
[2] 傅璇琮等编《全宋诗》第68册，第43216页。
[3] 唐圭璋编《全宋词》，中华书局1965年版，第2667页。
[4] [宋]李纲撰《梁溪集》，文渊阁《四库全书》第1125册，第554页。
[5] [宋]史弥宁撰《友林乙稿》，文渊阁《四库全书》第1178册，第100页。

向子諲《浣溪沙·宝林山间见兰》"绿玉丛中紫玉条，幽花疏淡更香饶"[1]等。兰花浅黄色的花朵，紫色的花茎，掩映在绿叶丛中，形成一种色彩上的对比，但并不强烈、鲜明，而是一种相互映衬的柔和、素雅之美。

图15　水晶素。张晓蕾摄于南京清凉山精品兰花展。

兰花之美还体现在形态上，兰花花朵着生在花葶之上，花朵数量因类而异，如释居简《盆兰》"一茎只放一花开"[2]，描写的是一葶一花之兰，释绍昙《题兰蕙》其二"一茎四花，挺然拔萃"[3]，描写

---

[1] 唐圭璋编《全宋词》，第960页。
[2] 傅璇琮等编《全宋诗》第53册，第33101页。
[3] 傅璇琮等编《全宋诗》第65册，第40822页。

的是一葶四花之兰，杨万里《蕙花初开》"孤干八九花，一花破初蕤"①，描写的则是一葶八九花之兰。花葶直立挺拔，在绿叶丛中亭亭玉立，引人瞩目，因此人们还着意于表现兰花"一枝"的形态美，如苏辙《幽兰花》其二"珍重幽兰开一枝，清香耿耿听犹疑"②，钱时《兰》"此日溶溶春满院，柔风初破一枝花"③，都抓住了兰花"一枝独秀"的特征。除了对某一部分形态美的关注外，人们还着力于发掘兰花的整体形态之美。潘牥《兰花》其二"叶如壮士冲冠发，花带癯仙辟谷颜"④，兰叶挺直、苍劲，故以壮士头发冲冠喻叶，兰花清瘦素淡，故以仙人容颜喻花。赵汝绩《溪翁蕙秋兰》云"劲叶牵湘色，疏花洗露痕"⑤，描写的是兰花劲叶疏花的形态之美。史弥宁《秋兰三绝》其一"叶叶低垂翠带长，花清干瘦吐微香"⑥，描写的兰花形态则是垂叶清花，是不同品种的兰花，早在晚唐时期的唐彦谦就已经有过类似描写，其《咏兰》"清风摇翠环，凉露滴苍玉"⑦，对兰花形态的描写堪称经典。总之兰叶细长翠绿，兰花清秀疏淡，两者相得益彰，故兰花的整体形态优美而清雅，有超凡出尘之姿。

（二）兰香

兰花香气最负盛名，这也是它最重要的一个审美特征。陶谷云"兰虽

---

① ［宋］杨万里撰，辛更儒笺校《杨万里集笺校》，第713页。
② ［宋］苏辙撰，陈宏天、高秀芳点校《苏辙集》，第241页。
③ 傅璇琮等编《全宋诗》第55册，第34335页。
④ 傅璇琮等编《全宋诗》第62册，第39206页。
⑤ 傅璇琮等编《全宋诗》第54册，第33618页。
⑥ ［宋］史弥宁撰《友林乙稿》，文渊阁《四库全书》第1178册，第100页。
⑦ ［清］彭定求等编《全唐诗》第20册，第7665页。

吐一花，室中亦馥郁袭人，弥旬不歇，故江南人以兰为香祖"①，此外兰花还有"第一香"的誉称，足见兰花香气之独特出众。虽然兰草也是以香著称，但兰花的香气与兰草香气十分不同，兰草的香气是由枝叶散发而出，兰花香气则仅有花朵散发而出，并且兰草香气远不如兰花香气醇正、浓郁。与其他花卉相比，虽然百花各有香气，但兰花香气具有很高的辨识度，如寇宗奭云"二兰移植小槛中，置座右，花开时满室尽香，与他花香又别"②，由于兰花香气的独特性，人们能够在诸花之中闻香识兰。因此香气成为兰花审美的一项重要特征，这也是兰花能够"冠冕群芳"的优势所在。

兰花的香气是清香，醇正而清新，花开之际香清溢远，十分吸引人，而文学作品中，人们描写兰花香气用得最多的就是"清香"一词，如范仲淹《赠方秀才》"幽兰在深处，终日自清芬"③，李纲《邓纯彦家兰盛开见借一本》其三"喷了清香开了花，却归盆槛付公家"④，张侃《山中老人送蕙花山荷叶因成长句》"手把幽蕙数十本，清香袭袭侵衣巾"⑤等，类似的例子不胜枚举。需要注意的是，"清"并不是指香气淡，而是指清纯、洁净无杂质，与"浊"相对，给人清新之感，并且兰花的清香因品种不同而有浓淡之分，在对兰花的品评中，尤以浓清香为佳。另外，兰花清香具有有很高的辨识度，十分独特，因此

---

① ［宋］陶谷撰《清异录》，《宋元笔记小说大观》，上海古籍出版社2001年版，第31页。
② ［宋］寇宗奭撰《本草衍义》，人民卫生出版社1990年版，第54页。
③ ［宋］范仲淹撰，李勇先、王蓉贵校点《范文正公全集》，四川大学出版社2007年版，第139页。
④ ［宋］李纲撰《梁溪集》，文渊阁《四库全书》第1125册，第554页。
⑤ ［宋］张侃撰《张氏拙轩集》，文渊阁《四库全书》第1181册，第389页。

文学作品中常会出现"闻香识兰"的描写，如王十朋《兰子芳》"国香入鼻忽扬扬，知是光风泛子芳"[1]，闻得香气便知是兰花，周紫芝《种兰》"桃杏花中偶并栏，依然风味是幽兰"[2]，即便与桃杏花种植在一起，也能识辨出兰花的香味。此外还出现了"逐香寻兰"的描写，如苏辙《答琳长老寄幽兰白术黄精三本二绝》其一"谷深不见兰生处，追逐微风偶得之。解脱清香本无染，更因一嗅识真知"[3]，兰花清香无染，一闻便知是兰，因此诗人追逐香气寻得兰花；郑刚中《前山寻兰》"喜闻幽兰臭，寻过东山口。披丛见孤芳，正似得佳友"[4]，亦是逐香寻得兰花佳友；白玉蟾《山前散策》"野香寻得见，石背一枝兰"[5]，描写尤为生动传神，野外闻得兰花香气，竟在石头背后寻得一枝兰花，杨万里亦有类似诗句，《寒食相将诸子游翟园得十诗》其二"忽有野香寻不得，兰于石背一花开"[6]。当然也会存在寻兰不得的情况，如陆游《兰》"南岩路最近，饭已时散策。香来知有兰，遽求乃弗获"[7]，诗人闻香知此地有兰花，但是寻而不获；刘克庄《兰花》"清旦书窗外，深丛茁一枝。人寻花不见，蝶有鼻先知"[8]，虽然人寻兰不得，但蝶却闻香先知。"闻香识兰""逐香寻兰"的描写方式，使得兰花香气的独特性予以完美表现，带给人一种嗅觉上的超脱美感。

---

[1] 傅璇琮等主编《全宋诗》第36册，第22649页。
[2] ［宋］周紫芝撰《太仓稊米集》，文渊阁《四库全书》第1141册，第159页。
[3] ［宋］苏辙撰，陈宏天、高秀芳点校《苏辙集》，第265页。
[4] 傅璇琮等编《全宋诗》第30册，第19048页。
[5] 傅璇琮等编《全宋诗》第60册，第37585页。
[6] ［宋］杨万里撰，辛更儒笺校《杨万里集笺校》，第487页。
[7] ［宋］陆游撰，钱仲联、马亚中主编《陆游全集校注》（四），浙江教育出版社2011年版，第458页。
[8] ［宋］刘克庄撰，辛更儒笺校《刘克庄集笺校》，第1938页。

另外，人们还常用"幽香""暗香"形容兰花香气，如王十朋《忾院种兰次宝印叔韵》其一"偶向缁林植子芳，光风入院泛幽香"①，刘克庄《寄题赵尉若钰兰所六言四首》其三"高标可敬难狎，幽香似有如无"②，释道潜《春日》其一"兰英蕙萼竞芳新，左右吹香暗袭人"③，张九成《鲁直上东坡古风坡和之因次其韵》"幽兰如君子，闲雅翰墨场……竟夕澹相对，菲菲吐暗香"④等。"幽""暗"含有隐蔽、深藏之意，指兰花香气较为含蓄、内敛，兰花虽然体内含香，但并不是持续性的香气，而是具有阵发性的特点，因此给人时浓时淡、若隐若现之感。明人袁宏道曾言及兰花的香气变化："日初起，兰香微动，是兰睡足初醒也。亭午兰香四彻，是兰入座时也。日晡香气渐收，是兰就倦将倩人抚矣。夜深则香敛不出，其兰之熟睡乎。"⑤这实际上是由兰花的生理性特征所致，今学者认为，兰花的香气主要来自花朵蕊柱内的芳香油脂腺体分泌出来的挥发油，而兰花在分泌挥发油的时候存在间隔性，致使兰花的香气具有阵发性的特点，给人以若隐若现的神秘感。人们抓住兰花香气的这一特征，在文学作品中予以表现和揭示，如李纲《邓纯彦家兰盛开见借一本》其二"特地闻时却不香，暗中芬馥度微芳"⑥，曹组《卜算子·兰》"着意闻时不肯香，香在无心处"⑦，带给人的是一种香气似有若无的神秘美感。

---

① 傅璇琮等主编《全宋诗》第 36 册，第 22660 页。
② [宋]刘克庄撰，辛更儒笺校《刘克庄集笺校》，第 1418 页。
③ [宋]释道潜撰《参寥子集》，文渊阁《四库全书》第 1116 册，第 35 页。
④ [宋]张九成撰《横浦集》，文渊阁《四库全书》第 1138 册，第 296 页。
⑤ [清]庄继光编，郭树伟译注《翼谱丛谈》，《兰谱》，第 132 页。
⑥ [宋]李纲撰《梁溪集》，文渊阁《四库全书》第 1125 册，第 554 页。
⑦ 唐圭璋编《全宋词》，中华书局 1965 年版，第 806 页。

兰花的香气可以凭借风力飘向远处，可谓香清溢远，因此文学作品中描写兰香之时还常与风联系在一起。风吹兰花，香清溢远，可以使人更加感受到兰花香气的美好，如"深林不语抱幽贞，赖有微风递远馨"①，"微风一披拂，余香被空山"②，"采兰童子归来晚，一道香风先到门"③，都描写了风对兰花香气的传递作用，风使兰香更加幽远。黄庭坚《书幽芳亭》中也提到了风对兰香的作用，"兰虽含香体洁，平居萧艾不殊，清风过之，其香蔼然，在室满室，在堂满堂，是所谓含章以时发者也"④，风成为兰花散发香气的一个重要契机，或者说风是兰花的伯乐，使兰花隐藏的香气得以彰显。

兰花的香气是人们欣赏兰花的重要对象，也是人们鉴赏品评兰花的一项重要内容，兰花的香气不仅带给人嗅觉上的美感，还可以带给人精神上的轻松、平静、愉悦之感。许多文人还以兰香来消除鄙吝之心，如明人张应文云："夫兰清芬酝藉，比德君子，日与熏陶，使人鄙吝之心油然自消。盖不特众芳之冠冕，诚宇宙清淑之气所萃而独钟其美者也。余尝谓他花之馨通于鼻，以形用；此花之馨入于心，以神用，烟霞泉石之间，对此当如名师良友，爱而敬之。"⑤他认为每日有兰花香气的熏陶，可以使人消除鄙吝之心，并指出兰花香气与其他花卉香气不同，其他普通花的香气多是通过人的鼻子来感知，主要是生理上的感受，而兰花的香气则是通过人的心来感受，带给人的是精神上的审美愉悦。

---

① ［宋］刘克庄撰，辛更儒笺校《刘克庄集笺校》，第181页。
② ［宋］韩驹撰《陵阳集》，文渊阁《四库全书》第1133册，第774页。
③ ［宋］舒岳祥撰《阆风集》，文渊阁《四库全书》第1187册，第415页。
④ ［宋］黄庭坚撰，刘琳、李勇先、王蓉贵校点《黄庭坚全集》，四川大学出版社2001年版，第705页。
⑤ ［宋］张应文撰，郭树伟译注《罗钟斋兰谱》，《兰谱》，第109页。

二、兰花的自然景观美

兰花的物色美还表现为景观美，无论是在不同气候环境中，还是在不同种植形式下，都呈现出别样的风姿韵味，美不胜收。

（一）不同气候之美

兰花虽然畏湿，但却喜润，因此适量的雨露能够滋润兰花，使兰花呈现出清新润泽之美。赵友直《咏兰》"晓来一雨忽初收，九畹分香绕碧流。裛露灵苗凝浅翠，迎风素质拂轻柔"[1]，描写了清晨雨后兰花之美，雨后兰花愈发清香，露水凝结在兰叶之上，使得颜色更加鲜翠，微风拂过尽显柔美姿态。张耒《和吕与叔秘书省观兰》"每怜坠露时施泽，更许光风为泛香"[2]，露水使兰花更加润泽，清风使兰香传送到远方。苏籀《赋丛兰一首》"蕙转东君溢宠光，露浥清华烟染色"[3]，露珠点缀在颜色清淡的花瓣上，兰花犹如烟染一般朦胧迷人。有的兰花品种花期处于冬春季节，此时降雪频繁，故兰花与雪之间能够发生联系，并且兰花清新素洁，有出尘之姿，而冰雪质地纯净洁白、一尘不染，两者有相似之处，因此雪中兰花之美也是文人时常吟咏表现的对象。林宪《雪巢三首》其二："采兰以纫佩，不久香消歇。何如深林中，岁寒自时节。清芳御微风，幽态含皎月。世或无骚人，宁甘伴冰雪。"[4]描写了深林中冰雪中的兰花，不仅映衬出兰花的素洁之姿，还凸现出兰花的傲寒气节，是一种内外兼修之美。兰花与雪一起描写时，有的是写冰雪中兰花的香气，如释绍昙《题四兰》其四"一再荒林雪，

---

[1] 傅璇琮等编《全宋诗》第70册，第43965页。
[2] ［宋］张耒撰，李逸安等校点《张耒集》，《中国古典文学基本丛书》，中华书局1989年版，第434页。
[3] ［宋］苏籀撰《双溪集》，文渊阁《四库全书》，第1136册，第153页。
[4] 傅璇琮等编《全宋诗》第37册，第23102页。

全身掩薜萝。直饶埋没得，争奈鼻头何"①，雪中未见兰花身影，却有兰香扑鼻，又释元肇《兰》"绝无人处有香飘，树底岩根雪未消"②，残雪未消，兰花独自飘香，都是雪中未见兰花而闻兰香，兰花清香，冰雪清寒，别有一番清韵。有的是写兰花在冰雪中盛开，如释居简《双头兰》"艾拥萧陵雪未消，蒂连芳萼闯春饶"③，春雪未消，并蒂兰花凌寒盛开，吴惟信《兰花》"寒谷初消雪半林，紫花摇弄昼阴阴"④，兰花在冰雪中摇曳生姿，紫花与白雪，形成一种视觉上的色彩对比，使兰花格外明艳动人。还有的是描写雪中兰芽，如张耒《福昌官舍后绝句十首》其九"不扫竹根藏笋茁，旋培残雪拥兰芽"⑤，娇嫩的兰芽掩藏在冰雪之中，给人以勃勃生机感。总之兰花在不同气候环境之中呈现出不同的美感，在雨露风雪的映衬、烘托之下，兰花的美丽更加清新动人。

（二）不同种植形式之美

兰花的种植形式多样，主要有园栽和盆栽两种，其中园景有自然幽逸之趣，盆景则显优雅玲珑之致，各得其美，各有所韵。

兰花园栽主要种植在花园、庭院、窗下等处，有些兰花还是园林主人亲自参与栽种，体现着园林主人的审美意趣，往往带有一定的情感寄托。宋祁家中花园建一兰轩，在四周种植兰花、梅花、绿竹，梅、竹间立一怪石以临兰花，构成"四清"景致，并为此赋诗："竹石梅

---

① 傅璇琮等编《全宋诗》第65册，第40823页。
② 傅璇琮等编《全宋诗》第59册，第36924页。
③ 傅璇琮等编《全宋诗》第53册，第32086页。
④ 傅璇琮等编《全宋诗》第59册，第37064页。
⑤ [宋]张耒撰，李逸安等校点《张耒集》，《中国古典文学基本丛书》，中华书局1989年版，第512页。

兰号四清，艺兰栽竹种梅成。一峰久矣思湖玉，三物居然阙友生。赖得髯参令我喜，飞来灵鹫遣人惊。小轩从此完无恨，急扫新诗为发明。"①"清"不仅是一种脱俗的高雅情趣，还是一种宋代文人普遍追求的理想品格，因此竹、石、梅、兰构成的"四清"景致，是园林主人的刻意营造，体现了园林主人的高雅情趣以及对高洁品格的追求。同时"四清"还是一种绘画题材，文人也多有题诗，如葛绍体《题四清枕屏》："横梅枝下兰为伴，瘦石拳边竹更长。月上小窗人欲静，睡来清入梦魂香。"②杨万里《跋刘敏叔梅兰竹石四清图》："老夫老伴竹千竿，湖石江梅更畹兰。不道外人将短纸，一时捲去也无端。"③

文人往往会在庭院中植兰，如邵雍《秋怀三十六首》其二："晴窗日初曛，幽庭雨乍洗。红兰静自披，绿竹闲相倚。荣利若浮云，情怀淡如水。见非天外人，意从天外起。"④庭院即古代正房前面的院子，诗人在庭院中栽种兰花与绿竹，以寄托淡泊之志。毛滂《育阇黎房见秋兰有花作》"禅房向幽寂，云日暖庭沙。竹根逢小春，紫兰茁其芽"⑤，禅房小院种有兰花，春暖之日，时值兰花吐芽，更添幽静之致。除了花园、庭院兰花，窗外植兰亦是别有韵致，如刘克庄《兰花》"清旦书窗外，深丛茁一枝"⑥，古代文人多在窗前读书，疲倦之余眺望窗外兰花，尤为赏心悦目。

盆栽兰花称作盆兰，主要用于室内摆设，常放置厅堂、书房、卧室，

---

① ［宋］宋祁撰《景文集》，文渊阁《四库全书》第1088册，第123页。
② ［宋］葛绍体撰《东山诗选》，文渊阁《四库全书》第1175册，第61页。
③ ［宋］杨万里撰，辛更儒笺校《杨万里集笺校》，第2008页。
④ ［宋］邵雍撰《击壤集》，文渊阁《四库全书》第1101册，第21页。
⑤ ［宋］毛滂撰《东堂集》，文渊阁《四库全书》第1123册，第703页。
⑥ ［宋］刘克庄撰，辛更儒笺校《刘克庄集笺校》，第1938页。

以供人观赏。盆兰虽在北宋时期就已经出现,但主要流行于南宋,南宋时期的文人士大夫常常将盆兰安置书桌几案间,闲暇之时予以赏玩。如戴复古《浒以秋兰一盆为供》:"吾儿来侍侧,供我一秋兰。萧然出尘姿,能禁风露寒。移根自岩壑,归我几案间。养之以水石,副之以小山。俨如对益友,朝夕共盘桓。清香可呼吸,薰我老肺肝。不过十数根,当作九畹看。"①诗人将兰花安置在几案,并以假山陪衬,每天朝夕相对,赏花闻香,陶冶情操。释德洪《题善化陈令兰室》:"种性难教草掩藏,苍然小室为谁芳。槲培几案轩窗碧,坐款宾朋笑语香。糁地露英犹洁白,快人风度更纤长。议郎嗜好清无滓,独有幽兰可比方。"②盆兰造型精致优雅,盛开之时清香盈室,更能凸显兰花的清幽雅韵。此外兰花还可用于插花,将兰花花葶剪下插在水瓶,亦成室内一景,如薛季宣《刈兰》:"东畹刈真香,静院簪瓶水。高远不胜情,时逐微风起。和雨剪闲庭,谁作骚人语。记得旧家山,香来无觅处。"③周南《瓶中花》:"清晓铜瓶沃井华,青葱绿玉紫兰芽。鬓毛白尽心情在,不分看花学养花。"④描写的都是瓶中兰花。

兰花还常与其它植物搭配种植,既能凸显兰花自身的美感优势,又能呈现出别样的景观之美。其中最常见的就是兰与竹的搭配,这在文学作品中多有描写,如苏辙《种兰》"根便密石秋芳早,丛倚修筠午荫凉",刘敞《记所居草树》"幽兰晚已秀,新竹直且疏"⑤,赵

---

① [宋]戴复古撰,金芝山校点《戴复古诗集》,浙江古籍出版社1992年版,第9页。
② [宋]释德洪撰《石门文字禅》,文渊阁《四库全书》第1116册,第293页。
③ [宋]薛季宣撰《浪语集》,文渊阁《四库全书》第1159册,第191页。
④ 傅璇琮等编《全宋诗》第52册,第32271页。
⑤ [宋]刘敞撰《公是集》,文渊阁《四库全书》第1095册,第518册。

蕃《幽兰坡》"篁竹几成蔽，幽兰何处生"①，杨万里《净远亭午望二首》其二"竹径殊疏欠补栽，兰芽欲吐未全开"②。兰花素雅可爱，竹子青翠逸人，兰花低矮丛生，竹子修长挺拔，两者搭配，高低错落，富有层次感，而且两者都四季常青，可常年供人观赏。此外，兰花与竹搭配不仅仅是为了营造幽美的景致，还出于对兰花生长习性的合理考虑，元人孔齐《静斋至正直记》中提到："种兰之法，古语云'喜晴而恶日，喜幽而恶僻，喜丛而恶密，喜阴而恶湿'。"③兰花喜欢阳光但畏惧强光照晒，喜欢阴凉的环境但畏惧太过湿润的地方，而丛竹枝叶繁茂，竹下种兰，一方面可以使兰花避免强光照晒，另一方面还可为兰花遮挡强风暴雨，因此兰竹配植可谓一举两得，堪称绝配。

除了兰竹的搭配模式外，文学作品中常见的还有兰菊搭配，如宋庠《秋蝶》"露菊聊堪采，风兰或可依"④，释文珦《种兰菊》"菊莳陶篱本，兰滋楚畹芳。荷锄春雨后，怀古意何长"⑤等。菊花花期在秋天，与兰花中的建兰花期相近，因此两者可同时观赏，此外兰菊在神韵品格上亦有相似之处，如胡宿《杂兴》诗云"严霜沾百草，不问菊与兰"⑥，兰、菊都有不畏严寒的气节。同时菊花隐逸，兰花幽洁，皆有超凡出尘之姿，因此两者经常会被搭配在一起。兰与梅也是比较常见的一种搭配模式，兰花中春兰的花期与梅花花期相近，而且两者皆有清新雅洁的气质，故也常常会被放在一起描写。比如刘挚《早春

---

① ［宋］赵蕃撰《淳熙稿》，文渊阁《四库全书》第1155册，第254页。
② ［宋］杨万里撰，辛更儒笺校《杨万里集笺校》，第467页。
③ ［元］孔齐撰《静斋至正直记》，《续修四库全书》第1166册，第430页。
④ ［宋］宋庠撰《元宪集》，文渊阁《四库全书》第1087册，第426页。
⑤ 傅璇琮等编《全宋诗》第63册，第39645页。
⑥ ［宋］胡宿撰《文恭集》，文渊阁《四库全书》第1088册，第619页。

书呈温甫用前韵》"梅蕊暗黄初过雪,兰芽浅紫未离寒"①,暗黄色的梅蕊与浅紫色的兰芽相互映衬,十分清新淡雅;张嵲《取兰梅置几上三首》其二"浅绿深藏垂翠葆,娇红巧傅刻缯花"②,描写的是盛开的盆兰与盆梅,浅绿色的兰花掩藏在弯垂的绿叶丛中,娇红色的梅花玲珑精致犹如巧手雕刻而成,两者相映生辉,极具美感。

从艺术表现上看,艺术手法十分巧妙纯熟,主要表现为两个方面:首先是正面描写,以形写神。宋人着力于对兰花细叶淡花、清香幽姿的精心刻画,从而展现兰花清新幽雅的高洁形象特征,同时对兰花的不同花期习性也予以表现,揭示出兰花或竞节而开、或不畏寒节、或甘守寂寞、或静默自守、或幽独自乐的神韵品格,总之通过这种正面的精心描写与刻画,兰花的形象特征与神韵品格都得到了准确、深刻的揭示,可谓以形传神。其次则是侧面烘托,离形写意。对兰花的形象特征不予正面描写,而是通过其他景物或环境的渲染烘托,如与梅、菊、竹、松、水仙等植物相互烘托,晓露、月夜、幽谷、野径等时空环境的渲染等,使兰花人格品德方面的寓意得以充分揭示。这与宋人对梅花的艺术表现实际上有相通之处,如程杰所言"具体的方法多种多样,充分发挥了语言艺术想象自由、表意明确的审美表现优势和崇理尚意、重神写意的时代美学精神,对梅花独特品格形象的塑造、深刻思想意义的揭示贡献多多"③,这同样可以适用于兰花。

---

① [宋]刘挚撰《忠肃集》,文渊阁《四库全书》第1099册,第667页。
② [宋]张嵲撰《紫微集》,文渊阁《四库全书》第1131册,第430页。
③ 程杰撰《中国梅花审美文化研究》,巴蜀书社2008年版,第274页。

第三节　兰花的神韵美及艺术表现

周武忠《中国花文化史》云："按照中国人的习惯，一般从色、香、姿、韵四个方面来品赏花卉。"①其中色、香、姿是花卉的自然属性之美，而韵则是指花卉的神态、风韵、气质，融入了人的主观情感，是在花卉自然美基础上的一种升华，是欣赏者最终感受到的花卉之美。其中兰花的欣赏自然也包括色、香、姿、韵四个方面，并且在色、香、姿的共同作用之下，兰花的神韵美尤为独特出众。

一、超凡脱俗

兰花在宋人心中是一种高雅的花卉，具有超凡脱俗的神韵美。兰花花朵既不硕大艳丽，也不繁盛浓密，整体上外形简逸，香气淡雅，十分清新，又加上兰花多生长于深山丛林等幽僻之地，远离世俗，因此人们多认为兰花具有超凡脱俗的气质风韵。在许多文人心中兰花是没有一点俗气的。如曾几《兰畹》"深林以芗名，花木不知数。一点无俗氛，兰芽在幽处"②，虽然深林中的花草树木不计其数，但是兰花以香闻名，没有丝毫俗气；李弥逊《春日书斋偶成》其五"清氛远俗推兰友"③，诗人认为兰花清香远俗并以之为友；曹勋《感秋兰》"云何为兮深山，水何为兮幽谷。匪杂佩于华裾，耻见珍于流俗"④，兰花生长在深山幽谷，耻于为世俗之人所玩赏，表明兰花具有超凡脱俗之质。总之，在人们心中兰花是"远俗""无俗""无尘""超凡"之花。

---

① 周武忠撰《中国花文化史》，海天出版社2015年版，第127页。
② ［宋］曾几撰《茶山集》，文渊阁《四库全书》第1136册，第532页。
③ ［宋］李弥逊撰《筠溪集》，文渊阁《四库全书》第1130册，第765页。
④ ［宋］曹勋撰《松隐集》，文渊阁《四库全书》第1129册，第361页。

兰花的脱俗气质在与它花的对比中得以凸显。首先是与百花对比。王十朋《忏院种兰次宝印叔韵》其二"不放凡花染道场，故栽芳友伴友郎"①，诗人认为其他花都是凡花，惟有兰花脱俗不凡，故栽之为友。郭印《兰坡》"梅花扫迹春无光，继踵惟有幽兰香。天姿冲澹谢朱粉，睥睨百卉皆优倡"②，诗人认为兰花风姿天然，百花与之相比则似浓妆艳抹的优倡。张载《春晚》其二"浮花浪蕊自纷纷，点缀梅苔作绣茵。独有猗兰香不歇，可纫幽佩系馀春"③，诗人称其它寻常花卉为"浮花浪蕊"，含有贬低之意，以此反衬兰花的独特不凡。其次则与具体的桃、李等花对比。桃花、李花是常见之花，花小繁密，颜色鲜艳，人们多认为它们是庸俗之花，如晚唐皮日休《桃花赋》言桃花："花品之中，此花最异。以众为繁，以多见鄙。自是物情，非关春意。若氏族之斥素流，品秩之卑寒士。"④而宋人比唐人更加尚雅，桃李之花显然迥异于宋人清雅的审美情趣，因此宋人多认为它们是春日争荣斗艳的庸俗之花。而兰花在植物特性上正好与桃李之花相反，不仅花少珍稀，且花色素淡，十分清雅，因此人们常将兰花与桃、李等花并言，以衬托兰花的脱俗气质。杨万里《兰花》："雪径偷开浅碧花，冰根乱吐小红芽。生无桃李春风面，名在山林处士家。政坐国香到朝市，不容霜节老云霞。"⑤诗人言兰花在外形上不似桃李花那般浓密艳丽，而是清淡素雅，这更合诗人心意。吕本中《谢任伯夫人挽诗》：

---

① 傅璇琮等主编《全宋诗》第 36 册，第 22660 页。
② ［宋］郭印撰《云溪集》，文渊阁《四库全书》第 1134 册，第 43 页。
③ 傅璇琮等编《全宋诗》第 9 册，第 6288 页。
④ ［清］董诰等编《全唐文》，第 8346 页。
⑤ ［宋］杨万里撰，辛更儒笺校《杨万里集笺校》，第 1463 页。

"幽兰在深山，无人终自芳。岂伊桃李颜，取媚少年肠。"①诗人认为兰花在品格上不同于桃李花，兰花处深山之中，无人自芳，不似桃李花专以颜色取悦他人。又释道潜《送兰花与毛正仲运使》其二："从来托迹喜深林，显晦那求世所闻。偶至华堂奉君子，不随桃李斗氤氲。"②即使兰花偶尔被人带至华堂侍奉君子，也不屑与桃李争奇斗艳，凸显了兰花的高洁品格。可见兰花无论在外形上，还是在品格上，都不同于艳俗、媚俗的桃李或桃杏。正是因为兰花具有超凡脱俗的气质神韵，一些文人还认为兰花具有消除庸俗、鄙吝之气的功能，如饶节《灌兰》"一日不见之，鄙吝生眉目。故将应书手，抱瓮助长毓。孤根著土深，稍稍树支族。看渠吐胸中，一洗桃李俗"③，诗人言一日不见兰花，眉目之间便会生出庸俗、鄙俗之气，而观赏兰花可以洗尽桃李之俗气。在与桃李及百花的对比中，虽然他花遭到了不同程度的贬低，但兰花超凡脱俗、萧然出尘的气质神韵美却得以凸显、强化。

兰花超凡脱俗的神韵美，实际上是以兰花的生物特性作为前提的，兰花色香淡雅，姿态简逸优美，给人清新脱俗之感，此外兰花生于幽地，远离尘俗，有出尘之姿，兰花的这些自然属性美融入人的主观感受后，便具有了超凡的脱俗美。

二、幽静淡泊

园艺栽培中的兰花一般是由采集、驯化野生兰花而来，野生兰花一般生长在深山丛林等比较幽僻的地方，因此人们多称兰花为"幽兰""幽花"。"幽兰"，如李纲《邓纯彦家兰盛开见借一本》"谁

---

① ［宋］吕本中撰《东莱诗集》，文渊阁《四库全书》第1136册，第748页。
② ［宋］释道潜撰《参寥子集》，文渊阁《四库全书》第1116册，第50页。
③ ［宋］饶节撰《倚松诗集》，文渊阁《四库全书》第1117册，第216页。

道幽兰是国香，山林僻处更芬芳"①，幽兰生长在山林僻处；陈郁《空谷有幽兰》"空谷有幽兰，孤根倚白石"②，幽兰生长在空旷的山谷之中。无论是山林还是山谷，都是人烟稀少的幽僻之地。"幽花"如苏辙《次韵答人幽兰》"幽花耿耿意羞春，纫佩何人香满身"③，向子諲《浣溪沙·宝林山间见兰》"绿玉丛中紫玉条，幽花疏淡更香饶"④等，强调的是兰花花朵之幽，寂寞独自开。另外人们还称兰香为"幽香""幽芳"，一方面与兰花处于幽地有关，另一方面则与兰花的香气特点有关，兰香是阵发性的，时浓时淡，似有若无，给人宁静、幽远之感，故而称之，如朱熹《兰》"可能不作凉风计，护得幽香到晚清"⑤，刘克庄《寄题赵尉若钰兰所六言四首》其三"高标可敬难狎，幽香似有如无"⑥，程俱《山居·崇兰坞》"猗兰转光风，幽芳被山谷"⑦等，皆以"幽"形容兰花香气。

兰花生长环境之幽僻，以及香气之幽远，使得兰花具有了幽静的气质神韵，多为人所称道，如陈瓘《藏春峡四首》其二"我来不为看桃李，只爱幽兰静更香"⑧，王十朋《林下十二子诗·兰子芳》"林下自全幽静操，纵无人采亦何伤"⑨等，皆言兰花有幽静之韵。李复《杂

---

① ［宋］李纲撰《梁溪集》，文渊阁《四库全书》第 1125 册，第 554 页。
② 傅璇琮等编《全宋诗》第 57 册，第 35811 页。
③ ［宋］苏辙撰，陈宏天、高秀芳点校《苏辙集》，《中国古典文学基本丛书》，中华书局 1990 年版，第 260 页。
④ 唐圭璋编《全宋词》，中华书局 1965 年版，第 960 页。
⑤ ［宋］朱熹撰《晦庵先生朱文公文集》，《朱子全书》第 20 册，第 550 页。
⑥ ［宋］刘克庄撰，辛更儒笺校《刘克庄集笺校》，第 1418 页。
⑦ 傅璇琮等主编《全宋诗》第 25 册，第 16304 页。
⑧ ［宋］赵蕃撰《淳熙稿》，文渊阁《四库全书》第 1155 册，第 166 页。
⑨ 傅璇琮等主编《全宋诗》第 36 册，第 22660 页。

诗》其一"猗兰生幽林，秀叶凝绿滋。含芬静不发，默与清风期"[①]，兰花生于幽林，虽含香却安静不发，只是默默等待清风的来临。这与黄庭坚《书幽芳亭》所言相似，"兰虽含香体洁，平居萧艾不殊，清风过之，其香霭然，在室满室，在堂满堂，是所谓含章以时发者也"[②]，可谓宁静致远。戴昺《腊前见兰花》"兰丛才一干，独向腊前开。托荫偏宜竹，先春不让梅。韵从幽处见，香自静中来"[③]，兰花生长在竹林丛中，幽处见韵、静中有香。此外，兰花的幽静气质还在它花的衬托之下更加凸显，如苏过《寄题岑彦明猗兰轩诗》："群芳争春风，百态工妩媚。毛嫱与西施，未易笑倚市。岂如空山兰，静默羞自致。幽香不可寻，独秀繁露坠。"[④]群花争春，姿态妩媚，惟有山中兰花，静默无闻，有幽静之韵。兰花这种与世无争的幽静神韵，又容易使人联想到人的淡泊品质，如王庭圭《和葛德裕寄纸觅兰四绝句》其二"林下无人亦自芳，幽姿闲澹若深藏"[⑤]，谢枋得《赠相士郭少山》"崇兰生深林，澹泊一点芳"[⑥]等，皆言兰花有淡泊之质。

兰花幽静的气质神韵，主要源于其生长习性及生物属性上的"幽""静"特征，也源于人们对幽静的崇尚与追求，从而移情于兰花，对兰花的幽静品性加以发掘和表现，使兰花的幽静之美得以凸显。

三、孤高自傲

兰花生于幽地，不因无人欣赏而不芳，不媚俗、不争春，寂寞无

---

① 傅璇琮等主编《全宋诗》第19册，第12403页。
② [宋]黄庭坚撰，刘琳、李勇先、王蓉贵校点《黄庭坚全集》，第705页。
③ [宋]戴昺撰《东野农歌集》，文渊阁《四库全书》第1178册，第691页。
④ 傅璇琮等编《全宋诗》第23册，第15457页。
⑤ [宋]王庭珪《卢溪集》，文渊阁《四库全书》第1134册，第186页。
⑥ 傅璇琮等编《全宋诗》第66册，第41404页。

闻，幽而独芳，有孤高神韵。兰花的孤高品性依然离不开生长环境的影响，兰花的生长之地或深山丛林、或山崖幽谷、或荒林野径，皆是远离尘嚣的幽僻之地，然而兰花身处无人之地，却依然散发芳香，犹如绝世高人，孤特而高洁，因此人们抓住兰花的这一品性，在文学作品中予以不同角度的揭示和表现。如徐鹿卿《咏兰》："丛兰抱幽姿，结根托山壤。所据良孤高，其下俯深广。云气接清润，雨露从资养。虽然翳深林，未肯群众莽。轮蹄纷紫陌，谁此事幽赏。幽赏纵不及，香风自来往。"①描写了山崖之兰，丛兰生长在山崖之上，孤高自傲，不与众草为群，幽而自芳。刘克庄《兰》："深林不语抱幽贞，赖有微风递远馨。开处何妨依藓砌，折来未肯恋金瓶。孤高可挹供诗卷，素淡堪移入卧屏。"②描写的是深林之兰，独抱幽贞，不恋世俗，孤高自守。张炎《国香》（赋兰）："空谷幽人。曳冰簪雾带，古色生春。结根未同萧艾，独抱孤贞。"③描写的是空谷幽兰，兰花在冰雾之中，自生春意，不与萧艾结根，独抱孤贞。郑清之《竹下见兰》："竹下幽香祇自知，孤高终近岁寒姿。"④描写的是竹林之兰，独自散发着幽香，岁寒也不改其姿，孤贞而高洁。

需要注意的是，兰花的孤高不仅表现为无人自芳的自律自守，还表现为不为人芳的自高自傲，如张守《兰室》"分得骚人九畹香，时人不服更幽芳"⑤，没有人佩带反而更加芳香，薛季宣《春兰有真意》

---

① ［宋］徐鹿卿撰《清正存稿》，文渊阁《四库全书》第1178册，第923页。
② ［宋］刘克庄撰，辛更儒笺校《刘克庄集笺校》，第181页。
③ ［宋］张炎撰，吴则虞校辑《山中白云词》，中华书局1983年版，第70页。
④ ［宋］郑清之撰《安晚堂集》，文渊阁《四库全书》第1176册，第853页。
⑤ ［宋］张守撰《毗陵集》，文渊阁《四库全书》第1127册，第847页。

"春兰有真意，穷居在中谷。端不为人香，无言自幽独"①，春兰穷居在山谷，不为人而芳，都是宁愿"幽香抱枝死"，也不想、不愿为人而芳，表现出特立独行、孤傲自高的神韵品格。

四、凌寒不凋

兰叶四季常青，经冬不凋，有凌寒之姿，如苏辙《种兰》"知有清芬能解秽，更怜细叶巧凌霜"②，方一夔《感兴二十七首》其十五"霜雪冻不死，寒碧秋更绿"③，描写的都是兰叶不畏霜雪之欺。有的兰花花期处于霜寒季节，如春兰花期处于冬春之交，建兰花期处于秋冬之交，寒兰花期则处于冬季，因此兰花花朵亦有凌寒之姿，如洪咨夔《古意谢崔扬州辟》其二"深林兰自芳，寒节耿独抱"④，姚述尧《点绛唇·兰花》"潇洒寒林，玉丛遥映松篁底。凤簪斜倚。笑傲东风里。一种幽芳，自有先春意"⑤等，描写的都是兰花迎寒自芳。相比于兰叶的四季常青，兰花的迎寒盛开似乎更能触动人心，兰花的凌寒之姿常与雪联系在一起，一般草木遇雪凋枯，而兰花却迎雪而开，兰花娇嫩、柔弱，在霜雪的衬托之下，使人为之动容、心生爱怜，因此人们更多的是赞美兰花凌雪傲寒的品性。

人们抓住兰花的花期习性，描写了雪中兰花的多姿多彩。冬春之际的兰花：释元肇《兰》"绝无人处有香飘，树底岩根雪未消"⑥，

---

① [宋]薛季宣撰《浪语集》，文渊阁《四库全书》第1159册，第236页。
② [宋]苏辙撰，陈宏天、高秀芳校点《苏辙集》，第240页。
③ [宋]方夔撰《富山遗稿》，文渊阁《四库全书》第1189册，第379页。
④ [宋]洪咨夔撰，侯体健点校《洪咨夔集》，《浙江文丛》，浙江古籍出版社2015年版，第25页。
⑤ 唐圭璋编《全宋词》，第1557页。
⑥ 傅璇琮等编《全宋诗》第59册，第36924页。

残雪未消，兰花在无人处飘香；张炎《国香》"空谷幽人。曳冰簪雾带，古色生春"①，诗人运用拟人手法，兰花簪冰带雾，自生春意。秋冬之际的兰花：释绍昙《题秋堂四兰》其四"大雪申威，万木摧拉，独能擢芳于凝冱中，虽百折不委"②，兰花迎雪独芳；薛嵎《冬兰》"出林讵为晚，知我岁寒心。不入离骚怨，来亲冰雪吟。众芳归槁壤，独干长穷阴。为有幽人致，相看情倍深"③，兰花不畏冰雪，有岁寒之姿。

综上，兰花脱俗、幽静、孤高、凌寒的风采神韵，是建立在兰花自然属性美的基础之上，同时也离不开兰花生长习性的影响，人们通过对兰花形态、习性等外在的审美关照，发生移情、联想，从而赋予兰花主观的情感色彩，揭示了兰花的种种神韵美，同时只有欣赏到兰花的这种内在神韵美，才算是真正感受到了兰花之美。

第四节　兰花的君子人格象征

宋人欣赏兰花之时，在主观情感及人格意志的作用下，发掘了兰花的神韵品格之美，而在这一品格美的认识基础上，兰花的道德人格象征意义得以强化，尤其是在黄庭坚的作用之下，兰花的君子人格形象得到了宋人的高度认可，成为宋代文人士大夫君子理想人格的完美象征。

兰花的君子形象在诗文中多有体现，如连文凤《对兰》"爱之似

---

① ［宋］张炎撰，吴则虞校辑《山中白云词》，中华书局1983年版，第70页。
② 傅璇琮等编《全宋诗》第65册，第40823页。
③ ［宋］薛嵎撰《云泉诗》，文渊阁《四库全书》第1186册，第747页。

君子，好不在花枝"①，喜爱兰花不是因为它的姿色美，而是因为它犹如君子一般的品格。郑伯熊《清畏轩》"不入儿女玩，岁晚得自持。所以古君子，清德畏人知"②，兰花有德却不愿人知，可谓古君子。释绍昙《题兰蕙》其一"色淡而清，节香而贞。隐德不耀，咀华含英。君子同其芳洁，写真不堕丹青"③，兰花颜色素淡，香气幽隐，有德而不显耀，可谓有君子之德。其中王贵学对兰花君子品格的解读最具特色，其《王氏兰谱》序云："世称三友，挺挺花卉中，竹有节而啬花，梅有花而啬叶，松有叶而啬香，惟兰独并有之。兰，君子也，餐霞饮露，孤竹之清标，劲柯端茎，汾阳之清节，清香淑质，灵均之洁操，韵而幽，妍而淡，曾不与西施、何郎等伍，以天地和气委之也。"④兰花色淡韵幽，有清标、清节以及芳洁之操，无论在外形还是品格上都不输"岁寒三友"，在与三友的对比中凸显出兰花的君子品格。兰花"君子"形象在宋代得以确立，受时代及主体心理的不同影响，兰花的"君子"内涵呈现出不同形态，主要表现为以下几种。

一、高人

高人即志趣品行高尚之人，非寻常之人，他们超凡脱俗、志行高洁，可以说是一个时代的"道德模范"，兰花不仅有脱俗之韵，还有芳洁之质，与高人道德品行有相似之处，因此宋人常将兰花与高人联系在一起，以兰花比德高人，如郭印《兰坡》"高人采撷纫为佩，养

---

① 傅璇琮等编《全宋诗》第69册，第43373页。
② ［宋］李庚编，［宋］林师蒧、林表民增修《天台续集别集》，文渊阁《四库全书》第1356册，第588页。
③ 傅璇琮等编《全宋诗》第65册，第40822页。
④ ［宋］王霆震撰《古文集成前集》，文渊阁《四库全书》第1359册，第80页。

之盆盎移中堂"①，何耕《兰坡》"兰与高人臭味同，含薰聊复待清风"②，王柏《和秋涧惠兰韵》"却似高人来伴我，幽芬日日透帘栊"③等。人们以兰花比德高人，首先是因为兰花有"高标"，如刘克庄《寄题赵尉若钰兰所六言四首》其三"高标可敬难狎，幽香似有如无"④，张嵲《取兰梅置几上三首》其一"兰茁梅枝两并奇，高标真不负深知"⑤，皆言兰花有高标。高标，即超凡出众的清高风韵，兰花外形清淡素雅有超凡之姿，幽香深藏不耀有清高品性，可谓有高人风范。其次则是因为兰花"远俗"，如刘子翚《次韵六四叔兰诗》"还似高人远尘俗，争辉玉树亦何心"⑥，兰花深居幽处，远离尘俗，与世无争，高洁不染，似有高人之志。再者就是因为兰花有"常德"，张嵲《取兰梅置几上三首》其三"还似高人有常德，年年只作旧时香"⑦，兰花香气清幽，历年香气不变、不减，"节香而贞"，有高人之德。兰花比附高人，着重强调的是道德品格方面的超凡出众，表现的是兰花"高洁脱俗"的一面，寄托了文人士大夫的超逸高洁情怀以及崇高道德理想。

二、隐士

隐逸思想在我国传统思想文化中占有十分重要的地位，在类型上主要分为儒家隐逸思想和道家隐逸思想。其中儒家隐逸较多受外在因

---

① [宋]郭印撰《云溪集》，文渊阁《四库全书》第1134册，第43页。
② 傅璇琮等编《全宋诗》第43册，第26847页。
③ [宋]王柏撰《鲁斋集》，文渊阁《四库全书》第1186册，第26页。
④ [宋]刘克庄撰，辛更儒笺校《刘克庄集笺校》，第1418页。
⑤ [宋]张嵲撰《紫微集》，文渊阁《四库全书》第1131册，第430页。
⑥ [宋]刘子翚撰《屏山集》，文渊阁《四库全书》第1134册，第501页。
⑦ [宋]张嵲撰《紫微集》，文渊阁《四库全书》第1131册，第430页。

素条件的影响，正所谓"天下有道则见，无道则隐"，如科场失意、官场不顺、改朝换代等诸多现实羁绊，成为士人被迫选择隐居的原因。而道家隐逸则较少受客观现实因素的影响，纯粹是一种发自内心的精神追求方面的超越，是士人主动选择隐逸。正如肖玉峰在《隐士的定义、名称及分类》一文中所言："儒家隐逸多出于一种道义感、使命感和社会责任感，是对儒家理想社会秩序的自觉维护；而道家隐逸则追求个性的张扬、人性的解放和精神的绝对自由，是对社会、强权压抑人性的反叛。"[1]虽然儒家隐逸思想与道家隐逸思想存在明显的差别，但无论是儒隐还是道隐，在世人看来都是一种高尚行为，我国历朝历代都有"尊隐"传统，隐士成为一类受人敬重的群体。宋代统治者实行重文轻武政策，礼遇文人士大夫，在相对宽松、自由的社会政治环境下，作为士人群体重要组成部分的隐士，自然也在统治者礼遇范围之内。据张海鸥统计，《宋史·隐逸传》收隐士49人，其他见诸文献记载的接近400人[2]，另外还有许多隐士行迹隐秘，未留姓名，不为人知，总之宋代隐士无论在数量还是社会影响力上都超过前代。宋代统治者延续前代的尊隐传统，不仅尊重隐士的自由选择，还嘉奖、表彰那些有名望的隐士，并对他们实行征召、鼓励参与政治等，可见宋代隐士具有很高的社会地位。

正是在这种隐逸风气盛行以及隐士受尊崇的社会文化背景之下，兰花的隐逸内涵得以发掘，从而被赋予了隐士的人格象征意义。一般认为隐士主要具备两个条件，一是有才德，二是隐居不仕。黄庭坚《书

---

[1] 肖玉峰《隐士的定义、名称及分类》，《重庆文理学院学报（社会科学版）》2009年第6期。
[2] 张海鸥《宋代隐士隐居原因初探》，《求索》1999年第4期。

幽芳亭》云："兰虽含香体洁，平居萧艾不殊，清风过之，其香霭然，在室满室，在堂满堂，是所谓含章以时发者也。"①兰花满腹芳香，有隐士之才德，另外兰花生长在幽僻之地，远离世俗，不愿媚俗于人，符合隐士的隐逸志趣，因此宋人多以兰花比附隐士。其中李纲对兰花隐逸内涵的理解颇为透彻，其《幽兰赋》序云："二兰皆喜生于高山深林、闃寂无人之境，则芬芳郁烈，茂盛而远闻。移而置于轩庭房室之间，不过一再岁，华益鲜而香益微。盖其天性如此，故古人又以幽兰目之。与夫山林隐遯之士，耿介高洁，不求闻达于人，而风流自著者，亦何以异？"②兰花在无人之地芳香浓郁，十分幽远，而一旦被移种到轩庭房室，则香气损减，可见兰花天性适合幽隐，它的这种品性与山林隐士十分相符。

此外，隐士名称繁多，人们还常将兰花比附为"幽人""幽客""处士""逸士""隐君子"等，都是隐士之意，这在宋人诗文中多有体现。黄庭坚《封植兰蕙手约》"山谷老人寓笔研于保安僧舍，东西窗外封植兰蕙，西蕙而东兰，名之曰清深轩。涉冬既寒，封塞窗户，久而自隙间视之，郁郁青青矣。乃知清洁邃深，自得于无人之境，有幽人之操也"③，兰花在无人之境，清洁自持，有幽人之操。王庭珪《幽兰寄向文刚二绝句》其一"西风黄叶深林下，忽有新兰动地香。公子夜寒谁对语，应容幽客到书房"④，诗人称兰花是幽客，宋人张敏叔曾作花中"十客"，其中兰花为"幽客"，可见兰花幽隐形象已经十

---

① ［宋］黄庭坚撰，刘琳、李勇先、王蓉贵校点《黄庭坚全集》，第705页。
② ［宋］李纲撰《梁溪集》，文渊阁《四库全书》第1125册，第508页。
③ ［宋］黄庭坚撰，刘琳、李勇先、王蓉贵校点《黄庭坚全集》，第1692页。
④ ［宋］王庭珪撰《卢溪集》，文渊阁《四库全书》第1134册，第186页。

分普遍。赵以夫《咏兰》"一朵俄生几案光，尚如逸士气昂藏。秋风试与平章看，何似当时林下香"①，兰花犹如深藏不露的逸士。毛滂《育阁黎房见秋兰有花作》"譬如隐君子，悃愊初无华。深藏不自献，清芬亦难遮"②，兰花好似隐君子，满腹才德却隐而不发。

兰花隐士人格象征意义的生成离不开宋代隐逸之风的影响，以兰花比附隐士，着重表现的是兰花处于幽地"深藏不献"的一面，寄托的是文人士大夫的隐逸情怀，可以说是对时代精神和理想的一种反映。

三、志士

兰花既有无人自芳的气节操守，又有不畏寒霜的坚贞品质，因此人们常将兰花与那些具有贞刚节操的仁人志士联系在一起。宋祁《杨秘校秋怀》其三："治畹当树兰，治林当植桂。兰生可香国，桂茂绝丛荟。邈哉志士节，所趣与人异。"③仁人志士树兰植桂，体现出非凡的志趣。方岳《双头兰》："夷齐首阳饿，宇宙难弟兄。同心倚雪厓，世外一羽轻。紫茎孕双苗，岂有儿女情。贤哉二丈夫，万古离骚情。"④双头兰，即一萼之上并生两花，夷齐，即伯夷和叔齐，两人在商灭亡后不食周粟，最终饿死在首阳山，是我国古代讲求道义、坚守气节的典范，也是历代仁人志士称赞的对象，诗人将双头兰比拟为伯夷、叔齐，着重表现的是兰花"坚贞"的一面。南宋国家危亡之际，涌现出了一大批爱国主义诗人、词人，他们反对议和、力争抗金，并将这种爱国思想表现在他们的诗词之中，在这种背景下，兰花"坚贞"的一面也

---

① 傅璇琮等编《全宋诗》第59册，第27021页。
② ［宋］毛滂撰《东堂集》，文渊阁《四库全书》第1123册，第703页。
③ ［宋］宋祁撰《景文集》，文渊阁《四库全书》第1088册，第53页。
④ ［宋］方岳撰《秋崖集》，文渊阁《四库全书》第1182册，第266页。

得以发掘和表现。陈与义《蕙》:"人间风露不到畹,只有酴奴无世尘。何须更待秋风至,萧艾从来不共春。"①蕙兰绝不与萧艾"共春",体现了诗人不愿与卖国小人同流合污的高尚节操。郑思肖《墨兰》:"钟得至清气,精神欲照人。抱香怀古意,恋国忆前身。空色微开晓,晴光淡弄春。凄凉如怨望,今日有遗民。"②郑思肖是我国历史上著名的爱国遗民诗人,南宋灭亡后,他坚决不入元为官,誓死忠于宋王朝,他擅长画兰,且多画兰明志,寄托自己的遗民情怀,该诗就是一首题画兰诗。诗人首先赞美兰花的清气是集聚天地日月精华而得,因此兰花的神韵光彩照人,接着诗人不禁陷入对前朝的回忆之中,兰花虽有芳香却心怀故国,不断想念、回忆前朝,遥想到从前天色渐渐明亮,兰花在春日晴光下摇摆弄姿的美好光景。最后诗人由回忆回到现实中来,抒发自己身为遗民的怨恨之情。整首诗歌,诗人托物咏怀,借兰花抒发了自己的故国之思、亡国之痛,寄托了诗人坚贞不屈的遗民情怀,兰花被赋予了爱国志士的人格象征意义。

兰花君子人格象征意义的形成,除了受到前代兰草意象的影响外,原因是多方面的,首先这与宋代社会儒学的复兴以及伦理道德意识高涨的文化背景有关,宋代文人士大夫不断追求理想道德人格的完善,这体现在花卉审美中,则表现为对花卉人格象征意义的大力发掘,即花卉"比德"意识十分普遍,关于这一现状,程杰师《梅花象征生成的三大原因》中有详细论述:"具体到花卉审美,则是'其志洁故其称物芳'之象征认识及其流行,因物'比德'、艺物表德、重'神'轻

---

① [宋]陈与义撰,吴书荫、金德厚点校《陈与义集》,《中国古典文学基本丛书》,中华书局1982年版,第519页。
② 傅璇琮等编《全宋诗》第69册,第43415页。

'形'、弃'色'求'德'成了最普遍、最基本的审美取向。"①兰花虽是后起之秀,但在前代兰草比德的影响之下,兰花比德象征之义得到凸显,因此兰花成为宋人常用以比德的花卉之一。另外,这还与兰花自身的生物特性有关,兰花颜色素净,清香远溢,有清新脱俗之美,兰叶则经冬不凋、四时常青,有凌霜傲雪之姿,兰花生于幽地、无人自芳,有坚贞之质,这些都是兰花君子人格象征意义生成的重要生物基础。总之,兰花意象的高洁出众、隐德不耀、独抱幽贞是兰花君子人格象征的三个主要方面,分别从不同角度阐释了"君子"的人格境界,呈现出了君子的不同形态,成为文人士大夫寄托理想人格的完美象征。

---

① 程杰撰《梅花象征生成的三大原因》,《江苏社会科学》2001年第4期。

结　语

　　我国历史上的"兰"存在兰草与兰花的区分、演变问题。中晚唐是兰草与兰花的对接时期，此时始见兰花踪迹，个别地区出现了兰花的种植与欣赏活动，但仍属罕见现象，并未得到普及。宋代则是兰草与兰花的转变时期，此时兰花普遍流行开来，宋人虽对前代之兰产生质疑，并对兰草、兰花多有辨别，但显然兰花已经得到宋人的普遍接受与认可，而兰花园艺种植的兴起、文人赏兰风气的盛行，最终确立了兰花的正统地位，从而兰花取代兰草，独享兰名，成为文人墨客纷纷吟咏、表现的对象。需要指出的是我们这里所说的兰花取代兰草，主要是从文学与文化的视角而言，是一种社会文化层面上的演变，如文人咏兰、画家绘兰的对象都明确是兰花而不再是兰草，因此两者的演变，可以说是兰草文化时代的结束、兰花文化时代的开启。兰草黯然退场、兰花取而代之，既有内因又有外因，兰草社会应用价值的衰落、兰花观赏价值的凸显是其内在原因，而宋人审美情趣及时代文化精神的差异则是其外在原因。因此，我国兰文学与兰文化实际上包括兰草与兰花两部分，这在我国植物文化的历史发展过程中实属罕见，而这也正是我国兰文学与兰文化的独特之处。

　　先秦时期是我国兰草文学与文化的发轫期，对后世兰草、兰花文学与文化的发展都具有重要的引导作用。这一时期兰草以独特芳香引人关注，成为人们社会生活中应用十分广泛的一种香草。一方面在日常生活中，兰草可用于饮食、熏香、医疗等，具有很高的实用价值；另一方面在民俗节庆中，人们认为兰草具有"襀""祈"功能，具有丰富的精神文化意义。兰草突出的社会应用价值，奠定了兰草崇高的社会地位，兰草成为一种深受人们喜爱和重视的香草。由于兰草具有广泛应用价值以及重要社会影响力，兰草成为先秦儒家比德的物象之一，人们由兰草生于幽地、无人自芳的生物特性联想到君子穷困守节、坚守自我的高洁品性，从而赋予了兰草崇高的君子人格象征意义。这一时期兰草意象还开始进入文学表现领域之中，散见于《诗经》、楚辞以及诸子散文之中，其中尤以屈原楚辞作品中的兰草意象最具开创性和代表性。在这些文学著作中，兰草意象多具有美好的象征寓意，反映了人们朴素、乐观的情感向往，而楚辞中丰富的兰草意象不仅是屈原精神寄托的载体，还成为高洁、忠贞人格的象征，奠定了我国以兰比德的文学传统，对后世兰草、兰花意象及题材的文学创作具有重要的典范意义。

汉魏六朝时期人们对兰草的审美认识开始兴起，兰草的审美属性得到充分揭示与表现，兰草开始成为独立的审美对象，同时以兰草作为意象和题材的文学创作也随之兴起，并在南北朝时期得到迅速发展。这一时期朝代政权的频繁更迭以及社会的动荡不安，使得人们对兰草的盛衰交替格外敏感，兰草成为人们寄寓各种情感的载体，其中主要是对生命短暂易逝、人生艰辛不遇的消极悲观情绪，体现出强烈的个性特色与鲜明的时代特征。同时，兰草逐渐形成了丰富的象征内涵，不仅成为贤才的代称，建立了与女子之间的类比关系，还逐渐成为友情的象征，兰草的比德内涵也在前代的基础上得以丰富和发展。

唐代兰草文学创作渐趋成熟，兰草意象和题材的文学作品不仅在数量上较前代大大增加，在艺术表现及情感表达上也取得了很大进步。这一时期文学作品中对兰草的物色描摹更加全面细致，其物色审美得以整体表现，还开始注重以形写神，兰草的神韵美感也得以揭示。此外唐代文人还发掘了"衰兰"意象，着意表现兰草的残枯、凋零之美，并且将人的主观情感与之相融合，从而达到情景交融的艺术效果，这是唐代文人对兰草审美认识的一种显著进步。唐代兰草文学创作不仅更加注重对自身情感的抒发，还注入了鲜明的政治意愿，流露出文人对入仕及建功立业的强烈渴求，兰草意象成为文人寄托入仕理想的载体。同时兰草独立的人格象征意义也在唐代得以强化，人们强调的是兰草抱独守真、不为名利束缚的人格精神象征。中晚唐时期兰花开始出现，兰花的栽种与欣赏活动在江南地区偶有出现，但还仅是极少见的个别现象，因此唐代作为兰草与兰花的对接时期，为宋代兰花的流行起到了重要的推动作用。

宋代园林繁盛、赏花风气普遍盛行，在此背景之下，兰花的欣赏与园艺种植活动也开始兴起，文人赏兰、艺兰热情高涨，兰花成为古代园林中的一种常见花卉。兰花的兴起引发了宋人对古兰、今兰的辨析，特别是黄庭坚、朱熹等文人名士的参与，极大地提高了兰花的社会影响力，而这一辨析过程又推动了宋人对兰花的肯定与认可，从而兰花取代兰草，独享兰名，成为宋人心中唯一的"兰"。与此同时，宋人对兰花的审美活动也迅速兴起，并在南宋时期趋于成熟。兰花的种植欣赏活动虽不如梅花、荷花、芍药等历史悠久，但是兰花文学创作无论是在作品数量、题材内容还是艺术表现上都不比他花逊色，兰花的审美形象、情感意蕴、象征内涵都得到了全面、深入的揭示与表现，形成了丰富深厚的文学意蕴，成为我国古代文学中十分重要的一种意象和题材。

我们需要特别注意的是，从生物属性上看，兰草与兰花是两种不同的植物，但从文学层面上看，两者实际上存在明显的继承关系，兰花意象的文学表现与审美意蕴，都在一定程度上是对兰草意象的继承和演变，或者可以说自兰草开始，文学作品中的"兰"在某些方面就已经被打上了符号化、概念化的烙印。关于这一点，最明显的就是以兰比德的文学模式，兰草被赋予的君子品格、高洁人格、美好品德，同样适用于宋代兴起的兰花，即便宋人已经觉察、意识到兰花与兰草的不同，但文人咏兰花之时依然会自觉地惯用前代形成的兰草比德模式。这与兰花、兰草之间的"共性"有关：一方面两者在各自所处时代都以香著称，兰草有"国香""王者香"之称，兰花则有"香祖""第一香"之誉，都被认为具有极致的香气；另一方面两者一般都喜欢生长在比较幽静的地方，因此兰草与兰花都有"幽兰"之称，都被认为具有无人自芳的幽性。香气和幽性是咏兰草文学作品中着力表现的审美特征，而兰花也正好具备了兰草的这两项审美特征，因此文人吟咏兰花之时自然会对前代的咏兰模式多有沿袭，这实际上也是文学发展过程中的一种惯性使然。兰花文学创作虽然在一定程度上对兰草文学有所继承，但两者在文学表现上依然存在明显的不同和差异，而这些差异性正是兰花的独特性，也是由兰草文学向兰花文学演变的一种重要表现，主要体现在以下三个方面：

1. 审美形象的不同。兰草是以香著称的香草，独特而浓郁的芳香是兰草审美的出发点，因此兰草作为意象和题材的文学作品中，香气成为最主要的表现对象。人们着重表现的是兰草香气独特、浓郁的特征，其表现模式多种多样，或写兰草生于众草之中但香气不掩，或写兰草香气可随风飘至远方等。与兰花相比，兰草外形并不出色，人们对兰草物色的描写一般比较简单、切实，主要表现兰草的茂盛、艳丽之美。此外，兰草春生秋枯的季节性特征也是兰草审美表现的对象，或表现兰草春天萌芽成苗的生机状态，或表现兰草秋天枯萎的衰败景象。人们对兰草审美形象的表现总体上呈现出客观、切实的"写形"特点。与兰草一样，兰花也是以香著称，香气特征也是兰花意象及题材文学作品的主要表现对象，但与兰草香气不同的是，兰花香气仅由花朵散发而出，十分清新、醇正，人们主要表现的是兰花的清香，而且更加注重兰花香气在精神上带给人的审美感受。此外，兰花在外形上也占有绝对优势，兰叶细长柔美，兰花清秀疏淡，姿态优美高雅，因此物色、姿韵也是兰花重要的审美形象特征，人们对兰花审美形象的描写，包括香、色、姿、韵四个方面的整体性关照，并且更加注重"以形写神"，发掘兰花的内在神韵美感，充分展现的是兰花由外及内的美感特征。

2. 情感寄寓的不同。文学作品中，无论是兰草意象还是兰花意象，都是人们寄寓情感的一种载体，但两者所蕴含的情感意蕴存在明显的不同。人们通过兰草意象或寄托身世之感、离愁别绪，或抒发美丽易逝、时序代迁的感伤，多是一些悲伤、消极的情绪感受。而宋代文人多以兰花自比，通过兰花意象或寄托自身高洁的情志，或抒发隐逸自得的情怀，多是一些高尚、积极的情绪感受。兰草意象与兰花意象的这种不同，一方面源于两者生物特性的不同，植物意象的情感意蕴都是以植物的生物特性作为"物质"基础的。兰草是香草，生于幽地，虽然芳香独特，却不一定为人所知，并且兰草春生秋枯，美丽易衰，人们由兰草的这些生物特性容易联想到自身的不幸命运，如怀才不遇、生命短暂、青春凋零、壮志难酬等；兰花是观花植物，亦生于幽地，香清溢远，四季常青，且不畏冰霜之寒，人们由兰花的这些秉性联想到的是人的高洁、坚贞品性。另一方面与两者各自所处的社会文化、时代精神有关。兰草作为意象、题材的文学创作主要集中在魏晋南北朝和唐代时期，魏晋南北朝时期政权更迭频繁、社会动乱不安，人们多生活在水深火热之中，因此兰草的荣枯交替、美丽易逝等都容易引发时人的各种敏感情绪，其中最多的就是对人生命运的柔弱无奈、短暂易逝的感慨。而兰花意象和题材的文学创作兴盛于宋代，宋代理学兴起，社会伦理道德意识高涨，文人士大夫普遍追求自身道德品格的完善，这种时代精神投射到兰花审美中，则表现为对兰花品格意趣的讲究，因此人们借兰花意象更多抒发、寄托的是乐观、积极向上的情感意志。

3. 象征内涵的不同。兰草与兰花都具有丰富的象征内涵，实际上兰花的象征内涵在很大程度上是对兰草象征内涵的继承与演变，自兰草时期形成的以兰比德传统同样适用于兰花，虽是如此，但两者仍然存在不同之处。兰草自先秦时期就是儒家比德的物象之一，其后特别是在屈原的作用之下，兰草被赋予了高洁的人格象征，兰草既象征美德，又象征具有美德的人，这成为历代兰草意象最基本、最主要的象征内涵。除了道德层面上的象征内涵，兰草还象征着美好的友情、美丽的女子等。而宋代文人在前代兰草比德的基础上，更加强调的是兰花作为君子人格的象征，突出的是兰花阳刚的一面，很少以兰花类比女子，使兰花逐渐摆脱了女子的脂粉气息，并且宋人心目中的"君子"内涵是具有多种不同形态的，宋人发掘了兰花坚贞、独立、淡泊等多种高尚品质，将兰花比附为高人、隐者、志士等，这都属于君子的行列，较前代兰草的君子人格象征内涵要更加丰富和完善。

总之，我国兰文学与兰文化始于兰草，盛于兰花，两者都在各自为主的历史时期发挥了重要影响。兰草主要以广泛的社会应用价值受人爱重，并形成了重要的精神文化意义，而兰花则主要以较高的观赏价值引人瞩目，形成了丰富深厚的审美意蕴，两者各有所重，共同构成了我国完整意义上的兰文学与兰文化。同时我们需要明白的是，兰花的兴起离不开前代兰草的影响，如果没有兰草在文学与文化方面的积淀作用，兰花也不会在宋代得以迅速兴起，因此从这个角度而言，兰花的兴起并不是简单地取代了兰草，而是对兰草在文学与文化领域的一种延续和新变。延续不仅是在文学表现及文化意蕴上对兰草的一种继承，更是对"兰"这一文学、文化符号的一种延伸和继续；新变则是兰花不同于兰草的一种独特性，是以兰花特有的生物属性为基础的创新和变化，这也是前代兰草所不具有的新的文学及文化意蕴。

征引文献目录

说明：

一、"书籍类"按书名汉语拼音字母顺序排列。

二、"论文类"按论文首位作者的汉语拼音字母顺序排列。

一、书籍类

1.《安晚堂集》，[宋]郑清之撰，文渊阁《四库全书》本，台北：台湾商务印书馆，1986年。

2.《白居易诗集校注》，[唐]白居易撰，谢思炜校注，《中国古典文学基本丛书》，北京：中华书局，2006年。

3.《白虎通疏证》，[清]陈立疏证，吴则虞点校，《新编诸子集成》，北京：中华书局，1994年。

4.《抱朴子外篇校笺》，[晋]葛洪撰，杨明照校笺，《新编诸子集成》，北京：中华书局，1991年。

5.《本草乘雅半偈》，[明]卢之颐撰，冷方南、王齐南校点，北京：人民卫生出版社，1986年。

6.《本草纲目》，[明]李时珍撰，北京：人民卫生出版社，1975年。

7.《本草衍义》，[宋]寇宗奭撰，北京：人民卫生出版社，1990年。

8.《本堂集》，[宋]陈著撰，文渊阁《四库全书》本，台北：台湾商务印书馆，1986年。

9.《茶山集》，［宋］曾几撰，文渊阁《四库全书》本，台北：台湾商务印书馆，1986年。

10.《曹植集校注》，［三国魏］曹植撰，赵幼文校注，北京：人民文学出版社，1984年。

11.《岑参集校注》，［唐］岑参撰，陈铁民、侯忠义校注，上海：上海古籍出版社，1981年。

12.《长沙马王堆一号汉墓出土动植物标本的研究》，湖南农学院、中国科学植物研究所著，北京：文物出版社，1978年。

13.《陈与义集》，［宋］陈与义撰，吴书荫、金德厚点校，北京：中华书局，《中国古典文学基本丛书》，1982年。

14.《陈子昂集》，［唐］陈子昂撰，徐鹏校点，北京：中华书局，1962年。

15.《楚辞集注》，［宋］朱熹集注，蒋立甫校点，上海：上海古籍出版社，2001年。

16.《楚辞通故》，姜亮夫著，《姜亮夫全集》，昆明：云南人民出版社，2002年。

17.《楚国礼仪制度研究》，杨华等著，武汉：湖北教育出版社，2012年。

18.《重订屈原赋校注》，姜亮夫校注，天津：天津古籍出版社，1987年。

19.《春秋左传注》，杨伯峻校注，北京：中华书局，1990年。

20.《淳熙稿》，［宋］赵蕃撰，文渊阁《四库全书》本，台北：台湾商务印书馆，1986年。

21.《大戴礼记汇校集解》，方向东集解，北京：中华书局，2008年。

22.《戴复古诗集》，[宋]戴复古撰，金芝山校点，杭州：浙江古籍出版社，1992年。

23.《道咸同光四朝诗史》，[清]孙雄辑，上海：上海古籍出版社，2013年。

24.《第一香笔记》，[清]朱克柔撰，郭树伟译注，《兰谱》，郑州：中州古籍出版社，2016年。

25.《东京梦华录笺注》，[宋]孟元老撰，伊永文笺注，北京：中华书局，2007年。

26.《东莱诗集》，[宋]吕本中撰，文渊阁《四库全书》本，台北：台湾商务印书馆，1986年。

27.《东山诗选》，[宋]葛绍体撰，文渊阁《四库全书》本，台北：台湾商务印书馆，1986年。

28.《东堂集》，[宋]毛滂撰，文渊阁《四库全书》本，台北：台湾商务印书馆，1986年。

29.《东野农歌集》，[宋]戴昺撰，文渊阁《四库全书》本，台北：台湾商务印书馆，1986年。

30.《东洲草堂诗集》，[清]何绍基撰，上海：上海古籍出版社，2012年。

31.《杜牧集系年校注》，[唐]杜牧撰，吴在庆校注，《中国古典文学基本丛书》，北京：中华书局，2008年。

32.《杜诗详注》，[唐]杜甫撰，[清]仇兆鳌注，《中国古典文学基本丛书》，北京：中华书局，1979年。

33.《二如亭群芳谱》，[明]王象晋辑，《元亨利贞四部》，明天启元年刊本。

34.《尔雅翼》，[宋]罗愿撰，石云孙点校，合肥：黄山书社，1991年。

35.《二知轩诗续钞》，[清]方濬颐撰，《续修四库全书》本，上海：上海古籍出版社，2002年。

36.《法苑珠林校注》，[唐]释道世、周叔迦、苏晋仁校注，北京：中华书局，2003年。

37.《范文正公全集》，[宋]范仲淹撰，李勇先、王蓉贵校点，成都：四川大学出版社，2007年。

38.《枫窗小牍》，[宋]袁褧撰，《全宋笔记》，郑州：大象出版社，2006年。

39.《风俗通义校注》，[汉]应劭撰，王利器校注，《新编诸子集成续编》，北京：中华书局，1981年。

40.《佛说灌洗佛经》，[西秦]释圣坚译，《乾隆大藏经》，北京：中国书店，2010年。

41.《（乾隆）福清县志》，[清]饶安鼎修，黄履思等纂，《中国地方志集成》，上海：上海书店，2000年。

42.《富山遗稿》，[宋]方夔撰，文渊阁《四库全书》本，台北：台湾商务印书馆，1986年。

43.《高僧传》，[南朝梁]释慧皎撰，汤用彤校注，北京：中华书局，1992年。

44.《高适诗集编年笺注》，[唐]高适撰，刘开扬笺注，《中国古典文学基本丛书》，北京：中华书局，1981年。

45.《格致镜原》，[清]陈元龙撰，文渊阁《四库全书》本，台北：

台湾商务印书馆，1986年。

46.《攻媿集》，［宋］楼钥撰，文渊阁《四库全书》本，台北：台湾商务印书馆，1986年。

47.《公是集》，［宋］刘敞撰，文渊阁《四库全书》本，台北：台湾商务印书馆，1986年。

48.《古今合璧事类备要》，［宋］谢维新撰，文渊阁《四库全书》本，台北：台湾商务印书馆，1986年。

49.《古文集成前集》，［宋］王霆震撰，文渊阁《四库全书》本，台北：台湾商务印书馆，1986年。

50.《乖崖集》，［宋］张咏撰，文渊阁《四库全书》本，台北：台湾商务印书馆，1986年。

51.《管子校注》，黎翔凤校注，《新编诸子集成》，北京：中华书局，2004年。

52.《广事类赋》，［清］华希闵撰，《续修四库全书》本，上海：上海古籍出版社，2002年。

53.《广雅疏证》，［清］王念孙撰，南京：江苏古籍出版社，2000年。

54.《韩昌黎诗系年集释》，［唐］韩愈撰，钱仲联集释，上海：上海古籍出版社，1984年。

55.《汉官仪》，［清］孙星衍辑，《汉官六种》，北京：中华书局，1990年。

56.《韩诗外传集释》，［汉］韩婴撰，许维遹校释，北京：中华书局，1980年。

57.《汉书》，［汉］班固撰，北京：中华书局，1962年。

58.《横浦集》，［宋］张九成撰，文渊阁《四库全书》本，台北：

台湾商务印书馆，1986年。

59.《后汉书》，[南朝宋]范晔撰，北京：中华书局，1962年。

60.《洪咨夔集》，[宋]洪咨夔撰，侯体健点校，《浙江文丛》，杭州：浙江古籍出版社，2015年。

61.《淮南鸿烈集解》，[汉]刘安等撰，刘文典集解，冯逸、乔华点校，《新编诸子集成》，北京：中华书局，1989年。

62.《黄帝内经素问注》，[唐]王冰撰，北京：人民卫生出版社，1963年。

63.《黄庭坚年谱新编》，郑永晓编，北京：社会科学文献出版社，1997年。

64.《黄庭坚全集》，[宋]黄庭坚撰，刘琳、李勇先、王蓉贵校点，成都：四川大学出版社，2001年。

65.《晦庵先生朱文公文集》，[宋]朱熹撰，《朱子全书》，上海：上海古籍出版社、安徽教育出版社，2002年。

66.《嵇康集校注》，[三国魏]嵇康撰，戴明扬校注，《中国古典文学基本丛书》，北京：中华书局，2014年。

67.《鸡肋编》，[宋]庄绰撰，萧鲁阳点校，上海：上海书店出版社，1983年。

68.《计然万物录》，[周]计然撰，《丛书集成初编》，北京：中华书局，1985年。

69.《击壤集》，[宋]邵雍撰，文渊阁《四库全书》本，台北：台湾商务印书馆，1986年。

70.《金楼子校笺》，[南朝梁]萧绎撰，徐逸民校笺，北京：中华书局，2011年。

71.《建筑艺术文论》，刘托撰，北京：北京时代文华书局，2014年。

72.《江南野史》，[宋]龙衮撰，《全宋笔记》，郑州：大象出版社，2003年。

73.《晋书》，[唐]房玄龄等撰，北京：中华书局，1974年。

74.《金漳兰谱》，[宋]赵时庚撰，郭树伟译注，《兰谱》，郑州：中州古籍出版社，2016年。

75.《荆楚岁时记》，[南朝梁]宗懔撰，[隋]杜公瞻注，宋金龙校注，太原：山西人民出版社，1987年。

76.《景文集》，[宋]宋祁撰，文渊阁《四库全书》本，台北：台湾商务印书馆，1986年。

77.《静斋至正直记》，[元]孔齐撰，《续修四库全书》本，上海：上海古籍出版社，2002年。

78.《筠溪集》，[宋]李弥逊撰，文渊阁《四库全书》本，台北：台湾商务印书馆，1986年。

79.《（宝庆）会稽续志》，[宋]张淏编，清嘉庆十三年刻本。

80.《兰亭考》，[宋]桑世昌集，《丛书集成初编》，北京：中华书局，1985年。

81.《兰史》，[明]冯京第撰，《兰花古籍撷萃》（第2集），北京：中国林业出版社，2007年。

82.《兰文化》，周建忠撰，北京：中国农业出版社，2001年。

83.《兰言述略》，[清]袁世俊撰，《兰花古籍撷萃》，北京：中国林业出版社，2006年。

84.《兰易》，[明]冯京第撰，《兰花古籍撷萃》，北京：中国林业出版社，2007年。

85.《阆风集》,[宋]舒岳祥撰,文渊阁《四库全书》本,台北:台湾商务印书馆,1986年。

86.《浪语集》,[宋]薛季宣撰,文渊阁《四库全书》本,台北:台湾商务印书馆,1986年。

87.《〈礼记〉成书考》,王锷撰,北京:中华书局,2007年。

88.《离骚草木疏》,[宋]吴仁杰撰,《丛书集成初编》,北京:中华书局,1985年。

89.《李太白全集校注》,[唐]李白撰,郁贤皓校注,南京:凤凰出版社,2015年。

90.《李商隐诗歌集解》,刘学锴、余恕诚撰,《中国古典文学基本丛书》,北京:中华书局,2016年。

91.《梁溪集》,[宋]李纲撰,文渊阁《四库全书》本,台北:台湾商务印书馆,1986年。

92.《岭海兰言》,[清]区金策撰,鲁子青校注,广州:广东人民出版社,1992年。

93.《六臣注文选》,[南朝梁]萧统编,[唐]李善等注,北京:中华书局,2012年。

94.《刘克庄集笺校》,[宋]刘克庄撰,辛更儒笺校,《中国古典文学基本丛书》,北京:中华书局,2011年。

95.《六书故》,[元]戴侗撰,文渊阁《四库全书》本,台北:台湾商务印书馆,1986年。

96.《刘禹锡集》,[唐]刘禹锡撰,卞孝萱校订,《中国古典文学基本丛书》,北京:中华书局,1990年。

97.《列子集释》,杨伯峻集释,《新编诸子集成》,北京:中华书局，1979年。

98.《刘子校释》，[北齐]刘昼撰，傅亚庶校释，《新编诸子集成》，北京：中华书局，1998年。

99.《岭外代答》，[宋]周去非撰，《全宋笔记》，郑州：大象出版社，2013年。

100.《陵阳集》，[宋]韩驹撰，文渊阁《四库全书》本，台北：台湾商务印书馆，1986年。

101.《（道光）龙岩州志》，[清]彭衍堂修，陈文衡纂，《中国方志丛书》，台北：成文出版社，1967年。

102.《潞公集》，[宋]文彦博撰，文渊阁《四库全书》本，台北：台湾商务印书馆，1986年。

103.《陆机集》，[晋]陆机撰，金涛声点校，《中国古典文学基本丛书》，北京：中华书局，1982年。

104.《卢溪集》，[宋]王庭珪撰，文渊阁《四库全书》本，台北：台湾商务印书馆，1986年。

105.《陆游全集校注》，[宋]陆游撰，钱仲联、马亚中主编，杭州：浙江教育出版社，2011年。

106.《鲁斋集》，[宋]王柏撰，文渊阁《四库全书》本，台北：台湾商务印书馆，1986年。

107.《洛阳名园记》，[宋]李廌记撰，《丛书集成初编》，北京：中华书局，1985年。

108.《罗钟斋兰谱》，[明]张应文撰，郭树伟译注，《兰谱》，郑州：中州古籍出版社，2016年。

109.《毛诗草木鸟兽虫鱼疏》，[三国吴]陆玑撰，文渊阁《四库全书》本，台北：台湾商务印书馆，1986年。

110.《梅尧臣集编年校注》，[宋]梅尧臣撰，朱东润校注，《中国古典文学丛书》，上海：上海古籍出版社，1980年。

111.《梦梁录》，[宋]吴自牧撰，文渊阁《四库全书》本，台北：台湾商务印书馆，1986年。

112.《南方草木状》，[晋]嵇含撰，北京：中华书局，1985年。

113.《南唐近事》，[宋]郑文宝撰，《宋元笔记小说大观》，上海：上海古籍出版社，2001年。

114.《南轩集》，[宋]张栻撰，文渊阁《四库全书》本，台北：台湾商务印书馆，1986年。

115.《能改斋漫录》，[宋]吴曾撰，《全宋笔记》，郑州：大象出版社，2012年。

116.《欧阳修全集》，[宋]欧阳修撰，李逸安点校，《中国古典文学基本丛书》，北京：中华书局，2001年。

117.《毗陵集》，[宋]张守撰，文渊阁《四库全书》本，台北：台湾商务印书馆，1986年。

118.《屏山集》，[宋]刘子翚撰，文渊阁《四库全书》本，台北：台湾商务印书馆，1986年。

119.《千金翼方》，[唐]孙思邈撰，彭建中、魏嵩有点校，沈阳：辽宁科学技术出版社，1997年。

120.《清异录》，[宋]陶谷撰，《宋元笔记小说大观》，上海：上海古籍出版社，2001年。

121.《清正存稿》，[宋]徐鹿卿撰，文渊阁《四库全书》本，台北：台湾商务印书馆，1986年。

122.《秋崖集》，［宋］方岳撰，文渊阁《四库全书》本，台北：台湾商务印书馆，1986年。

123.《全陈文》，［清］严可均辑，北京：商务印书馆，1999年。

124.《全晋文》，［清］严可均辑，北京：商务印书馆，1999年。

125.《全芳备祖》，［宋］陈景沂编，程杰、王三毛点校，杭州：浙江古籍出版社，2014年。

126.《全汉文》，［清］严可均辑，北京：商务印书馆，1999年。

127.《全后汉文》，［清］严可均辑，北京：商务印书馆，1999年。

128.《全后魏文》，［清］严可均辑，北京：商务印书馆，1999年。

129.《全后周文》，［清］严可均辑，北京：商务印书馆，1999年。

130.《全梁文》，［清］严可均辑，北京：商务印书馆，1999年。

131.《全三国文》，［清］严可均辑，北京：商务印书馆，1999年。

132.《全上古三代文》，［清］严可均辑，北京：商务印书馆，1999年。

133.《全宋词》，唐圭璋编，北京：中华书局，1965年。

134.《全宋诗》，傅璇琮等编，北京：北京大学出版社，1995年。

135.《全宋文》，［清］严可均辑，北京：商务印书馆，1999年。

136.《全宋文》，曾枣庄、刘琳主编，上海：上海辞书出版社，2006年。

137.《全唐诗》，［清］彭定求等编，北京：中华书局，1960年。

138.《全唐文》，［清］董诰等编，北京：中华书局，1983年。

139.《汝南圃史》，［明］周文华撰，《续修四库全书》本，上海：上海古籍出版社，2002年。

140.《阮籍集校注》，［三国魏］阮籍撰，陈伯君校注，北京：中华书局，1987年。

141.《三辅黄图校证》,陈宜校正,西安:陕西人民出版社,1980年。

142.《三国志》,[晋]陈寿撰,北京:中华书局,1959年。

143.《三山志》,[宋]梁克家修纂,福州:海风出版社,2000年。

144.《四库全书总目》,[清]永瑢等撰,北京:中华书局,1965年。

145.《四时纂要》,[唐]韩鄂撰,《中华礼藏·礼俗卷》,杭州:浙江大学出版社,2016年。

146.《山海经笺疏》,[晋]郭璞注,[清]郝懿行笺疏,沈海波校点,上海:上海古籍出版社,2015年。

147.《山海经校注》,袁珂校注,北京:北京联合出版公司,2014年。

148.《剡源逸稿》,[元]戴表元撰,《续修四库全书》本,上海:上海古籍出版社,2002年。

149.《山中白云词》,[宋]张炎撰,吴则虞校辑,北京:中华书局,1983年。

150.《上海博物馆藏战国楚竹书(八)》,马承源主编,上海:上海古籍出版社,2007年。

151.《(万历)绍兴府志》,[明]张元忭编,台北:成文出版社,1983年。

152.《参寥子集》,[宋]释道潜撰,文渊阁《四库全书》本,台北:台湾商务印书馆,1986年。

153.《审美学》,胡家祥撰,北京:北京大学出版社,2000年。

154.《神农本草经新疏》,张宗祥撰,郑少昌标点,上海:上海古籍出版社,2013年。

155.《诗比兴笺》,[清]陈沆撰,北京:中华书局,1959年。

156.《史记》,[汉]司马迁撰,《点校本二十四史修订本》,北京:

中华书局，2014年。

157.《石门文字禅》，［宋］释德洪撰，文渊阁《四库全书》本，台北：台湾商务印书馆，1986年。

158.《释梦》，［奥］弗洛伊德撰，孙名之译，北京：商务印书馆，2006年。

159.《释名》，［汉］刘熙著，北京：中华书局，2016年。

160.《诗经植物图鉴》，潘富俊著，上海：上海书店出版社，2003年。

161.《诗经注析》，程俊英、蒋见元著，《中国古典文学基本丛书》，北京：中华书局，1991年。

162.《十三经注疏》，［清］阮元校刻，北京：中华书局，1980年。

163.《世说新语笺疏》，［南朝宋］刘义庆撰，［南朝梁］刘孝标注，余嘉锡笺疏，《中华国学文库》，北京：中华书局，2011年。

164.《蜀中广记》，［明］曹学佺撰，文渊阁《四库全书》本，台北：台湾商务印书馆，1986年。

165.《双溪集》，［宋］苏籀撰，文渊阁《四库全书》本，台北：台湾商务印书馆，1986年。

166.《说文解字注》，［汉］许慎撰，［清］段玉裁注，上海：上海古籍出版社，1988年。

167.《说苑校正》，［汉］刘向撰，向宗鲁校正，《中国古典文学基本丛书》，北京：中华书局，1987年。

168.《水经注校证》，［北魏］郦道元撰，陈桥驿校证，北京：中华书局，2007年。

169.《司马光集》，［宋］司马光撰，李文泽、霞绍晖校点，成都：四川大学出版社，2010年。

170.《四书章句集注》,[宋]朱熹撰,《新编诸子集成》,北京:中华书局,1983 年。

171.《宋本东观余论》,[宋]黄伯思撰,北京:中华书局,1988 年。

172.《宋词题材研究》,许伯卿著,北京:中华书局,2007 年。

173.《宋代咏梅文学研究》,程杰著,合肥:安徽文艺出版社,2002 年。

174.《宋书》,[南朝梁]沈约撰,北京:中华书局,1974 年。

175.《松隐集》,[宋]曹勋撰,文渊阁《四库全书》本,台北:台湾商务印书馆,1986 年。

176.《苏轼诗集》,[宋]苏轼撰,[清]王文诰辑注,孔凡礼校点,《中国古典文学基本丛书》,北京:中华书局,1982 年。

177.《苏辙集》,[宋]苏辙撰,陈宏天、高秀芳点校,《中国古典文学基本丛书》,北京:中华书局,1990 年。

178.《岁华纪丽》,[唐]韩鄂撰,《中华礼藏·礼俗卷》,杭州:浙江大学出版社,2016 年。

179.《岁时荆楚记》,[南朝梁]宗懔撰,宋金龙校注,太原:山西人民出版社,1987 年。

180.《隋唐五代文学思想史》,罗宗强著,北京:中华书局,2003 年。

181.《太仓稊米集》,[宋]周紫芝撰,文渊阁《四库全书》本,台北:台湾商务印书馆,1986 年。

182.《唐六典》,[唐]李林甫等撰,陈仲夫点校,北京:中华书局,1992 年。

183.《陶渊明集》,[晋]陶渊明撰,逯钦立校注,《中国古典文学基本丛书》,北京:中华书局,1979 年。

184.《天台续集别集》,[宋]李庚编,[宋]林师蒇、林表民增修,文渊阁《四库全书》本,台北:台湾商务印书馆,1986年。

185.《桐江续集》,[元]方回撰,文渊阁《四库全书》本,台北:台湾商务印书馆,1986年。

186.《通雅》,[明]方以智撰,北京:中国书店,1990年。

187.《通志二十略》,[宋]郑樵撰,王树民点校,北京:中华书局,2000年。

188.《外台秘要》,[唐]王焘撰,人民卫生出版社,1955年。

189.《王氏兰谱》,[宋]王贵学撰,郭树伟译注,《兰谱》,郑州:中州古籍出版社,2016年。

190.《王氏谈录》,[宋]王钦臣撰,储玲玲整理,《全宋笔记》,郑州:大象出版社,2008年。

191.《韦应物诗集系年校笺》,[唐]韦应物撰,孙望校笺,《中国古典文学基本丛书》,北京:中华书局,2002年。

192.《文恭集》,[宋]胡宿撰,文渊阁《四库全书》本,台北:台湾商务印书馆,1986年。

193.《闻见后录》,[宋]邵博撰,北京:中华书局,1983年。

194.《闻见录》,[宋]邵伯温撰,文渊阁《四库全书》本,台北:台湾商务印书馆,1986年。

195.《文选》,[南朝梁]萧统编,[唐]李善注,上海:上海古籍出版社,1986年。

196.《文徵明集》[明]文徵明撰,周道振辑较,上海:上海古籍出版社,2014年。

197.《文子疏义》,王利器疏义,《新编诸子集成》,北京:中华书局，2000年。

198.《武林旧事》，[宋]周密撰，文渊阁《四库全书》本，台北：台湾商务印书馆，1986年。

199.《五杂俎》，[明]谢肇淛撰，北京：中华书局，1959年。

200.《西溪丛语》，[宋]姚宽撰，孔凡礼点校，《历代史料笔记丛刊》，北京：中华书局，1993年。

201.《先秦汉魏晋南北朝诗》，逯钦立辑校，北京：中华书局，1983年。

202.《香谱》，[宋]洪刍撰，文渊阁《四库全书》本，台北：台湾商务印书馆，1986年。

203.《谢宣城集校注》，[南朝齐]谢朓撰，曹融南校注，上海：上海古籍出版社，1991年。

204.《新校正梦溪笔谈》，[宋]沈括撰，胡道静校注，北京：中华书局，1957年。

205.《徐霞客游记》，[明]徐弘祖撰，丁文江编，北京：商务印书馆，1986年。

206.《学圃杂疏》，[明]王世懋撰，北京：中华书局，1985年。

207.《荀子集解》，[周]荀况撰，[清]王先谦集解，《新编诸子集成》，北京：中华书局，1988年。

208.《杨炯集》，[唐]杨炯撰，徐明霞点校，《中国古典文学基本丛书》，北京：中华书局，1980年。

209.《杨雄集校注》，[汉]杨雄撰，张震泽校注，上海：上海古籍出版社，1993年。

210.《杨万里集笺校》，[宋]杨万里撰，辛更儒笺校，《中国古典文学基本丛书》，北京：中华书局，2007年。

211.《野客丛书》，[宋]罗椂撰，王文锦点校，北京：中华书局，1987年。

212.《艺兰秘诀》，[清]清芬室主人撰，《兰花古籍撷萃》，北京：中国林业出版社，2006年。

213.《艺兰四说》，[清]杜筱舫撰，《兰花古籍撷萃》，北京：中国林业出版社，2006年。

214.《翼谱丛谈》，[清]庄继光编，郭树伟译注，《兰谱》，郑州：中州古籍出版社，2016年。

215.《倚松诗集》，[宋]饶节撰，文渊阁《四库全书》本，台北：台湾商务印书馆，1986年。

216.《颐堂先生文集》，[宋]王灼撰，《续修四库全书》本，上海：上海古籍出版社，2002年。

217.《艺文类聚》，[唐]欧阳询等编，汪绍楹校，上海：上海古籍出版社，1982年。

218.《友林乙稿》，[宋]史弥宁撰，文渊阁《四库全书》本，台北：台湾商务印书馆，1986年。

219.《舆地纪胜》，[宋]王象之编撰，赵一生点校，《浙江文丛》，杭州：浙江古籍出版社，2012年。

220.《元宪集》，[宋]宋庠撰，文渊阁《四库全书》本，台北：台湾商务印书馆，1986年。

221.《越绝书》，[东汉]袁康撰，《二十五别史》，济南：齐鲁书社，2000年。

222.《云谷杂记》，[宋]张淏撰，北京：中华书局，1991年。

223.《云泉诗》,［宋］薛嵎撰,文渊阁《四库全书》本,台北:台湾商务印书馆,1986年。

224.《云溪集》,［宋］郭印撰,文渊阁《四库全书》本,台北:台湾商务印书馆,1986年。

225.《云仙杂记》,［唐］冯贽撰,北京:中华书局,1985年。

226.《增订文心雕龙校注》,［南朝梁］刘勰撰、黄叔琳注、李详补注、杨明照校注拾遗,中华书局,2000年。

227.《张衡诗文集校注》,［汉］张衡撰,张震泽校注,上海:上海古籍出版社,1986年。

228.《张耒集》,［宋］张耒撰,李逸安等校点,《中国古典文学基本丛书》,北京:中华书局,1989年。

229.《章泉稿》,［宋］赵蕃撰,文渊阁《四库全书》本,台北:台湾商务印书馆,1986年。

230.《张氏拙轩集》,［宋］张侃撰,文渊阁《四库全书》本,台北:台湾商务印书馆,1986年。

231.《昭代丛书》,［清］张潮等编,上海:上海古籍出版社,1990年。

232.《郑板桥全集》,［清］郑板桥撰,卞孝萱、卞岐编,南京:凤凰出版社,2012年。

233.《证类本草》,［宋］唐慎微撰,尚志钧等校点,北京:华夏出版社,1993年。

234.《植物名实图考》,［清］吴其濬撰,《续修四库全书》本,上海:上海古籍出版社,2002年。

235.《直斋书录解题》,［宋］陈振孙撰,顾美华点校,上海:上海古籍出版社,2015年。

236.《肘后备急方》,[晋]葛洪撰,汪剑、邹运国、罗思航整理,北京:中国中医药出版社,2016年。

237.《朱子语类》,[宋]朱熹撰,《朱子全书》,上海古籍出版社、安徽教育出版社,2002年。

238.《中国兰花》,吴应祥著,北京:中国林业出版社,1991年。

239.《中国荷花审美文化研究》,俞香顺著,成都:巴蜀书社,2005年。

240.《中国花文化史》,周武忠著,深圳:海天出版社,2015年。

241.《中国梅花审美文化研究》,程杰著,《中国花卉审美文化研究书系》,成都:巴蜀书社,2008年。

242.《中国植物志》,中国科学院编,北京:科学出版社,1988年。

243.《种树书》,[明]俞宗本撰,康成懿校注,《中国古农书丛刊》,北京:农业出版社,1962年。

244.《忠肃集》,[宋]刘挚撰,文渊阁《四库全书》本,台北:台湾商务印书馆,1986年。

245.《中吴纪闻》,[宋]龚明之撰,《全宋笔记》,郑州:大象出版社,2008年。

246.《周敦颐集》,[宋]周敦颐撰,梁绍辉、徐荪铭等点校,长沙:岳麓书社,2007年。

247.《紫微集》,[宋]张嵲撰,文渊阁《四库全书》本,台北:台湾商务印书馆,1986年。

248.《醉翁谈录》,[宋]金盈之撰,《续修四库全书》本,上海:上海古籍出版社,2002年。

二、论文类

（一）期刊论文

1. 陈心启：《中国兰史考辨——春秋至宋朝》，《武汉植物学研究》1988年第1期。

2. 程杰：《梅花象征生成的三大原因》，《江苏社会科学》2001年第4期。

3. 程杰：《论花卉、花卉美和花卉文化》，《阅江学刊》2015年第1期。

4. 河南信阳地区文物管理委员会、光山县文物管理委员会：《春秋早期黄君孟夫妇墓发掘报告》，《考古》1984年第4期。

5. 毛忠贤：《高禖崇拜与〈诗经〉的男女聚会及其渊源》，《江西师范大学学报》1988年第4期。

6. 王剑：《上巳节的民俗审美内涵与生命美学》，《中南民族大学学报（人文社会科学版）》2010年第2期。

7. 吴厚炎：《芳菲袭予为说兰——从古代菊科佩兰到今天兰科兰花》，《黔西南民族师专学报》1997年第2期。

8. 肖玉峰：《隐士的定义、名称及分类》，《重庆文理学院学报（社会科学版）》2009年第6期。

9. 张崇琛：《楚辞之"兰"辨析》，《兰州大学学报（社会科学版）》1993年第2期。

10. 张海鸥：《宋代隐士隐居原因初探》，《求索》1999年第4期。

11. 郑阿财：《敦煌寺院文书与唐代佛教文化之探——以四月八日佛诞节为例》，《逢甲大学唐代研究中心、中国文学系·唐代文化、文学研究及教学国际学术研讨会论文集》，2007年。

12. 周东晖：《再论美政理想是屈原爱国思想的核心》，《新疆师范大学学报（哲学社会科学版）》1992年第2期。

（二）学位论文

1. 渠红岩：《中国古代文学桃花题材与意象研究》，南京师范大学博士学位论文，2008年。

2. 闫婷婷：《四本古代花谱研究》，天津大学硕士研究生学位论文，2012年。

菊花文学与文化研究

张荣东 著

目 录

中国古代菊花命名与菊事活动考……………………………………373

论菊花的重阳节文化内涵……………………………………388

论陶渊明"采菊"的文化意义……………………………………401

论屈原、陶渊明对菊花人格象征含义生成的贡献………………………415

日藏明代孤本《德善斋菊谱》考述……………………………………428

论日本菊文化……………………………………436

中国古代菊花命名与菊事活动考

菊花是一个古老的花卉品种。早在夏商时代，菊花就作为秋天的物候特征进入先民的视野。不过，那时候不叫菊花，只称菊。战国以后，随着中医学的发展，菊作为重要的药材被载入医药典籍。魏晋时期，菊花成为观赏对象，但其使用功能依然是主要的，这从陶渊明种菊的目的可以知道。从唐代开始，菊花才作为纯粹的审美对象进入士大夫的视野。到了宋代，随着园艺的发展，菊花的栽培技术得到长足的发展，品种增多。菊花的命名也是从宋代开始的。陶渊明开创了人工栽培菊花的先例，菊花与文人结缘也是从陶渊明开始的。

一、菊花的命名

宋代以前，菊花品种不多，只有白、黄、紫三种颜色，而且没有具体的名字，统称为"菊"或"菊花"。唐代以前，一般言菊都是指黄菊。诗文中的菊花，以开花季节称为"秋菊""寒菊""时菊"；以可食养生功效称其为"甘菊""嫩菊""灵菊"；以颜色称其为"黄花菊"；以种植地点称为"园菊""篱菊"等。

从陶渊明开始，以审美的眼光审视菊花，称其为"芳菊"。白菊与紫菊在唐代很稀有，寻常百姓家很难见到，只有官宦、商贾之家才有。

中唐时开始出现咏白菊诗，刘禹锡、白居易、许棠、张蠙都有题菊花的作品。晚唐咏白菊诗大量出现，皮日休与陆龟蒙、司马都、郑璧、张贲等人还有以白菊为题的唱和之作。司空图有多首白菊诗。紫菊出现不多，如李商隐的《菊》诗中有"暗暗淡淡紫"的描写。

图01　白菊。图片由网友提供。

到了宋代，不同品种的菊花开始有名字。宋诗中最早以菊名为题目的是仁宗、神宗时期的名臣韩琦。其《重九席上赋金铃菊》云："黄金缀金铃，兖地独驰名。"①北宋末年刘蒙《菊谱》中有"大金铃"之品名，盖其形似铃而色黄之故。北宋刘蒙《菊谱》中又有"秋金铃""夏

---

① 傅璇琮等主编、北京大学古文献研究所编《全宋诗》，北京大学出版社1991—1998年版，第2册，第1300页。

金铃""蜂铃""夏万铃""秋万铃""金万铃""玉铃"等名，皆依其形而命名。南宋末期出现了许多新的菊花品种，命名也越来越赏心悦目。理学家魏了翁有诗题曰"重九后三日，后圃黄花盛开，坐客有论近世菊品日繁，未经前人赋咏，惟明道尝赋桃花菊外，无闻焉。因与第其品之稍显者各赋一品，余得桃花菊"。刘蒙《菊谱》中载有"桃花菊"："粉红单叶，叶中有黄蕊。其色正，类桃花，俗以此名，盖以言其色尔。"①

另外，刘蒙在《菊谱·叙遗》中讲述了当时闻而未见的几种菊花品名及其命名根据："余闻有麝香菊者，黄花千叶，以香得名。有锦菊者粉红碎花，以色得名。有孩儿菊者，粉红青萼，以形得名。有金丝菊者，紫花黄心，以蕊得名。"刘蒙《菊谱》中还有御爱菊："御爱出京师，开以九月末。一名笑靥，一名喜容。淡黄千叶。叶有双纹，齐短而阔，叶端皆有两阙，内外鳞次亦有环异之形。但恨枝干差粗，不得与都胜争先尔。叶比诸菊最小而青，每叶不过如指面大，或云出禁中，因此得名。"明代谈迁木《枣林杂俎》载："宋徽宗艺菊，有小银色者，不令分种于外。禁中名曰'不出宫'。《菊谱》所谓'御爱菊'也。"史铸《百菊集谱》卷六载《御爱黄》诗云："贵品传来自禁中，色鲜如柘恍迷蜂。"

刘蒙《菊谱·拾遗》表明了宋人对菊花的审美倾向："黄、碧单叶两种，生于山野篱落之间，宜若无足取者，然谱中诸菊多以香色态度为人爱好，剪锄移徙或至伤生，而是花与之均赋一性，同受一色，俱有此名而能远迹山野，保其自然，故亦无羡于诸菊也。予嘉其大意而

---

① 刘蒙《菊谱》，中国文史出版社1999年版。

收之，又不敢杂置诸菊之中，故特列之于后云。"①

南宋韩淲有咏菊诗云《太师菊》："清白冠他三少贵，孤高独占九秋寒。功成勇退东篱下，不逐春红相牡丹。"②顾名思义，是以官职命名。南宋理宗时期的翁逢龙有《闰月见九华菊》诗，史铸《百菊集谱》卷二越中品类有"九华菊"："此品乃渊明所赏之菊也。"盖以陶潜诗文名之也，也称"渊明菊"。此名称寄予了宋人对陶渊明的理解，有的干脆直接以隐逸的人格内涵命名，如"处士菊"。杜范有《问渊明菊》诗云："世以渊明名尔菊，却来紫陌换青铜。东篱采采知何处，岂不羞负此翁。"作者以菊花的口吻阐述了自己的见解："未有渊明先有我，何人唤我作渊明。东篱宛在南山下，谁向秋风管落英。"（《代菊答》）③另外，还有根据菊花开放的季节命名，如"夏菊"，顾逢《夏菊》诗云："花先开六月，节不带重阳。"④"夏菊"又称"五月菊"，宋自逊有《五月菊》诗云："东篱千古属重阳，此本偏宜夏日长。"⑤《范村菊谱》载"五月菊"："红白单叶，每枝只一花。夏中开，近年院体画草虫喜以此菊写生。"在宋代众多菊名中，有一类是以古代著名美女命名的。这是宋人在菊花审美中所赋予的独特的文化内涵。如"杨妃菊""太真菊""西施菊"等。

南宋李山节《咏杨妃菊》云："命委马嵬坡畔泥，惊魂飞上傲霜枝。西风落日东篱下，薄幸三郎知不知。"⑥虽名为咏菊，实乃对杨玉环

---

① 刘蒙《菊谱》。
② 《全宋诗》第 72 册，第 45464 页。
③ 《全宋诗》第 56 册，第 35302 页。
④ 《全宋诗》第 64 册，第 40018 页。
⑤ 《宋诗纪事》卷七六。
⑥ 《全宋诗》第 61 册，第 38604 页。

的不幸遭遇寄予深深的同情，具有咏史意味。

到了明代，菊花的命名已经非常丰富，杨循吉撰《菊花百咏》一卷可以看作明代菊花命名大全。以菊花种类各按其名系以七言绝句，分为天文、地理、人物、宫室、珍宝、时令、花木、身体、鸟兽、衣服、器用等十一类，①下面依次叙之。

一、天文：满天星、滴露菊、锦云红。二、地理：岳州红、邓州黄。三、人物：状元红、探花白、头陀白、赛西施、太真红、醉杨妃、太真黄、观音菊、善才菊、八仙菊、孩儿菊。四、宫室：金楼子。五、珍宝：八宝菊、银绞丝、洒金菊、胜黄金、簇香琼、玉钱菊、火炼丹。六、时令：海棠春、玉楼春、五月菊、五九菊、十日菊、寒菊。七、花木：白牡丹、紫牡丹、红牡丹、小金莲、锦芙蓉、黄蔷薇、白荔枝、红荔枝、菡萏红、金盘橙、胜琼花、试梅妆、艾叶菊、木香菊、酴醾菊、棠梨菊、芙蓉菊、莲花菊、紫丁香、栗叶菊、银杏菊、茶菊、茉莉菊、太液莲、玉玫瑰。八、身体：金宝相、玉宝相。九、鸟兽：金凤仙、玉兔华、白麝香、鸳鸯菊、蜂铃菊、金蝉菊、雀翎菊、剪鹅翎、猩猩红、鹅儿黄、莺羽黄。十、衣服：黄叠罗、紫罗袍、金带围、叠云罗、十样锦、紫绶金章、蛮丝粉香球、垂丝菊、僧鞋菊、金褥菊、御袍黄、相袍黄、杨妃茜裙菊。十一、器用：车轮菊、山谷笺、金弹子、玉绣球、琥珀盏、金铃菊、银盘菊、玉连环、玉铃菊、金盏银台、金落索、蜡瓣红、玉盘子、紫露杯。

另外，还有从异域传来的品种，依其来源命名如波斯菊、回回菊、西番菊等。这种菊花命名的丰富情况也从侧面反映了明代菊文化的高

---

① 杨循吉《菊花百咏》，《四库存目丛书》集部第43册，第311页。

度繁荣。

二、菊事活动

（一）唐宋时期的种菊赏菊活动

陶渊明开创了文人种菊的传统，种菊成为文人的雅事之一。唐代文人也种菊，菊花的栽种地点由园移到了庭院，杨炯有《庭菊赋》。唐人是在庭院开辟一块地方专门种菊花，中唐诗人元结为官舂陵时曾作《菊圃记》云："舂陵俗不种菊，前时自远致之，植于前庭墙下。"①"菊圃"成为文人常用的词汇。唐代孟球有"桃溪早茂夸新萼，菊圃初开耀晚英"之句。南宋刘黻《寄菊庐舅氏》诗云："草莱荒菊圃，风雨冷诗堂。"②明代汪砢玉的《南村记》中有"先生读书养素，得其趣则曳杖于松溪菊圃之间"③。

唐代已经有了文人集体赏菊活动。与白居易同时代的中唐诗人陈鸿有《买西园菊招同社诸人花下小饮因和短歌》诗："几处菊花残，西园余数亩。买来竹窗下，折简会宾友。把酒坐花旁，一齐衫袖香。春天百卉媚，不及此幽芳。"④

与赏菊活动相应，也出现了以菊花为题唱和的作品，如刘禹锡《和令狐相公玩白菊》《和令狐相公九日对黄白二菊花见忆》，白居易《和钱员外早冬玩禁中新菊》《酬皇甫郎中对菊花回忆》，李端《酬霜菊

---

① 元结《次山集》卷九，《影印文渊阁四库全书》本。
② 刘黻《蒙川遗稿》卷二，《影印文渊阁四库全书》本。
③ 汪砢玉《珊瑚网》卷三五，《影印文渊阁四库全书》本。
④ 汪灏等《广群芳谱》卷五〇，上海书店1985年版。

见赠之什》，李商隐《和马郎中移白菊见示》，陆龟蒙《和崔谏议先辈霜菊》，皮日休《和鲁望白菊》等。不过这种活动在唐代还不是很普遍，而且局限在文人群体中。到了宋代，随着菊花栽培的发展，菊花种植较为发达，菊花品种丰富，赏菊活动日渐兴盛，而且逐渐普及到民众当中。宋代赏花地点多在皇家花园、寺院宫观和私人园林。

宋代的大众性赏菊多在重阳节举行。皇帝与群臣共同赏花，君臣唱和。孟元老《东京梦华录》卷八："九月重阳，都下赏菊，有数种，其黄白色蕊若莲房，曰万铃菊；粉红色曰桃花菊；白而檀心曰木香菊，黄色而圆者曰金铃菊花，纯白而大者曰喜容菊，无处无之。酒家皆以菊花缚成洞户。"①南宋吴自牧《梦粱录》卷五载重九之日："禁中与贵家皆此日赏菊，士庶之家，亦市一二株玩赏。其菊有七八十种，且香而耐久。"②以菊花为题互相唱和的作品增多，宋初西昆体主要作家钱惟演、杨亿、刘筠、李继有同题咏菊诗《枢密王左丞相宅新菊》。

周密《武林旧事》卷三"重九"条："禁中例于八日作重九排当，于庆瑞殿分列万菊，灿然眩眼，且点菊灯，略如元夕。内人乐部亦有随花赏，如前赏花例。盖赏灯之宴，权舆与此，自是日盛矣。或于清燕殿、缀金亭赏橙橘。遇郊祀则罢宴。"③《乾淳岁时记》载南宋都城临安："都人九月九日，饮新酒，泛萸簪菊，且以菊糕为馈。"当时已经在花市中用菊花做成菊花塔进行展出，成为我国古代最早的菊展。

杨万里《经和宁门外卖花市见菊》描述了菊花塔的风姿："老眼雠

---

① 孟元老《东京梦华录》卷八，文化艺术出版社1998年版，第56页。
② 吴自牧《梦粱录》卷五，《东京梦华录》（外四种），文化艺术出版社1998年版，第150页。
③ 周密《武林旧事》卷三，《东京梦华录》（外四种），文化艺术出版社1998年版，第358页。

观一束书，客舍葭荸菊一株，看来看去两相厌，花意萧条恰似无。清晓肩舆过花市，陶家全圃移在此，千株万株都不看，一枝两枝谁复遗。平地拔起金浮屠，瑞光千尺照碧虚，乃是结成菊花塔，蜜蜂作僧僧作蝶。菊花障子更玲珑，翡翠六扇排屏风，金钱装面密如积，人钿满地无人识。先生一见双眼开，故山三径何独怀？君不见内前四时有花卖，和宁门里花如海。"①范成大《菊楼》诗云："东篱秋色照疏芜，挽结高花不用扶。净洗西风尘土面，来看金碧万浮屠。"②沈竟《菊名篇》提到临安西马縢园每岁至重阳，各出奇异菊花80余种，谓之斗花。范成大《吴郡志》卷三十载："城东西卖菊花者，所植弥望，人家亦各自种植。"③反映了当时菊花种植之盛。

唐代文人的菊事活动之作多言赏菊、咏菊本身，而宋代人更注意菊事的细节及与菊花相关的各种活动，如种菊、采菊、食菊、赠菊、画菊等。如俞德邻《次韵龙仁夫种菊》，欧阳修《西斋植菊过节始开呈圣俞》，韩竹坡《采菊》，王禹偁《甘菊冷淘》，司马光《晚食菊羹》等。有的作品还具有一定故事情节，如江休复的《问司马君实不饮栽菊》。

宋代开始以菊花为斋室、亭台命名。范成大有《寄题尚抚州采菊亭》。张栻为友人所著园亭题名"采菊"并为之作序云："陶靖节人品甚高，晋宋诸人所未易及。读其诗可见胸次洒落，八窗玲珑。岂野马游尘所能栖集也。前建安丞张公精力未衰，即挂冠家于浏阳有年矣。葺小园为亭，面南山，来求余名。余名之采菊，取靖节所谓采菊东篱下，

---

① 《全宋诗》卷二二九七，第42册，第26381页。
② 《全宋诗》卷二二六三，第41册，第25962页。
③ 范成大《吴郡志》卷三〇，江苏古籍出版社1999年版。

悠然见南山。呜呼，靖节兴寄深远，特可为识耳。"①

随着文人画的发展，菊花逐渐成为花鸟画的重要题材。

北宋的《宣和画谱》在著录唐代滕昌祐时，言曾经"卜筑于悠闲之地，栽花竹杞菊以观植物之憔悴而寓意焉。久得其形似于笔端"。并著录其"寒菊图一"②。这是古代绘画史上所见到的最早有关画菊的明确记载。由此可知，晚唐时已经有画菊的风气。

五代时期画菊者渐多，根据《宣和画谱》记载，黄筌有《寒菊蜀禽图》一幅，黄居宝有《寒菊图》一幅。黄居寀有《寒菊鹭鸶图》一幅，《寒菊鸂鶒图》二幅，《芦菊图》一幅，《寒菊鹞子图》一幅，《寒菊双鹭图》二幅，《寒菊图》一幅，《芦花寒菊鹭鸶图》一幅。丘庆余《寒菊图》一幅，徐熙《寒菊月季图》一幅。

边鸾，唐京兆人，善长于花鸟折枝。另有内臣乐士宣《菊岸群凫图》一幅。

入宋以后，画菊者渐多，但要明显少于梅、兰、竹。北宋较早画菊的是赵昌，有《拒霜寒菊图》二幅，《木瓜寒菊花图》一幅。赵昌，字昌之，师滕昌祐，工花鸟。苏轼《赵昌寒菊》诗云："轻肌弱骨散幽葩，真是青群两髻丫。便有佳名配黄菊，应缘霜后苦无花。"③这也是现存最早的菊花题画诗。苏轼《书鄢陵王主簿所画折枝》诗赞赵昌："边鸾雀写生，赵昌花传神。何如此两幅，疏淡含精匀。"④

南宋、元代，随着养菊、赏菊、咏菊风气的兴起，画菊也兴盛起来。

---

① 陆廷灿《艺菊志》卷四，《四库存目丛书》子部第 81 册，第 304 页。
② 《宣和画谱》卷一六"花鸟"（二），台湾商务印书馆 1982 年版。
③ 苏轼《东坡全集》卷二五，中国书店 1986 年版。
④ 苏轼《东坡全集》卷一六。

出现了一批画菊名家,如钱选、苏明远、赵彝斋、李昭、柯丹秋、王若水、盛雪莲、朱樗仙等俱善画菊,吴炳有《折枝寒菊图》。尤其是由宋入元的画家,都突出菊花傲霜凌秋的品格。这是南宋遗民心态的表现。南宋范成大《范村菊谱·菊品》"白花"条下云:"五月菊,花心极大。每一须皆中空。攒成扁球子,红白单叶,绕承之,每枝一花,径二寸,叶似茼蒿。夏中开,近年院体画草虫喜以此花写生。"①

图 02 [宋]朱绍宗《菊丛飞蝶图》。现藏北京故宫博物院。

与菊花绘画相应,出现了题菊图之诗,如北宋韩驹的《题采菊图

---

① 范成大《范村菊谱》,台湾商务印书馆 1983 年版。

二首》，南宋诗人王十朋有《采菊图》《题徐致政菊坡图》等等。郑思肖《陶渊明对菊图》诗云："彭泽归来老岁华，东篱尽可了生涯。谁知秋意凋零后，最耐风霜有此花。"①清代陈邦彦所编《御定历代题画诗》选题菊画诗46首。

另外，从宋代开始出现的文人修撰菊谱的风气与菊花的园艺栽培和赏菊、咏菊的风气日益浓厚有密切关系。《东篱中正》的著者许兆熊为明末屠承魁《渡花东篱集》所作的序中云："焚香修菊谱，滴露著茶经。菊谱，尚矣。"看来，修菊谱与编撰茶经一样成为文人的高雅之事了。

（二）明清时期的赏菊活动

明清时期，艺菊成风，且规模庞大。明代张岱《陶庵梦忆》卷六"菊海"条云："兖州张氏期余看菊，去城五里。有苇厂三面，砌坛三层，以菊之高下高下之，花大如瓷瓯，无不球，无不甲。无不金银荷花瓣，色鲜艳，异凡本，而翠叶层层，无一早脱者。此是天道，是土力，是人工，缺一不可焉。兖州缙绅家风气袭王府，赏菊之日，其桌、其炕、其灯、其炉、其盘、其盒、其盆盎、其肴器、其杯盘大觥、其壶、其帷、其褥、其酒、其面食、其衣服花样，无不菊者。夜烧烛照之，蒸蒸烘染，较日色更浮出数层。席散，撤苇帘以受繁露。"②反映了当时种菊之盛。文震亨《长物志》卷二记载了苏州艺菊的盛况，还表述了当时赏菊的审美标准："吴中菊盛时，好事家必取数百本，五色相间，高下次列，以供赏玩。以此夸富贵容则可，若真能赏花者，必觅异种，用古盆盎植一株两株，茎挺而秀，叶密而肥，至花发时，置几塌间，坐卧把玩，

---

① 陈思等《两宋名贤小集》卷三七一，台湾商务印书馆1982年版。
② 张岱《陶庵梦忆》，上海古籍出版社1982年版，第59页。

乃为得花之性情。"①

明代文人菊事非常繁盛，文人之间往往以菊结缘。马宏道《访朱正泉药室》云："屈指素交逾廿载，澹怀真与菊为缘。"②《偕正泉过朱古公菊屿》诗描述了自己履约参加菊社活动的感受："践约重寻小有天，青苔染屐路迂偏。石湖老去名真隐，彭泽归来号散仙。九锡开奇霜下杰，千花变态画中传。紫阳韶令余风致，后此相通岂世缘。"诗中有注曰："往寓金凤城，友人张正夫艺菊甚富，开时每为招赏。今玩古公绝品，抚今追昔，安得朱张二妙。"③《过毕万后菊墅诗》云："老圃寒英得所天，护持先合性情偏。含霜傲色同贞士，倚月娇姿似醉仙。四座鼎彝清入供，一堂丝竹韵堪传。东南异种搜罗遍，珍重花神好作缘。"④菊事活动中除了赏菊、吟诗之外还包括食菊项目，《晚至娄关古桧堂与小泠师夜话》诗云："敲火煮泉潭软软，携灯照菊色仙仙。霜蔬夜撷和根煮，贝叶朝翻鲜译传。"⑤

清初陆廷灿撰《艺菊志》八卷，《四库全书总目·艺菊志八卷提要》云："廷燦居南翔镇，在槎溪之上艺菊数亩，王翚为绘《艺菊图》，一时多为题咏。廷燦因广征菊事以作此志。凡分六类：曰考，曰谱，曰法，曰文，曰诗，曰词，而以《艺菊图题词》附之。"《东篱中正·张佩纶序》论此书云："清初陆秩昭（陆廷燦）种菊槎溪，王安谷为之绘图以传。秩昭著艺菊志并题词刻之，可谓盛矣。"又言《东篱中正》的作者许兆熊"中年卜居池上村，艺菊数亩。择细叶二十七种，异域种一十三种，

---

① 文震亨《长物志》，江苏科学技术出版社1984年版，第78页。
② 马宏道《采菊杂咏》，《四库存目丛书》第94册，第414页。
③ 马宏道《采菊杂咏》，《四库存目丛书》第94册，第414页。
④ 马宏道《采菊杂咏》，《四库存目丛书》第94册，第414页。
⑤ 马宏道《采菊杂咏》，《四库存目丛书》第94册，第414页。

为之评赞。其友沈钦韩为《池上菊赋》"。又言，乾隆南巡盛典之后，"江南士大夫家于春秋佳日争致奇花异卉，以矜夸坐客"。当时，"邓尉之梅，天平山之桂，拙政园之山茶往往见于名人歌咏。而光福徐氏之菊亦并焉。"①清代潘荣陛撰《帝京岁时记》九月云："重阳赏菊，秋日家家胜栽黄菊，采自丰台。品类极多，惟黄金带、白玉团、旧朝衣、老僧衲为最雅。酒垆茶设亦多栽黄菊，于街巷贴市招曰某馆肆新堆菊花山，可观。"②

明、清时期文人的种菊、赏菊活动更为兴盛，往往以菊为题，结成菊社。定期集会，饮酒吟诗作赋。明代毛晋在为马宏道所撰《采菊杂咏》所作的跋中说明了这种情况："幽人逸士，夜读其书，朝择其种，或抱瓮东篱，或携锄北牖，及至花时，交手相祝贺，且相诩曰，古人谓春秋佳日无过寒食、重九。但寒食锦天繡地，姹女妖童，幄裙歌扇，如迷香蝶，如醉蜻蜓。流连忘返。非吾辈事。惟东坡云菊花开时乃重阳，别有味外之味；或顾影自悦，悠然见山；或呼友开樽，颓然倚石，真所谓春聚莫轻薄，彼此有行藏也。"而赏菊之会的主题当然少不了陶渊明。又云："吾友人伯（马宏道字）愿学斜川处士招寻伊水元孙挂席百里，拖筇五日，日涉成趣。发为歌咏。"③《四库全书总目提要·采菊杂咏》云："今观其诗，乃明季山人刻为投赘结社之具也。"

清代狄亿在《菊社约》中详细叙述了文人以菊为题的结社活动："山椒俎豆应奉渊明先生，中庭设绘像一、诗集一，瓣香清供，客至三辑，然后入座，信意捻诗一章，吟咀往复，情畅旨远，仿佛此中真意，

---

① 许兆熊《东篱中正》，《续修四库全书》第116册。
② 潘荣陛《帝京岁时记》，北京古籍出版社1981年版。
③ 《四库存目丛书》集部第194册，第418页。

庶东篱风致，去人未远。其规则，每人出杖头钱，买菊数种，必佳品。花前雅集，言论务简远，不可讥评时事，臧否人物。为具不过五肴，十二小榼，以明俭也。驱从亦勿多，各随一小竖。酒茗兼设，不能饮酒者，以茗代之。集必竟日，饮必尽欢。宾客无故遽退者，出菊数本。每会各携法书名画及尊彝古玩，以佐清赏，或别设琴轸棋枰，各从所好。"①

随着种菊、赏菊活动的进一步兴盛，人们对艺菊的评价越来越高。《东篱中正》的著者许兆熊为明末屠承魁《渡花东篱集》所作的序中已经把种菊之术上升到关乎富国强民的高度了："此鸱夷霸强之术，氾胜足国之方，小用之则小利，谁谓植动之微，庭阶之玩可卤莽从事哉！"明、清时期，赏菊的水准已经很高，对菊花的品质有严格的要求。清代叶天培《菊谱序》云："菊之品，傲骨凌霜，萧然自逸。菊之色奇而正，艳而不妖。菊之味，清芬郁烈，气别酸甜。"②对菊花的品格也格外推崇，晚清王韬《招陈生赏菊》云："窃闻花有三品，曰神品，逸品，艳品。菊，其兼者也。高尚其志，淡然不厌；傲霜有劲心，近竹无俗态；复如处女幽人抱贞含素。"③当然，这其中也少不了对陶渊明淡雅脱俗的高情远致的敬仰。钱谦益《题吕翁菊谱序》曰："屈子云：'朝饮木兰之坠露兮，夕餐秋菊之落英'。盖其遭时鞠穷，众芳芜秽，不欲与鸡鹜争食。餔糟啜醨，故以饮兰餐菊自况。其怀沙抱石之志决矣。悠悠千载，惟陶翁知。"④

菊花各种名字的产生和文人的种菊、赏菊活动是一种外在表现形

---

① 《花间碎事》，不撰撰者，《丛书集成续编》子部第87册，第699页。
② 叶天培《菊谱》，《续修四库全书》第116册。
③ 汤高才等《历代小品大观》，上海三联书店1991年版，第708页。
④ 陆廷灿《艺菊志》卷三，《四库存目丛书》子部第81册，第296页。

式,其目的是要表达一种价值观念,体现出主体的内心情趣。明代王象晋《群芳谱·花谱小序》道出了其中的意味:"试观朝花之敷荣,夕秀之竞爽,或携众卉而并育,或以违时而见珍。虽艳质奇葩,未易综揽,而荣枯开落,辄动欣戚,谁谓寄兴赏心,无关情性也。"[1]艺菊、赏菊多为遁世自娱、寄情言理之举,也就是明代马宏道《放舟》诗所言"处世已如裈内虱,逃名未若酒中仙。发秃齿疏耽菊隐,乘秋采采亦因缘。"

(原载《大庆师范学院学报》2010年第4期,此处有修订,插图为新增。)

---

[1] 王象晋《群芳谱诠释》,农业出版社1985年版。

论菊花的重阳节文化内涵

一、菊花与重阳节

"重阳"一词最早见于屈原楚辞《远游》："集重阳入帝宫兮，造旬始而观清都"的书写。这里的"重阳"是个空间观念，指天空。宋洪兴祖《楚辞补注》说："积阳为天，天有九重，故曰重阳。"这显然不是后来时间意义上的"重阳"。根据现存文献记载，作为民俗节令，重阳节的起源时间和饮菊花酒的习俗大致出现在西汉初期。晋葛洪《西京杂记》卷三载："戚夫人侍儿贾佩兰后出为扶风人段儒妻，说在宫内时……九月九日佩茱萸，食蓬饵，饮菊花酒，令人长寿。菊花舒时并采茎叶，杂黍米酿之，至来年九月九日始熟，就饮焉，故谓之菊花酒。" 这是关于重阳节的最早记载，同时也指出了菊花与重阳节的天然联系。《搜神记》卷二也有类似记载。东汉崔寔的《四民月令》载："九月九日可采菊花。"（《艺文类聚》卷八十一引）晋代以后，提及重阳节的文献渐多，而且几乎都离不开菊花。从唐代开始，饮菊花酒、赏菊便作为重阳节的主要内容大量出现在文学作品中。关于重阳节的起源，主要有以下三种说法：

（一）避邪消灾说

西晋周处《风土记》载："汉俗九月九日饮菊花酒，以被除不祥。"又云："九月九日，律中无射而数九，俗尚此日折茱萸以插头，言辟除恶气，而御初寒。"南朝梁代吴均的《续齐谐记·九日登高》载："汝南桓景随费长房游学累年。长房谓曰：九月九日汝家当有灾，宜急去，令家人各做绛囊，盛茱萸以系臂，登高饮酒，此祸可除。景如言，齐家登山。夕还，见鸡犬牛羊皆一时暴死。长房闻之曰：此可代也。今世人九日登高饮酒，妇人带茱萸囊，盖始于此。"费长房史有其人，《后汉书·方术列传》载其事，说他遇仙人指点，入山学道，有神异道术。

（二）求寿说

三国曹丕《与钟繇书》是较早详细阐述重阳节以菊花祝寿习俗的文字："岁往月来，忽复九月九日。九为阳数，而日月并应，俗佳其名，以为宜于长久，故以享宴高会。是月，律中无射，言群木庶草，无有射而生。至于芳菊芬然独荣，非夫含乾坤之纯和，体芬芳之淑气，孰能如此？故能如此？故屈平悲冉冉之将老，思食秋菊之落英，辅体延年，莫斯之贵。谨奉一束，以祝彭祖之寿。"[①]

南朝梁代宗懔《荆楚岁时记》载："九月九日四民并藉野饮宴。"隋杜公瞻注："九月九日宴会不未知起于何代，然自汉至宋未改。今北人亦重此节，配茱萸，食蓬饵，饮菊花酒，云令人长寿。近代皆设宴于台榭。"[②]可见，在隋唐时期，重阳节饮菊花酒令人长寿的观念已经深入人心了。

（三）尝新说

[①] 严可均《全上古三代秦汉三国六朝文》，中华书局1999年版，第1088页。
[②] 宗懔《荆楚岁时记》，湖北人民出版社1985年版，第122页。

《古今图书集成·历象汇编·岁功典》卷七十六引《玉烛宝典》说:"九日食蓬饵饮菊花酒者,其时黍秋并收,因以黏米嘉味触类尝新,遂成积习。"阴法鲁、许树安主编《中国古代文化史》第三册"重阳"一节认为:"九月季秋,中国南北方的农作物收获期大体结束,频繁的报赛活动也在九月告一段落,这时便有了重阳节。江西《上高县志》载:'九十月间收获已毕,农家设办祭品以祀神,名曰秋社,一以报土谷,一以庆丰年'。云南在九月朔日至九日礼北斗祈年。宁波则在九月由各坊巷组织社火以庆丰年。重阳节就是收获期的丰收节。"

以上三种关于重阳节产生说法都有一定道理和依据,其中以辟邪消灾说影响最大。一种民俗节日的形成往往有一个产生发展的过程,其内涵也是不断丰富的。重阳节应该起源于上古的祭祀活动。北周的郊庙歌辞《周祀圜秋歌·昭夏》云:"重阳禋祀,大报天。"[①]这表明重阳日是祭天的日子。在"观象授时"的殷周时期,人们以"大火"星(即位于天蝎座中的心宿二)的运动规律来指导农时,还专门设立了一个官职叫"火正"。根据现代天文学的理论,雨水节气时,当太阳从西方地平线落下,"大火"就从东方地平线上升起,"火正"看到这种天象时就告诉人们准备春耕。盛夏过去,处暑节气来临,当太阳落下时,"大火"星已经出现在南天。《诗经·七月》"七月流火,九月授衣"说的就是这种天象。当秋季到来时,太阳落下的时候已经看不到"大火"星了。"大火"星的隐退,使古人失去了时间坐标,产生了恐惧,于是,先民以"秋祀以菊",乞求"大火"再生。因为古人认为菊花是"候时之草",与上天有着天然的联系。所以,每年

---

① 逯钦立《先秦汉魏南北朝诗》北周诗卷五,中华书局1983年版,第2415页。

农历九月九日，巫师们手持菊花互相传递，轮番起舞，进行祈祷活动，这应该是重阳节菊花的原始内涵。

随着天人感应、阴阳五行学说的产生，古人对"重阳"又作出了新的解释。古代从事星占、堪舆、占候等活动来预测吉凶祸福的术数家以 4617 年为一个周期，称为一元。认为一元之中若干年会出现一个灾年，并给这些"灾年"取名，如"阳九""阴九""阳七""阴七"等。

《汉书·律历志》颜师古注引如淳曰："正以九七五三为灾者，从天奇数也。《易天之数》曰：'立天之道，曰阴曰阳'。系天，故取其奇为灾岁数。"宋洪迈《容斋随笔》卷六《百六阳九》条云："史传称百六阳九为厄会，以历志考之，其名有八。初入元，百六，曰阳九，次曰阴九，又有阴七、阳七、阴五、阳五、阴三、阳三，皆谓之灾岁。大率经岁四千五百六十，而灾岁五十七。以数记之，每及八十岁则值其一。今人但知阳九之厄。"①自汉以后，这种以阳九为灾日的观念深入人心。《汉书·食货志上》载，王莽末年发生灾荒，"莽耻为政所致，乃下诏曰：'予遭阳九之厄，百六之会，枯汉霜蝗，饥馑荐臻，蛮夷猾夏，寇贼奸轨，百姓流离，予深悼之。害气将究矣'。岁为此言，以至于亡"。②

两晋以后，文学作品中多有这种观念的表现。南朝谢灵运《顺东西门行》云："闵九九，伤牛山，宿心载违徒昔言。"黄节注："闵九九谓阳九阴九之灾也。"③徐陵《为陈武帝作相时与岭南酋豪书》载："近者数钟九恶，王室中微。"南朝梁丘迟《九日侍宴乐游苑诗》中

---

① 洪迈《容斋随笔》卷六，上海古籍出版社 1978 年版，第 291 页。
② 班固《汉书·食货志》上卷二四，中华书局 1962 年版，第 1144 页。
③ 逯钦立《先秦汉魏南北朝诗》宋诗卷二，中华书局 1962 年版，第 1153 页。

图03 齐白石《延年益寿图》。引自《齐白石全集》，湖南美术出版社，1996年。

将重阳节的活动称为"秋禊"："朱明已谢，蓐收司礼。爰理秋禊，备扬旌棨。"[①]唐代赵彦伯《奉和九日幸临渭亭登高应制得花字》诗曰："簪挂丹萸蕊，杯浮紫菊花。所愿同微物，年年共辟邪。"（《全唐诗》卷一〇四）南宋吴自牧《梦梁录》卷五"九日条"曰："今世人以菊花、茱萸浮于酒饮之，盖茱萸名辟邪翁，菊花为延寿客，故假此两物服之，以消重九之厄。"

重阳节是由上古的"秋禊"活动，即秋天的祭祀活动演化而来的，其目的在于消灾避祸。"尝新说"本来是"秋社"活动的内容，是用来在秋天收获季节向土地神表示谢意的。由于时间同重阳节接近，所以，这一活动也逐渐成为重阳节的内容，而"求寿说"则与菊花的药用功能和道教的长生成仙思想相关。菊花与长寿也成为我国绘画中的重要就题材。

二、重阳节与菊花联系的道教根源

道教是我国传统的民族宗教，产生于东汉后期，与我国传统文化

[①] 逯钦立《先秦汉魏南北朝诗》梁诗卷五，中华书局1962年版，第1602页。

有着千丝万缕的联系。创教初期,传道者为了宣传教义、广纳教徒,扩大道教在社会上的影响,将传教与治病结合起来,采用"符水咒说、跪拜首过"等带有浓厚巫医色彩的治病方法。《后汉书·皇甫松传》载:太平道的创始人张角"蓄养弟子,跪拜首过,符水咒说以疗病,病者颇愈,百姓信向之"。随着魏晋时期葛洪神仙道教理论体系的建立以及道教本身的进一步完善,道教基本教义从早期"去乱世、致太平"的救世学说发展成为"长生久视"和"度世延年"。这一转变使得长生不死、羽化登仙或死后尸解成仙成为道教的主要信仰和修炼追求的最终目的。为了达到这一目的,首先要祛病延年,而医药的作用正在于此。道教把道家清净无为、修身养性的主张改造为服食长生、修仙得道的治身之述,对我国传统医学和民俗文化影响深远。本节正是从这个角度讨论重阳节饮菊花酒的民俗学与道教的根源。

  道教的治身之术以服食养生为主,即通过服用草木之药和以金石类矿物为原料人工炼制的丹药达到长生久视、羽化成仙的目的。道教服食主张源于春秋战国时期神仙方术的服食之法和方士的求仙活动,东晋葛洪《抱朴子》引早期金丹著作《黄帝九鼎神丹经》曰:"虽呼吸道引及服草木之药,可得延年,不免于死地。服神丹令人寿无穷已,与天地相毕。"[①]可见,早期道教炼丹家认为草木之药只可延年,而人工炼制的丹药才能长生不死。但与用矿物金属炼制而成的丹药相比,草木之药更为安全适用。《神仙传》记载了一些道教人物喜食植物的例子:赤松子"啖百草花",偓佺"好食松实",师门"食桃李葩",务光"服兰韭根",鹿皮公"食芝草"等,并记载了"康风子服甘菊花、

---

① 葛洪《抱朴子》,中华书局1980年版,第65页。

柏实散得仙"的故事。道教著作《太平经》载:"草木有德有道而有官位者,乃能驱使也,名之为草木方,此谓神草木也。治事立愈者,天上神草木也,下居地而生也。立延年者,天上仙草木也,下居地而生也。"

《云笈七签》卷一百十四载:"其下药有松柏之膏、山姜沉精、菊苗、泽泻、枸杞、茯苓、菖蒲……草木繁多,名数有千,子得服之可以延年,虽不能长享无期、上升青天,亦可以身生光泽,返老还童。"[①]所以,道教服食家认为,服食草木类药物可以轻身益气、益寿延年。道教医学家在服食和行医过程中发展丰富了传统中医理论,如南朝陶洪景《本草经集注》,唐代孙思邈的《千金要方》《千金翼方》等,都为我国传统医学做出了重要贡献。而在这类道教医学著作中都有服食菊花的记载。葛洪《抱朴子·内篇》"仙药"一章所列植物药中有"甘菊"。孙思邈《千金翼方》卷二记载了菊花的采集时间和储存加工方法:"正月采根,三月采叶,五月采茎,九月采花,十一月采实,皆阴干。"陶宏景《名医别录·上品》说菊花能够"疗腰痛去来陶陶,除胸中烦热,安肠胃,利五脉,调四肢"。我国最早的药学典籍《神农本草经》记载了"菊花味苦平,主(诸)风头眩肿痛,目欲脱,泪出,皮肤死肌,恶风湿痹。久服利血气,轻身耐老延年"的药用价值。道教服食所用菊花多为白色。《本草纲目》引陶弘景《名医别录》曰:"又有白菊,茎叶都相似,惟白花,五月取之。仙经以菊为妙用,但难多得,宜常服之。"又引苏颂《图经本草》曰"今服食家多用白者"。

另外,汉魏六朝时期的一些笔记小说也记载了一些菊花延年益寿的故事,这类内容对后世影响往往更大。

---

① 张君房《云笈七签》,李永晟点校,中华书局2003年版,第278页。

汉代应劭《风俗通义》载:"南阳郦县有甘谷,谷水甘美,云其山上大有大菊华,水从山流下,得其滋液。谷中有三十余家,不复穿井,悉饮此水。上寿百二三十,中百余,下七八十者名之为夭。菊花轻身益气,令人坚强故也。司空王畅、太尉刘宽、太傅袁隗为南阳太守,闻有此事,令郦县月送水三十斛,用之饮食。诸公多患风眩,皆得瘳。"①东方朔《海内十洲记》载:"炎洲在南海中,有兽,火烧不死。取其脑,和菊花服之,尽十斤,得寿五百年。"

晋代王嘉《拾遗记》卷六:"(汉)宣帝地节元年,乐浪之东有背明国。有紫菊,谓之日精,一茎一蔓,延及数亩,味甘,食者至死不饥渴。"②汉末三国时期,杀伐频仍,社会动荡,广大民众朝不保夕。而文人名士更是生活在苦闷与恐惧之中。鲁迅在《中国小说的历史变迁》中说:"从汉末到六朝为篡夺时代,四海骚然,人多抱厌世主义,加以佛道二教盛行,一时皆讲超脱出世,晋人先受其影响,于是有一派人去修仙,想飞升,所以喜服药;有一派人欲永游醉乡,不问世事,所以爱饮酒。"修仙的成为方士,饮酒的成为名士。名士挥尘谈玄,在上层社会蔚为风气。方士们"张皇鬼神,称道灵异",在中下层社会得到认可。当然,饮药酒也是一种服食的方法,方士和名士便合流了。

由此可知,从汉代开始,尤其是魏晋南北朝时期,人们对菊花的延寿功能已经深信不疑。这种思想不可避免地反映在文学作品中。西晋傅玄《菊赋》:"服之者长寿,食之者通神。"③晋庾阐《游仙诗十首》中有"层霄映紫芝,潜涧泛丹菊",将菊花与长寿灵药灵芝并称。

---

① 应劭《风俗通义校释》,吴树平校点,天津人民出版社1980年版,第401页。
② 王嘉《拾遗记》,齐治平校注,中华书局1981年版,第132页。
③ 严可均《全上古三代秦汉三国六朝文》,中华书局1999年版,第1717页。

陶渊明熟知古书,"泛览周王传,流观山海图",(《读山海经》其一)对神仙之事件想必也确信其有,因为他深信菊花可以长生:"黄花复朱实,食之寿命长。"(《读山海经》其四)阴铿《赋咏得神仙诗》云:"罗浮银是殿,瀛洲玉作堂。朝游云暂起,夕饵菊恒香。聊持履成燕,戏以石为羊。洪崖与松子,乘羽就周王。"①几乎就是道教神仙理想和服食活动的直接表述。

长生毕竟是古人的主观愿望。早在汉代,人们已经认识到服食长生的荒谬。《古诗十九首》之《驱车上东门》云:"万岁更相迭,贤圣莫能变。服药求神仙,多为药所误。仙人王子乔,难可与等期。"采菊服食的陶渊明也曾经对此提出过怀疑:"运生会归尽,终古谓之然。世间有松乔,于今定何间?"唐宋时期,由于道教的兴盛,长生求仙的思想依然很流行。但随着社会的进步和医学的发展,人们往往能够较为理性地认识和对待服食。长生成仙的说法逐渐被抛弃,而去病延年的药用功效为人们所接受。宋代以后,重阳节饮菊花酒的长寿意图已经很淡漠,插菊花、饮菊花酒越来越成为一种文化意象和民俗文化表现在文学作品中。

三、陶渊明对重阳节文化品格的提升

菊花是陶渊明人格的象征,陶渊明是菊花的形象代言人。陶渊明与菊花的关系极为之密切。

周敦颐说:"晋陶渊明独爱菊……予谓菊,花之隐逸者也。"(《爱

---

① 逯钦立《先秦汉魏晋南北朝诗》陈诗卷一,中华书局1998年版,第2456页。

莲说》）由于陶渊明，"隐逸"成了菊花的主要象征内涵。而"陶菊"这一人文意象以其独特的精神风貌为重阳节注入了新的文化内涵。

最早将陶菊引入重阳节的是南朝刘宋人范泰，其《九月九日》诗云："劲风肃林阿，鸣雁惊时候。篱菊熙寒丛，竹枝不改貌。"范泰化用陶渊明"采菊东篱下"一句，创造了"篱菊"一词，首次将以隐逸为内涵的"陶菊"与重阳节联系在一起。南朝江总在重阳诗中又使用了"篱菊"一词："心逐南云去逝，形随北雁来。故乡篱下菊，今日几花开？"（《于长安归还扬州九月九日行薇山亭赋韵诗》）范泰和江总诗中的这种联系仅仅停留在涉陶意象的表层偶尔出现，陶渊明与菊花的深层文化学意义没有得到阐发。到了唐代，这种情况发生了明显的改变。唐诗中的重阳之咏有一半以上提及菊花，"陶菊""篱菊""东篱"成为与陶渊明相关的意象频繁出现在以重阳为题材的文学作品中。"陶菊"所体现的人文精神与传统的重阳节文化相融合，形成了新的内涵并固定下来，从而提升了重阳节文化的品格。

初唐诗人的重阳之咏已经延续了六朝范泰、江总援陶拽菊入重阳的做法，使"陶菊"精神体现在重阳文化中，如："九日重阳节，开门有菊花。不知来送酒，若个是陶家"（王勃《九日》），"江边枫落菊花黄，少长登高一望乡。九日陶家虽有酒，三年楚客已沾裳"（崔国辅《九日》）。在这类诗歌中，酒也同样是不可以缺少的。"陶酒"与"陶菊"一样，成为高雅、脱俗、旷达的象征。

从盛唐开始，重阳诗中的"东篱菊"已经成为含有特定意蕴的诗歌话语和审美意象。在诗中"陶菊"所代表的悠然自得、旷达疏放的人文精神更为鲜明了："茱萸插鬓花宜寿，翡翠横钗舞作愁。漫说陶潜篱下醉，何曾得见此风流。"（王昌龄《九日登高》）"今日陶家野兴偏，

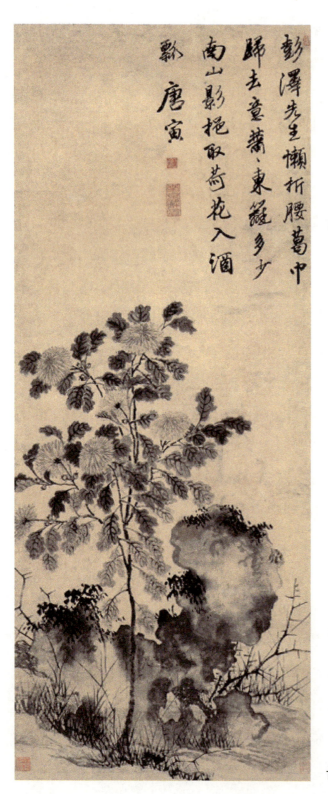

图04 [明]唐寅《东篱归影图》。天津博物馆藏。

东篱黄菊映秋田。浮云暝鸟飞将尽，始打青山新月前。"（钱起《九日田舍》）在唐代诗人中，对陶菊内涵理解至深且有独到体会的是白居易，其《九月八日酬皇甫十见赠》诗云："霜逢旧鬓三分白，露菊新花一半黄。惆怅东篱不同醉，陶家明日是重阳"。白居易晚年闲居洛阳，远离权力中心，力图忘却官场的纷争，对陶渊明悠然自适的人生态度产生了共鸣。其《闰九月九日独饮》诗云："黄花丛畔绿樽前，犹有些些旧管弦。偶遇闰秋重九日，东篱独酌一陶然。自从九月持斋戒，不醉重阳十五年。"

与唐代对陶渊明接受的相对平淡相比，宋代的崇陶热情高涨。陶渊明作为一种文化象征广泛而深刻地影响着宋人。宋代重阳诗的数量远多于唐代，而且诗中基本上都要提到陶渊明或与陶相关的典故。作为陶渊明精神象征的菊花也深受宋代士人的喜爱。中国最早的菊花谱录就出现在宋代。史铸《百集菊谱》还将陶渊明诗中提到的"九华"菊列为一品，并广泛搜集了陶渊明与菊花有关的典故、作品以及他人的引陶咏菊之作。宋代士人将菊花所蕴涵的陶渊明的精神追求和所代表的生活方式引入自己的价值体系和日常生活中。更为重要的是，在唐人眼中，陶渊明只是个隐士，认为"陶潜避俗翁，未必能达道"。而宋人认为，陶渊明体现了理想人格中"闻道见性"的最高境界，将儒家"孔颜乐处"安贫乐道的人格修养融注到陶渊明的精神品格中："陶潜直达道，何止避俗翁。萧然守环堵，褐穿瓢屡空。梁肉不忘受，菊杞欣所从。一琴既无弦，妙音默相通……使遇宣尼圣，故应颜子同。"（郭祥正《读陶渊明传二首》其二）[①]这是宋人兼容并收思想的结果，

---

① 郭祥正《青山续集》卷二，台湾商务印书馆1983年版。

是宋代儒、释、道融合的文化背景下的产物，也可以说是宋代理学影响士人的结果。在宋人看来，人格修养既要强调闻道见性，又要将道与性落实到日常生活中。淡泊静退的高尚品格，任真自然、恬淡自适的生活方式，乃至忠贞不二的政治态度是宋代理学所推崇的理想人格的核心。当宋人用这些条件去审视前人的时候，发现陶渊明是最完美的。南宋张栻《采菊亭赠张建安诗前序》说："陶靖节人品甚高，晋宋诸人所未易及。"[①]洪迈《容斋随笔》卷八："陶渊明高简闲静，为晋宋第一人。"[②]可以说，陶渊明以其赋予菊花的清贞绝俗、高雅闲逸的人文精神丰富深化了重阳节的文化内涵。

需要补充的是，在陶菊所蕴涵的文化意义融入重阳节文化的过程中，类书起了重要作用。唐代虞世南《北堂书钞》卷一百五十五"岁时部·九月九日"条，欧阳询《艺文类聚》卷四"岁时·九月九日"条、卷八十一"药香草部·菊"条，徐坚《初学记》卷四"岁时部·九月九日"条，白居易《白氏六帖》卷一"九月九日"条、卷三十"菊"条都引用了陶诗《九日闲居》及《宋书·隐逸传》所记载的陶渊明重阳节久坐菊丛、王弘致酒的典故。宋代《太平御览》"时序部十七"之"九月九日"条、"百卉部三"之"菊"条也都列有与陶渊明相关的典故。随着出版印刷业的繁荣，文化事业的高涨，文人读书越来越多，而类书作为文人的学识储备更是备受重视。陶菊与重阳节的融合自然也在情理之中了。

（原载《阅江学刊》2012年第1期。此处有修订，插图为新增。）

[①] 张栻《南轩集》卷一，台湾商务印书馆1983年版。
[②] 洪迈《容斋随笔》卷八，上海古籍出版社1978年版，第103页。

论陶渊明"采菊"的文化意义

在中国古代文学的花卉意象中,没有哪一种花卉可以像菊花一样与人类的精神世界有着如此悠久与紧密的联系。同样,也没有哪一种花卉可以像菊花一样与一个人的名字密不可分地联系在一起,这个人就是陶渊明。以至于提起菊花,人们一定会想到陶源明;而谈到陶渊明,人们也一定会想到菊花。陶渊明是中国菊文化的奠基者,"篱菊"精神是中国菊文化的核心成分。民国时期黄岳渊在《花经·序言》中说:"溯自晋代陶渊明对菊东篱,命酒独酌之后,雅人逸士,多踵其事而效之,并以陶之爱菊与周之爱莲并为美谈。菊占百花中最高品秩,能傲寒霜,独矜晚节,茎疏而劲直,花稀而硕大,色美而鲜丽,香淡而清芬,故菊称逸品良有以也。"[①]陶渊明是菊花文化内涵的核心,其"采菊东篱"的风姿给后世文人留下了无限广阔的想象空间,"东篱风致"是一个说不完的主题。无论是在菊文化史还是整个中国古代文化史上,陶渊明的贡献都是极其重要的,沾溉后世多矣。

一、陶渊明采菊辨

在古代诗歌中有不少以"采某(植物)"为题目的作品,如"采

---

① 黄岳渊《花经》"序言",上海新纪元出版社1939年8月铅印本,上海书店1985年版。

莲""采桑""采菱""采蘼芜"等。这些题目都来源于劳动生活，而且在先秦时期就已经出现，《诗经》是这类作品的源头。上古时代，人们处于狩猎、采集为生阶段，成年男人外出打猎，女子则采集野菜和植物果实。因此，这类题目的表现对象皆为女性。在这类题目中，"采桑"最为悠久，且对后世文学创作影响巨大。在上古时期，桑林是祭祀的场所，后来又成为男女相会的地方。《墨子·明鬼》云："燕之有祖，当齐之社稷，宋之有桑林，楚之有云梦也，此男女所属而观也。"[①]在上古，人们祭祀高禖，祈求繁衍后代，生殖是神秘而神圣的，后来才有了色情的意味，高诱《吕氏春秋·顺民》注："桑林，桑山之林，能兴云作雨也。"[②]巫山云雨是很典型的男女交接的代称。《诗经》中关于男女桑林相悦的诗很多："美孟姜兮，期我乎桑中，要我乎上宫"（鄘风·桑中），"彼汾一方，言采其桑。彼其之子，美如英"（魏风·汾沮洳），"隰桑有阿，其叶有难。既见君子，其乐如何"（小雅·隰桑）。

在汉乐府诗歌中，这类题材开始倾向于对从事采摘活动的女性外貌、服饰的描写，其中《陌上桑》和《上山采蘼芜》对后世这类作品影响最为明显。

南朝时期，春季桑林男女放纵的上古习俗成为宫体诗非常适合的表现主题，沈约《采桑度》云："春月采桑时，林下与欢俱。"[③]所以，采桑女的女性美成为诗歌中表现对象也就不足为怪了。即使是赞美贞妇，也仍然要描写女性外貌神态："百草扬春华，攘腕采柔桑。素手寻

---

① 墨翟《墨子》卷八，广陵书社2009年版。
② 吕不韦《吕氏春秋》，《影印文渊阁四库全书》本。
③ 郭茂倩《乐府诗集》卷四八，人民文学出版社2010年版。

繁枝,落叶不盈筐。罗衣翳玉体,回目采流章。"(晋傅玄《秋胡行》)①受"采桑"的影响,早期的"采菊"诗中也有女性形体的描写。从现存作品看,"采菊"一词最早出现在由吴入西晋的陆云诗中:"思乐芳林,言采其菊。衡薄遵涂,中原有菽。登彼修峦,在林寤宿。仿佛佳人,清颜如玉。"②该诗失题,但从内容来看,是写去山上采野生植物,而且诗中明言采菊。诗中虽然没有具体的女性描写,但出现了"佳人"一词。南朝梁简文帝萧纲的《采菊篇》则鲜明地体现了采菊女的形象:"日精丽草散秋株,洛阳少妇绝妍姝。相呼提筐采菊珠,朝起露湿沾罗襦。东方千骑从骊驹,更不下山逢故夫。"③这首诗有一点特别,因为在现存魏晋南北朝时期的作品中以"采菊为题且与女性联系在一起的"仅此一例。而且诗中魏晋以前菊花的人文含义几乎没有什么体现。既无服食长生思想,也没有"季秋之月"的节候观念,更没有菊花迎霜耐寒的人格象征意义。这首诗产生在宫体诗盛行的南朝齐梁间,是汉代古题"上山采蘼芜"的拟作,只不过增加了宫体艳丽的色彩,而且将蘼芜换成了菊。以"采菊"为题出现在魏晋南北朝时期。陶渊明之前的袁宏有《采菊诗》云:"息足回阿,圆坐长林。披榛即涧,藉草依阴。"④这大概是最早的"采菊"诗了,因产生于南朝齐梁宫体诗之前,所以,尚无女性表现内容。从南北朝以后以"采菊"为题的作品内容来看,基本上是源于陶渊明"采菊东篱下,悠然见南山"一句,而且已经具有了明显的隐逸象征色彩。所以,"采菊"一题也是从劳动场

---

① 徐陵《玉台新咏》卷二,吴兆宜注,上海古籍出版社2007年版。
② 逯钦立《先秦汉魏晋南北朝诗》晋诗卷六,第715页。
③ 逯钦立《先秦汉魏晋南北朝诗》梁诗卷二〇,第1923页。
④ 逯钦立《先秦汉魏晋南北朝诗》晋诗卷一四,第920页。

面进入象征层面的。

不过"采莲""采桑"主题在发展过程中产生了男女情感的内涵，在南朝齐梁宫体诗风的熏染下得到长足发展，后世以"采莲""采桑"为题的作品层出不穷。

而"采菊"因为陶渊明的缘故则形成了隐逸的内涵。然而，在陶渊明以后，"采菊"主题也并非隐逸一种内涵。前文提到的萧纲的《采菊篇》就完全与隐逸无关，而且诗中以描写采菊女性容貌形态为主。

"采菊"一词出现在陶渊明的《饮酒二十首》其五："采菊东篱下，悠然见南山。"后世论陶咏菊之作也多本此句。在后人心中，"采菊"是一种高迈的人生境界，是高人逸士所特有的生活姿态。周敦颐《爱莲说》便认为菊为"花之隐逸者也"，这当然是宋人的理解。然而对陶渊明采菊的本来目的却少有人论及。陶渊明采菊的目的有二：一是"菊为制颓龄的"延年希求；二是用以寄托"泛此忘忧物，远我遗世情"（《饮酒二十首》其七）的隐逸情怀和"怀此贞秀姿，卓为霜下杰"（《和郭主簿二首》其二）的独立人格。实际上，陶渊明种菊、采菊的用途主要是用来做药的，为了服食。其《时运》诗云："花药分列，林竹翳如。"可见，陶渊明不但种花，而且还种药。既然是"花药分列"，可知花与药用处不同。花是用来观赏的，药是用来治病的。言"采菊"而不说观菊、赏菊，可见，菊花当时是种在药圃中的，而且地点在篱边。陶渊明的诗文中有三处明显提及菊花是用来吃的。其一，《九日闲居》诗序曰："余爱重九之名，秋菊盈园而持醪靡由，空服九华，寄怀于言。"诗云："世短意常多，斯人乐久生。日月依辰至，举俗爱其名。露凄暄风息，气澈天象明。往燕无遗影，来鸿有余声。酒能祛百虑，菊为制颓龄。如何蓬蒿士，空视时运倾。尘爵耻虚罍，寒华徒自荣。敛襟独闭谣，缅焉起深情。棲迟固多娱，淹留岂无成。"①序中说重阳节这天"秋菊盈园而持醪无由"，可见菊花是用来泡酒喝的，但是又没有酒，只好"空服九华"了。那么服菊的目的是什么呢？作者在诗中给出了答案："酒能祛百虑，菊解制颓龄。"可见服菊是为了长寿。其二，"秋菊有佳色，裛露掇其英。泛此忘忧物，远我遗世情"（《饮酒》其七）。逯钦立注《陶渊明集》说："泛，泡。忘忧物，指菊花。"此处亦言以菊花泡酒饮之，而且还指出采菊花的时间是在早晨，要趁菊花上的露水还没有干的时候去采。这种做法想来是源于道教以露水为天地之精，服之延年的观念。其三，"黄花复朱实，服之寿命长"（《读山海经》）。"朱实"当指茱萸的果实。茱萸避邪翁，菊花延寿客。插茱萸，饮茱萸酒也是重阳节的主要内容，所以重阳节也叫茱萸节。陶渊明的诗明白地告诉我们他采菊是用来吃的，目的是为了长寿。况且，《陶渊明集》中的菊花无一赏字，言"采"而不言赏，可见观赏不是第一位的目的。菊花与酒同样成为陶渊明缓解人生痛苦的寄托之物。而其隐逸情怀和独立人格的内涵应该是诗歌体现的客观含义，多半是后人的理解。

食菊的最早记载见于屈原："朝饮木兰之坠露兮，夕餐秋菊之落英。"（《离骚》）"播江离与滋菊兮，愿春日以为糗芳。"（《九章·惜诵》）而食菊延寿的明确说法最早见于汉代杨雄《反离骚》："精琼靡与秋菊兮，将以延夫天年。"②孟子主张知其人要论其世，实际上，我们只要了解陶渊明所生活的时代背景，就不难理解陶渊明采菊、食菊的主要用意。东汉末年，政治黑暗、社会动荡，士人们在哀叹人生不幸、生命短暂的同时，认识到要增加生命的密度，尽情享乐。《古诗十九

---

① 杨勇《陶渊明集校笺》，上海古籍出版社2007年版，第54页。
② 杨雄《杨子云集》卷五，台湾商务印书馆1983年版。

首》便是这一时期文人思想的集中体现。与此同时，伴随道教的形成，魏晋南北朝时期出现了一批主张服食长生的神仙家，菊花便是服食对象之一。成书于秦汉之间的《神农本草经》就记载了服食菊花可以"利血气，轻身、耐老、延年"[①]。南朝梁著名道教医学家陶弘景《名医别录》载："仙经以菊为妙用，但难多得，宜常服之。"东汉魏晋南北朝时期的一些笔记小说也记载了菊花的神异功能。如东汉应邵《风俗通义》记载了南阳郦县菊水，人饮之长寿的故事，成为后世咏菊文学最常用的菊花典故之一。盛弘之《荆州记》、檀道鸾《续晋阳秋》、葛洪《神仙传》等都记载了食菊长寿的故事。另外，葛洪的《西京杂记》、《抱朴子》等书也都有记载。可见，在魏晋南北朝时期，食菊长寿的观念已经深入人心了。文人服菊已经成为时代风尚。陶渊明正是在这样一种时代背景下种菊、采菊、食菊的。

关于菊花延寿的功能在陶渊明所处的晋代已经广为人知，这一时期的文学作品中多有表现。曹丕《九日与钟繇书》云："辅体延年，莫斯之贵。谨奉一束，以助彭祖之寿。"西晋傅玄《菊赋》云："掇以纤手，承以轻巾，服之者长寿，食之者通神。"潘岳《秋菊赋》云："既延期以永寿，又蠲疾而弭痾。"成公绥《菊颂》云："其茎可玩，其葩可服。味之不已，松乔等福。"与陶渊明时间相距不远的南朝梁陈期间的张正见直接道出了陶渊明采菊的用途："自有东篱菊，还持泛浊醪。"（《晚秋还彭泽诗》）[②]而饮菊酒自然是为了长寿。

[①] 孙星衍《神农本草经》，《丛书集成初编》第1428册，第11页。
[②] 逯钦立《先秦汉魏晋南北朝诗》陈诗卷三，第2498页。

二、陶渊明采菊的隐逸内涵

菊花这一花卉意象因为有了陶渊明的参与，具有了隐逸的内涵，成为中国传统文化中最具生命力的文化原型之一。陶渊明身上的隐逸色彩一半是他自己弃官归田的行为所奠定的，另一半却是后世人对他的这种归田行为不断阐释和推崇的结果。而菊花，正是由于与陶渊明有着密切的关系而不断地被赋予文化内涵而上升为人格的象征。

在"采菊"主题之前，与隐逸相关的还有"采芝""采薇"。秦汉之际有《采芝操》，言四皓避秦隐居南山，歌曰："漠漠高山，深谷迤逦，晔晔紫芝，可以疗饥。"①"采薇"主题源于商末伯夷、叔齐不食周粟，隐居首阳山，采薇充饥的故事。经过历代吟咏，成为士人忠于君主、不仕二姓的典范。我们可以认为，"采菊"主题之所以没有沿着"采莲""采桑"主题以表现女性及两性情感为主的路子发展下去，其原因有二：其一，陶渊明的影响；其二，菊花自身迟开、耐寒的生物属性使然。

关于对陶渊明隐逸品格的推崇，早在与他同时代的颜延之就开始了。颜延之在《陶征士诔》中赞扬了陶渊明不求功名利禄、"高蹈独善"的操守，超脱旷达、纯任自然的人生态度和安贫乐道的高洁人格，标志着陶渊明文化生命的诞生。沈约《宋书·隐逸传》最早为陶渊明立传，而其"古今隐逸诗人之宗"（《诗品·中品·宋征士陶潜》）的帽子是钟嵘给戴上的。

陶渊明文化品格的生成与后人对其接受分不开的，而在陶渊明文

---

① 逯钦立《先秦汉魏晋南北朝诗》汉诗卷一，第91页。

化品格的传播过程中，除了颜延之、沈约和钟嵘，最重要的要数南朝梁代的萧统。萧统的《陶渊明集序》第一次深入地论述了陶渊明的隐逸精神的内涵，对陶渊明文化品格的形成有着重要作用。其文曰："夫自炫自媒者，士女之丑行；不忮不求者，明达之用心；是以圣人韬光，贤人遁世。其何也？含德之至，莫逾于道；亲己之切，无重于身。故道存而身安，道亡而山害。处百龄之内，居一世之中。悠忽比之白驹，寄寓谓之逆旅；宜乎与大块而盈虚，随中和而任放。岂能戚戚劳于忧畏，汲汲役于人间……是以圣人达士，因以晦迹，或怀釐而谒帝，或披褐而负薪，鼓枻清潭，弃机汉曲。情不在于众事，寄众事以忘情也……加以贞志不休，安道苦节，不以躬耕为耻，不以无财为病，自非大贤笃志，与道污隆，孰能如此乎！"①

隐逸思想萌芽于春秋时期，《庄子》中已经有明确的阐述："余于宇宙之中，冬日衣皮毛，夏日衣葛絺。春耕种，形足以劳动；秋收敛，身足以休食，日出而作，日如而息，逍遥于天地之间而心意自得。"（《庄子·让王》）"就薮泽，处闲旷，钓鱼闲处，无为而已矣。此江海之士，避世之人，闲暇者之所好也。"（《庄子·刻意》）隐逸并非道家独有，儒家也有隐逸的主张，孔子就说过"乘桴浮于海"的话。隐逸的方式是居山泽，远离尘世。这种隐居方式的代表是商末的伯夷、叔齐。但后人几乎不走这条路。隐逸成为文人的一种情怀，一种寄托闲情逸趣的理想，他们并不真的去隐居。隐逸的目的是为了保持自己的天性，不受拘束。这就是萧统所说的"道存而身安"，这里的"道"即道家的"自然"。从汉代开始，出与处、仕与隐成为士大夫抉择的

---

① 严可均《全上古三代秦汉三国六朝文》，中华书局1995年版，第3067页。

中心课题。"隐士文化的全部目的在于士大夫的相对独立的人格价值，社会理想，审美情趣和生活内容等。"①沈约将隐逸分为道隐与身隐："夫隐之为言，迹不外观，道不可知谓也……贤人之隐，义深于自晦，荷蓧之隐，事止于违人。论迹既殊，原心亦异也。身隐故称隐者，道隐故曰贤人。"②魏晋时期，玄学兴起，儒家正统礼教松弛，进入了人的"觉醒时代"，珍视生命、追求自身价值成为时代的声音。陶渊明把儒、道两家的隐逸精神结合起来，既不是冷漠地避世，也不是愤不可释地怨怒，而是回到田园的自由与人格的独立，得到一种精神的快意。萧统正是在这样的时代文化背景下以道家顺应自然、返朴归真的哲学思想阐释了陶渊明的隐逸精神，并肯定了陶渊明躬耕田亩的生存方式，对后世隐逸文化的发展产生了深远影响。

图05 ［明］唐寅《东篱赏菊图》。此图表现雅士赏菊的场面，笔风洒脱而流畅。现藏上海博物馆。

---

① 冷成金《隐士与解脱》引言，作家出版社1997年版。
② 沈约《宋书》卷九三，中华书局1974年版，第2288页。

菊花的隐逸内涵生成于南朝，缘于"篱菊"意象的生成。"篱菊"一词最早见于南朝刘宋范泰的《九月九日诗》："劲风啸林阿，鸣雁惊时候。篱菊熙寒丛，竹枝不改茂。"①该诗在中国古代诗歌史上有两个贡献：一是化用陶渊明"采菊东篱下，悠然见南山"的诗句，将陶渊明与菊花意象合二为一，创作了具有隐逸、闲适内涵的"篱菊"这一涉陶意象。"篱"即篱笆，是住宅及园圃四周用植物做成的墙，用来作为屏障，防止外人或动物闯入。故《水浒传》中武松对潘金莲有"篱牢犬不入"的话。篱出现很早，《楚辞》中已经有明确记载："兰薄户树，琼木篱些。"编制篱笆的材料南方多用竹，北方多用榆、柳等树木。在陶渊明以前，篱只是起墙的护卫作用，因此后世也叫"篱笆墙"，并无特别的文化意义。陶渊明采菊东篱的行为赋予了"篱"以深刻的文化内涵：篱成为乡村清新淡雅田园风光重要的组成部分，是向往田园生活的文人心中抹不去的记忆，是后世文人在厌倦了尘世纷争与人生失意后寻找心灵慰籍的精神家园。

范泰以后，"篱菊"便经常出现在后人的诗中，如庾肩吾的"篱下黄花菊，丘中白雪琴"②，张正见的"自有东篱菊，还持泛浊醪"③，江总的"故乡篱下菊，今日几花开"④等。这一时期，菊花的隐逸内涵还不是很突出。到了唐代，"篱菊"意象经常出现在诗人的歌咏中。陶渊明九月九日无酒，空服菊花的故事作为一种风流雅事来津津乐道。陶渊明悠然自适、啸傲林泉的隐士风范成为文人心仪的核心。卢照邻

---

① 逯钦立《先秦汉魏晋南北朝诗》宋诗卷一，中华书局1984年版，第1300页。
② 逯钦立《先秦汉魏晋南北朝诗》梁诗卷二三，《赠周处士诗》，第1994页。
③ 逯钦立《先秦汉魏晋南北朝诗》陈诗卷三，《还彭泽山中早发诗》，第2498页。
④ 逯钦立《先秦汉魏晋南北朝诗》陈诗卷八，《于长安归还扬州九月九日行薇山亭赋韵诗》，第2595页。

《山林休日田家》诗云："南涧泉初洌，东篱菊正芳。还思北窗下，高偃羲皇。"钱起《九日田舍》："今日陶家野兴偏，东篱黄菊映秋田。"而"采菊"这一合成意象成为人们向往隐逸情趣的代称："谁采篱下菊，应闲池上楼。"（孟浩然《九日怀襄阳》）唐代开始成熟的类书中对陶渊明与菊花典故的记载正是这种情况的体现。虞世南《北堂书钞》卷一百五十五《岁时部》"九月九日"，欧阳询《艺文类聚》卷四《岁时·九月九日》，卷八十一《药香草部·菊》徐坚《初学记》卷四《岁时部·九月九日·事对》，白居易《白氏六帖事类》卷一《九月九日》都收录陶渊明重阳无酒，独坐菊丛，白衣人送酒的故事。白居易《白氏六帖事类》卷三十《菊》还有"东篱菊"一词。宋代以后，"东篱"成为士大夫不慕荣利、特立独行的人格理想。明代唐寅《题自画墨菊》诗中有"铁骨不教秋色淡，满身香汗立东篱"[①]的句子。宋自逊《五月菊》："东篱千古属重阳，此本偏宜夏日长。会得渊明高卧意，故来同占北窗凉。"东篱成了菊花与陶渊明合二为一的代称。

三、陶渊明对菊花文化内涵的丰富

陶渊明笔下的菊花除了隐逸的内涵之外，还提炼了菊花意象原有的人格象征含义：凌寒不屈、卓然独立的精神。《和郭主簿二首》其二云："芳菊开林耀，青松冠岩列。怀此贞秀姿，卓为霜下杰。"在陶渊明以前，首先提到菊花耐寒品格的是三国魏国的曹丕，据现存文献考证，他是文人中继屈原之后写菊花的第二人。其《九日与钟繇书》云：

---

① 唐寅《唐伯虎全集》卷三，中国书店1985年版，据大道书局1925年版影印。

"岁往月来，忽逢九月九日。是月律中无射，言群木百草无有射地而生，惟芳菊纷然独荣。非夫含乾坤之纯和，体芬芳之淑气，孰能如此。故屈平悲冉冉之将老，思餐秋菊之落英。"文中道出了菊花"纷然独荣"于百草凋零之秋的独特品格，并说明之所以如此是因为菊花"含乾坤之纯和，体芬芳之淑气"。菊花已经有了傲霜凌寒的象征含义了，苏彦的《秋夜长》诗云："零叶纷其交悴，落英风立以散英。睹迁化之遒迈，悲荣枯之靡常。贞松隆冬以擢秀，金菊吐翘以凌霜。"[①]松菊并举始于东晋许询的"青松凝素髓，秋菊落芳英"一句诗。松柏高大常青，凌霜不凋，向来被作为君子坚贞人格的象征，而菊花虽也耐寒，但远不如松树的伟岸，将菊与松并举，无疑大大提升了菊花的品位，丰富了菊的内涵。而袁山松的《菊》诗更是专咏菊花的耐寒坚定品格："灵菊植幽崖，擢颖凌寒飙。春露不染色，秋霜不改条。"这是最早的专题咏菊诗，所咏当然是野菊花。因为菊的生存环境是"幽崖"，远离世人，迎着寒风生长开花。它不与群芳争春，也不怕严霜的欺压，表现出甘于寂寞、坚贞刚毅的品格。这首诗笔墨洗练，寄意鲜明，准确地抓住了菊花的生物特性，又饱含了作者赞叹的情感，人格象征意义鲜明，在咏菊诗中堪为精品。

李泽厚说："陶潜和阮籍在魏晋时代分别创作了两种迥然不同的艺术境界，一超然世外，平淡冲和；一忧愤无端，慷慨任气。它们以深刻的形态表现了魏晋风度。"[②]陶渊明在人生解脱问题的探索中，找到了一条属于自己的特有的人生道路，并创造了一种新的人生境界和美学风格。他在"采菊东篱下，悠然见南山"的境界中，在种豆南山、

---

① 逯钦立《先秦汉魏晋南北朝诗》晋诗卷一四，中华书局1998年版，第925页。
② 李泽厚《美的历程》，中国社会科学出版社1989年版，第106页。

荷锄月归的农事中，在"泛览周王传，流观山海图"的读书情境中，在与农人共话桑麻的交流中实现了对人生痛苦的超越，创造了一种对后世影响深远的美学风格。

晚唐司空图《二十四诗品·典雅》："玉壶买春，赏雨茅屋。坐中佳士，左右修竹。白云初晴，幽鸟相逐。眠琴绿荫，上有飞瀑。落花无言，人淡如菊。"[1]虽然是写诗歌之意境，但我们也可以认为，这是在抒写一种人生境界，一种悠然恬淡、心与境谐的境界，一种"落花无言，人淡如菊"的境界。清代叶燮《原诗》卷四云："盛唐之诗，春花也。桃李之浓华，牡丹、芍药之妍艳，其品华美贵重，略无寒瘦俭薄之德，固足美也。晚唐之诗，秋花也。江上之芙蓉，篱边之秋菊，极幽艳晚香之韵，可不为美乎？"[2]篱边秋菊之"幽艳晚香"亦是一种人生境界。

陶菊所代表的人格因素包括两个方面，一个是清，一个是韵。"清"是指不为世俗荣利所累，淡泊清净，保持自我人格的独立。"韵"是指涤除浮华之后的悠然之趣，即陶潜所言的"真意"。陶渊明的悠然真意为后世文人创造了一种别样的人生境界。

清代狄忆《菊社约》叙述了文人的结社活动："山椒俎豆应奉渊明先生，中庭设绘像一、诗集一，瓣香清供，客至三辑，然后入座，信意捻诗一章，吟咀往复，情畅旨远，仿佛此中真意，庶东篱风致，去人未远。"[3]虽说是文人结社活动，未免有些附庸风雅，但"东篱风致"一词却十分恰当地概括了陶渊明的人生境界。菊花是陶渊明的精神守望，当陶渊明把隐逸这一被多数文人当作精神归依的理想模式作为实

---

[1] 司空图《诗品集解》，人民文学出版社1981年版，第12页。
[2] 叶燮《原诗》外篇下，《清诗话》，上海古籍出版社1978年版，第605页。
[3] 狄忆《菊社约》，《丛书集成续编》子部第87册，第827页。

实在在的生活方式的时候，对陶渊明而言，菊花便有了明显的价值，成为陶渊明生命中的组成部分。"采菊东篱"实在是太有名了。这在中国文学史乃至文化史上可以说是独一无二的文化现象，明代李梦阳《咏庭中菊》诗云："细开宣避世，独立每含情。可道蓬蒿地，东篱万古名。"①

东篱风致有着庄子逍遥自适，有着孔子乐在其中的人生理想，陶渊明把二者结合起来，并用审美的眼光诗意地观照生活。如果说安贫乐道、固穷守节是"东篱风致"的深层内涵，那么，平淡自然、悠然自得则是其外在风神。宋代韩驹《题采菊图序》诗云："九日东采菊英，白衣遥见眼能明。向令自有杯中物，一段风流可得成。"②"采菊东篱下，悠然见南山"的陶渊明拈着菊花，微笑着走入了中国文学。

（原载《学习与探索》2010年第4期，此处有修订，插图为新增。）

---

① 李梦阳《空同集》卷二八，上海古籍出版社1991年版。
② 《全宋诗》第25册，第16595页。

论屈原、陶渊明对菊花人格象征含义生成的贡献

在中国花卉文化史上有一种很有意思的现象，某种花卉文化内涵的形成与发展往往与一个或几个著名文人的行为或吟咏密切相关。如竹之于王子猷，菊花之于陶渊明，梅花之于林逋，莲花之于周敦颐。与其他花卉一样，菊花之最终上升为重要的文化象征，主要也是在文学领域形成的。在菊文化中，菊花的人格象征含义最为突出，是菊文化的核心，对中国传统文化影响最为深远，其形成和发展主要在先秦、魏晋南北朝两个阶段，屈原是菊花象征意义的开创者，陶渊明是菊花象征意义的奠基者。

一、屈原与菊花人格象征含义的萌芽

《诗经》与《楚辞》中有许多植物作为比兴的载体，植物形象本身与人类的感情色彩产生联系。随着自然的人化和人的社会化，自然界中的一些植物与人的生命活动产生了密切的联系。由自然物象成为寄寓人类情感的意象。《诗经·桃夭》云："何彼秾矣，花如桃李。"用桃花比喻女子容貌之美好。而到了屈原笔下，春兰秋菊则发展为人格人品的象征。

植物的象征含义是在先秦时期儒家的比德思想基础上形成的。元

图 06 ［清］任熊《湘夫人图》。纸本，设色。《湘夫人图》画的是屈原《楚辞》中的"湘君"和"湘夫人"。现藏上海博物馆。

代刘因《鹤庵记》说:"予观古人之教,凡接于耳目之思者,莫不因观感以比德,托兴喻以示戒。"①所谓比德就是以自然物象来比附人的道德品格,是古代中国人观照自然的一种独特审美方式。以自然之物比德的观念在先秦时期很普遍,其中以山水比德说最有影响。《论语·雍也》云:"子曰:'智者乐水,仁者乐山;智者动,仁者寿。'"以水比德的说法也见于道家,如老子就说过"上善若水。"《管子·水地》《荀子·法行》《孔子家语·问玉》中还有以玉比德的论述。《荀子·法行》云:"夫玉者,君子比德焉。温润而泽,仁也;栗而理,知也;坚而不屈,义也;廉而不刿,行也;折而不桡,勇也;瑕瑜并见,情也。扣之,其声清扬而远闻,其止辍然,辞也。故虽有珉之雕雕,不若玉之章章。《诗》曰:'言念君子,温其如玉。'"②关于以植物"比德"的说法最早见于《管子·小问》中的以禾比德:"恒公放春三月观于野。恒公曰:'何物可以比于君子之德?'……管仲曰:'苗其少也,眴眴乎何其孺子也;至其壮也,庄庄乎何其士也;至其成也,由由乎兹免,何其君子也!天下得之则安,不得则危,故命之曰禾。此其可比君子之德矣。'"③《论语·子罕》以松柏比德:"岁寒知松柏之后凋也。"如果说这里孔子以松柏比德的说法还比较模糊,那么,《礼记·礼器》直接赋予松柏以人的品格,将社会伦理引入其中:"其在人也,如竹箭之有筠也,如松柏之有心也……故四时而不改柯易叶。"④而《诗经·卫风·淇奥》则已经直接把竹与君子人格联系在一起了:"瞻彼淇奥,绿竹猗猗,有

---

① 刘因《静修集》卷一〇,台湾商务印书馆1983年版。
② 张觉《荀子译注》,上海古籍出版社1995年版,第665页。
③ 赵守正《管子译注》,广西人民出版社1981年版,第94页。
④ 郑玄注、孔颖达疏《礼记注疏》卷二三,中华书局1936年版。

匪君子，如切如磋，如琢如磨。"到了汉代，竹的伦理性审美愈加突出。《礼记·祀器》云："其在人也，如竹箭之有筠也，如松柏之有心也，二者居天下之端矣。故贯四时而不改柯易叶。"竹的植物特质在审美层面上得到了本质意义上的认同。清代王国维《此君轩记》说："竹之为物，草木中之有持操者，与群居而不倚，虚中而多节。可折而不可曲，凌霜而不渝其色。其超世之致与不可屈之节，与君子为近，是以君子取焉。"①

汉代刘向《说苑·杂言》云："君子上比，所以广德也，下比，所以挟行也。比于善，自进之阶也；比于恶，自退之原也。"②刘向认为，君子比德的目的是为了广德自进，在师法自然的过程中提升品德。《晋书·张天锡传》载前凉后主张天锡云："观朝荣则敬朝秀之士，玩芝兰则爱德行之臣，睹松竹则思贞操之贤，临清流则贵廉洁之行，览蔓草则贱贪秽之吏，逢飚风则恶凶狡之徒。"③以植物比君子的观念对后世影响深远，尤其是儒家的修身思想成为后世花卉审美的主要观照方式。宋元以后出现的梅竹为"双清"、松竹梅为"岁寒三友"、梅兰竹菊为"四君子"的说法正是这种比德审美方式的产物。

菊花的原初文化意义是作为"候时之草"，指代秋天。《礼记·月令》载："季秋之月，菊有黄花。"菊花之名也与花期有关。北宋陆佃《埤雅·释草》解释说："菊本作蘜，从鞠。鞠，穷也。华事至此而穷尽，故谓之蘜。节华之名，取其应节候也。"④在古代文学作品中，菊花

---

① 王国维《王国维文集》第一卷，中国文史出版社1997年版，第132页。
② 刘向《说苑》卷一七，台湾商务印书馆股份有限公司2011年版。
③ 房玄龄等《晋书》卷八六，中华书局1974年版，第2250页。
④ 陆佃《埤雅》卷一七，王敏红校点，浙江大学出版社2008年。

作为秋天的代表物象而被广泛使用,在唐代以前,这种意义的使用还是菊花意象的主要内涵。当然,季节物候的特定之景的涵义不仅止于社会意义的具体内容,还有一种由原始心态泛化而来的更为深远的意义结构。菊花的象征意义是在菊花的实用价值和植物特征基础上产生的,它是在创作主体的主观情感的影响下产生的:"盖有所托焉,非夫郭璞之草木赞、陆机之草木疏比也。"[①]同时又随着时代的发展逐渐丰富,成为菊文化的核心成分。

菊花人格象征意义的生成是从进入文学作品开始的。最早将菊花引入文学并赋予其文化内涵的是先秦时期的屈原。除了作为秋天的代表物象之外,与其他花卉不同的是,菊花一开始就是以吃的对象以及与高洁品格的象征物的面貌出现的。在屈原笔下,菊花除了可以吃以外,还象征着美好与高洁的品质。

屈原作品中出现的菊花有三处:"成礼兮会鼓,传芭兮代舞。姱女倡兮容与。春兰兮秋菊,长无绝兮千古。"(《九歌·礼魂》)"朝饮木兰之坠露兮,夕餐秋菊之落英。"(《离骚》)"播江离与滋菊兮,愿春日以为糗芳。"(《九章·惜诵》)第一处以兰菊对举,表示季节变换、春秋代序。这是菊花物候特征的延续,开创了后世抒情文学以菊花代秋天的传统,同时也体现了楚地以兰菊祭祀鬼神的习俗。王逸《楚辞集注》:"言春祠以兰,秋春祠以菊。"《礼记·月令》就记载了古代迎接四时之气的礼俗。可见,菊必须首先是美好甚至神圣的东西,否则就不能作为祭祀的供品。后两处的菊花都是用来吃的,屈原虽未直言菊之香,但我们有理由认为,屈原吃菊花的行为与佩带

[①] 许兆熊《东篱中正》序,续修四库全书本。

其他香草一样，是作为美好之物来象征自己高洁的人格。北宋刘蒙《菊谱·序》云："古人取其香以比德，而配之以岁寒之操"应该是指陶渊明"芳菊开林耀，青松冠岩列。怀此贞秀姿，卓为霜下杰"（《和郭主簿》）之句而言。在《离骚》中，屈原标举自己"美政"的政治理想，不惜以身殉政。而为了实现"美政"理想，又强调加强自身的修养："纷吾既有此内美兮，又重之以修能"。屈原以佩带那些"香草"来象征自己具有美好的品质："扈江离与芷僻兮，纫秋兰以为佩。""朝搴阰之木兰兮，夕揽洲之宿莽。""制芰荷以为衣兮，集芙蓉以为裳。"刘蒙《菊谱·序》云："余尝观屈原之为文，香草龙凤以比忠正，而菊与菌、桂、荃、蕙、兰、芷、江篱同为所取。"

那么，菊花为什么具有美好的品质呢？这应该是源于其可以吃的实用功能，在距离屈原并不很遥远的秦汉时期就有不少关于食菊长寿、成仙的记载。关于这一点，东汉王逸认为："言己旦饮香木之坠露，吸正阳之津液，暮食芳菊之落花，吞正阴之精蕊，动以香净，自润泽也。五臣云：取其香洁以合己之德。"①这是以汉代人的服食养生观念来作解释的。魏晋时期，这种观念依然流行。魏文帝曹丕《九日与钟繇书》云："故屈平悲冉冉之将老，思飧秋菊之落英，辅体延年，莫斯之贵。"但同时，曹丕也认识到菊花的人格象征意义："芳菊纷然独荣，非夫含乾坤之纯和，体芬芳之淑气，孰能如此。"宋代以后，菊花与君子品格紧密联系在一起。北宋周敦颐认为"菊，花之隐逸者"（《爱莲说》），将莲比为花之君子。明代宋濂《菊轩铭》云："金华韩先生既不获用于世，乃寄情于菊花，东篱之下环植之。盖以菊有正色，与先生所禀正

---

① 洪兴祖《楚辞补注》，白化文等点校，中华书局1983年版，第12页。

性相符，故当风霜高洁之时，独致其妍而非凡花之可同也……菊有正色，具中之德，君子法之。真菊兮，君子兮，合为一兮，终无忒兮。"①

明代胡应麟就认为，屈原是用兰菊寄寓自己高洁的品格："谈者穿凿附会，聚讼纷纷，不知三闾但托物寓言。如'集芙蓉以为裳'，'纫秋兰以为佩'，芙蓉可裳、秋兰可佩乎？然则菊虽无落英，谓有落英亦可。"②汪瑗云："所言朝夕，不过谓自动以香洁常自润泽耳。所谓循行仁义，勤身勉励，朝暮不倦是也。"③可见，兰菊人格象征之意已被后人认同。南宋郑思肖《屈原餐菊图》诗云："谁念三闾久陆沉，饱霜犹自傲秋深，年年吞吐说不得，一见黄花一苦心。"④屈原在《离骚》中提到了多种芳香植物，据统计有16种之多。诗人搴揽、采集、佩服、食用芳香植物，以香草自喻的目的是很明显的。在屈原笔下，香草表示洁身自爱、追求高洁的理想，芳香是美德的化身。五臣注曰："取其香洁以合己德。"这是菊花象征含义生成的开始，对菊花人格象征含义的生成与发展意义重大。北宋刘蒙《刘氏菊谱》序说："余尝观屈原之为文，香草龙凤以比忠正，而菊与菌、桂、荃、蕙、兰、芷、江蓠同为所取。"史正志云："苕溪渔隐曰，先君题泗上秋香亭诗：'骚人足奇思，香草比君子。况此霜下洁，清芬绝兰芷。'"⑤可见，后人对屈原菊花的人格象征意义是很认同的。

古老的菊花在屈原笔下第一次有了人格的象征含义。屈原也是菊花审美认识的发轫者。不过，这种审美是以比兴象征的面目出现的。

---

① 宋濂《文宪集》卷一五，台湾商务印书馆1983年版。
② 崔富章《楚辞集校集释》，湖北教育出版社2003年版，第202页。
③ 崔富章《楚辞集校集释》，湖北教育出版社2003年版，第202页。
④ 陈思等《两宋名贤小集》卷三七一，台湾商务印书馆1986年版。
⑤ 史正志《史氏菊谱》，台湾商务印书馆1983年版。

在屈原笔下，菊花是与其他香草一样，作为香草美人比兴象征系统的组成部分，象征着屈原高洁的品格。这时候，菊花的面目是模糊的，只是作为那些"恶草"的对立面而出现。菊花作为一种超功利的审美对象引起人们的关注与欣赏，是从魏晋时期开始的。

二、陶渊明对菊花人格象征含义形成的贡献

两汉时期，由于经学的束缚，尤其是阴阳五行思想的流行，菊花的人格象征含义没有得到发展。而随着求仙长生思想和道教的发展，菊花的药用功效和与菊花药用功效相关的民俗意义逐渐凸显出来。服菊长寿和以菊花象征长寿的文化意蕴在两汉时期形成了，作为菊文化中的民俗含义与后来成熟的人格象征含义共同成为后世咏菊文学的主题。这一时期的典籍多有记载。根据逯钦立《先秦汉魏晋南北朝诗》，两汉诗歌中提到菊花的文学作品只有两首，汉武帝的《秋风辞》："秋风起兮白云飞，草木黄落兮雁南飞。兰有秀兮菊有芳，怀佳人兮不能忘。"另外，还有汉昭帝的《黄鹄歌》。因为只此两首，所以显得很可贵。但作品中的菊花既无服食长生思想，又无重阳饮菊花酒风俗的体现，倒是比兴之意较为明显，前者有以兰菊比佳人的意味，后者只是借菊花的色彩来抒情。

先秦时期，屈原是唯一一位在文学作品中提到菊花的人，但屈原笔下的菊花与其他香草并无区别，没有独立的人文含义，其象征含义也是单一的。到了魏晋南北朝时期，咏菊花的专题赋较为繁荣，菊花也已经具有独立的品格，菊花的象征含义也丰富了。三国时期钟会《菊

花赋》言菊花有"五美",即五种美好品质:"圆花高悬,准天极也。纯黄不杂,后土色也。早植晚登,君子德也。冒霜吐颖,象劲直也。流中轻体,神仙食也。"①此"五美"中,包含了魏晋时期菊花文化内涵的三个主要方面:(1)"圆花高悬,准天极也。纯黄不杂,后土色也"是汉代阴阳五行观念的体现;(2)"流中轻体,神仙食也"说菊有健身延寿之功效,有长生成仙之意,是神仙长生思想的体现;(3)是菊花的人格象征含义,这种人格象征含义包括两个内容:一是不与百卉争春,象征独立人格,即"早植晚登,君子德也",二是不畏严寒,凌霜而开,象征坚贞不屈的精神,即"冒霜吐颖,象劲直也"。这一时期的诗歌也有不少表现上述人格象征内涵的作品。如苏彦《秋夜长》诗中,菊花已经与松一样傲霜耐寒了:"贞松隆冬以擢秀,金菊吐翘以凌霄。"袁山松《咏菊》诗进一步深化了这种内涵:"灵菊植幽崖,擢颖凌寒飙。春露不染色,秋霜不改条。"《晋书·罗含传》载:罗含年老致仕,"及致还家,阶庭忽兰菊丛生,以为德行之感焉"。②这是较早把菊与人品联系起来的例子。李商隐《菊诗》云:"陶令篱边色,罗含宅里香。"又云:"罗含黄菊宅,柳恽白苹汀。"则是直接以罗含之典入诗。

清末丘逢甲《题菊花诗卷五首》其二云:"谁吟金甲战秋风,黄败朱成事不同。倘有闲情来吊古,合编花史记英雄。"③此诗言黄巢和朱元璋同样是领导农民起义,都咏过菊花诗,但成败不同,菊花的内在精神便有了差异。我们从中可以感觉到花的内涵因人而显,又因人

---

① 严可均《全上古三代秦汉三国六朝文》,中华书局1958年版,第1118页。
② 房玄龄等《晋书》卷九一,中华书局1974年版,第2403页。
③ 丘逢甲《岭云海日楼诗抄》,安徽人民出版社1984年版,第217页。

而异的特点。

在中国菊文化的形成过程中，陶渊明的功绩是无人可以代替的。辛弃疾《浣溪纱》词云："自有渊明始有菊，若无和靖即无梅。"(《种梅菊》)[1]确切地讲，"菊"作为一种具有独特内涵的文化符号和审美意象是从陶渊明开始的。陶渊明使菊花有了灵魂，菊花因陶渊明而显。元人方回《瀛奎律髓》中说"菊花不减梅花，而赋者绝少，此渊明之所以无第二人也"[2]。自"采菊东篱下，悠然见南山"诗句一出，"陶菊""篱菊"便成为后世文学出现频率极高的词汇。陶渊明与菊花已经融为一体，密不可分。"一自陶令评章后，千古高风说到今。"[3]宋代曾巩也说："直从陶令酷爱尚，始有我见心眼开。"(《菊花》)[4]

现存陶集中咏及菊花的有六处：(1)"余闲居，爱重九之名。秋菊盈园，而持醪靡由，空服九华，寄怀于言……酒能去百虑，菊为制颓龄。如何蓬蒿士，空视时运倾。尘爵耻虚罍，寒华徒自荣……"(《九日闲居·并序》)。沈约《宋书·隐逸传》记载此诗的本事曰："(陶潜)尝九月九日无酒，出宅边菊丛中坐久，值弘送酒至，即便就酌，醉而后归。"[5]这就是江州刺史王弘送酒典故的来源，亦九日坐菊之典的出处。《续晋阳秋》也记载了这个故事。唐宋时期的几部重要类书也都在"九月"和"菊部"收录此典。此诗中菊花的含义非常丰富，首先是菊花可以吃，而且是在重阳日与酒同食，也就是通常所说的饮菊花酒。因为"持醪靡由"，所以才"空服九华"。而食菊花的目的是去病延年，即"菊

---

[1] 辛弃疾《稼轩词》卷四，台湾商务印书馆1986年版。
[2] 方回《瀛奎律髓》，上海古籍出版社1986年版，第1210页。
[3] 曹雪芹《红楼梦》第三十八回。
[4] 曾巩《元丰类稿》卷三，台湾商务印书馆1983年版。
[5] 沈约《宋书》卷九三，中华书局1974年版，第2288页。

为制颓龄"。其次，在中国古代文学史上第一次表现了菊花与隐士的联系，即诗人作为"蓬蒿士"如"寒花"（菊花）一样"徒自荣"。从此，菊花便成了隐士的代称。另外，"秋菊盈园"说明当时菊花已经人工种植。"九华"即九华菊，据考证是一种白色菊花。宋代史铸《百集菊谱》中的"越中品类"已经将其列为一个品种："此品乃渊明所赏之菊也，今越俗多呼为大笑，其瓣两层者本曰九华，白瓣黄心花头极大有阔及二寸四五分者，其态异常，为白色之冠。香亦清胜，枝叶疏散，九月半方开。昔者渊明尝言秋菊盈园，其诗集中仅存九华之一名。"①
（2）陶渊明《和郭主簿二首》其二："陵岑耸逸峰，遥瞻皆奇绝。芳菊开林耀，青松冠岩列。怀此贞秀姿，卓为霜下杰。"松菊并称，使菊花以"贞秀姿"成为与"岁寒三友"同列的"霜下杰"，至此，菊花与人格的直接比附正式建立了。正如宋代刘蒙所言"古人取其香以比德而配之以岁寒之操"，使其具有了坚贞不屈的品格，提升了菊花的文化品位，丰富了菊花的人格象征内涵。松菊并称非开始于陶渊明，实乃西晋的许询首倡。许询有诗句云："青松凝素髓，秋菊落芳英。"（《晋诗》卷十二）同时代的苏彦也有"贞松隆冬以擢秀，金菊吐翘以凌霜"（《秋夜长》，《晋诗》卷十四）的句子。但渊明此诗一出，余词尽废。（3）"采菊东篱下，悠然见南山"（《饮酒》其五）。这里，菊花既是恬淡幽静的田园生活的象征，又是诗人随意适性的心境写照，菊我一体，物我两忘。在陶渊明涉菊作品中，这一句最为有名，影响也最深远，它极为充分地表现了作者人与物化、悠然自得的隐士情怀，让后世文人瓣香久远，心仪不已。从此，"采菊"获得了"采薇"隐

---

① 史铸《百菊集谱》卷二，台湾商务印书馆1983年版。

逸的内涵，成为隐居的代称，但比"采薇"的内涵丰富得多。（4）"秋菊有佳色，裛露掇其英。泛此忘忧物，远我遗世情"（《饮酒》其七）。此处给我们透露了两个信息：首先，采摘菊花是在早晨，要在露水未干之时。这与魏晋时期的养生长寿思想相关。在古人的观念中，露水是大自然的神物，道家的很多丹药成分中都有露水。这说明陶渊明种菊、采菊的本意是为养生。其次，"泛此忘忧物"一句中的"泛"字，古人一般用来指饮酒或喝茶，说明陶渊明是经常以菊花泡酒或泡茶的，也不单单是在重阳日这一天饮菊花酒。就象今天，端午节吃粽子，平常也吃。"远我遗世情"与"采菊东篱下"一句意味相同，表达诗人隐居田园的闲适心境。（5）"三径就荒，松菊花犹存"（《归去来兮辞》）。"三径"指汉代蒋诩隐居，在宅前竹林中开辟三径，只与隐士求仲、羊仲二人往来。菊花与代表隐居的"三径"相连，其隐士内涵自然生成。这里菊花便象征不随流俗，洁身自爱的情操。（6）南宋陈景沂《全芳备祖》载有陶渊明《问来使诗》："我屋南窗下，今生几菊丛。"[①]此诗陶集未录。《苕溪渔隐丛话前集》卷四载："西清诗话云，渊明意趣真若清淡之宗，诗家视渊明犹孔门视伯夷也。其集屡经诸儒手校，然有问来使篇，世盖未见。独南唐晁文元家二本有之。"[②]《汉魏六朝百三家诗》亦收此诗。

陶渊明咏菊虽然只有六处，但却整合丰富了菊花的象征含义，使其得到质的发展。正如刘中文先生所说："自陶渊明开始，菊被赋予一种新的审美文化意蕴——隐士标格。"[③]首先，陶渊明以玄学观照菊

---

① 陈景沂《全芳备祖》前集卷一二，农业出版社1982年版，第459页。
② 胡仔《苕溪渔隐丛话》前集卷四，人民文学出版社1981年版，第26页。
③ 刘中文《唐代陶渊明接受研究》，中国社会科学出版社2006年版，第299页。

花，以菊花来寄托人生理想，抒写人生感悟。菊花的清贞绝俗之性与道家的超越世俗名利之理相契合，使菊花生成隐逸的文化内涵，把菊花的文化内质提高到哲学高度。其次，从社会学层面挖掘菊花的人文内涵，以菊花清香与坚贞的品性象征清高的人格。其三，以悠然采菊表达自我精神与宇宙的冥合，创作一种宁静高远、旷达超绝的艺术境界。这三方面构成了菊花以隐逸为核心的文化与审美内涵，为菊花注入了灵魂。南宋杨万里《赏菊四首》其三诗云："菊生不是遇渊明，自是渊明遇菊生。岁晚霜寒心独苦，渊明元是菊花精。"[①]史正志云："自渊明妙语一出，世皆师承之，可谓残膏剩馥，沾溉后人多矣。"从此，菊花便以这种"隐士标格"进入了中国古典诗歌的话语系统。

（原载《阅江学刊》2010年第1期，此处有修订，插图为新增。）

---

① 《全宋诗》第42册，第26577页。

日藏明代孤本《德善斋菊谱》考述

笔者在进行"菊花题材文学与审美文化研究"课题[①]过程中，颇为留意中国古代菊谱类著作。发表在《中国农史》2006年第1期上署名王华夫的《明代佚本德善斋菊谱》一文引起了我的注意。此前，笔者曾经在清代黄虞稷《千顷堂书目》和今人王毓瑚《中国农学书录》中见到过有关此书的记载。王毓瑚将其列入亡佚之书。王华夫先生文中说，他在1996年去美国参加会议时，在哈佛大学燕京图书馆发现了该书，并将复印本带回国。文中还说此书是燕京图书馆于1961年从日本东京书市购得。近期笔者托日本朋友在东京国立图书馆古籍资料部访得此书，并将复印本带回南京，使笔者得见。与王华夫先生文中所言《德善斋菊谱》的版本特征相比较，笔者发现，王先生所见现藏哈佛燕京图书馆的《德善斋菊谱》是明代刻本在日本的刊本，而笔者所见到的此复印本乃明代原本之复印本。今就此种版本之特征及此书作者、撰著背景、书目著录情况、流入日本的时间等相关情况略做考述，以就教于方家。

[①] 本文为江苏省社会科学"十五"规划基金项目《中国花卉题材与花卉审美文化研究》（编号：06JSBZW006）成果之一。

一、《德善斋菊谱》的版本特征及内容

《德善斋菊谱》共两册，前册92页，后册98页，共190页。为线装手写本，书名为篆书，书内文字为楷书。菊花图案为彩绘。版框高27.5厘米，宽18厘米，内框单线。书中所录内容为明代前期开封地区菊花品种的图谱，每幅图前赋有七言绝句一首。全书主体分为四部分：前后序、目录、菊花图谱、配诗。前后序每页10行，每行17字，前序401字，为本书著者朱有燉所写。后序364字，为朱有燉门人嘉兴严性善所题。目录1580字（其中包括菊花品种的形态特征描述文字1064字）。配诗每页3行，每行10字（末行为8字），共2596字。另外在后序前有种植浇灌之法531字、菊补遗160字。

全书共计5632字。因未见到原本，所以无法判别其纸张品质。但此书是绘图本，为镇平王朱有燉亲手绘图、书写，经过500余年保存完好，可以断定其质量之精良。前后两序成书时间均为"天顺二年九月重阳节后一日"。作者在前序中说"今取中州菊谱及予圃中所植者六十余品与古之名色之异于今者共一百品，每品图其形色并系小诗一首，辑为一编"。目录中列黄色42品，白色20品，

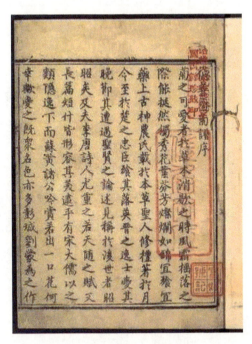

图07 《德善斋菊谱》序书影。图片由网友提供。

红色30品，紫色9品，共101品。而实际上只有84个菊花品种配诗，其中83种绘有图谱。不知是成书之误还是在流传中缺损所致。严性善所作后序中有"周藩镇平王殿下尤笃爱之（菊），取中州所有品色并画中见有花名仅百种，图其形样，每色作诗一首，其用心实勤矣"之语。朱有燉之父朱橚所作《救荒本草》乃请人代为，原序云："（王）购田夫野老，得甲坼勾萌者百余种，植于一圃，躬自阅视，俟其滋长成熟乃召画工绘之为图，疏其花实根杆皮叶之可食者汇次为书。"[①]由此可知，菊谱乃有燉本人所写。

王华夫先生从美国所带回的《德善斋菊谱》为刻印本，书名为楷书，前序后有"佐名文库"及"富好号记"印记。哈佛大学燕京图书馆所藏日本《内阁文库图书第二部汉书目录》著录此书："菊谱百咏图二卷，附录一卷，明镇平王有燉撰，贞享三年刊"。《内阁文库汉籍分类目录》记载："菊谱百咏图二卷，附一卷，明朱有燉撰，德善斋编，贞享三年刊。"该书前后序所记成书时间与写本一致。除包括写本全部内容之外，还有"卧云房补遗种菊法"550字，共计6768字，比写本多出1136字。由此可知，《德善斋菊谱》在日本重新出版过，王华夫先生从美国带回的《德善斋菊谱》即日本刊本。序言后有"镇平王府图书""德善斋""游戏翰墨"三方印记。这三方印记之间距离均匀，无图章边缘痕迹，为刻印，而祖本却无图章印记。据此可以断定，当初写本完成的同时又进行了刊刻，但刻本内容要较写本完整。日刻本乃是明刻本的翻刻本。

[①] 朱橚《救荒本草》，《影印文渊阁四库全书》第730册，第611页。

二、关于作者及《德善斋菊谱》的成书背景

明本《德善斋菊谱》成书于明英宗天顺二年，即 1458 年。作者朱有爌，明代开国皇帝朱元璋第五个儿子周定王朱橚的第八子。关于此书及作者的记述最早见于明代焦竑《国朝献徵録·宗室》卷一《周王传》："镇平恭靖王有爌，周定王第八子也，母周夫人，建文庚辰（惠帝建文二年，公元 1400 年）八月生于云南蒙化。文皇帝即位复定王封，王方数岁，封镇平王。稍长，嗜学工吟咏，兼通书画及骑射、鞠蹴诸伎艺靡所不习。尝读中庸，默有悟解，作道统论几万言。又采历代公族贤者自夏五子迄金元百余人做贤王传若干卷。著《德善斋诗集菊图谱》。寿七十三薨，子荣庄王子墭嗣。"①《明人室名别称字号索引》（上海古籍出版社 2002 年）据此断定"德善斋"为有爌的室名应该是正确的。其父朱橚，《明史》卷 100 表第一载："周定王橚，太祖嫡五子，洪武三年封吴，十一年改封周。十四年就藩开封府，洪熙元年（1425）薨。"谥号定，故称周定王。朱橚与成祖朱棣为同母兄弟，建文中以猜忌大藩被削去王爵，远窜云南蒙化。朱棣即位，复其爵位，不久又封其长子有燉为周世子（即后来的周宪王），封另外八子为郡王，有爌位列其中。所以焦竑说有爌生于云南蒙化，"方数岁，封镇平王"。关于有爌的著述，《明史》卷 116 载："镇平王有爌，定八子。嗜学工诗，作道统论数万言。又采历代公族贤者，自夏五子迄元太子真金百余人，作贤王传若干卷。"未提及菊谱。

明代藩王有刻书的传统，藩府刻书是明代出版史上一道独特的风

---

① 焦竑《国朝献征录》卷一，《续修四库全书》第 525 册，第 22 页。

景。虽然数量不多，但大都纸墨精良，行格疏朗，质量非常高，代表了当时的印刷技术水平。明代周弘祖《古今书刻》、清代黄虞稷《千顷堂书目》对此早有论述。台湾昌彼得《明藩刻书考》评价诸藩刻书说："明代藩邸王孙，以天潢贵胄，袭祖宗之余荫，贾其余财，盛行雕造，迈轶前代，宜世所艳也。"又云："明人刻书，率喜窜乱旧章，为世所诟病。书帕坊本，校勘不谨，人多轻之。唯诸藩刻书，尚多精本。盖以其被赐之书，多有宋元善本，可以翻雕，故时有佳刻也。"周藩从第一代藩王周定王朱橚就开始刻书了。《明史·列传》诸王载："橚好学，能词赋，尝作《元宫词》百章。以国土夷旷，庶草蕃庑，考核其可佐饥馑四百余种，绘图疏之，名《救荒本草》。"

另外，又取古今方剂汇辑成编名为《普济方》。有燉之兄周宪王朱有燉刻过《诚斋杂剧》《诚斋乐府》《西湖百咏》等多种书籍。另据黄虞稷《千顷堂书目》卷九著录："周宪王橚诚斋牡丹谱并百咏一卷"，此处的"周宪王橚"应该是周宪王朱有燉，因为"诚斋"是有燉的号。有燉创作过《牡丹百咏》《梅花百咏》等作品。这种子冠父戴的现象在《救荒本草》的署名上也出现过。开封人陆柬于嘉靖三十四年重刻《救荒本草》，在序言中就误认为此书乃有燉所著。以至于后来李时珍《本草纲目》和徐光启《农政全书》皆延续其误，在引用此书时均称之为"周宪王救荒本草"。《续修四库全书》所收明嘉靖十二年周藩刻本《诚斋录·序》云："诚斋者，我高伯祖之别号也。时命长史郑义取新旧之作类成之，而因名以诚斋集。"有燉也喜植菊，其诗云："好菊亲曾植北坡，浅黄低压绿琼柯。"（《咏金孔雀菊》）并编撰过菊谱，作《菊谱赋》一篇。其《菊花谱序》曰："作玩菊厅于西园，植菊四十余本，皆可观也。当秋深之日，未尝不往来乎其间也……

故列序其品类于后记吾寓目之有得也。"①在这种家庭背景影响下，有爌从事菊谱编撰活动便在情理之中。

三、《德善斋菊谱》著录情况及流入日本时间考辨

最早提及《德善斋菊谱》的是成书于明神宗万历四十四年（1616）焦竑所撰《国朝献徵录》。明清时期的目录学著作中，只有清代黄虞稷《千顷堂书目》卷九著录该书："镇平恭靖王有炫德善斋菊谱一卷。"将有爌误作"有炫"。

今人王毓瑚《中国农学书录》延其误："《德善斋菊谱》一卷。此书也只见于《千顷堂书目》，撰人题'镇平恭靖王有炫'。按《明史·周王传》附有其子镇平王有爌传，有炫必是有爌的兄弟，后来袭爵的，书没有流传下来。"②查《明史》表及诸王列传以及明代曹金《开封府志》之"藩封"，均无"有炫"之名。盖黄氏成书之误或此书目流传中传抄之误。莫伯骥《五十万卷楼藏书目录初稿》卷八说"各家著录此书，多是钞本。近年适园张氏刻之，是为刻本之始"。关于《千顷堂书目》的成书时间，历来无定论。而弄清楚此书目的成书时间，对考察《德善斋菊谱》流入日本的大致时间亦很有帮助。清代杭世骏在为《千顷堂书目》所作跋中称"俞邰徵修明史，为此书以备艺文志采用"。

考《清史·黄虞稷传》："康熙十八年举博学鸿儒，遭母丧不与试。

---

① 朱有燉《诚斋录》卷四，《续修四库全书》第1328册，第399页。
② 王毓瑚《中国农学书录》，中华书局2006年版，第128页。

既左都御史徐元文荐修明史，招入史馆，食七品俸。分纂列传及艺文志。二十三年充一统志纂修官"。可知黄氏被征入史馆开始参与修撰明史是在康熙十八年到二十三年之间。如果按杭世骏所言黄氏"为此书以备艺文志采用"，那么，《千顷堂书目》应当作于这个时期。而吴骞《重校千顷堂书目跋》说黄氏"尝以诸生预修明史，食食七品俸。先是，其父立明监丞，有千顷斋书目六卷，俞邰稍增广之。"按此说，则《德善斋菊谱》很可能是黄虞稷之父黄居中《千顷斋书目》所收录。而莫伯骥《五十万卷楼藏书目录初稿》载："金陵朱氏家集云：'南仲公朱廷佐入吴郡庠，与周忠介友善，南渡后面折焉。不求仕进，手写古今书目，为黄俞邰、龚蘅圃所得，以备史料。'《千顷堂书目》盖即参取南仲公书目而成。"按此说，《德善斋菊谱》又有可能著录于朱廷佐之书目中。

前文引述日本《内阁文库汉籍分类目录》和《内阁文库图书第二部汉书目录》著录该书和刊本的出版时间为贞享三年，即康熙二十五年（公元1686年），可知至迟在1686年，该书已经流入日本。焦竑所撰《国朝献徵录》成书于万历四十四年（1616）。焦竑关于镇平王有熽的记载所据当为周藩刊刻之书。《明史·周王传》载："镇国中尉睦楔，字灌甫，镇平王诸孙，作《周国世系表》《河南通志》《开封郡志》诸书。"明制，皇子封亲王，亲王嫡长子年及十岁立为王世子，长孙立为王世孙。亲王诸子年十岁封郡王。郡王嫡长子为郡王世子，嫡长孙则授世孙。诸子授镇国将军，孙辅国将军，曾孙奉国将军，四世孙镇国中尉，五世孙辅国中尉，六世孙以下皆奉国中尉。睦楔当为镇平王有熽的四世孙。睦楔卒于明神宗万历丙戌（1586年）。至少在1586年之前，《德善斋菊谱》还没有流出周王府。

综上而言，该书流入日本的时间大致在 1586 至 1686 年出现日刊本这 100 年之间。而且，更有可能是在明末动荡之际，或者在 1644 年甲申之变前后。如果是这样，那么该书流入日本的时间大致在 1686 年之前的 50 年间。按前文所言，如果黄虞稷《千顷堂书目》的成书时间是康熙十八年到二十三年（1680—1685）之间，那么，他就不可能见过此书。所以，这也证明了《千顷堂书目》所著录的书籍中有很大一部分为黄氏父子所未见。

（原载《中国农史》2010 年第 4 期，此处有修订，插图为新增。）

论日本菊文化

美国人类学者本尼迪克特在《菊与刀》一书中，以菊花与刀的关系来阐释日本民族的双面性格：既尚武又爱美，既蛮横又文雅，既好斗又和善。菊代表含蓄、淡雅，刀代表冷酷残忍的武士精神。每个民族都有自己的精神，日本民族的精神表现为菊与刀这两种文化的结合。有一个词叫菊花剑影，感觉很美，但有一种冷艳的感觉，很符合日本人的美学风格，有人解释说，菊花代表忠贞，宝剑代表武士道精神。日本的菊文化来源于中国，经过一千多年的吸收改造，形成了独具特色的日本菊文化。它在一定程度上体现了日本的民族审美心理。

一、日本菊文化的产生与发展

菊花不是日本列岛出产的植物，是从菊花的故乡——中国引入的。菊花是什么时候从中国传入的呢？日本文化中自古就有自然崇拜的原始宗教成分，作为自然界重要表象的植物，受到日本人的高度关注。成书于8世纪后半叶的《万叶集》是日本历史上最早的和歌集，所收诗歌为自4世纪至8世纪中叶的长短和歌。这部和歌集中收录了大量吟咏植物的古诗，但没有关于菊花的诗。有人藉此认为8世纪后半叶以前，日本没有菊花。①但是，我们又发现，集子中有一条关于天武天皇朱鸟十三年（685）九月九日在宫中设宴的记载。奈良时期，无论是从政治制度、文物典章到民间习俗，生活方式，大多染上了浓重的唐代文化的色彩，当时的贵族们醉心于对唐文化的仿效并以此作为高贵身份的象征。作为唐朝宫廷雅事的一年一度的重阳节活动，自然也是日本上层人士最喜欢的事情了。

我们知道，饮菊花酒、赏菊、写诗咏菊是九月九日最重要的菊事活动。既然这一天，天武天皇在宫中设宴招待群臣，主题肯定是重阳节，赏菊之事是必不可少的。这一年是武则天垂拱元年（685），距唐中宗景龙三年（709）中宗皇帝在重阳节大宴群臣、登高赏菊的盛事只有24年。可见，菊花传到日本至少应该是在685年以前。

另外，成书于751年的日本最早的汉诗集《怀风藻》中有6首咏菊诗，是日本菊文化在诗歌中的最早体现。奈良时代（710—794）正处于日本全面吸收唐文化时期，显示高雅的赏菊、咏菊活动，作为重阳节的重要内容传入日本是很正常的事情。

9世纪初期，重阳节宴会赏菊已成为日本天皇宫中例行的仪式。平安时代的菅原道真编撰的《类聚国史》成书于892年，书中卷七十四岁时部九月九日条记载平成天皇大同二年（807）九月九日举行过菊花会。平成天皇的弟弟，即后来的嵯峨天皇酷爱菊花，于弘仁三年（812）重阳节在宫廷设宴，要求参加宴会的文人对菊赋诗，他曾下令将文人所赋汉诗结集为《凌云集》，集中收录了嵯峨天皇10首咏菊诗。与菅原道真同时代的藤原时平等撰写的平原时代的史书《三代实录》卷五

---

① 秦惠兰、黄意明《菊文化》，中国农业出版社2004年版，第172页。

详细记载了当时宫廷的重阳节活动：清和天皇贞观三年（861）九月庚辰重阳节，天皇不御前殿，于殿廷赐菊酒，亲王以下侍从以上及文人，酣饮赋诗，敕赐题云：菊暖花未开，日暮赐禄各有差。这是日本文献中对重阳节日在宫廷举办与菊花相关活动的最全面的记载。

日本人对菊花的喜爱超过了中国，来自中国的宫廷菊花只与重阳节有关，而在日本，在村上天皇天历四年（950），又将十月十五日定为残菊节，活动仪式同重阳节。这体现了日本人偏爱落花的审美心理。

从江户时代后期开始，日本菊文化得到迅猛发展。菊的花栽培与改良也随之兴旺起来。1689年，本草学家贝原益轩刊印的《花谱》中已经有200多个菊花品种。1715年前后出版了两部菊花栽培著作《花坛养菊集》和《花坛养菊大全》，1736年出版了记述菊花品种的《扶桑百菊谱》，1755年出版了《菊经》一书。在这些书籍里都详细记载了菊花品种、花形、颜色、花期等特点和菊花栽培方法等内容。各种名目的菊花会、品评会也在各地兴起。明治维新以后，经过近代菊花民众化，菊花成为市民阶层表达寄托情感的重要载体。每到秋天，全国普遍举行重阳会、秋香会、菊花会，展出菊花新品种，交流菊花栽培技艺。日本菊花联盟组织编写的《菊花谱》中统计的全国菊花爱好者多达数百万，这个比例已经远远超过中国。每逢重阳节，日本民间都要举办斗菊、歌菊活动。

菊花图案广泛地出现在日本人的生活中。日本护照封面，皇室建筑、政府机构的牌子上都用菊花做标记。日本国的最高勋章是以八重菊花叶相配为图案的大勋位菊花大绶章。另外，1995年发行的50元日本钱币上也有菊花图案。日本女性服饰、武士服饰上皆有菊花纹饰。菊花图案还出现在服装、餐具、家具等日常生活用品上，菊花装饰画也是家中必备的工艺品，菊花成为日本民众喜爱的纹饰。奈良末期，中国青瓷及上釉技术传到日本，日本兴起濑户烧。陶器上多以樱花、菊花为图案，代表了日本人偏爱植物的审美趣味。

图08　日本明治三十九年制五十钱银币。图片由网友提供。

二、日本对中国菊文化的吸收与改造

中国菊文化的内涵有一个不断丰富的过程。魏晋南北朝时期，中国菊花有两种意义：一是源于上古民俗而形成于两汉的服菊长寿思想，将菊花作为吃的对象；二是作为高洁品格的象征。从屈原开始，菊花就进入了人类的审美视野。魏晋时期，专题菊花赋繁荣，在菊花赋中，菊花的生物属性开始彰显，菊花的人格象征含义也开始形成。这一时期，东晋陶渊明在诗文中对菊花的认识确定了菊花以人格象征为核心审美内涵的基本形态。陶渊明的爱菊采菊之举，经过唐宋文人的高度发挥，成为包含隐逸思想的符号，菊花成为隐逸文化的代表。菊花在唐朝传入日本以后，被充分吸收之后，又经过了本土化的改造。

日本是通过两条途径接受中国菊文化的：一条是中国诗歌；一条是唐朝宫廷的重阳节活动。到达唐朝的遣唐使成员最喜欢收集的是中国的诗文集。在很长一段时间内，《文选》《诗经》等中国诗歌典籍是日本上层人士的必修课程。成书于平安朝宽平年间（889—897）的日本现存最早的汉籍目录《日本国见在书目》中记载有"陶潜集十"，这说明，至迟在897年以前，陶渊明集已经传到日本。

唐代是中国菊文化的重要发展期，陶渊明在中国文学史上的地位是在中唐以后确立的。唐诗中的咏陶现象已经不少见。根据统计，《全唐诗》中有70多位诗人表现出对"陶菊"的欣赏与赞叹。更为重要的是，中唐时期开始兴盛的宫廷重阳节的菊事活动，为日本上层人士所效仿，而模拟汉诗进行诗歌创作也成为高雅时髦的行为。二者的一个切合点就是菊花。重阳节赏菊、咏菊、喝菊花酒的活动就成为日本贵族的雅事。这种高雅的文化活动直接影响了日本菊文化。

日本文学史上对菊文化反映最旺盛的是平安时期。《和歌植物表现辞典》①中对此做出分析："有关咏菊的表现方式，与其说随着时代的推移而变化，不如说在《古今集》时代大致都已出现了……从此以后，它开始逐渐减少，以自由的创造性来追求新的美，如此力量在《古今集》时代以后逐渐退却了。"也就是说，随着时间的推移，来自中国菊花最初的文化内涵逐渐弱化、减少。这可以说明日本人既善于吸

---

① ［日］平田喜信、身崎寿编《和歌植物表现辞典》，东京堂出版社1994年版。

收外来文化，同时又善于改造外来文化，使之更符合本民族文化传统。在南京大学学习中国古代文学的日本留学生儿玉三惠子进一步解释了这种情况："菊花超越现实的文化意义没有得到创作性发展，仅作为惯例被矮小化，随着庶民文化的渗透，陶渊明菊的意象逐渐收敛在欢乐的日常生活中。"[①]在日本，阴历九月被称为菊月，九月九日这一天被称为菊节。在连歌连句等诗歌形态中，菊花作为季语代表秋季。751年出版的日本现存最早的汉诗集《怀风藻》中收录了长屋王等人创作的6首咏菊诗。菅原道真《类聚国史》中记载了日本宫廷栽培、观赏菊花的活动，还记载了第50代天皇恒武天皇于797年10月11日在宫中举办曲水宴，观菊咏菊。九月九日，宫中要隆重举办菊花宴或者菊花杯的风雅仪式。平安朝时代的"敕撰三诗集"（《凌云集》《文华秀丽集》《经国集》）和《和汉朗咏集》的汉诗中，都有这方面的内容。

在中国，菊花的含义主要代表隐士风范，有孤芳自赏、节烈之意。日本花卉往往带有无常观，体现哀愁情绪。中国人喜爱黄色，黄色代表高贵。菊花由中国传到日本后，黄色菊花也受到上层人士的推崇。平安中期，日本人从喜爱黄色菊花转变到喜爱白色菊花，这在和歌中有所体现。

从9世纪问世的《古今和歌集》中可以看到日本菊花文化的内涵发生了变化。《三十六歌仙》中菊花被注入了身份高贵的内涵：天上的星星，开在仙宫中的花。这也是菊花后来被作为皇室身份象征的重要体现。菊花文化内涵走向高贵，使它进一步走向宫廷，成为宫廷贵族玩赏的对象，乃至在绘画艺术发达的桃山时代的绘画作品中并没有

---

① ［日］儿玉三惠子《陶渊明在日本古代文学上的影响研究》，南京大学2011年硕士毕业论文。

菊花的影子。江户时代，在市场经济发展中兴起的市民文化冲击了日本封建等级制度，民主思想显露头角，菊花才开始从宫廷走进民间。赏菊成为仅次于樱花的民间赏花活动。在日本的一年花事中，樱花与菊花是春秋两季最重要的赏花活动。

三、菊纹章

日文中有一个词叫纹章，类似汉语中的徽章。日本平安时代中期出现了标志不同家族的纹章，称为家纹。上层贵族们经常乘坐牛车外出参加各种社交活动，因为当时大多数人的牛车都以黑漆涂饰，难于辨认，于是，便有人在车的某个部位镶嵌上简单明了又易于识别的金丝几何图案，这种以家族标志形式出现的家纹便是纹章的最早起源。随着社会的发展，家纹在日本的适用范围越来越广泛，逐渐延伸为国家、城市、团体、家族、公司、学校等重要标志，种类繁多，形式多样，以至于在日本产生了一种专门研究纹章的学科——《纹章学》。沼田赖辅《日本纹章学》（1962）中指出，日本天皇家族自镰仓时代开始，就将菊花定为家纹，名曰"菊花御纹章"，是由十六瓣金黄色的菊花纹组成的图案。

从此，菊花成为日本皇室的代表，日本皇室又被称作"菊花王朝"。菊花被规定为皇室专用的绶章起源于后鸟羽上皇，在此之前，皇室纹章是来自中国的莲花。最初菊花纹章并非皇室独有，天皇经常赐给贵族和大名。权臣丰臣秀吉于1959年下令，除自家外，严禁众家臣使用菊花家纹。幕府政权建立以后，菊花成为贵族社会最喜爱的纹章。江户时代的菊节供之日，大名向将军进贡的贡品上必须插上菊花，然后将菊花供奉在江户的浅草室观音堂，称为菊花养。明治维新运动推翻了幕府统治，天皇成为唯一的权力象征，从这一刻起，菊花被赋予不容侵犯的天皇特权意识。1868年3月18日，明治政府太政官颁布195号太政官布告，规定菊花作为最高权威的象征，为天皇专用纹章，民间不得滥用，否则以不敬罪严惩。以政府官方命令的形式确定了菊花的高贵地位，同时也赋予了菊花高贵的内涵。

图09　日本菊纹章。图片由网友提供。

日本在法律上没有确立国徽样式，而是将日本皇室的家徽"菊花御纹章"作为国家徽章来使用。1871年，日本政府规定天皇家的菊花纹章为16瓣的八重菊，皇族的菊花纹章为14瓣。二战以后，按照新宪法，天皇失去了权力，只作为日本国家的象征，但是菊花作为皇室专用图案保留下来。美国人类学者鲁思·本尼迪克特在《菊与刀》一书中，用"菊"和"刀"这两件象征性意象来分析日本民族的双重性格，得到日本人的认可。可见菊花在日本的重要性。

日本的纹章文化已经深入骨髓。日本国的最高勋章是以八重菊花叶相配为图案的大勋位菊花大绶章，而日本护照等都以菊花为背景。另外，日本钱币上也有菊花图案。就连作为日本在东北建立的傀儡政权的伪满洲国皇帝溥仪也有专用的兰花纹章，名为"兰花御纹章"，它是由五瓣兰和五个花蕊相间组成，花蕊上镶着五颗珍珠。深受中国文化熏陶的日本人深谙兰花"金兰之交"的象征内涵。《周易·系辞》上有"二人同心，其利断金；同心之言，其嗅如兰"的句子，是以兰花来比喻朋友之间金石般坚固的友谊，如同兰花的芬芳沁人心田。日本人把兰花作为溥仪的家徽，是希望通过中国传统的兰花文化来表达日本帝国同伪满洲国的密切关系。

1934年3月1日，在伪满洲国皇帝登基大典仪式上，作为皇帝的溥仪胸前佩戴着"大勋位兰花章颈饰"勋章，身上背着"大勋位兰花大绶"，众伪满官员都佩戴着嵌有金色兰花图案的"大典纪念章"。溥仪居住的伪满皇宫到处是兰花的世界，门楣上、旗帜上、接受朝贺的宝座上、卤簿汽车的标志上，甚至是溥仪的餐具上，一杯一盘、一碗一碟、一刀一叉，每一件器物上，都有兰花的图案。可见，日本人用心之细。美国新闻周刊《时代》杂志称溥仪为"兰花皇帝"。

四、日本文学中的菊花

日本列岛富于变化的自然环境培育了日本人对自然界的亲和感情和纤细敏感的审美心理。而文学是表达这种情感和审美心理的最有效载体。根据日本学者的统计,《万叶集》中写有149种植物,几乎遍布日本列岛。从《古今和歌集》到《新古今和歌集》中的数千首诗歌中,几乎所有的诗歌都与四季的自然植物有关。季题是日本文学的主要文题,《万叶集》中已经出现了按照春夏秋冬四季分类的季之题。从《万叶集》《拾遗和歌集》《源氏物语》等作品集来看,秋之题的数量最多。因为在一年四季中,秋季最短暂,而且秋季万物凋零,缤纷的落叶和枯黄的衰草最符合日本人的感伤情绪,最适合寄托他们忧郁和寂寞的情怀。盛开在秋季的菊花理所当然地成为秋草文学的主题。所以,《源氏物语》的作者紫式部说:"菊花的露珠即是骚人的泪水。"[①]日本民族的审美心理决定了日本菊花的文化内涵。叶渭渠、唐月梅合著的《物哀与幽玄》中用物哀与幽玄来概括日本人的自然观与审美心理。

文学是传递和积淀文化的最佳载体,在日本最早的历史文学《古事记》《日本书记》和最早的歌集《万叶集》等一系列文学作品中,萌发了"哀"的美学思想,中世的《源氏物语》开始形成"物哀"的审美意识。物哀、空寂成为日本文学两种主要的美学风格,具有鲜明的日本民族特征。

日本周围环海,相对封闭的地理环境使日本人在明治维新之前,对外交流受到巨大限制,形成了自卑的心理。而在季风影响下富于变

---

① [日]紫式部《源氏物语》,丰子恺译,人民文学出版社1982年版,第40页。

化的自然环境又造就了日本人敏感、细腻的性格。同时，频繁的地震、火山、海啸等自然灾害又形成了感叹人生无常的社会心态。独特的地理环境，温和湿润的气候条件，培养出日本民族"富有温和、纤细的性情和对大自然细致的感受性"（日本《万有百科大事典》中《日本文学导言》），造就了日本民族独特的审美意识，另外，稳定的门阀世袭贵族阶层统治也使得日本文人们缺少上升的通道。因此，作为情感表达载体的日本文学中较为少见中国文学那种功利追求，缺少明朗向上的进取意识。在这种前提下，面对自然界的花开花落，感伤的情绪自然也就滋生了。

　　菊花的花期虽然比樱花长，但是，在日本人眼中，黄叶飘零的深秋，菊花的盛开反倒增添了浓重的感伤情绪。《古今集》中有这样的抒写：让我们将绚丽的秋菊用做头饰吧，说不定我们比鲜花还早逝。平安后期，日本人偏爱白色菊花，白菊经霜变成淡紫色，紫色在日本人眼中是一种浓重的幻灭色彩，这最符合日本人的哀婉情绪。

　　这种温雅缠绵、哀婉纤丽的风格在日本最早的和歌总集《万叶集》中就奠定了，而后延续在后世日本文学中。《平家物语》的开篇就奠定了哀婉无常的情感基调："祇园精舍的钟声，有诸行无常的声响，沙罗双树的花色，显盛者必衰的道理。骄奢者不久长，只如春夜的一梦，强梁者终败亡，恰似风前的尘土。"广岛大学教授铃木修次在《中国文学与日本文学》中说中国文学重伦理，讲致用，故风格明朗，刚健。而日本文学倾向于想象、玄虚，注重表现内心情感，描写浮幻情境。这种观点揭示了日本文学唯美感伤的特点。[①]

---

① 转引自卢康华、孙景尧《比较文学导论》，黑龙江人民出版社1984年版，第309页。

在后世文人中，日本诺贝尔文学奖获得者川端康成全面继承发扬了这种美学传统，以悲哀美为核心，用源于纤敏感受的细腻笔触去表现自然美、人心美、卑贱美、虚幻美。对他的颁奖词也明显地显示出意欲维护日本传统模式的倾向，热爱纤细的美，激赏充满哀的象征语气，用一种充满技巧的敏锐，表达了最具民族性的日本灵魂。[①]

在日本，樱花的普及率要远远高于菊花。樱花与菊花表现出两种不同的文化内涵，樱花与日本民族心理关系更为切近。那为什么肯尼迪克特不以樱与刀为题呢？很多人都论述过，樱花的短暂与一夜尽落的特性象征了日本的团体意识和武士道精神，这与刀文化内涵有重合之处。日本民族是世界上少有的善于吸收外来文明的民族，对日本而言，菊文化代表外来文明。菊花是从中国传来的，代表了大唐气象中的高贵和风流儒雅，在极端崇尚唐风的400多年里，菊文化被日本接受并改造，内化为日本民族性格的一部分。菊花的高贵与典雅能更恰当地代表日本人温和谦卑的一面，与刀的刚烈勇武互补，刚好完美地揭示了日本民族的两面性。

（原载《阅江学刊》2014年第4期。此处有修订，插图为新增。）

[①] 引自陈映真主编《诺贝尔文学奖全集》第43卷《川端康成，1968，颁奖词》），远景事业出版社1981年版。

桂意象的文学研究

董丽娜 著

目 录

引 言 ·· 453

第一章 咏桂文学的发生和发展 ·· 456
    第一节 先秦魏晋南北朝：桂意象的发生 ························· 456
    第二节 唐代：咏桂文学的初步发展 ································ 468
    第三节 宋代：咏桂文学的繁荣 ······································ 476
    第四节 明清时期：咏桂文学的衰退 ································ 484

第二章 桂花的审美形象及其艺术表现 ··································· 492
    第一节 桂花的外在审美形象 ·· 492
    第二节 桂的神韵美和人格象征 ······································ 511

第三章 重要个案分析 ·· 528
    第一节 桂与月的关系 ··· 528
    第二节 李纲咏桂作品研究 ··· 542

征引文献目录 ·· 547

引 言

桂花别名木犀，是我国十大传统名花之一。作为观赏品种，木犀包含不同的种系，桂花、柊树、华东木犀、齿叶木犀和山桂花，因而可以归于五个品种系统[①]。根据开花季节、花序类型和花色不同，可分为四个品种群：金桂、银桂、丹桂和四季桂。其中，尤以黄色的金桂最普遍。桂花多在秋季开放，其时灿如金粟，香气四溢，令人流连。千百年来，文人墨客给予了它太多的喜爱和赞美。正因为如此，桂花才成为了我国著名的芳香树，也是重要的观赏树种。而在我国的文学作品中，在以桂花为审美对象的吟咏中，桂花更被赋予了人类的情感。在那些著名花卉如梅、兰、菊"比德"的大气候下，桂花也被挖掘出具有高雅意趣、人格寄托的象征含义。桂花，已不仅仅是作为花卉而存在，更是美好人格的象征，是坚贞气节的表现。桂花被誉为花中"仙友""仙客"，与梅兰松菊等相比并。可以说，桂花具有着丰富的外在美和内在美。

长期以来一些名花，尤其是那些具有"比德"寓意的花卉，很多的论文、著作对之进行了系统的研究。然而，对于桂花的研究，却一直没有跟上。举例来说，明清时期，菊花专著36部，牡丹专著13部，兰花专著15部，而桂花却只有一部《岩桂谱》[②]。在近现代，只有极

---

① 臧德奎《桂花品种分类研究》，南京林业大学博士学位论文，2000年。
② 何小颜《花与中国文化》附录，第442页。

少数如《中国的桂文化》等这样的单篇论文，从宏观的角度对桂花文化泛泛而谈，而没有从文学的角度对之作深入而具体的研究。因此，《桂意象的文学研究》一文，将试图对桂花这一意象进行一个较为全面而深入的研究，这对丰富与促进花卉文学的进一步发展也是非常必要的。本文将立足于梳理中国古代文学中以桂花为意象和题材创作的历史，透过文学的研讨，深入阐发我们民族有关桂花这一自然物色的审美认识经验，并进而揭示相应的文化生活的历史面貌。这是对桂花意象的一个全面研究，不同于以往的作家、作品、流派、思潮、文体等的研究，是对整个古代文学中桂花这一植物意象相关情况的专题研究，在行文上具有以下特点：

1．历时态。桂花作为本文的主题，侧重于桂花意象和题材及其审美认识发生、发展之动态线索的梳理以及纵向进程的建构。在历时态的梳理中深入总结有关桂花的审美文化经验。

2．跨文体。本文打破了文体分隔，诗、词、文、赋综合观察、分析和梳理，全面总结和评判有关桂花的审美认识和艺术表现。

3．独创性。文学作品中的"桂"，并不全部是我们现今所熟知的木犀科桂花。本文通过一些极具有说服力的材料可以证明，古代早期文学中出现的很多"桂"，并不是木犀科桂花，而是樟科桂。

《桂意象的文学研究》分三章来论述：

第一章"历史：咏桂文学的发生和发展"。"桂"最早是作为意象出现在文学作品中，《楚辞》大概是最早提到"桂"的。然而本文通过大量材料得出结论，先秦魏晋南北朝阶段，文学中出现的"桂"，可以说大多数是樟科桂，而不是一般所认为的木犀科桂花。甚至在唐代咏桂作品中，仍有相当数量不是写木犀科桂花的。此外，由于主客观原因，仍有部分作品难以确定其所咏者。有唐以来，咏桂文学获得了初步的发展，在宋代进入了繁盛，在数量和质量上都达到了高潮，色香姿韵各个方面都得到了充分描写。元明清时期，咏桂诗词数量虽可观，但内容和艺术上却已无多少可观之处。不过，在明清园林造景当中，桂花栽植仍占了重要一席，成为重要的观赏树种（这是纵向上的论述）。

　　第二章"专题：桂花的审美形象及其艺术表现"。桂花依花色分，有金桂、银桂、丹桂等品种；桂花于秋天开放，而不是三春季节，而且其花香十分浓郁，沁人心脾；桂树枝叶葱茏，四季常青等等。由此可见，桂花在审美上具有着其他众花不可相比的独特的美。此外，脱俗的神韵美和丰富的人格象征也是桂花形象高逸的又一重要因素。桂花的人格象征是在宋代儒学复兴的大环境下形成确立的。

　　第三章"重要个案分析"。这个部分以"桂与月的关系"为主要研究对象。在中国文化中，桂与月亮关系密切，传说中月亮里有株不老的桂树。随之文学中关于月亮与桂树这个话题的作品也有相当数量。本部分初步探讨桂与月亮究竟构成何种关系，以及"蟾宫折桂""吴刚伐桂"等这些衍生出来的典故。另外，在咏桂文学的发展中，两宋之交的名相李纲可以说是真正开始着意描写桂花的第一人，因此专辟一节论述。在他之后，桂花各方面的美都渐渐被文人们挖掘、被吟咏，但是却很难找出对其发展有突出贡献的代表性作家。

第一章　咏桂文学的发生和发展

第一节　先秦魏晋南北朝：桂意象的发生

一、这一时期咏桂文学中出现的"桂"多是指樟科桂，而真正的木犀科桂花较少

这一阶段"桂"主要是作为意象出现在文学当中。翻检《四库全书》《先秦汉魏晋南北朝诗》可以看到，以桂为题材或主要意象的诗歌有9首左右。然而，这一时期文学中出现的"桂"，并不主要指我们通常所说的木犀科木犀属的"桂花"，而应当主要是指樟科诸"桂"树。（当然，两种桂都属于种子植物门双子叶植物纲。）对此，下面试予以论证。

《楚辞》大概是文学作品中最早写到"桂"的，屈原的《离骚》《九歌》和《远游》等篇就多处提到桂。和梅、杏等许多花木一样，早期在文学作品中出现的"桂"，也是因其实用性而得到注意。

（一）"桂舟""桂栋""桂宫""桂柱"等

比如《楚辞》中的"沛吾乘兮桂舟""桂棹兮兰枻"[①]，"辛夷车兮结桂旗"[②]。可见，在屈原的时代，人们就使用桂木作船、舟楫，以及车旗。但这种"桂"木并不是指木犀科的桂花树。宋洪兴祖《楚

[①] 屈原《九歌·云中君》，《楚辞补注》卷一。
[②] 屈原《九歌·河伯》，《楚辞补注》卷一。

辞补注》卷一中注云："舟用桂者,取香洁之义。""桂、兰取其香也。"至于"桂旗",汉王逸《楚辞章句》和洪兴祖所注相同,"结桂与辛夷以为车旗,言其香洁也。"①都是着眼于桂之香。我们知道,屈原作品中运用大量的香草,借以象征自己品质的高洁。"桂"在这里也是这样。

图 01　樟科天竺桂图。图片由网友提供。

桂还被用于建造房屋、宫室等建筑物之用。"桂栋兮兰橑"②"构桂木而为室"③等,洪兴祖注云"言所处芬香也"④。西汉武帝时,"甘

---

① 王逸《楚辞章句》卷二。
② 屈原《九歌·湘君》,《楚辞补注》卷二。
③ 东方朔《七谏》,《楚辞章句》卷一三。
④ 《楚辞补注》卷五。

泉宫南有昆明池,中有灵波殿,皆以桂为柱,风来自香。"①此外,汉武帝还令人建造迎神的桂馆、桂台。

从以上材料可以发现,"桂"木在古代不仅被用来造船、建筑之用,而且还具有香味。从桂是"香木"这一点上,便可以判断出以上所有出现的"桂"不是指木犀科的桂花树。因为木犀科桂花只有开放时才有香味,桂花树本身并无香味。而樟科植物多为芳香树种,树身含有芳香气味的挥发油,比如我们所熟知的香樟树。笔者以为上述"桂"为现代植物分类学中樟科樟属的"天竺桂"可能性较大。《中国植物志》"天竺桂"条下说它"高10～15米""木材坚硬而耐久,耐水湿,可供建筑、造船、桥梁、车辆及家具等用",并且指出"枝叶及树皮可提取芳香油,供制各种香精及香料的原料"②。可见,"天竺桂"木材的实用性及其具有芳香气味这两个重要特点,都与以上材料中的桂相吻合。

(二)"桂酒"

"桂酒"一词在这一阶段诗歌中亦频繁出现,如"君其且调弦,桂酒妾行酎"③、"玉樽盈桂酒,河伯献神鱼"④等。"桂酒"一词最早出现在屈原《九歌·东皇太一》的"蕙肴蒸兮兰藉,奠桂酒兮椒浆"⑤。这所谓的"桂酒"其实并不是桂花酿制的酒。现代园艺学家甚至《辞源》对此都解释错误。何小颜的《花与中国文化》便认为是将桂花放入酒

---

① 庾信撰、吴兆宜注《庾开府集笺注》卷四。
② 李锡文等编,《中国植物志》卷三一,第195页。
③ 鲍照《采桑》,逯钦立《先秦汉魏晋南北朝诗》,第1257页。
④ 曹植《仙人篇》,《曹子建集》卷六。
⑤ 王逸《楚辞章句》卷二。

中，并据此认为这是"我国最早的花酒"[①]。《辞源》"桂酒"一条对此也解释为"用桂花浸制的酒"[②]，这都是错误的。汉王逸在"奠桂酒兮椒浆"一句后注曰："桂酒，切桂置酒中也。"[③]试想，木犀科桂花如此纤小细碎，直接放入酒中便可，决无再"切"的道理。那么这里所"切"者为何物？应当是樟科桂的桂皮，因为是树皮，才需要切碎。而且，"桂""椒"都是香木，朱熹注"桂酒，切桂投酒中也。浆者，周礼四饮之一，此又以椒渍其中也。四者皆取其芬芳以飨神也"[④]。因为樟科桂的桂皮芳香，因此同椒一起，常作为奉神的祭祀品受到历代统治者的重视，成为古代祭祀时飨神之物。唐代祭奠神明或死者的碑文中也说道"奠椒桂于中樽，敬神明于如在尔"[⑤]等等，说明古时桂皮和作为香木的"椒"经常共同被用来祭奠神明或死去的人。

现代植物学分类精细，樟科植物中有数个品种都冠以桂名，那么这种置入酒中的桂是其中哪一种呢？窃以为樟科"野黄桂"最有可能。《中国植物志》"野黄桂"条目说此树"树皮甘而辣，芳香。湖南黔阳一带用树皮作桂皮入药，功效同桂皮，亦有将树皮放入酒内作为酒的香料的。"[⑥]桂的树皮可作为酒中香料在"野黄桂"这里找到了现实依据。而且，黔阳位于湖南省，而湖南一带正是战国屈原所生活的楚地。因此，有可能屈原时代的"桂酒"习俗，千百年来在它的故地仍被保留了下来。

---

① 何小颜《花与中国文化》，第214页。
② 《辞源》修订本，上册，第1560页。
③ 王逸《楚辞章句》卷二。
④ 朱熹《楚辞集注》，第30页。
⑤ 杨炯《大唐益州大都督府新都县学先圣庙堂碑文》，《盈川集》卷四。
⑥ 《中国植物志》卷三一，第195页。

图 02 肉桂。图片由网友提供。

（三）咏桂诗歌中有所体现

晋郭璞《桂赞》云："桂生南裔，拔萃岑岭，广莫熙葩，凌霜津颖，气王百药，森然云挺。"①交代了桂的产地和特点。所谓"南裔"，晋张华云："五岭已前，至于南海，负海之邦，交趾之土，谓之南裔。"②可见"桂"生岭南。唐陈藏器有云："从岭以南，际海尽有桂，惟柳、象州最多，味即辛烈，皮又坚厚"③，进一步说明"桂"味辛皮厚。李时珍也说："此即肉桂也，厚而辛烈"④。可见，郭璞《桂赞》中的"桂"即指这种"厚而辛烈"的肉桂，是可以食用的。接下来三句写桂生长岩岭、可以凌霜的特点。木犀科桂花树和樟科诸桂树都是常绿

---

① 郭璞《桂赞》，转引自《古今图书集成》第 550 册第 27 页。
② 张华《博物志校证》，第 9 页。
③ 李时珍《本草纲目》，第 1926 页。
④ 李时珍《本草纲目》，第 1927 页。

树种，而且都自然生长于山间岩岭，自然不能作为判断的依据。然而最后两句"气王百药，森然云挺"，指出了桂有很高的药用价值。罗愿也说："桂，江南木，百药之长。"①范成大《桂海虞衡志》更说"桂，南方奇木，上药也……叶味辛甘，与皮无别，而加芳美，人喜咀嚼之"②。指出这种有药用价值的"桂"，其树叶、树皮味道辛甘，可以食用。这又进一步证明了这里的"桂"指的是樟科植物肉桂。我们知道，肉桂是很好的食品调味剂和香料，而且其桂皮也是很好的中药药材。《中国植物志》指出樟科肉桂为"著名药材"。而木犀科桂花显然不具备这一功效，《群芳谱》"岩桂"（岩桂即桂花）写道"皮薄而不辣，不堪入药"③。

再如梁吴均《伤友诗》："可怜桂树枝，怀芳君不知。摧折寒山里，遂死无人窥。"④诗人这里是用桂树枝比喻友人，这点抛开不论，单就诗句本身看，"桂树枝""怀芳"，也就是说这种桂枝具有芳香气味，这仍然是樟科桂的特征。《中国植物志》说天竺桂"具香气"；又指出肉桂"枝叶、果实、花梗可提制桂油，桂油为合成桂酸等重要香料的原料"⑤。笔者以为这两种桂可能性最大。由于古代诗歌往往用词过于概括，并未讲明哪种桂树，故难以确指。

《楚辞·招隐士》写道："桂树丛生兮山之幽，偃蹇连蜷兮枝相缭"，又云"攀援桂枝兮聊淹留，王孙游兮不归"⑥。在这里，丛生于幽山

---

① 罗愿《尔雅翼》，第 128 页。
② 范成大《桂海虞衡志》。
③ 王象晋《群芳谱》，转引自《广群芳谱》第 941 页。
④ 逯钦立《先秦汉魏晋南北朝诗》，第 1753 页。
⑤ 《中国植物志》第 195 页，第 226 页。
⑥ 王逸《楚辞章句》卷一二。

的桂树,历来注家解释为"桂树芬香以兴屈原之忠贞也",芬香的桂树用来象征芬香的美德。在"攀援桂枝兮聊淹留"一句中,"援,持也""引持美木喻美行也""配记香木誓同志也"①,说的就是具有芳香气味的樟科桂。

(四)"丹桂"

这一阶段的诗作中,也多处出现"丹桂"一词。如梁沈约《赠刘南郡季连诗》"幽严何有,丹桂为丛"②,庾阐《游仙诗》"荧荧丹桂紫芝"③,江总《入龙丘岩精舍诗》"聊承丹桂馥,远视白云峰"④。然而这时的"丹桂",不是木犀科的丹桂,而是樟科的天竺桂。理由有两个:其一,木犀科桂花就花色分,有三大品种:金桂、银桂和丹桂。其中金桂、银桂品种较多,比较常见,而丹桂品种较少。这一阶段诗歌中既多处提到"丹桂",就绝没有不提金桂、银桂的道理。然而事实上翻检查到的所有资料并未发现提到"金桂""银桂",甚至根本没有发现对金桂嫩黄花色的描写。其二,《南方草木状》云"桂有三种,叶如柏叶皮赤者为丹桂,叶似柿叶者为菌桂,叶似枇杷叶者为牡桂"⑤。这里的"丹桂""菌桂""牡桂"是古代植物学家的分类和命名。其正确和科学与否另当别论,但却清楚地指出了"丹桂"命名含义是因为"皮赤",而不是花色。

那么,这所谓的"丹桂"是指哪一种桂树呢?既然不是木犀科桂花,那么只能是樟科诸桂中的一种了。由于古今分类标准和命名不同,在

---

① 洪兴祖《楚辞补注》卷五。
② 逯钦立《先秦汉魏晋南北朝诗》,第1629页。
③ 逯钦立《先秦汉魏晋南北朝诗》,第875页。
④ 逯钦立《先秦汉魏晋南北朝诗》,第2582页。
⑤ 嵇含《南方草木状》卷中。

植物志的樟科植物中并没有"丹桂"品种，故难以判断。《中国植物志》说"天竺桂"："枝条细弱，圆柱形，极无毛，红色或红褐色，具香气。"而别的品种"树皮灰褐色"①；此外，梁元帝萧绎《别荆州吏民》有诗句"将移丹桂舟"②，说明"丹桂"品种可以作桂舟的材料。在樟科诸桂中只有"天竺桂"被明确指出其木材可供造船，因此，古时的"丹桂"疑指樟科"天竺桂"。

古代植物学家对于桂的分类和界定有多种说法，各执一词，互有出入。而现代植物分类学分类标准更加科学、精细，命名与古代多有不同，很难做到与古代各品种桂如"菌桂""牡桂""玉桂"等一一对应。虽然"桂"名目纷乱复杂，但是有一点可以肯定，在诸多冠以"桂"字的名目中，只有"岩桂"是指木犀科的桂花，这一点是没有争议的。其他如菌桂、牡桂、肉桂、玉桂等都是樟科桂的品种，这几种桂都有芳香气味，都可以入药，只是程度不同而已。

从以上几点可以得出结论，在先秦魏晋南北朝阶段，文学作品中出现的"桂""桂树"，多数指樟科植物，而非我们所习见的桂花树。不过，在这一时期的文学作品中，仍然可以找到描写木犀科桂花的作品。魏曹植《桂之树行》云："桂之树，桂之树，桂生一何丽佳！扬朱华而翠叶，流芳布天涯。"③"华"是"花"的古写，那么"朱华"意思就是红色的桂花。如果这个解释不错的话，那么这首《桂之树行》所咏的就是木犀科橙红色的丹桂花。因为樟科诸桂，其花多为白色，也有黄色的，却没有红色的花。这样的话，曹植这首诗歌就成为目前

---

① 《中国植物志》卷三一，第195页。
② 逯钦立《先秦汉魏晋南北朝诗》，第2040页。
③ 曹植《曹子建集》卷六。

第一首可以明确为写木犀科桂花的诗,尽管写的是桂花树。另有齐王融《临高台》:"井莲当夏吐,窗桂逐秋开。花飞低不入,鸟散远时来。"①从"逐秋开"可以辨出,此处的"桂"即指木犀科桂花。樟科桂树中,除了肉桂花期在夏季6~8月,其他开花都在春季,并没有像桂花一样是秋季开放的。而且,"窗桂"一词说明至迟到了南北朝已有桂花栽培。此外还有梁沈约的《九日侍宴乐游苑诗》"西裘委衽,南风在弦。暮芝始绿,年桂初丹"②,从诗题可以看到,这首诗写诗人九月九日重阳节陪皇帝游苑的情景。显然,诗中的"年桂初丹"是写重阳佳节,丹桂花儿开放。这些都说明木犀科桂花作为意象进入了文学当中。

那么,为什么完全不是同一科属的植物,却都冠以桂名,互相混淆,让人难以分辨呢?《群芳谱》"岩桂"条说:"岩桂似菌桂而稍异,叶有有锯齿如枇杷叶而麤涩者,有无锯齿如栀子叶而光洁者,丛生岩岭间,谓之岩桂,俗呼为木犀。"③古代植物学家将"桂"按桂叶形状、薄厚等的不同分为菌桂、牡桂、丹桂等不同品种。木犀科桂花,也即岩桂,与菌桂近似,所以也以桂为名。由于客观上,樟科桂和木犀科桂花在生物属性上有很多相似之处:都自然丛生于岩岭间;都是常绿树种,四季常青、凌冬不凋;本身都是南方树;都可以开白色的花(肉桂花即为白色,银桂花也是白色);樟科桂为乔木,木犀科桂花树虽多灌木,但也有乔木,"最高可达18米"④;樟科"野黄桂""天竺桂"都是春季开花,木犀科桂花也有春季开放的情况。再加上主观上古人

---

① 逯钦立《先秦汉魏晋南北朝诗》,第1389页。
② 逯钦立《先秦汉魏晋南北朝诗》,第1630页。
③ 王象晋《群芳谱》,转引自《广群芳谱》,第941页。
④ 《中国植物志》卷六一,第107页。

行文有时过于概括，用语不够谨严，两种不同的"桂"有时未加区分，这都给辨别区分带来困难。

具体到这一阶段的文学作品中，有的时候就难以确定究竟是何种桂树。姑举两例：《长史变歌三首》其一："朱桂结贞根，芬芳溢帝庭。凌霜不改色，枝叶永流荣。"①诗歌体裁多为短章小制，所提供的信息量有限。这里枝叶常绿、凌霜不凋的桂树，其"芬芳溢帝庭"既可指樟科桂树所散发的浓烈的芳香，又可指清秋之际桂花吐芳。同样，诗句"桂晚花方白，莲秋叶始轻"②，也难以辨别。

总而言之，先秦魏晋南北朝时期，"桂""桂树"首先在《楚辞》中大量出现，但只是作为意象使用。目前可以考证到的《楚辞》中所写的"桂"，都是樟科桂。樟科桂在唐代诗歌中继续出现，木犀科桂花至迟曹植时代进入文学中得到表现，南北朝时有了移植栽培。

综合观之，这一时期文学中出现的关于"桂"的诗歌及单句，所咏的主要是樟科桂树，体现为以下几个特征：

（一）桂舟、桂楫、桂栋、桂宫、桂殿等词语在诗歌单句中频繁使用

"桂舟""桂楫"（也即桂棹）"桂栋"都来源于《楚辞》，本意是用作为香木的桂，来显示自己物品和居处环境的美好，从而象征自己德行的芬芳高洁。随后在魏晋南北朝，这些词语频繁出现，如"桂棹容与歌采菱"③，"金铺烁可镜，桂栋俨临云"④，"泛荷分兰棹，

---

① 逯钦立《先秦汉魏晋南北朝诗》，第1054页。
② 阴铿《奉送始兴王诗》，逯钦立《先秦汉魏晋南北朝诗》，第2451页。
③ 梁武帝萧衍《采菱曲》，逯钦立《先秦汉魏晋南北朝诗》，第1523页。
④ 吴均《侍宴景阳楼诗》，逯钦立《先秦汉魏晋南北朝诗》，第1766页。

沈槎触桂舟"①。"桂宫""桂殿"的典故则是源于汉武帝。汉武帝在太初四年，在未央宫北建了一座宫殿，起名为"桂宫"；在甘泉宫南的昆明池内，更是直接用桂木为柱筑了一座水上宫室"灵波殿"。如前所述，"皆以桂为柱，风来自香"。在南北朝的诗歌单句中，"桂宫""桂殿"就频繁出现，指代壮丽的宫室。如"甲帐垂和璧，螭云张桂宫"②，"形反桂宫，情留兰渚"③，庾信《奉和同泰寺浮图》"天香下桂殿"④。此外，"桂宫"又引申出"桂戚"一词，指后妃的戚属，常称作"椒房桂戚"。

（二）咏桂树、桂叶、桂枝的芬芳、耐风霜等特质

如梁吴均《夹树》："氛氲揉芳叶，连绵交密枝。能迎春露点，不逐秋风移。愿君长惠爱，当使岁寒知。"⑤以及他的《伤友诗》"可怜桂树枝，怀芳君不知"⑥。

（三）桂树"留人"

因《楚辞·招隐士》中"攀援桂枝兮聊淹留，王孙游兮不归"一句，桂树由此获得了招隐留人之名。后世多有化用，典型的有江淹的"望古一凝思，留滞桂枝情"⑦和沈约的"山中有桂树，岁寒可言归"⑧。

（四）以桂枝落、折比喻人死亡

如梁江淹《伤友人赋》："悼知音之已逝，金虽重而见铄，桂徒芳

---

① 张正见《后湖泛舟诗》，逯钦立《先秦汉魏晋南北朝诗》，第2489页。
② 沈约《咏帐诗》，逯钦立《先秦汉魏晋南北朝诗》，第1657页。
③ 梁昭明太子萧统《示徐州弟诗》，逯钦立《先秦汉魏晋南北朝诗》，第1793页。
④ 庾信《庾开府集笺注》卷四。
⑤ 逯钦立《先秦汉魏晋南北朝诗》，第1723页。
⑥ 逯钦立《先秦汉魏晋南北朝诗》，第1753页。
⑦ 江淹《渡西塞望江上诸山》，《江文通集》卷四
⑧ 沈约《直学省愁卧诗》，逯钦立《先秦汉魏晋南北朝诗》，第1640页。

而被折"①，北周庾信《周安昌公夫人郑氏墓志铭》"月落珠伤，春枯桂折，赵瑟长辞，秦箫永别"②。用桂折形容人亡，来自于《汉书》"李夫人卒，武帝作赋云：'秋气潜以凄泪兮，桂枝落而销亡'"③。桂枝芳香喻夫人。武帝用"桂枝落"形容李夫人死，后来诗人则化用为"桂折"。

这一阶段，可以确定为咏木犀科桂花的比较罕见。如前所述，除了几处写桂花的单句如"年桂初丹"外，大概只有一首曹植的《桂之树行》是咏木犀科桂的作品了。因为其中提到"朱华"。然而这首作品却未对桂花或桂树作具体的描写，而是由桂树引发诗人对自然的渴望和隐逸思想。现抄录如下：

> 桂之树，桂之树，桂生一何丽佳。扬朱华而翠叶，流芳布天涯。上有栖鸾，下有蟠螭。桂之树，得道之真人咸来会讲仙，教尔服食日精，要道甚省不烦，淡泊无为自然。乘蹻万里之外，去留随意所欲存，高高上际于众外，下下乃穷极地天。

二、"月中桂树"传说出现

月中有桂树这一神话传说此时已出现，并在文学作品中得到表现。汉代《淮南子》是关于月中桂树的最早记载，"淮南子曰月中有桂树"④。然而"月中桂树"这一神话传说究竟何时已有，如何出现，实在难以稽考。此后到南朝梁时文人们咏月诗中也多处写到这一点。

---

① 江淹《江文通集》卷一。
② 庾信《庾开府集笺注》卷一〇。
③ 班固《汉书》卷九三。
④ 李昉《太平御览》卷九五七。

如吴均《咏灯诗》"桂树月中生"[1]，刘孝威《侍宴赋得龙沙宵月明诗》"鹊飞空绕树，月轮殊未圆。嫦娥望不出，桂枝犹隐残"[2]，庾肩吾《和徐主簿望月诗》"桂长欲侵轮"[3]。由"桂枝犹隐残"、"桂长欲侵轮"两句可以看出，到梁代文人时已经对"月中桂树"一说予以认可，并做了初步的想象。而且，诗人们直接用桂月、桂宫、桂来指称月亮。如沈约《登台望秋月》"桂宫裊裊落桂枝，露寒凄凄凝白露"[4]，梁元帝萧绎《望江中月影诗》"裂纨依岸草，斜桂逐行船"[5]。总之，桂树与月亮已经建立了关系，不过就诗句较简单的描述，并不能确定这株桂树是否为桂花树。唐以后，随着木犀科桂花在文学作品中日益增多，人们心目中的月中桂树就完全是桂花树了。

第二节　唐代：咏桂文学的初步发展

一、咏桂题材的诗作有了显著增加

翻检《全唐诗》《四库全书》之唐五代部分，统计唐代咏桂或以桂为重要意象的作品，共有诗歌42首，赋3篇。说明唐代咏桂文学较之前一阶段，已有了很大的发展。

在这42首咏桂诗作中，至少可以确定有7首所咏的不是木犀科桂花，有10首基本可以确定为咏木犀科桂花，另外25首难以确定。

---

[1] 逯钦立《先秦汉魏晋南北朝诗》，第1750页。
[2] 逯钦立《先秦汉魏晋南北朝诗》，第1878页。
[3] 逯钦立《先秦汉魏晋南北朝诗》，第1997页。
[4] 逯钦立《先秦汉魏晋南北朝诗》，第1663页。
[5] 逯钦立《先秦汉魏晋南北朝诗》，第2045页。

这七首非咏木犀科桂花的诗歌分别为：刘禹锡《酬令狐相公使宅别斋初种桂树见怀之作》、白居易《有木诗》、李德裕《山桂》、李郢（一作曹邺）《寄阳朔友人》、皮日休《天竺寺八月十五日夜桂子》、李白《咏桂》、李频《赠桂林友人》。从以上七首诗所呈现的特征可以判断出所咏之物不是木犀科桂花。其中白居易《有木诗》和皮日休《天竺寺八月十五日夜桂子》需特别说明。

《有木诗》中说"有木名丹桂，四时香馥馥。花团夜雪明，叶剪春云绿。"又说"匠人爱芳直，裁截为厦屋"①。诗中的"丹桂"具有"四时香馥馥"的特点，而木犀科的丹桂只在秋季开花，而不是四季开花。四季开花的是四季桂这一品种，但是四季桂"花色黄或淡黄"，不是红色的。因此这里的"丹桂"不是木犀科丹桂花，其香不是来自花而是树本身，应该是樟科诸桂的一种。这也说明了唐代"丹桂"仍不是指木犀科的丹桂花，木犀科"丹桂"概念的出现，是宋代的事了。

皮日休的《天竺寺八月十五日夜桂子》诗云："玉颗珊珊下月轮，殿前拾得露华新。至今不会天中事，应是嫦娥掷与人。"②这首七言绝句是专咏桂子的（桂子也即桂实），描写桂子在中秋之夜从月宫飘落的事。唐宋诗歌及单句中亦曾多处谈到"月中桂子落"。当然，中秋之时桂子月中坠落，自然是传闻，不会实有其事。但这一传闻故事中的"桂子"应当不是指木犀科桂花的果实。因为，木犀科桂花的果期是阳历三月，而不是农历八月份。而且这一阶段木犀科桂花刚开始被纳入文学表现的视野，其形象较之樟科桂尚不突出。《杭州府志》载："天圣辛卯秋八月十五夜，月有浓华，云无纤翳，天降灵实，其繁如雨，

---

① 白居易《白香山诗集》卷二。
② 皮日休《松陵集》卷八。

其大如豆，其圆如珠，其色有白者黄者黑者，壳如芡实，味辛，识者曰此月中桂子，好事者播种林下，一种即活。"①虽是传说，但多少有现实的影子，从这条材料反映的信息来看，"其色有白者黄者黑者""味辛""一种即活"都不是桂实的特征。桂子只有黑紫色，并不味辛，而且桂子不像梅实，播种极难成活。樟科月桂其核果是阳历九月成熟，与传闻时间相符；中秋之际月桂子坠，再加上月中有桂树的神话传说，一经加工演化为八月十五夜桂子月中坠落，也是顺理成章的事。樟科"月桂"之得名或可来源于此。

目前，可以确定为唐代真正的咏桂之作的诗歌共有10首，摘录如下：

1. 桂树何苍苍，秋来花更芳。自言岁寒性，不知露与霜。幽人重其德，徙植临前堂。连拳八九树，偃蹇二三行。枝枝自相纠，叶叶还相当。去来双鸿鹄，栖息两鸳鸯。荣荫诚不厚，斤斧亦勿伤。赤心许君时，此意哪可忘。②（王绩《古意》）

2. 问春桂，桃李正芳华，年光随处满，何事独无花。（王绩《春桂问答》）

3. 春桂答，春华岂能久，风霜摇落时，独秀君知否？③（王绩《春桂问答》）

4. 未植蟾宫里，宁移玉殿幽。枝生无限月，花满自然秋。侠客条为马，仙人叶作舟。愿君期道术，攀折可淹留。④（李峤《桂》）

---

① 《杭州府志》，转引自《古今图书集成》第550册，第36页。
② 王绩《东皋子集》卷中。
③ 王绩《东皋子集》卷中。
④ 李峤《桂》，转引自《古今图书集成》第550册，第28页。

5. 群子游杼山,山寒桂花白。绿萼含素萼,采折自逭客。忽枉岩中诗,芳香润金石。全高南越蠹,岂谢东堂策。会惬名山期,从此恣幽觌。①(颜真卿《谢陆处士杼山折青桂花见寄之什》)

6. 昔年攀桂为留人,今朝攀桂送归客。秋风桃李摇落尽,为君青青伴松柏。谢公南楼送客还,高歌桂树凌寒山。应怜独秀空林上,空赏敷华积雪间。昨夜一枝生在月,婵娟可望不可行。若为天上堪赠行,徒使亭亭照离别。②(释皎然《裴端公使君清席赋得青桂歌送徐长史》)

7. 昔闻红桂枝,独秀龙门侧。越叟移数株,周人未尝识。平生爱此树,攀玩无由得。君子知我心,因之为羽翼。岂烦嘉客誉,且就清阴息。来自天姥岑,长疑翠岚色。芳芬世所绝,偃蹇枝渐直。琼叶润不凋,珠英粲如织。犹疑翡翠宿,想待鹓鸾食。宁止暂淹留,终当更封殖。③(李德裕《比闻龙门敬善寺有红桂树独秀伊川,尝于江南诸山访之莫致,陈侍御知予所好,因访剡溪樵客,偶得数株移植郊园,众芳色沮,乃知敬善所有,是蜀道茵草徒得嘉名,因赋是诗兼赠陈侍御》)

8. (此树红花白心,因以为号)欲求尘外物,此树是瑶林。后素合余绚,如丹见本心。妍姿无点辱,芳意托幽深。愿以鲜葩色,凌霜照碧浔。④(李德裕《红桂树》)

---

① 颜真卿《颜鲁公集》卷一五。
② 皎然《杼山集》卷七。
③ 李德裕《李卫公别集》卷九。
④ 李德裕《李卫公别集》卷九。

9. 毿毿绿发垂轻露,猎猎丹华动细风。恰似青童君欲会,俨然相向立庭中。①(皮日休《庭中初植松桂,鲁望偶题,奉和次韵》)

10. 寒桂秋风动,萧萧自一枝。方将击林变,不假舞松移。散翠幽花落,摇青密叶离。哀猿惊助袅,花露滴争垂。遗韵连波聚,流音万木随。常闻小山里,逋客最先知。②(无名氏《秋风生桂枝》)

桂花多秋季开放;花开时香气袭人,分外浓郁;其中红色的丹桂更是色彩艳丽。这些都是樟科诸桂所不具有的特征。以上十首诗正是凭借这些特征才初步认定为真正咏木犀科桂花之作。从这十首诗歌中,我们可以得出以下结论:

首先,在唐代,木犀科桂花得到了一定程度的审美表现。桂树、桂花、桂枝、桂叶都开始得到了一定的描写。"桂树何苍苍""来自天姥岑,长疑翠岚色""寒桂秋风动",这些是描写秋风中桂树苍翠的形象。"枝枝自相纠,叶叶还相当""偃寒枝渐直,琼叶润不凋""摇青密叶离"这些是写桂树枝叶离披、繁茂青翠。至于桂花,"秋来花更芳""山寒桂花白,绿黄含素萼""芳芬世所绝""珠英粲如织""散翠幽花落""猎猎丹华动细风"等,对桂花的色彩、香味以及花开花落的情形有了初步的描绘。可以说,在唐代,桂树的总体形象开始得到了整体观照。虽然数量并不多,但为宋代咏桂的具体化做了铺垫。

其次,桂树形象被赋予了贞劲的品格意义。"自言岁寒性,不知露与霜""春华岂能久,风霜摇落时,独秀君知否?""妍姿无点辱,

---

① 《全唐诗》,第7079页。
② 《全唐诗》,第8877页。

芳意托幽深,愿以鲜葩色,凌霜照碧浔。"等诗句,歌咏桂树秋芳冬荣、凌霜耐寒的特性,从而赋予了一种贞劲的品格。

最后,木犀科桂花树,不仅被纳入了文学表现的视野,而且至迟初唐时已被移植,开始了庭院栽培的历史。王绩"幽人重其德,徙植临前堂,连拳八九树,偃蹇二三行"。说明在初唐王绩的时代,桂花树已被整齐地种植于堂院当中。而且还与松树同植于院落中,"氇氇绿发垂轻露,猎猎丹华动细风。恰似青童君欲会,俨然相向立庭中"。在唐代,松桂不仅同植,而且在山水画中也得到了表现。

此外,还有25首诗歌和3篇赋,由于作品本身提供的信息有限,实难以确定其归属。如白居易的《庐山桂》:"偃蹇月中桂,结根依青天。天风绕月起,吹子下人间。飘落委何处,乃落匡庐山。生为石上桂,叶如剪碧鲜。枝干日长大,根荄日牢坚。不归天上月,空老山中年。庐山去咸阳,道里三四千。无人为移植,得入上林园。不及红花树,长栽温室前。"[①]

二、桂与月亮关系进一步密切,出现了"吴刚伐桂"这一典故,"折桂"意象出现

从唐代某些诗歌单句可以看出,木犀科桂花在唐代与月亮已开始建立了联系。如李贺《天上谣》"玉宫桂树花未落,仙妾采香垂佩缨"[②],想象月宫仙子采折桂花,随身佩带,以闻其香。另如李商隐"昨夜西池凉露满,桂花吹断月中香"[③],这一对句所写也是具有浓郁花香的木犀科桂花。此外,还有一首中秋望月诗也提到了木犀科桂花,王建

---

① 白居易《白氏长庆集》卷一。
② 李贺《昌谷集》卷一。
③ 李商隐《昨夜》,《李义山诗集》卷上。

《十五夜望月》"中庭地白树栖鸦,冷露无声湿桂花。今夜月明人尽望,不知秋思在谁家。"①中秋前后是桂花开放的时节,这首诗的出现,说明桂花不仅同月亮有联系,而且还是中秋夜的月亮。

如前所述,在先秦魏晋南北朝阶段,"月中桂树"的传说已然出现,在文学中也出现了一些关于月中桂树的初步想象。到了唐代,桂与月亮的关系进一步密切。咏桂之作中多有描写。人们用"桂轮""桂魄"指代月亮,甚至称月亮为"含桂""桂花",称皎洁的月光为"桂华"。在唐代,这一美好传说的逐渐流传,使人们相信桂树本就是月中之物,结根天上,与月亮一样长在,是天风将桂子吹落才移根人间的。如《华州试月中桂》"与月转鸿濛,扶疏万古同。根非生下土,叶不堕秋风。"②因此,在诗人们眼中,桂树是颇有点超凡脱俗的。在所有的花木植物中,只有桂树生长于美丽缥缈的广寒宫中,因此人们有时就称桂为"仙桂"。

正是基于这个美好动人的神话传说,人们赋予了这株月中桂树以美好的想象。如白居易著名的《东城桂》:"遥知天上桂花孤,试问嫦娥更要无。月宫幸有闲田地,何不中央种两株?"③想象新奇别致,出人意表。赵蕃的《月中桂树赋》"杳杳低枝拂孤轮而挺秀,依依密树侵满魄而含芳"④,顾封人《月中桂》"皎皎舒华色,亭亭丽碧空"⑤,陈陶《殿前生桂树》"仙娥玉宫秋夜明,桂枝拂槛参差琼"⑥等等,描绘了一幅幅桂树独立碧空,枝繁叶茂、芳香葱茏的光彩形象。

---

① 王建《王司马集》卷八。
② 张乔《华州试月中桂》,转引自《广群芳谱》,第957页。
③ 白居易《白氏长庆集》卷二四。
④ 《古今图书集成》第550册,第27页。
⑤ 《古今图书集成》第550册,第29页。
⑥ 《古今图书集成》第550册,第29页。

随着桂与月亮关系的密切,"吴刚伐桂"的故事在这一时期出现,增添了趣味性。它来自段成式《酉阳杂俎·天咫》的一段记载:"旧言月中有桂,有蟾蜍,故异书言月桂高五百丈,下有一人常斫之,树创随合,其人姓吴名刚,西河人,学仙有过,谪令伐树。"①说明它最早来源于某"异书"的记载,却已不可考。然而有趣的是,这株桂树永远也砍不倒,它总是那么枝叶葱茏。民间流传的故事,其详细年代已不可考。至迟中唐时已流行开来,比如李商隐"月中桂树高多少,试问西河斫树人"②,李贺"吴质不眠倚桂树,露脚斜飞湿寒兔"③以及释皎然"月中伐桂人是谁,翻使年年不衰老"④等,都是由这一故事生发的想象。

"折桂"意象也在这一时期出现。隋唐以来,随着科举制度的实行,广大中下层知识分子得以通过科举的方式进入仕途。表现在文学作品里,桂用来喻指登科射策这一功名喻义开始出现,并在唐代广泛流行开来。在唐人大量的往来唱和、交游寄赠之作中,"折桂"被赋予了"登科及第"的含义。这一典故来自《晋书·郤诜传》的一段记载:"诜以对策上第,拜议郎,累迁雍州刺史。武帝于东堂会送,问诜曰:'卿自以为何如?'诜对曰:'臣举贤良对策,为天下第一,犹桂林之一枝,昆山之片玉。'"后人常常在诗歌单句中用"折桂"来喻指登科及第。"欲折一枝桂,还来雁沼前"⑤是对功名的渴望;"长乐遥听上苑钟,彩衣称庆桂香浓"⑥是及第后的喜悦;当然也有落第的失落和惆怅,"男

---

① 段成式《酉阳杂俎》卷一。
② 李商隐《同学彭道士参寥》,《李义山诗集》卷中。
③ 李贺《李凭箜篌引》,《昌谷集》卷一。
④ 皎然《五言杂兴六首》,《杼山集》卷六。
⑤ 李白《同吴王送杜秀芝赴举入京》,《李太白文集》卷一四。
⑥ 李商隐《赠孙绮新及第》,《李义山诗集》卷中。

儿三十尚蹉跎，未遂青云一桂科"①"一枝丹桂未入手，万里沧波长负心"②。此外，也有对功名的不屑，"俊才轻折桂，捷径取纡朱"③。

由于传说中月宫里有蟾蜍，所以月宫也被叫做"蟾宫"。随着月中桂树传说的日渐流行，折取蟾宫中桂枝的想法开始出现，例如"故人尽向蟾宫折"④。但此时这一说法还很少见，"蟾宫折桂"典故并未真正形成。

第三节　宋代：咏桂文学的繁荣

一、咏桂题材的作品在广度和深度上获得巨大发展

宋代是咏桂文学的繁荣时代，作品数量大幅剧增，不可胜数。桂花从诗歌意象上升到主题，桂花的外在形象美和内在神韵美都得到了充分的展现。

回顾上一阶段咏桂文学的现状，在唐代，木犀科桂花才真正走进文学的视野，逐渐为人们所认识。这一时期对桂的花、枝、叶等都有一点描写，但相对较少，也不具体。虽然已有庭园、寺院的移植、栽培，但仍不够普及，并没有真正走入士人生活中去。而到了宋代，这种情况得以完全改观。咏桂文学在宋代的发展可以说是突飞猛进，蔚为壮观。诗、词、文、赋各体裁都有相当数量的咏桂或以桂为主题的作品。经过观察分析得出，这一时期咏桂文学主要呈现出以下几个特点：

---

① 杜荀鹤《辞郑员外入关》，《唐风集》卷二。
② 罗隐《西京道德里》，《罗昭谏集》卷三。
③ 韩偓《送人弃官入道》，《韩内翰别集》。
④ 吴融《山居即事》，《唐英歌诗》卷上。

（一）单个作家作品数量的激增

宋代咏桂大家有李纲、周紫芝、虞俦、杨万里等人，其作品数量较多。李纲是对桂花进行大规模吟咏的第一人，其咏桂诗歌计有12首，还有一篇《丛桂堂记》；曹勋咏桂10首，有6首是写丹桂；虞俦咏木犀达17首；范成大14首；杨万里除了三首堂楼题诗，仅直接咏花之作就有20首，还有一篇《木犀花赋》；周紫芝直接咏木犀的诗歌竟有20首，其中《次韵相之木犀》就达9首；姜特立11首；洪适、王十朋、蔡戡也都超过了10首。可以看到，宋代咏桂文学非常繁荣，咏桂作品数量超过十首的竟有十位作家之多。此外亦有陈造的咏桂组诗《八月十二夜偕客赏木犀八首》等这样有规模的咏作。

（二）文人酬唱赠答之作和题诗的剧增

唐代已有唱和之风，如颜真卿《谢陆处士杼山折青桂花见寄之什》，刘禹锡《酬令狐相公使宅初栽桂树见怀之作》，但唐代咏桂之作本身就不算多，唱和之作亦屈指可数。而有宋以来，文人唱和之风日甚，和诗数量剧增，而且时常还以组诗的形式出现，典型的如蔡戡《和胡秉彝敷文岩桂四首》、《和胡端约岩桂六首》以及周紫芝的《次韵相之木犀六首》。至于题诗，是宋人常以"桂"来为亭台楼阁命名，并请人题诗以记此事。因此题咏桂堂之类的作品出现了。如黄裳《寄题范氏六桂堂》、李吕《寄题余氏桂亭》、杨万里《题徐戴叔双桂楼》等。唱和和题诗都属于社交生活方面的，这方面诗作的繁荣，说明了桂真正融入到了士人的生活当中，为人们普遍喜爱和接受。

（三）对桂全面、详细的描写

在宋代，对桂花的自然形象美的描写充分展开。桂树、桂花、桂叶、桂子，所蕴涵的客观形象美得到了深入细致的挖掘和展现，这自不待言。而且春桂、冬桂、四季桂等罕见的桂花品种也为时人所注意，得到了文学表现。如"不随秋月閟天香，冰雪丛中见缕黄"①，写的是冬天开花的桂。"团团岩桂著春雨，擢秀不待秋风凉"②，这是春桂。还有四季桂，如"一岁常随斗柄回，四时各占一时开。仙娥别有栽培术，长与山翁荐寿杯"③。此外，桂花开时，人们不仅与亲朋好友在庭院里一同欣赏，有时还会折取数枝，插入瓶中，放在枕畔夜赏："醉眠绕枕两三朵"④，"独胆瓶枕畔两三枝，梦回疑在瑶台宿"⑤。骚客们有时甚至会调皮地将桂花戴在头上，"银髯羞插满头金"⑥，"数枝添宝髻，滴滴香沾袂"⑦，"想见秋花插满头，遥怜不负此山游"⑧。可以说，桂花由野生山岩幽谷，到移植庭院，渐至登堂入室，这一变化充分说明了宋人对桂花的喜爱，咏桂之作自然喷薄而出。

（四）桂象征意义发生转换，比德确立

自晋人郤诜东堂对策，唱为"桂林一枝"后，后世遂以"折桂"喻指科举及第。这一功名之喻在唐代是极其普遍的，"折桂"意象大量出现在唐人诗文当中。这一说法到了宋代以后很长一段时间，仍旧延续下来，出现在诗词文里的一些以桂命名的建筑，如"六桂堂""万桂堂"。这样的命名体现了人们在"桂"身上寄托着对功名的渴望。

---

① 张栻《南轩木犀》，《南轩集》卷五。
② 李纲《岩桂》，《李纲全集》第 80 页。
③ 姜特立《次韵汤宽仲惠四季木犀清烈妙甚》，《梅山续稿》卷一七。
④ 杨万里《木犀初发》，《诚斋集》卷三二。
⑤ 黄公绍《踏莎行·木犀》，《在轩集》。
⑥ 杨万里《木犀初发呈张功父》其七，《诚斋集》卷二三。
⑦ 韩元吉《菩萨蛮·叶臣相园赏木犀次韵子师》，《南涧甲乙稿》卷七。
⑧ 张孝祥《次韵左举善木樨》，《于湖集》卷一〇。

如"一朝仙籍浮桂香,昔笑其迁今改色"①。然而,另一方面,两宋时代,随着儒学进一步复兴,封建道德意识的高涨,体现在桂花的吟咏上,也出现了一种比德的倾向。桂花秋季开放,香味浓郁清芬,而且桂树多自然生长于深山幽岩。这些生物属性上的特色,使得人们较为容易在它身上找到比德的因素。宋人认为"功名之喻"是儿童之见,原来的象征含义被颠覆,桂花的"花品"被大大提升,到了人的名节、德性、君子立身处事等人格高标上来。

以上从咏桂作品的剧增、文人酬唱咏桂和题诗的增多、桂花描写的全面深入,以及桂花象征意义的转换四个方面便可看出,宋代咏桂文学的确是获得了巨大发展。无论在广度还是深度上都得到了充分的挖掘。而这同样也是由于社会经济的发展,思想文化的不断深入,以及桂花这一花卉的生物属性为人类进一步认识这三个方面所共同作用的结果,才促进了咏桂文学的繁荣。

二、桂的自然美和神韵美得到充分的表现和挖掘

宋代较之唐代,无论是在咏桂的规模还是水平上,咏桂的深度还是广度上,对桂花的客观美的展现和神韵美的挖掘上,都显现了巨大的进步和提高。桂花,在宋代真正获得了展示它外表和心灵美的舞台。我们知道,唐代咏桂诗歌共有30多首,赋3篇,其数量并不多,而且其中还有咏樟科桂的。单就这些作品本身来看,唐人注意到了桂的自然物色之美。而月中有桂树传说的流行,使桂不同于世间凡花,有了一丝飘然出尘的气息,焕发出独特的神韵。如唐陆龟蒙的"宛宛别云态,

---

① 周必大《寄题龙泉孙大同司户三桂堂》,《文忠集》卷三。

苍苍出尘姿"①，以及他的"烟格月姿曾不改，至今犹似在山中"②。可以说，在唐代，对桂花的自然形象美和神韵美都只是作了初步的描绘，还不深入细致。

宋人并未停留在把桂花作为一种芬芳的自然物色意象，而是把它作为需要主体深入观照欣赏的审美对象，这同样也是文学中植物形象变化的基本趋势。宋人在唐人的基础上更加深入细致地描摹桂花的颜色、香味，桂枝、桂叶等。可以看出，诗人们往往喜欢借助形象的比喻来更形象地传达桂花的外在美。我们知道，桂花按花色分，主要有三种：黄色金桂，白色银桂，红色丹桂。诗人们对此描摹可谓想象奇妙，出人意表。如"蕊宫仙子携黄云，挼之成屑来缤纷"③，这是写金桂。"月娥施朱小留残，天风吹上桂树端"④，这是写丹桂；"化得丹砂成玉雪"⑤，这是银桂。在桂花所有的外在物色审美当中，可以说，香味美是审美核心，"虽非倾国色，要是恼人香"⑥。概括言之，其香兼具"浓""清"。桂花素有"九里香"的美称，是指即使在九里之外仍能闻到浓郁的桂花香味，尤其是秋风吹起，桂香四溢。"一粒粟中香万斛，君看一梢几金粟"⑦，用夸张的笔法，写出了桂香之浓；而桂香不是俗气地一味地浓，它还具有清的特点，是"清香"，较为玄妙。正是它的清气，使得桂花的香同别的香味区别开来，如"天下

---

① 陆龟蒙《小桂》，《甫里集》卷二。
② 陆龟蒙《袭美初植松桂偶题》，《甫里集》卷一一。
③ 王迈《惠安赖惟允汝恭乞崇清老椿芳桂四大字为赋二诗》其二，《臞轩集》卷一三。
④ 曾丰《同张随州赋会稽朱子云席上丹桂》，《缘督集》卷三。
⑤ 陈文蔚《傅材甫窗前白月桂开材甫索诗戏作》，《克斋集》卷一六。
⑥ 曾几《岩桂二首》其一，《茶山集》卷四。
⑦ 杨万里《子上弟折赠木犀数枝走笔谢之》，《诚斋集》卷一四。

清芬是此花，世间最俗惟檀麝"①，"清芬一日来天阙，世上龙涎不敢香"②。桂香浓可致远，清可入骨。"浓熏药杵长春捣，清逼诗肝巧斫锼"③，"熏彻醉魂清入骨，敢言天下更无香"④。桂香浓清两兼，独具特色，让人惊艳。人们怀疑这样的香味不是人间所能有，而月中桂树的悠久传说，就赋予了人们一种想象：这种异香既非人间所有，那么想必来自月宫吧，称之为"天香"。这个概括很抽象，但也很准确，它揭示了桂花香味区别于别的花卉的独特性，也巧妙地融进了对桂离尘绝世的独特"出身"的认同。

可以看出，桂花的自然物色美在宋人手里充分展示了它独具的美感。在此基础上，宋人还力图透过桂花的外表去把握它内在的神韵。而神韵美是超越于物色美之上的，是主体对审美对象的主观把握。我们知道，自从桂花进入文学表现以来，就与月亮结下了不解之缘。中华民族是极富想象力的，月中桂树的神话被创造出来，人们也非常欣然地去接受它（在注重科学思维和实证的西方，就不可能）。在人们的想象当中，桂树生长于月亮当中是一件自然而然的事情，是风吹桂子落入人间移植的，"月里移根傍小斋"⑤。而我们中华民族自古以来就有浓厚的"月亮情结"。月宫是令人向往的，它高悬天空，皎洁明亮，远离尘世的凡俗，是人们心中的一方圣土。人们常把嫦娥叫做"仙娥""月宫仙子"，可见月宫是飘然有仙气的。那么长生月中、万古不变的桂树不可避免地沾有仙气就很自然了。桂花神韵美主要体

---

① 舒岳祥《桂台》，《阆风集》卷二。
② 邓肃《岩桂》，《栟榈集》卷一。
③ 方夔《木犀》，《富山遗稿》卷九。
④ 杜范《和汪子渊桂花一绝》，《清献集》卷四。
⑤ 张守《桂斋》，《毗陵集》卷一五。

现在桂"脱俗"这一点上。"物外家风本自奇,人间独步九秋时"①,不同于春花时艳,桂花秋季开放。"黄英六出非凡种"②,这是金桂。"渥丹自是天然质,不学桃花点注红"③,这是写不媚俗的丹桂。"清香遍十里,不与群卉同"④,这是写其香味。这样的例子很多,不胜枚举。以上几例可以看出,桂花被传月中来,这是使它得以脱俗的必要条件;桂花那独特的花姿、不同的花色,特别是其浓清两兼的香味,亦为桂之脱俗提供了物质生物基础。正如"天公助我作清欢,特遣仙花荐芬馥。万枝琐碎屑黄金,几树阴森攒碧玉。天然风韵月中来,颇鄙人间桃李俗"⑤。"花中十友""花中十二客"里桂花被称为"仙友""仙客",也正是基于桂花"脱俗"离尘这一独特神韵。

宋人在桂花神韵美上的创新之处不止于此。两宋时代,儒学进一步复兴,儒家义理更加深入人心,广大士人的思想也发生了深刻的变化,封建道德品格意识普遍高涨,在社会生活的各个方面,都强调一种"比德"的倾向。花卉王国中,莲花在周敦颐的手中实现了它"君子花"的蜕变;梅花成了"岁寒三友"的代表,价值地位一路攀升,最终上升为"群芳之首",并且成了崇高的文化象征。桂花也不例外,宋人在桂花身上充分挖掘了它"比德"的因素。虽说桂花的名气不能同梅、菊、兰这些著名的花卉相比,但在百花国中,也是名列前茅的。方夔

---

① 王洋《赵倅兼善再用前韵赋木犀》,《东牟集》卷五。
② 张九成《忆天竺桂》,《横浦集》卷四。
③ 陈耆卿《代和陈郎中丹桂》,《筼窗集》卷一〇。
④ 吴芾《和许守岩桂》,《湖山集》卷二。
⑤ 吴芾《和陈天予岩桂》,《湖山集》卷四。

说它是"下土花中第一流"①，李清照也说它"自是花中第一流"②。可见诗家们对桂的评价还是较高的。这一点，正是宋人在桂花神韵美上的重要开拓。

而桂树在生物属性上具有很多利于比德的因素。大多数花卉都是春季开放，而桂花却在秋季，花开时节香满天地；而且冬季严寒，桂树依旧苍翠茂盛，枝叶葱茏。可以说，桂之比德是伴随着它在文学中出现而出现的。早在唐初王绩就因桂之风霜独秀、岁寒不改，歌咏道："桂树何苍苍，秋来花自芳。自言岁寒性，不知露与霜。幽人重其德，徙植临前堂。"③可见，早在唐初，人们就开始注意到了桂自身的"美德"。但是由于各种主客观原因，唐代的桂花在"比德"路上进展有些缓慢（比如"折桂"这一功名之喻在唐代的广泛流行，多少对桂之比德有所冲击）。而在宋代，随着道德意识的增强和理学影响的扩大，桂的描写越来越导向人格喻义的阐发，其崇高的"德性"得到明确的演绎，最终桂的人格象征走向成熟。集中表现在两宋尤其是南宋的赋、文当中，为桂作赋的很多。经总结归纳可以看到，丛生山谷幽岩、秋芳冬荣、香味浓郁清芬，是桂在自然生物属性上的三个重要特点，也是构成桂人格象征的生物基础。

总之，咏桂文学在宋代获得了巨大的发展，无论是自然美还是内在神韵美，桂都获得了充分的挖掘和表现。桂花赢得了世人的广泛喜爱，获得了良好的名声和地位。南宋刘学箕甚至说："盖与菊英兮齐驱，并

---

① 方夔《木犀》，《富山遗稿》卷九。
② 李清照《鹧鸪天·木犀》，《全宋词》，第930页。
③ 王绩《古意》，《东皋子集》卷中。

梅花于伯季者也。"①认为桂花可以与菊花并驾齐驱，与梅花称兄道弟，可见他对桂花的欣赏与认同。至于桂的实用性这一时期也进一步为人们所认识。

第四节 明清时期：咏桂文学的衰退

一、咏桂文学渐趋衰退，无论数量、内容还是艺术手法并无明显发展

中国古代咏物诗词到宋代已达到鼎盛时期。元明清时期，咏桂诗词虽可观，但内容不出唐宋，艺术手法上也无特异创新之处。宋代大量涌现的咏桂组诗很少看到；文人之间频繁唱和咏桂的现象，在这一时期并不多见。咏桂文学的各方面，作品数量都在剧减，完全不能与前代同日而语。

桂花的色、香，桂枝，望月咏桂，对花饮酒等，在宋代基本上都已完成。他们没有超越宋人，在前人基础上进一步发展，从而获得新鲜的审美感受。桂在唐代发生并在宋代发扬光大的精神人格象征，元朝时仍有所吟咏，如元杨维桢："桂不以无人而不芳，君子不以无信而改德易行也，吾有志于桂如是，何暇计隐之山不山也哉！"并且批评桂的"功名"之喻，"不幸为墨卿词客资之，为决科取禄计，遂名为科籍，岂桂本志哉！"②认为科第利禄之义，是后人强加的，而非桂的本志。但是这种情形已很少见。进入明代以后，这样的呼声几乎

---

① 刘学其《木犀赋》，《方是闲居小稿》卷下。
② 杨维桢《桂隐记》，《东维子集》卷一七。

就看不到了。与此相反,由桂而联想到"招隐"的典故,却常常出现,这可以说是这一阶段咏桂文学的一个特点。

前面已经介绍,汉代淮南王刘安所作的《小山招隐士》,讲桂树丛生于山林幽僻之处,枝干遒劲,"攀援桂枝兮聊淹留,王孙游兮不归"。这篇骚赋很有名,被后代公认为后世招隐诗之祖,而桂也因此获得了"留人"之名,令后世有隐逸之思的人们心生向往。这一情形到了元明之际变得比较明显,这一阶段赏桂诗词中常会流露出招隐之思。

图03　福建龙湖陈氏宗祠内"三桂堂"匾。

在明清时期的赋文当中,也很难看到宋代那样为桂花作赋以歌咏的作品,而往往是为以"桂"命名的厅堂、楼阁作记。如胡奎的《题三桂堂》、杨士奇的《丹桂楼记》以及杨荣的《三桂堂记》。之所以以桂命名建筑,主要可以归纳为两种情况:①期盼。希望子孙将来长大获取功名,如前面的《题三桂堂》,因为有三个孩子,所以称"三桂"。②纪念。功名已经获得,用桂命堂,以示纪念。如王直《双桂堂记》:

"喜其二子皆以科举入官，因命其堂曰双桂之堂。"①"三桂""双桂"的用法，是从"燕山窦氏"的典故学来的。五代末窦禹钧五子登科，人称"灵椿一株老，丹桂五枝芳"，以"五枝"丹桂喻其五子。

图04　重庆梁平"双桂堂"。

二、桂花栽培日益普及，在园林造景中发挥重要作用

明清时期桂花在文学中虽表现有限，但随着圃艺业的发展，在园林造景中桂花扮演了重要的角色。以下就来看看桂花在园林造景中的应用：

元代由于战争频繁，无暇顾及花卉生产，花卉业趋于低落时期，所见花卉的记载也较少。元末农民起义，推翻了蒙古族的统治，明初采取了一系列的重农政策，使农业生产迅速恢复，商品经济有了进一步的发展，花卉业也再趋繁荣。明清时期私家园林大盛，桂花是不可缺少的造园树种之一。随着造园艺术的发展，桂花作为造园材料在园林中应用广泛。

明清园林造景中，桂花多是成片丛植于亭台楼阁附近，厅前、石

---

① 王直《双桂堂记》，《抑庵文后集》卷二。

上、湖边皆有。明正德年间著名文人杨升庵，在家乡四川新都驿植桂树数百株，并于桂花林中建桂花亭；又作《桂湖曲》，人因呼曰桂湖，还沿湖遍植桂花。保存至今的明清时期江南私家园林中有很多桂花造景的实例。其中，涉园是清初浙江文人张惟赤在海盐城所创私家园林，园中广植桂花，清叶燮作《涉园记》载其园中植桂："东接桂林，老桂百株，敷荣密布如幕……左则桂、梅、桐，共百数。"①可见桂树种植颇具规模。而江南园林中，扬州园林更是独占鳌头。维扬园林之胜甲于天下。扬州影园是徽商后代郑元勋于明末在扬州所建私园，郑作《影园自记》载其园中植桂造景是"室隅作两岩，岩上多植桂，缭枝连卷，溪谷崒岩，似小山招隐处"②。扬州著名园林"个园"桂花厅前，寄啸山庄蝴蝶厅西、桂花厅侧，都植有桂花数丛，人坐于厅上，则香盈衣袖。而扬州著名的"金粟庵"，其桂花栽培更是繁盛。《扬州画舫录》记载"轩前有丛桂亭，后嵌黄石壁。右有曲廊入方屋，额曰'金粟庵'……是地桂花极盛。花时园丁结花市，每夜地上落子盈尺，以彩线穿成，谓之桂球。以子熬膏，味尖气恶，谓之桂油。夏初取蜂蜜，不露风雨合煎十二时，火候细熟，食之清馥甘美，谓之桂膏。贮酒瓶中，待饭熟时稍蒸之，即神仙酒造法，谓之桂酒。夜深人定，溪水初沉，子落如茵，浮于水面。以竹筒吸取池底水，贮土缶中，谓之桂水"③。表明金粟庵桂花培植之繁盛，甚至还用桂花制出许多饰品和食品，如桂球、桂油、桂膏和桂酒。

随着花卉生产在明清两代日益成为一项独立的产业，桂花栽培遍

---

① 陈植、张公弛《中国历代名园记选注》。
② 陈植、张公弛《中国历代名园记选注》。
③ 李斗《扬州画舫录》卷一二。

及全国,不仅南方,北方园林中也引植桂花造景。北京著名皇家园林清漪园(今颐和园)引植桂花、玉兰、牡丹在庭院中,取"玉堂富贵"之寓意。今颐和园中尚存有数十株古桂花树,有金桂、银桂之品类,每当金秋时节,园中清香四溢。我国旧时庭院,也常把玉兰、海棠、牡丹和桂花四种传统名花同栽庭前,取"玉堂富贵"之意。

明清时期的造园著作对桂花在园林中配植造景有专门记述。明代《长物志》载:"丛桂开时,真称香窟,宜辟地一亩,取各种并植"①,清《雅称》也载:"桂香烈,宜高峰,宜朗月,宜画阁,宜崇台,宜皓魄孤枝,宜微扬幽韵"②。清代《花镜》论述最为精湛,该书《种植位置法》提到:"各种植物在一地种植时,须注意位置的选择","海棠韵娇,宜雕墙峻宇;木犀香胜,宜崇台广厦"③。园艺著作对桂花栽培方法和移植技术也有详细的记载。《学圃余疏》:"木犀吾地为盛,天香无比。然须种早黄毬子二种,不惟早黄七月中开,毬子花密为胜,即香亦馥郁异常。丹桂香减矣,以色稍存之,余也勿植。又有一种四季开花而结实者,此真桂也。闽中最多,常以春中盛开,吾地亦间有之。宜植以备一种。花之四季开者,兰桂而外有月桂长春菊,月桂闽种为佳。"④说明明代桂花有数种品种。

明清时期桂树栽种主要有以下几种方式:

(一)丛植、片植、群植

在园林造景中,桂花以丛植、片植形式居多,形成局部景区。在

---

① 文震亨《长物志》卷二。
② 关传友《中国园林桂花造景历史及其文化意义》,《北京林业大学学报》(社科版),2005年第1期。
③ 陈淏子《花镜》卷二。
④ 王世懋《学圃余疏》,转引自《广群芳谱》,第944页。

我国古典园林中，桂花常与建筑物、山、石相配，以丛生灌木型的植株植于亭台楼阁附近。如《扬州画舫录》："阶前高屋三间名曰'桂屿'，桥南小屿，种桂数百株，构屋三楹，去水尺许。虎斗鸟厉，攒峦互峙。屋前缚矮桂作篱，将屿上老桂围入园中。"[①]

图 05　苏州网师园，小山丛桂轩。图片由网友提供。

有些建筑物的名称也与之密切相关，如苏州留园有"闻木犀香轩"，网狮园有"小山丛桂轩"（见图 05），沧浪亭有"清香馆"，怡园有"金粟亭"等，都是以桂花为主要植物，建筑物名称与之相吻合的著名例子。

（二）对植、孤植

旧式庭院常用对植，在住宅四旁或窗前栽植桂花树，能收到"金风送香"的效果。古称"双桂当庭"或"双桂留芳"。《巢林笔谈》

---

① 李斗《扬州画舫录》卷一四。

记载:"蓼怀阁庭前先君手植双桂,今四十余年矣。高出楼头丈余,盛夏则绿阴蔽日,深秋则金粟飘香。抚嘉树而思余荫,得不倍加珍护。"①此外,也有庭院中孤植的情况。

(三)列 植

将桂花树呈带状种植于道路两旁,香满天地,形成非常壮观的景象。明代沈周《客座新闻》中记载:"衡神祠,其径绵亘四十余里,夹道皆合抱,松、桂相间,连云蔽日,人行空翠中,秋来香闻十里,计其数云一万七千株,真神幻佳境。"②可见那时已将桂花作行道树了。再如明代《西湖梦寻》载张京元《石屋小记》"出石屋西,上下山坡夹道皆丛桂,秋时着花,香闻数十里,堪称金粟世界"③。

随着栽培的普遍,桂花已完全走进了人们的生活,人们对于桂的认识和了解较之以往,更加明白。明代张志淳有一则《桂辨》:"桂有桂树之桂,有桂花之桂。桂树则楚辞桂酒箘桂之类,即今医家所用,取其气味辛甘,乃用其皮也。桂花之桂,则诗词所言,今人家所植,取其香气馥烈,乃尚其花也"④。张氏正确辨明了两种桂的不同,作者这里所谓的"桂树之桂"和"桂花之桂",就是分别指现代植物分类当中的樟科肉桂和木犀科桂花。此外,由于桂花香味非常浓郁,人们采摘新鲜的桂花作为原料,制作各种食物。明人宋诩在其《竹屿山房杂部》中,就逐一记载了"木犀汤""桂花汤""桂香汤""天香汤"的制作方法,分类何其详细!

---

① 龚炜《巢林笔谈》卷六。
② 《广群芳谱》,第944页。
③ 张岱《西湖梦寻》卷四。
④ 张志淳《南园漫录》卷四。

宋代出现了"花中十友""花中十二客"的说法,桂花是"仙友""仙客",这种说法逐渐得到人们的认同。随着圃艺业的繁荣,到了明代,民间植桂变得非常普遍。桂也因其外形纤巧美丽,色香动人,并且具有丰富的人文内涵,而备受人们喜爱,从而登上了"名花"的宝座。这在咏桂诗歌中有所反映,如"故著名花映白头"[①]。

---

① 严易《丹桂下尝新酿桂酒》,《古今图书集成》第550册,第32页。

第二章 桂花的审美形象及其艺术表现

第一节 桂花的外在审美形象

在论述桂花的审美形象之前,我们先来熟悉一下桂花的别名。桂花别名很多:因其叶脉形如"圭"而称"桂";因其材质致密、纹理如犀而称"木犀"(有时写做"木樨");因自然分布于岩岭间而称"岩桂""山桂";其香味清浓致远,因此有"九里香"的美称。宋人张邦基在《墨庄漫录》中说:"木犀花江浙多有之,清芬沤郁,余花所不及也。一种色黄,深而花大,香尤烈;一种色白,浅而花小者,香短。清晓朔风,香来鼻观,真天芬仙馥也。湖南呼九里香,江东曰岩桂,浙人曰木犀,以木纹理如犀也。然古人殊无题咏,不知旧何名。故张芸叟诗云:'伫马欲寻无路入,问僧曾折不知名。'盖谓是也。"[①]从这句话可以看出,木犀原是浙地俗称,尚未与桂花之名对上号,后来人们才知道当地人说的木犀就是桂花。而到张邦基生活的时代,"木犀"已是桂花的通用别名了。

金秋九月,丹桂飘香。桂花是初秋景色的象征。每年阳历九、十月份,正是桂花盛开的季节。此时荷花已尽而菊尚未开,更没有春天的百花

---

① 张邦基《墨庄漫录》,第221页,孔凡礼点校。

争艳。而桂花当此良机,粲然而发,点点明人眼。在萧瑟寂寥的秋色里,桂花簌簌开放,一秋开两三遍,从入秋能开到重阳节前,可谓占尽秋光。诗人们早就注意到了这一点,纷纷加以歌咏,如"独占三秋压众芳"①,"红萸紫菊开还早,独占秋光老"②,"弹压西风擅众芳,十分秋色为伊忙"③。此外,诗人们更进一步从不同角度来写"独占三秋"的桂花:"粟玉开花颜色新,秋光未觉减阳春"④,"婆娑丛桂丹霞色,占得秋光独较多"⑤,从花色的角度写其占秋光;"物外家风本自奇,人间独步九秋时"⑥,"苍苍仙种自谁栽,一度秋光两度开"⑦,是从开花时间之独特,写其占秋光。那么,这占尽秋光的桂花究竟是一番什么模样呢?接下来我们将从两个方面来论述桂这一意象的外形特征。

一、桂的花、枝叶、树

(一)桂 花

桂花花型纤小可爱,色彩艳丽,味极芳香,给人以美的感受,可以从以下几个方面来把握桂花这种自然美。

1. 色彩美

对于花卉来说,色彩美可以说是外在审美中第一位的。当我们注意到一种花卉,首先便是看到它的色彩如何,这种触目即得的视觉感受是很敏锐的。

---

① 吕声之《咏桂花》,陈思《两宋名贤小集》卷三六四。
② 张元干《醉花阴·咏木犀》,《全宋词》第1086页。
③ 朱淑真《桂花》,《全宋词》,第1404页。
④ 晁公溯《木犀花》,《嵩山集》卷一〇。
⑤ 严易《八月晦日丹桂下对酒》,《古今图书集成》第550册,第32页。
⑥ 王洋《赵倅兼善再用前韵赋木犀》,《东牟集》卷五。
⑦ 李曾伯《郡圃木樨开第二花》,《可斋续稿》后卷一〇。

金　　桂：金桂花色是深黄色，香味非常浓郁，是各色桂花中最受人们喜爱、吟咏最多的一种，也是最常见、栽培最多的品种。每逢九秋金桂开放时，细碎的花瓣，一簇簇点染于枝头，好像新染过的鹅黄色。如"叶底倒悬香作团，鹅黄新染色初干"①，"拂色青衫不是妆，蕊珠宫里淡鹅黄"②。在明媚的阳光下，又仿佛碧绿的树上缀满了屑状的黄金，因此诗家们也爱用"金屑""黄金屑"来形容，"日照浑疑缀散金"③，"万枝琐碎屑黄金"④等便是。金桂色黄，在阳光下明黄如金；又由于桂花细小，形如"粟谷"（谷类作物，颗粒状），所以也被称为"金粟"。桂花这一别名的涵义，不仅包含了桂花灿烂的花色，也包含了它米粒般细小的花形。因为形容得准确，就被广泛接受。比如"凄凉楚山秋，樛枝吐金粟"⑤，"绿玉枝头金粟团"⑥等等，例子很多。

对于金桂花色的描写，除了"金粟""黄金"（见图06）这样习见的描写之外，主要有以下四种情况，其中前三种情况都是运用想象。

①想象为女子"娇额涂黄"。"额黄"是古代的一种化妆方式，它起源于南北朝，在唐朝盛行。据《中国历代妇女妆饰》中记："这种妆饰的产生，与佛教的流行有一定关系。南北朝时，佛教在中国进入兴盛期，一些妇女从涂金的佛像上受到启发，将额头涂成黄色，渐成风习。至宋代时额黄还在流行，诗人彭汝励歌曰：'有女夭夭称细娘，

---

① 张扩《用文之韵赋岩桂》，《东窗集》卷五。
② 周紫芝《次韵相之木犀六首》其一，《太仓稊米集》卷三三。
③ 罗从彦《和延年岩桂》，《豫章文集》卷一三。
④ 吴芾《和陈天予岩桂》，《湖山集》卷四。
⑤ 刘子翚《木犀古风》，《屏山集》卷一一。
⑥ 喻良能《余干资福寺岩桂盛开因折一枝戏成绝句》，《香山集》卷一三。

珍珠落鬓面涂黄。'"①反映出古代妇女喜欢额黄的情景。诗人们看到金桂，那黄色的金桂迎风招展，就好像一位娇额涂黄的女子在顾盼流连。"天香忽到人寰，满额涂黄，别更一种施丹"②，"拂拂鹅黄汉额深"③，"娇额涂黄元自好"④，说的便是如此。有时甚至将这位女子想象成月宫嫦娥，如"疑是蕊宫仙子新妆就，娇额涂黄"⑤。

图06　金桂花瓣。图片由网友提供。

②想象为藏娇的"金屋"。这里用的是人所共知的汉武帝"金屋藏娇"的典故。如"衣青萼绿不见佩，屋贮阿娇纯用金"⑥，"拟换阿娇来小隐，金屋底，乱香飞"⑦，还有"避风归去贮金屋，妆成汉娇"⑧等。这个想象极是新奇而且巧妙，将"金屋藏娇"的故事运用于对桂花花色的形容上，这本身就是新奇的；而且，相对于细碎的桂花来说，别的花卉如菊花、荷花、牡丹等，不仅花朵较大，而且十分醒目。然

---

① 周汛、高春明撰《中国历代妇女妆饰》。
② 姜特立《声声慢·岩桂》，《全宋词》，第1605页。
③ 陈棣《岩桂饷郑舜举戏笔代柬》，《蒙隐集》卷二。
④ 楼钥《丹桂》，《攻媿集》卷一〇。
⑤ 向子諲《满庭芳》其二，《全宋词》，第951页。
⑥ 张镃《桂隐花正开得诚斋木樨七言次韵奉酬》，《南湖集》卷五。
⑦ 吴文英《江城子·荷塘小隐赏桂》，《全宋词》，第2904页。
⑧ 张炎《庆春宫·金粟洞天》，《全宋词》，第3483页。

而桂花却截然不同。桂树是常绿乔木，自然野生的一般高可达十米，栽培的也有3～4米，而且当金黄色的桂花开放于枝繁叶茂的桂树间时，那种"万绿丛中点点黄"而且需要微微仰视方能看清的视觉效果，因其"隐蔽性"而与"金屋藏娇"一典有了内涵的共通性。因此这个想象是巧妙的。

③想象为挼碎的"黄云"。由于月中桂树传说的广泛流行，诗人们常将桂树与月宫、嫦娥联系起来，于是想象细碎的金桂花就是嫦娥仙子把天上的黄云挼碎了一般。比如"蕊宫仙子携黄云，挼之成屑来缤纷"[①]；"疑是月娥天上醉，戏把黄云挼碎"[②]。

④"金粟如来"。用的是释家《发迹经》中"净名大士是往古金粟如来"之说。如辛弃疾《西江月·木犀》"金粟如来出世，蕊宫仙子乘风，清香一袖意无穷……"[③]，词人化用佛经，首句巧借桂花俗称金粟的偶合，用"金粟如来出世"来写桂花开放，收到一石二鸟的效果。另外，"金粟如来翠葆中，天香飘堕梵王宫。西风一帚无留迹，印证浮生色即空"[④]，"华飘广寒府，金布如来界"[⑤]也是如此，而且由于写的是寺院里的桂花，显得更加贴切。

丹　桂：丹桂呈橙红色，不仅香味浓郁，而且花色艳丽，因此备受人们喜爱。丹桂花盛开时，点点橙红，一簇簇点缀于碧绿的枝间，仿佛美丽的朝霞。诗人想象它"应随西母瑶池晓，染得朝霞下广

[①] 王迈《惠安赖惟允汝恭乞崇清老椿芳桂四大字为赋二诗》，《臞轩集》卷一三。
[②] 向子諲《清平乐·桂》，《全宋词》，第962页。
[③] 辛弃疾《西江月·木犀》，《全宋词》，第1906页。
[④] 史弥宁《次韵观音寺访木犀已过》，《友林乙稿》。
[⑤] 陈深《重玄寺旃檀林桂花》，《宁极斋稿》。

寒"①"霞绮浓披翡翠"②，这一树开得繁盛的丹桂花，就像染就了天上的朝霞，都快要遮住了翡翠般碧绿的叶子。想象何其绚丽！不仅如此，我们知道，我国自古就有花与美女互喻的写法，丹桂花也不例外。人们想象红色的丹桂就像一位女子在涂脂抹粉，打扮自己。"娇额涂黄元自好，是谁深传蜜胭脂"③，"小镜匀丹脸，香肌挹绛纱"④，"醉魄薰成宝篆细，香脂匀就玉肌丰"⑤。有的诗人想象她不是普通的女子，而是娇美的妃子。"汉宫素面说明妃，马上秋风，应解著胭脂"⑥，"恰如娇小万琼妃，涂罢额黄，嫌怕污胭脂"⑦。此外，更有诗人由女子涂抹胭脂而发挥想象，联想这点点丹红大概是天上的嫦娥涂抹胭脂时留下的吧。曾丰有诗"月娥施朱小留残，天风吹上桂树端，叶犹强项护故绿，花独多情染余丹"⑧，这个想象不仅奇特大胆，而且入情入理，令人击节。然而，对丹桂花的所有描绘中形容得最确切的应是"丹砂"，因为桂花花朵本身很小，不像别的花卉有着大大的花瓣，迎风招展。丹桂花小色红，仿佛点点丹砂点缀于绿叶间。"花结丹砂小小垂"⑨，不仅说出了桂花的花色，而且描绘了丹桂花小如点的形状特征。

银　桂：文人们对金桂和丹桂赋予了如此的厚爱，可是对银桂却不甚注意。诗文中对银桂的描写少之又少，即使是写到它，也是一种

---

① 曹勋《谢赐丹桂》，《东窗集》卷一七。
② 曹勋《西江月·应制丹桂》，《全宋词》，第1221页。
③ 楼鑰《丹桂》，《攻愧集》卷一〇。
④ 袁说友《丹桂》，《东塘集》卷三。
⑤ 蔡戡《和胡端约岩桂六首》其五，《定斋集》卷二〇。
⑥ 陈三聘《虞美人·红木犀》，《全宋词》，第2030页。
⑦ 范成大《虞美人·红木犀》，《全宋词》，第1621页。
⑧ 曾丰《同张随州赋会稽朱子云席上丹桂》，《缘督集》卷三。
⑨ 韩维《桂》，《南阳集》卷一三。

见稀罕的口吻:"天然容貌本施朱,喜异羞同世不趋。化得丹砂成玉雪,也知着人半工夫"①,好像桂花本来就应该是那种红色的丹桂,而玉雪般的银桂则是很少被注意的。造成银桂在诗文词赋中很少出现的原因不外有以下两点:

其一,银桂开花呈白色或浅黄色。这种颜色在百花中本就是最平常的,而且桂花极小,这样素淡的小花在茂盛的桂叶中并不显眼,不像丹桂那样色彩艳丽,引人注目,因此它所带来的视觉效果就会大打折扣。

其二,银桂虽然芳香,但没有金桂的香味那么浓郁。词人僧仲殊言道:"嫦娥道,三种清香,状元红是,黄为榜眼,白探花郎。"②我们知道,在花卉的诸多审美因素中,香味也是一个很重要的方面,它带给人嗅觉上的愉悦,并能引起整体感官的愉悦。而银桂在这一点上略微逊色一些。

除了以上桂花的三个主要品种外,竟然还有一种奇怪而罕见的桂花:瑞桂。它一树当中兼开黄色和红色的花朵,"秋光点点明人眼,不比寻常岩桂花,天与刘郎作嘉瑞,枝枝金粟间丹砂。"③说的便是,真是奇特无比!

花开有时,不同的花不同季节里开放。春有桃花,夏有荷,秋有菊花,冬有梅。桂花通常在秋天开放,然而不乏有春桂、冬桂,甚至四季桂。因为桂花开放的多季节性在百花中比较少见,人们对此感到惊奇,纷

---

① 陈文蔚《傅材甫窗前白月桂开,材甫索诗戏作》,《克斋集》卷一六。
② 僧仲殊《金菊对芙蓉》,《草堂诗余》卷三。
③ 戴复古《刘子及赠瑞桂》,《石屏诗集》卷六。

纷加以吟咏。如冬桂，咏其"境界许奇非浪得，色香俱静更何加"①，以及"今年有奇事，正月木犀开。万杵黄金屑，九蒸碧梧骨"②。木犀雪里开花别有一番情趣，"不随秋月阕天香，冰雪丛中见缕黄"③，在寒冷的冬季，在大雪覆盖的桂树枝中不经意地发现一缕黄，那是金桂在吐着幽香！还有自春天开花的春桂，如明代诗作："金粟时时发桂丛，天香会不待秋风。"④以及四季桂，明代李东阳《月桂》（属于四季桂中的月桂）云"一月一花开，花开应时节。未须夸雨露，慎与藏冰雪。"⑤

2. 香味美

桂花又名"九里香"，在其外在诸多审美因素当中，可以说，香味美是其审美核心。正如上述，虽然桂花在"姿色"上也颇有一番情致，但仍不能与牡丹、菊花等以色取胜的大花相比。可是桂花香味非常浓郁，正如诗人所赞的那样："虽非倾国色，要是恼人香"⑥。桂花盛开时节，金粟万点，香飘四溢。看花闻香，悦目怡情，给赏花者带来了不尽的嗅觉美。香味，是桂花的优势；是桂花傲视群芳，在百花王国中占得重要一席的筹码。

翻检文学作品，可以发现，关于桂花香味的描写，用得最多的莫过于"天香"一词，它来自唐代诗人宋之问的诗句"桂子月中落，天

---

① 张镃《冬至日晓雪庭桂一枝撰花戏成长句》，《南湖集》卷五。
② 杨万里《双峰定水璘老送木犀香》，《诚斋集》卷二一。
③ 张栻《南轩木犀》，《南轩集》卷五。
④ 严易《中庭早桂自前岁之春以及今年之夏四时开花不绝》，转引自《古今图书集成》第550册，第32页。
⑤ 李东阳《月桂》，《怀麓堂集》卷六〇。
⑥ 曾几《岩桂》，《茶山集》卷四。

香云外飘"。想必是因为桂生月中,不同凡俗,故称其香为"天香"。宋代以后"天香"一词遂被广泛使用来形容桂香。如"著蕊半殷生桂子,离群独立有天香"①,"异日天香满庭院,吾庐当是广寒宫"②,"却是小山丛桂里,一夜天香飘坠"③,这样的例子举不胜举。

然而,"天香"这个称呼虽美,却概括得比较玄虚。我们已经知道,桂花别名"九里香",意思是九里之外仍能闻到桂香,用距离"丈量"出了桂香的浓郁。(当然也可能是另外一种解释:我国古代人观念中,"九"是单数最大的。九里香,言桂花香之极。)古代湖南人多呼为"九里香",在诗文中,还经常被呼作"十里香",如"谁知一粟中,十里香喷薄"④,"怪一树香风,十里相续"⑤,都是极言桂香之浓郁。

桂香之浓,不仅可以用距离、长度来量,也可以用容器来量。比如"一粒粟中香万斛,君看梢头几金粟"⑥,"浓香千万斛"⑦,"惟此木中犀,更贮万斛香"⑧。"斛"是我国古代的容器称量单位,十斗为一斛。难以想象,一粟桂花花蕾中尚有万斛香,那么一梢有多少金粟,一树又有多少枝梢。可见桂香在诗人们的笔下,已经被夸张到了极致。桂香是铺天盖地的,每一粟都是一个"香世界","粒粒中

---

① 史浩《次韵恩平郡王丹桂》,《鄮峰真隐漫录》卷五。
② 王十朋《桂》,《梅溪后集》卷六。
③ 刘克庄《念奴娇·木犀》,《后村集》卷二〇。
④ 袁燮《桂花上侯使君》,《絜斋集》卷二三。
⑤ 陈亮《桂枝香·观木犀有感寄吕郎中》,《龙川集》卷一七。
⑥ 杨万里《子上弟折赠木犀数枝走笔谢之》,《诚斋集》卷一四。
⑦ 史浩《和普安郡王桂子》,《鄮峰真隐漫录》卷五。
⑧ 张孝祥《岸傍偶得木犀》,《于湖集》卷四。

藏香世界"①，"一个世界一粟中，万粟世界香无穷"②。这种想象真是出人意表，堪比李白的"白发三千丈，缘愁似个长"。

以上诗人们用夸张而具象的形容为我们展现了桂香的浓郁。他们在描写的手法上也是多角度："旋开三两粟，已作十分香"③，这是正面描写；"隔窗只道花如蔟，才是梢头一粟黄"④，这是反向构思；"一枝枕畔开时，罗帏翠幕低垂，怎地十分遮护，打窗早有蜂儿"⑤，用蜜蜂打窗，来侧面言香。

桂香除了具有"浓"的特点外，还兼有"清"。古人说的好，"清香一袖意无穷，洗尽尘缘千种"⑥。其实，单就人的嗅觉而言，对于香味，浓淡好分，清浊难辨。而桂花在金风的吹拂下，在秋露的浥润中，沾染了秋之清气，其香味清灵而不浊重，流动而不质实，非檀麝等一味的浓香可比。"秋香烈烈锁房栊，龙麝腥膻不易同"⑦，"九里飞香隔岸闻，绣帘朱户閟清芬"⑧，"天下清芬是此花，世间最俗惟檀麝"⑨等等，咏其清香。桂香"浓""清"两个特点也被同时并举，"浓熏药杵长春捣，清逼诗肝巧斫锼"⑩，"猛香匪占春园盛，清烈仍分里巷余"⑪。

---

① 方岳《才老致木犀甚古》，《秋崖集》卷一四。
② 杨万里《题王晋辅桂堂》，《诚斋集》卷四二。
③ 杨万里《昌英叔门外小树木犀早开》，《诚斋集》卷三。
④ 陈杰《小桂二首》，《自堂存稿》卷四。
⑤ 辛弃疾《清平乐·木犀》，《全宋词》，第1927页。
⑥ 辛弃疾《清平乐·木犀》，《全宋词》，第1906页。
⑦ 薛季宣《夜闻桂香》，《浪语集》卷七。
⑧ 王庭珪《寄张正伯求木樨》，《卢溪文集》卷二四。
⑨ 舒岳祥《桂台》，《阆风集》卷二。
⑩ 方夔《木犀》，《富山遗稿》卷九。
⑪ 释道潜《垂慈堂木樨花》，《参寥子诗集》卷九。

桂花的香味浓郁清芬，赢得了普遍的好评，文人墨客给予了很高的评价："熏彻醉魂清入骨，敢言天下更无香"[①]；"一从月窟移根到，不落人间第二香"[②]，甚至"兰菊也让芬芳，输与香林居士"[③]。至此，桂香已无花可比，连兰、菊这样著名的香花，也不得不甘拜下风。桂香被赞誉为人间第一，甚至被尊崇到"国香"的高度，"国香熏坐先生醉"[④]，"何处闻国香，珍木秀岩谷"[⑤]。

人们因为喜爱桂花的芳香，索性折下数枝，插入胆瓶，置于枕畔夜赏。如"翠叶金花小胆瓶，轻拈款嗅不胜情。从教失陷沈烟里，蓦地熏心梦也清"[⑥]；"便须著个胆瓶儿，夜深在枕屏根畔"[⑦]；"胆瓶枕畔两三枝，梦回疑在瑶台宿"[⑧]等等。胆瓶，是指长颈大腹的花瓶，因其形如悬胆，故名。"胆瓶枕畔"意象的出现，说明桂花完全融入到士人的生活中来，完成了山岩自生到庭院栽培，进而登堂入室伴人入眠的过程。

花香不仅可供人欣赏，带来愉悦的美感，而且还有实用的功效。在祖国传统的医学宝库里，香花疗法是中医养生学和中医康复学上的一个重要方法。主要是利用正在生长、开放的鲜花，根据病情选择不同的品种，或种植于庭院，或盆栽于室内，让病人密切接触，而发挥其康复作用。早在古代，人们其实就已领略到了桂花香这一神奇的功

---

① 杜范《和汪子渊桂花一绝》，《清献集》卷四。
② 孙应时《和真长木犀》，《烛湖集》卷二〇。
③ 向子諲《满庭芳》，《全宋词》，第951页。
④ 陈与义《再赋二首呈奇父》，《简斋集》卷一四。
⑤ 苏籀《木犀花一首》，《双溪集》卷二。
⑥ 徐介轩《桂花》，厉鹗《宋诗纪事》卷七〇。
⑦ 赵孟坚《鹊桥仙·岩桂和韵》，《全宋词》，第2854页。
⑧ 黄公绍《踏莎行·木犀》，《全宋词》，第3370页。

效。如"忽觉天香参鼻观,顿令病客展眉头"①,"何必浓香千万斛,鼻端须此百忧宽"②,"数枝寄我开愁眉,欲状黄金无好诗"③,"四树木樨花正发,幽香随处且忘忧"④等等。诗人们极其愉快地抒发了桂香可以解忧散愁、令人心情舒畅的好处。

3. 姿态美

前面已经提到过,桂花有一别名"金粟",是讲金桂盛开时就像一粒粒金黄色的粟谷。在这个名称中,"金"是形容桂花的颜色,"粟"便是形容它的细碎如米粒般的形状。"手种秋风碧玉成,花开如粟水沉惊"⑤讲的便是桂花的形状。此外,人们也经常用"黄金屑"来形容秋光下粲然而发的满树桂花。桂花色彩明艳如黄金,却没有黄金那般厚重,仿佛被削剪成屑状一般。"万枝琐碎屑黄金"⑥,形容得很真切。

因为桂花纤小细碎,要细细欣赏它的美,就需要走近,"攀枝擘叶看纤微"⑦,仔细观赏。这时,人们发现桂花花形的独特性:一般草木之花都是五出,只有桂花是四出。而天上的雪花是六出。桂花和雪花这种不同于一般草木之花的花形,以及它们都具有的纤细微小的花容,就比较容易产生某种联系。"雪花四出剪鹅黄"⑧,"夜揉黄

---

① 吴芾《岩桂盛开感而有作》,《湖山集》卷七。
② 史浩《和普安郡王桂子》,《鄮峰真隐漫录》卷五。
③ 杨万里《子上弟折赠木犀数枝走笔谢之》,《诚斋集》卷一四。
④ 韩淲《二十六日送曾守遇伯辉于南籞》,《涧泉集》卷一一。
⑤ 苏泂《桂花》,《泠然斋诗集》卷八。
⑥ 吴芾《和陈天予岩桂》,《湖山集》卷四。
⑦ 范成大《探木犀》,《石湖诗集》卷二一。
⑧ 杨万里《凝露堂木犀》,《诚斋集》卷一〇。

雪作秋光，吹残六出犹余四，匹似天花更著香"①，桂花成了黄色的带香味的雪花。

横看成岭侧成峰，远近高低各不同。任何事物不同的角度去看，给人的印象、感受是不一样的。以上我们主要从"金粟""黄金屑"和"雪花"三方面论述了桂花形状上所呈现出来的静态的美，接下来要论述的是桂花动态的姿态美。试举两例："承露珠微微，弄态金浅浅。秋风一披拂，清意忽作远"②，诗人用清新淡雅的笔触描绘了纤弱娇小的桂花在秋风里不胜娇羞、含思弄态的美。再如"丹葩色照晴空，珊瑚敲碎小玲珑"③，写的是玲珑可爱的丹桂，就像敲碎的红珊瑚一样，纤巧动人。另外，在传统的描写花卉的写法中，以笑喻花开，是很常见的一种，桂花也是。比如"霜刀剪叶呈纤巧，手捻迎人笑"④，"嫣然一笑，风味人间没"⑤等等。

而在对桂花姿态美的描写当中，我们更多地看到的却是花与叶搭配的构图，而不单单是花朵自身的姿态美。我们知道，桂花细小而桂叶茂盛，那么在对于桂花的取景构图中，桂叶不可避免地成了重要的组成部分，而不是一个可有可无的陪衬者。这样的描写很多，比如"叶裁青玉层层合，花结丹砂小小垂"⑥，如青玉般碧绿的桂叶重重叠叠，长势茂盛；如丹砂一点的桂花微微下垂，显得纤弱娇小。另如"碧玉

---

① 杨万里《木犀二绝句》卷一。
② 员兴宗《木樨花》，《九华集》卷四。
③ 张抡《临江仙》，《广群芳谱》，第964页。
④ 张元干《醉花阴·咏木犀》，《全宋词》，第1086页。
⑤ 郑域《蓦山溪》，《全宋词》，第2300页。
⑥ 韩维《桂》，《南阳集》卷一三。

参差张翠幄,黄金错落缀珠珰"①,诗人也是首先看到了参差如碧玉的桂叶,就像张着的帐幕,而明艳的桂花错落有致点缀其间,仿佛悬挂的小铃铛。其他如"粟玉粘枝细,青云剪叶齐"②,(见图07)"黄衫相倚,翠葆层层底"③,也都是桂花与桂叶并举、搭配构图的佳句。

图07 "粟玉粘枝细,青云剪叶齐"的花叶构图。图片由网友提供。

在这幅构图中,一丛丛细碎的桂花簇拥在枝间,似乎有所遮掩,让人不得尽窥全貌。"绿帷深护黄金粟"④"叶底深藏粟蕊黄"⑤"翠

---

① 蔡戡《和胡端约岩桂六首》其二,《定斋集》卷二〇。
② 曾几《岩桂二首》其二,《茶山集》卷四。
③ 陈与义《清平乐·木犀》,《全宋词》,第1069页。
④ 杨冠卿《次李提举桂花韵》,《客亭类稿》卷一三。
⑤ 洪适《次韵蔡瞻明木犀八绝句》其三,《盘洲文集》卷二。

葆层层间彩金"①等句,"深护""深藏""间"三处动词就动态地刻画了花叶相依的美。"绿云剪叶,低和黄金屑"②,生动具体地描绘了桂树叶宽而绿、花小而黄的天然特征。"低和"两字,把桂树的花与叶缀连为一个整体,准确地反映了桂树叶子覆上、花儿低藏的生长特性。还有"密密娇黄侍翠舆,避风遮日小扶疏"③。从以上例子我们可以看到,绿叶护花、花藏叶中,花叶相依相偎的这种温馨和谐的姿态美。

在咏桂的大量作品中,发现描写桂花花落这一情形比较少见,而且描写时也很少看到因花衰败而产生落寞的情绪。试举两例:"人从紫麝囊中过,马踏黄金屑上行。"④这样的落花,虽已飘零在地,却仍然是如此的色香动人,并没有让我们产生任何衰飒的感觉。还有"遍地堆金,满空雨粟"⑤,桂花在落时,一如其开时那么美好动人,粟状的花朵在空中飞舞,像在下雨,地下已堆满了落花,星星点点。

(二)桂叶、桂枝

在上一节桂花姿态美中,我们已经看到一些对于桂叶的描写。事实上,对桂叶的描写基本上着眼于"色绿""叶密"这两点上。咏桂文学中对于桂叶桂枝的描写多数是与桂花结合在一起的。比如"叶密千层绿,花开万点黄"⑥"黄金粟缀青瑶枝"⑦,"绿玉枝头金粟团,

---

① 姜特立《次韵木犀》,《梅山续稿》卷二。
② 谢懋《霜天晓角·桂花》,《全宋词》,第1634页。
③ 范成大《次韵马少伊木犀》,《石湖诗集》卷八。
④ 华岳《岩桂落英》,《翠微南征录》卷六。
⑤ 刘克庄《念奴娇·木犀》,《全宋词》,第2602页。
⑥ 朱熹《咏岩桂》,《晦庵集》卷一〇。
⑦ 杨万里《题徐戴叔双桂楼》,《诚斋集》卷二〇。

可人风味胜红兰"①。从以上几例便可以看到，桂叶被诗人们形容为"绿玉""碧云"，因为桂叶碧绿青翠，桂花黄嫩如染，纤小的桂花点缀在桂叶中间，它们在色彩和形态上构成了相互映衬的关系。

咏桂文学中对于桂叶、桂枝单独的描写非常少，毕竟枝叶之于花，总是处于陪衬的角色。只有少数诗句，如"青葱翠盖俯轩槛，夭矫苍虬交枝柯"②，描写轩前桂叶青翠繁茂如盖、桂枝交错如苍虬的姿态。"缭枝偃蹇傍岩隈，密叶棱层不露才"③，写岩间桂枝偃蹇、桂叶繁密的模样。

此外，桂是常绿乔木，人们很早就注意到桂叶四季常青、凌冬不凋的生物特点，唐代就有李德裕"琼叶润不凋"等，宋人也有"灵根浃和液，柯叶冬不改"④，桂叶常青这一特点，很容易被用来比德，形容四时不改、坚贞守操的品格。这一点在后面再具体论述。

（三）桂　树

除了上述桂花、桂叶、桂枝的描写以外，桂树整体形象在文人们笔下也得到了一定的关注。毕竟树是由干、枝、叶、花等结合而成的整体，而且桂花花形如此之小，人们观赏一株桂花，一眼望去，首先是枝繁叶茂的整株桂树形象；而欣赏桂花的美感，须走近才行。

对于桂树的描写，主要着眼于其姿态和翠色。桂花树有乔木，有灌木，但由于其分枝性强且分枝点低，因此常呈灌木状。灌状桂树通常高不过四五米，然而却枝多叶繁，这样整体形象就显得圆润饱满。

---

① 喻良能《余干资福寺岩桂盛开因折一枝戏成绝句》，《香山集》卷一三。
② 李纲《岩桂长篇》，《李纲全集》，第135页。
③ 虞俦《木犀晚来盛开寄吴守》，《尊白堂集》卷三。
④ 文同《殿前生桂树》，《丹渊集》卷二。

所以诗家常用"团团"一词来形容,如"团团浓绿隔窗纱"①"团团芳桂树,隐隐岩之幽"②"桂树团团翠蕨成,凉天佳月九秋情"③。其中,对桂树姿态和颜色勾画得较好的,如"有桂生祇园,团团拥旌盖。灵根挺盘错,翠色深晻蔼"④,描绘了一幅虬曲盘错、苍翠幽深、整体形象饱满的桂树图。

由于桂树形象枝繁叶茂,诗词中也多用"扶疏""婆娑"来形容。如"未觉岁时寒,扶疏方绕屋"⑤"天上何年种,婆娑碧树幽"⑥。而且,扶疏的桂树还被想象成为一位道家装扮的女子,她有着淡雅的妆容和绰约的风姿。"岩桂无人也自芳,月宫仙子道家妆"⑦"幽姿绰约道家妆,绿云堆髻,娇额半涂黄"⑧"一夜金风,吹成万粟,枝头点点明黄,扶疏月殿影,雅淡道家妆"⑨,说的便是。

二、生态环境中的桂花

(一)风前露下

首先看风前桂花。秋高气爽的时节,也正是桂树开花的季节。是袅袅的秋风吹拂了桂树,吹开了桂花,让我们一睹了风前桂花的姿态:"分从月里双株在,趁得风前一笑开"⑩"西风展破黄金粟"⑪"丹

---

① 郭祥正《桂堂》,《青山续集》卷六。
② 刘跂《宿灵泉寺》,《学易集》卷二。
③ 韩淲《二十五日昌甫斋中徐倅送酒因次韵共答》,《涧泉集》卷一七。
④ 陈深《重玄寺旃檀林桂花》,《宁极斋稿》。
⑤ 朱熹《木犀》,《晦庵集》卷九。
⑥ 陈深《赋月中桂》,《宁极斋稿》。
⑦ 虞俦《和木犀》,《尊白堂集》卷三。
⑧ 蔡伸《临江仙·木犀》,《全宋词》,第1025页。
⑨ 赵以夫《秋蕊香·木犀》,《全宋词》,第2663页。
⑩ 虞俦《和吴守韵送木犀》,《尊白堂集》卷三。
⑪ 黄公绍《踏莎行·木犀》,《全宋词》,第3370页。

桂迎风蓓蕾开"①等等,其中以韩淲的描写最为精彩:"一曲西风醉木犀,……花重嫩舒红笑脸,叶稀轻拂翠颦眉"②,词人将西风想象为一首美妙的歌曲,木犀沉醉于其中,花儿朵朵开放,仿佛舒张的笑脸,稀疏的叶儿微微摇摆,就像在轻拂皱着的眉头。新奇的想象和恰当生动的比喻,为我们勾勒了一幅桂花迎风而开的美妙图画。秋风吹得花儿开放,不仅露出了美丽的容颜,也散发着清绝的花香。"秋风一披拂,袅袅天香寒"③,因为到了秋天,气候开始转冷,颇有点凉意,因此说"袅袅天香寒"。还有"西风入庭户,吹香浮酒卮"④,在古代,东西南北四个方位与春夏秋冬四个季节一一对应,人们习惯称"秋风"为"西风"。诗人大概正在桂树下饮酒,这时一阵秋风吹过,桂香袭人,也飘进杯中美酒。

再看露下桂花。我们知道,二十四节气中"白露"是在秋季,秋天的露水很重。在秋日的清晨常可看到草叶间滚动的晶莹露珠。而桂花开放对空气湿度有一定的要求,还要有一定的温差,需要有一段白天晴朗夜晚冷凉兼有雨露滋润的雾湿条件。"天将秋气蒸寒馥,月借金波滴小黄"⑤"重露湿香幽径晓,斜阳烘蕊小窗妍"⑥,"蒸""烘"说明天气还会一度出现较高的温度。这种早晚冷凉、白天燠热的天气,既有利于桂树的营养积累,也促使雨露的形成,桂树开花随之加速,苏州人称之为"木犀蒸"。中秋前后天气突然热起来,竟像夏天一样,

---

① 沈周《桂花》,《广群芳谱》,第960页。
② 韩淲《浣溪沙·醉木犀》,《全宋词》,第2245页。
③ 喻良能《次韵周敏卿秋兴三首》,《香山集》。
④ 陈文蔚《题周几道桂轩》,《克斋集》卷一五。
⑤ 杨万里《木犀》,《诚斋集》卷六。
⑥ 陆游《嘉阳绝无木犀,偶得一枝戏作》,《剑南诗稿》卷四。

桂花一经蒸郁，就烂烂漫漫地盛开了。对于桂花，露水首先是其开放节候的标志，"桂非桃李俦，露冷花始拆"①。更重要的是，露水滋养了桂树，滋润了桂花，使其香气更加浓郁，姿容更加清雅。这才是文人们着力描写的地方。如"露浥木犀增馥郁"②，写其香；"蔷薇清露染衣裳，绰约仙姿淡淡妆"③写其姿；"移根上林苑，零露滋晓色"④，是写其色。

事实上，咏桂作品里对"风前""露下"桂花单独进行描写较少，"风前""露下"经常是放在一起连用的。如"露浥黄金蕊，风生碧玉枝，千林向摇落，此树独华滋"⑤，在这秋季万物凋零之际，独有桂树，得到露水的滋润、清风的吹拂，碧枝嫩蕊，显得分外精神！再如"西风吹绽一林黄，玉露漙漙金粟香"⑥，以及"天风寂寂吹古香，清露泠泠湿秋圃"⑦等诗句，都用对仗的句式，为我们展现了风前露下桂花吐芳、古香飘逸的美。此外，"露下风前处处幽，官黄如染翠如流"⑧"风露透枝叶，团团翠满坡"⑨等，都渲染了一种风露作用下桂花、桂树那份清新而充满生机的诗意。

"风""露"联手，不仅使桂花灿烂，桂叶青翠，在颜色和外形上更加清爽，而且秋之清风和露之清气也渗进了桂花的香味中。"汲

---

① 释文珦《桂感》，《潜山集》卷四。
② 欧阳澈《秋香》，《欧阳修撰集》卷六。
③ 蔡戡《和胡端约岩桂六首》其二，《定斋集》卷二〇。
④ 吴泳《桂》，《鹤林集》卷一。
⑤ 朱熹《咏岩桂二首》其二，《晦庵集》卷一〇。
⑥ 吴孔嘉《月下看桂》，《广群芳谱》，第957页。
⑦ 顾瑛《玉山亭馆分题得金粟影》，《玉山璞稿》。
⑧ 向子諲《鹧鸪天·赏桂》，《全宋词》，第956页。
⑨ 释道璨《和冯叔炎梅桂二首》，《柳塘外集》卷一。

水养岩桂,最怜风露香"①"秋满黄金粟,饱餐风露香"②,正是由于清风和秋露的滋润,桂花才散发了独特的芳香。

(二)雨中桂花

俗话说"一场秋雨一层凉",雨中桂花的描写,主要着意于幽花在秋季的微雨中的那份萧散与寒凉,以及雨中桂花的芳香。"老桂敷花叶半凋,疏香细雨共萧萧"③"秋杪喜新凉,烟澹池塘,团团岩桂作风光,多少水云萧散意,都付芬芳"④。再有便是描写桂花因雨水的滋润生长的那份清新与盎然生机,如"昨朝尚作茶枪瘦,今雨催成粟粒肥"⑤"雨过西风作晚凉,连云老翠出新黄"⑥以及"木犀已著花,濯濯秋雨中。颣姿出素面,一洗丹粉空。幽香袭巾袂,冷艳凄房栊"⑦,雨水是桂花盛开的催化剂,桂花经过雨水的滋润和洗礼,显得更加清新动人。

第二节 桂的神韵美和人格象征

风韵美是花卉各种自然属性美的凝聚和升华,它体现了花卉的风格、神态和气质,比起花卉纯自然的美,更具有美学意义。赏花者只

---

① 李纲《岩桂二首》其一,《李纲全集》,第261页。
② 姚勉《桂庄》,《雪坡集》卷一六。
③ 严易《雨中早桂》,《古今图书集成》第550册,第32页。
④ 曹勋《浪淘沙·木犀开时雨》,《全宋词》,第1234页。
⑤ 范成大《探木犀》,《石湖诗集》卷二一。
⑥ 邓肃《岩桂》,《栟榈集》卷一。
⑦ 孙觌《余南迁次临川奏庐陵道,属闻盗掠高安新淦之间,少留仙游山道祠,是时岩下木犀花盛开,漫山皆大松,一峰苍然,终日游愒其下,各赋诗一篇》,《鸿庆居士集》卷一。

有欣赏到了这一风韵美,才算真正感受到了花卉之美。自古以来,在千姿百态的花木上,人们赋予了各种各样的精神意义,使花卉的风韵美具有许多丰富而深邃的内涵。桂花作为百花园中的重要成员,也具有着丰富而独特的内涵。

一、桂的神韵美

(一)脱俗

可以说,"脱俗"这一神韵美感是桂有别于百花所独有的。月中桂树这个美丽的传说,有着悠久的历史。千百年来,这株美丽的桂花树一直高悬在天上的明月当中,枝繁叶茂,永不凋落。这个美好的想象给桂树形象蒙上了一层神秘的面纱,使桂树超凡脱俗起来。而百花都是根植于土地,长在人间的,惟有桂树是生根于月中,人间桂树是天风吹落月中桂子,才飘落人间的。因此在人们心目中,桂是超凡脱俗的。如"月窟飞来露已凉,断无尘格惹蜂黄"[1],"珍重幽轩无俗物,月中根发日边红"[2],"凡花尽堪写清商,对抚为俗,散蛮烟瘴雨,脱俗高标,谁能领向,骚人正欠题新句,须大手,与君赋。"[3]等等。可见,桂树不同于"凡花",它不是"凡种""俗物",没有"尘格"。

桂树的脱俗,在与别的花木的对比中,进一步得到强化。"森然众木共培植,无异野鹤群鸡鹅"[4],桂树被比作自在无拘、气质高雅的野鹤,而其他众木则是一群靠人喂养、迷恋尘世的鸡鹅。"天然风韵月中来,颇鄙人间桃李俗"[5],桂树自月中来,风韵天然,而桃李

---

[1] 范成大《次韵马少伊木犀》,《石湖诗集》卷八。
[2] 罗愿《丹桂轩》,《罗鄂州小集》卷一。
[3] 廖行之《贺新郎·赋木犀》,《全宋词》,第1834页。
[4] 李纲《再赋岩桂长篇》,《李纲全集》,第140页。
[5] 吴芾《和陈天予岩桂》,《湖山集》卷四。

生长人间，俗艳不堪，也形成鲜明的对比。其他如"木樨韵高陋凡枝，顾与葵菊同阶墀"①"不辞散落人间去，怕群花自嫌凡俗"②等都是在与凡俗群花的对比中，来突出了桂树超凡脱俗的高韵。

因此可以说，"生长"于月中，这是桂树具有"脱俗"这一神韵的根本因素。正是这一点，使得历代文人采用别样的眼神来看待、欣赏桂。桂花不是凡花，是仙花，桂树也被冠以"仙桂""仙种""灵根"等称谓。这样的美称频繁地出现在咏桂文学当中，举不胜举。宋代出现的"花中十友"的说法，其中桂为"仙友"；"花中十二客"，桂为"仙客"，这一认识的形成，也正是基于桂是月中物，具有"脱俗"的神韵美。

以上所述桂的"脱俗"美，可以说是世人主观上赋予它的。此外，桂在生物属性上体现"脱俗"神韵的可能性，也得到了发掘。比如"凡花朝开暮即老，仙桂春花秋更好"③。百花多在春天开放，而且一般都有固有的开花季节，或春或夏或秋或冬，而桂花除了多数秋季开放，亦有春花冬花、四季开花的。相比普通花卉开时繁、凋时速的短暂，桂花因其春荣秋繁的独有特性，而变得超凡脱俗。"清香遍十里，不与凡卉同"④，桂花的清香是如此浓郁，十里之远尚能闻到，别的花卉是很难做到的，这就成了桂"非凡"的理由。"黄英六出非凡种，肯许天香过别州"⑤（"六出"是诗人观察有误），唯有桂花花瓣是四出，别的花卉都是五出。这种神奇的无可更改的生物特性，多么令人惊奇！可见，桂花在花期、香味、形状等自然属性上也被发掘出"脱

---

① 张纲《次韵公显木樨》，《华阳集》卷三六。
② 陈亮《桂枝香·观木犀有感寄吕郎中》，《全宋词》，第2098页。
③ 彭汝砺《再用前韵书呈诸友学士》，《鄱阳集》卷一。
④ 吴芾《和许守岩桂》，《湖山集》卷二。
⑤ 张九成《忆天竺桂》，《横浦集》卷四。

俗"的因素。当然,客观来讲,这样的情况比较少见。总之,月宫桂树的神话传说,仍是构成桂"脱俗"神韵美的根本因素;而桂花有别于众花的自然属性,补充深化了桂的"脱俗"之美感。

(二)幽 处

桂树自然生长于山岩幽壑,"绝壑少人知",因此桂花又被称为"岩桂"。"此花习气爱巉岩,不受红尘点碧衫"①即写桂花幽处山岩,远离尘间。桂树这一生长习性,使人们总爱用"幽花""幽桂""幽芳"等词语来形容它。现各举一例:"细雨欲催秋晚,幽花已著寒枝"②"小山幽桂丛,岁暮蔼佳色"③"桂树枝相缪,采采含幽芳"④。可见,花是幽花,树是幽桂,香亦是幽芳。其他如"暗绿团团树,浮苍浅浅山。不须吟些些,幽韵已班班"⑤,更是触景生情,直接吟发了桂树的班班幽韵。而桂树因其幽独的风韵气质,被形容为空谷美人。李复《山中有桂树》传神地形容出了桂树幽独的神韵,"美人与世远,啸歌乐幽独,挥手弄浮云,寒光满空谷"⑥,诗中的桂树就像一位幽独的美人,远离人世,幽处空谷,悠然自得,乐在其中。此外,"茂树幽花兀老苍,不随众卉入词场"⑦,苍苍幽桂也仿佛具有了一点人的耿直品性。

而桂树"幽处"这一内在风韵,因其远离尘世的内在品性,很容易被导向"出尘",含有道家色彩。"欲求尘外物,此树是瑶林"⑧,"宛

---

① 方夔《木犀花》,《富山遗稿》卷七。
② 周紫芝《题徐季功画墨梅木犀二首六言》,《太仓稊米集》卷二九。
③ 朱熹《东渚》,《晦庵集》卷三。
④ 王炎《秋怀五首简陈巽叔徐伯老》,《双溪类稿》卷三。
⑤ 曾协《小山丛桂》,《云庄集》卷二。
⑥ 李复《山中有桂树》,《潏水集》卷九。
⑦ 魏了翁《约客木犀下有赋》,《鹤山集》卷九。
⑧ 李德裕《红桂树》,《李卫公别集》卷一〇。

宛别云态，苍苍出尘姿"①，可见唐人已指出桂"出尘"的内在倾向，并由于受汉代《小山招隐士》的影响，进一步有了"隐"的内涵。"幽隐"遂合为一体，具有人格象征的含义。这一点在下一节"人格象征"中再具体论述。

（三）凌 寒

桂树是常绿树种，一年四季总是郁郁葱葱，这种不随季节变迁而荣枯、岁寒益发苍劲挺翠的生物本性，赋予了桂凌寒不凋、四时不改的内在美。如"千岩观下碧瑶林，岁晚青青共此心"②"三秋冷蕊从开落，终岁清阴不改移"③"千林向摇落，此树独华滋"④，写出了那种众芳摇落、唯桂岁寒而荣的不俗的美。还有"雄姿傲霜雪，鳞甲森青苍……岂比桃李徒，红紫纷披昌"⑤，在俗艳的桃李的衬托下，桂树不惧霜雪、岁晚弥翠的这种神韵美被凸现了出来。

桂树凌寒的特质，在其内在属性上，与君子坚贞守志的人格品质是一致的。这种内在的相通性，使得桂凌寒后凋的属性很早便被人们认识到，并引到德性的高度，成为桂人格象征的主要方面。

二、桂的人格象征

（一）隐君子之德

1. 汉代：幽隐之义

桂树多分布于淮河以南地区，并且自然生长于深山幽壑。到了西汉，

---

① 陆龟蒙《小桂》，《甫里集》卷二。
② 范成大《中秋后两日，自上沙回，闻千岩观下岩桂盛开，复檥石湖留赏一日赋两绝》，《石湖诗集》卷三一。
③ 朱熹《秋香径》，《晦庵集》卷三。
④ 朱熹《咏岩桂二首》其二，卷一〇。
⑤ 张孝祥《岸傍偶得木犀》，《于湖集》卷四。

桂树形象，进入文学表现的视野。汉初辞赋《楚辞·招隐士》里说："桂树丛生兮山之幽，偃蹇连蜷兮枝相缭。"又说："攀援桂枝兮聊淹留，王孙游兮不归。"王逸注："远去朝廷而隐藏也。""隐士避世在山隅也。"①在这里，幽山桂树因其茂盛美好，吸引了避世隐士的到来。桂也由此开始获得"留人（隐士）"之名。关于它的作者有两种说法，一为淮南王，一为其门客淮南小山。但不管是谁，显然都是在"淮南"所作。汉代的"淮南"，大致相当于现在的河南以南、安徽一带。桂树主产于亚热带，即秦岭、淮河以南，淮南正是桂树的主产区，想必当时这里桂树分布较多。而且，淮南王本人及其门客，都以擅长文学著称，目之所及，就可能会付诸笔端。主客观因素促成了《招隐士》的出现。而这首辞赋，被公认为后世招隐诗之祖。之后历代的文学作品中，"淮南桂树""小山丛桂"之类的词频繁出现，都用来指避世、幽隐。可以肯定，文学中桂树意象的真正出现，以及生发的"幽隐"之义，是从汉代的这首辞赋开始的。

2. 唐代：幽隐避世之义

在唐代，由汉代《招隐士》发明的桂树"幽隐"之义，被唐人普遍接受并确定下来。表现在作品中，主要有两点：其一，由于仕途受挫转而寻求归隐，"可淹留"的桂树就成了最合适的精神寄托；其二，桂树也被作为山中道士或居士之生活环境、氛围的陪衬。各举一例：

不知名利险，辛苦滞皇州。始觉飞尘倦，归来事绿畴。桃源迷处所，桂树可淹留。②

---

① 王逸《招隐士》，《楚辞章句》卷一二。
② 卢照龄《过东山谷口》，《卢升之集》卷三。

烟霞排空，松桂满目。抗出尘之想，秉超世之操。①

可以看到，桂树意象的"幽隐"，沾染上了道家色彩，"出世"之义日益显著。但是，这一时期在喻指"幽隐"这一点上，桂几乎都是作为意象出现，而很少看到专门的咏桂题材的作品。

3. 宋代：隐君子之德

北宋名相李纲归隐以后，常以桂花品格自勉，写下了许多咏桂诗篇。他说："圃中自有隐君子，心与世远恬无波"②，桂不只是"隐"，也不只是贤人，它还是有道的"君子"。到了南宋，桂（即木犀）这一意象体现出儒家君子的风范。南宋刘学箕为桂作了一篇《木犀赋》，在前面的序中他指出："木犀为花，高雅出类，馨发而不淫，清扬而不媚，有隐君子之德。"而后在赋词中对木犀大加赞赏，兹引一节："惟此丛生，雅有深致，独抱明哲，远屏声利，托根云林，绝迹朝市。饱三秋致风霜，复优游以卒岁，韬叶底之轻明，类有德者之避世。"③虽然还是"隐"的方式，但这时的桂因其"不淫""不媚""独抱明哲""远屏声利"的内在品质，体现出儒家的君子美德。相比较第二阶段的道家"出尘"之桂，宋代桂的象征有了"入世"的因素。

（二）孤贞守正，耿介直节

1. 晋唐：风霜独秀、岁寒不改

大多数花卉都是春季开放，而桂花开放却在秋季（也有春桂、四季桂等，但较少）。而且冬季严寒时节，桂树依旧苍翠茂盛，枝叶葱茏。诗人们发现了桂花秋芳和桂叶冬荣的这两个生物特性，并将自己的主

---

① 李观《道士刘宏山院壁记》，《李元宾外编》卷一。
② 李纲《再赋岩桂长篇》，《李纲全集》，第140页。
③ 刘学箕《木犀赋》，《方是闲居士小稿》卷下。

观感情色彩融入其中，赋予了桂以不随时俗、风霜独秀、岁寒不改的品格。

咏桂题材的作品中，最早吟咏桂树凌霜耐寒特性的应该是北周庾信。他在《咏桂》一诗说"南中有八桂，繁华无四时。不识风霜苦，安知零落期。"①唐初王绩有《春桂问答》"问春桂，桃李正芳华，年光随处满，何事独无花？春桂答，春华岂能久，风霜摇落时，独秀君知否？"②诗人注意到了桂花秋天开放、不随时俗的特点。他在《古意六首》中进一步说"桂树何苍苍，秋来花更芳。自言岁寒性，不知露与霜。幽人重其德，徙植临前堂。"③在这里，桂树的秋来自芳、岁寒不凋等物性，不仅被同时注意到，而且被提升到了"德"的高度。

王绩所谓的"德"，还只是指桂作为花木的"德"。中唐以来随着封建伦理秩序和思想统治的进一步强化，士大夫更加注重自身的道德建设。反映在桂的吟咏上，其"德"开始向人靠近，与君子相比并。如孟郊的《审交》说"君子芳桂性，春荣冬更繁。小人槿花心，朝在夕不存。"④用春荣冬繁、四时不改的"芳桂"比喻"君子"的坚贞，以对比"槿花"一般的"小人"的善变。

可以看到，晋唐这一阶段，桂的秋芳和冬荣两个自然特性（主要是冬荣），不仅都被注意到，而且被明确地用来君子比德。

2. 南宋：孤贞守正，耿介直节

在第二阶段就出现了对桂花秋芳和桂叶冬荣进行比德的诗句。但

---

① 庾信撰、吴兆宜注《庾开府集笺注》卷五。
② 王绩《东皋子集》卷中。
③ 王绩《东皋子集》卷中。
④ 孟郊《孟冬野诗集》，第25页。

是并不多见，也没有在士人中得到普遍的注意。北宋时期对桂的描写，虽然也有因其自然形象引发的品格寓意，但不够深入细致，也没有真正上升到人格象征上来。

到了南宋，随着以理学为核心的封建道德思潮的高涨，在宋代文人写桂的诗词文赋中，对于桂气节的歌咏大量出现，不胜枚举。"岂不惧凝寒，高标竦孤特。丹心能自渥，身性不加饰。"①"葱葱绿玉不改色，岁寒气节何以加。"②这里，桂叶因冬荣、岁寒不凋的生物属性，被赋予了人才有的气节品格。此外，桂花之不同于春花时艳、秋来孤芳的特点也越来越得到注意："正喜奇姿媚霜露，不随时世学新妆。"③"人才生世元如此，不为无人不肯芳。"④可见，宋人对于桂的秋芳和冬荣象征的把握，超越以往更加深入，开始上升到人的内在心性、气节上来。

南宋姚勉同时注意到了桂的这两个特点，"花不芳于烟柔日媚之春，而芳于风高露洁之秋，且又岁寒不凋，与松柏一节。盛芬浓郁，滂葩四达，物有芳者，莫能似焉。"⑤这是桂相比于其他芳物所独具的。姚勉据此认为桂之所以这样，"辛烈之所发耳"，"士之有风节，桂之辛烈也"。桂的形象同人的风节、气节建立了紧密的联系。

包恢的《桂林说》又进了一层，同样是桂的这两个特点，包氏将桂的"德行"提到孔子、孟子、伯夷、屈原这样"遗芳于万世"的大德之人上来。"上焉如二南，变尽鲁叟，乃笔春秋，七国战处，邹轲

---

① 吴泳《桂》，《鹤林集》卷一。
② 卫宗武《赓南塘桂吟》，《秋声集》卷二。
③ 史浩《次韵恩平郡王丹桂》，《鄮峰真隐漫录》卷五。
④ 魏了翁《约客木犀下有赋》，《鹤山集》卷九。
⑤ 姚勉《五桂坊记》，《雪坡集》卷三五。

方谈仁义；其次如伯夷，在商季众浊而独清；屈原当楚乱，众佞而独忠。"并说那种"惟知上师孔孟，下反夷原，以遗芳于万世者，乃人中之桂也。"①在这里，桂成了违时背俗、众浊独清的大德之人的化身。花品与人格之间毫无变损与妨碍，道德境界上的守正端洁、特立独行揭橥无遗。由此，桂在人格上的提升已达到了最高境界。

3. 馨德之义

桂花一般秋天开放，其香味浓而清，远而芬，备受人们赞赏。宋代有很多描写桂花香味的诗词，如"玉蕊琅玕树，天香知易熏。露寒清透骨，风定含远芬。"②这是桂花香味的自然审美。北宋时期对于桂香的描写，基本还停留在对其香味的嗅觉品鉴以及由此营造的审美愉悦上。

而到了南宋，随着封建道德意识的增强和理学影响的扩大，桂花香味也表现出即物究理、"比德"鉴义的倾向。王十朋《天香亭记》记载剡中岩桂数百根，"香飘自天"，作者借此天香发表议论："若夫学士大夫所谓香者，则不然。以不负居职，以不欺事君，以清白正直，立身姓名，不汙干进之书，足迹不至权贵之门，进退以道，穷达知命，节贯岁寒而流芳，后世斯可谓之香矣。"随后总结道："予方以名节相期，必不负所以名亭者。"③这里，桂香已剥离它的本义，也上升到"名节"上来，成为人立身处事的道德高标。而王迈的《清芬堂记》将桂香的德性之义定得更为精准概括，他由邓肃的一句"清芬一日来天外，世上龙涎不敢香"出发，引类联想，生发议论："吾尝比德于君子焉。清者，

---

① 包恢《桂林说》，《敝帚稿略》卷七。
② 高翥《桂》，《菊磵集》。
③ 王十朋《天香亭记》，《梅溪后集》卷二六。

君子立身之本也；芬者，君子扬名之效也。芬生于清，身验于名。"①可以看到，桂香不仅完全提升到了君子比德的高度，而且演绎更深入，定性更精细。由此，桂完成了从香味的清芬到德行的清芬的彻底提升，确立了其君子人格象征。

通过以上三点可以看到，桂的人格象征，在宋代得以真正完成确立。由传统的隐士逐渐走向儒家的君子；由外在的深山幽隐走向内在的心性气节；由单方面的比喻走向整体人格的象征。这是宋人超越于前人在品德意义发掘上的整体进步，与宋代理学和封建道德意识的影响是分不开的。

总之，桂树在自然生物属性上主要有三个特点：丛生山林幽谷、秋芳冬荣、香味浓郁清芬。这三个具有"比德"之象的形象特质，是构成桂人格象征的生物基础。道德品质的芳雅高洁，贤人幽隐避世，和孤贞守正、耿介直节的气节品行，构成了桂的人格象征的三个主要方面。它们分别从不同角度攀升到君子比德的人格境界。桂高洁清雅的人格象征，发生于先秦两汉，发展于晋唐，并在宋代主要是南宋人手里，得以成熟定型。然而，宋以后的元明清时期，桂的人格象征一路下滑。元代还有杨维桢等人对桂高尚品行的高歌赞美，而到了明清，这种歌咏就很少能看到，有的也不过是看到桂树而联想到"小山幽隐"这一层而已。

三、与其他花木的联用、比较

（一）松桂联用

咏桂文学中，我们能看到与桂联用最多的便是松树。一般而言，

---

① 王迈《清芬堂记》，《臞轩集》卷五。

花木联用，主要有两种情况：一是基于外在属性上的相似或一致性，或因同种同科等在外形、颜色上比较类似，或是由于花期相近，触目即得，而在诗文中也走到了一起，等等。二是外在条件虽无直接的联系，却有着内在属性或品性上的一致性，典型的如"岁寒三友"松、竹、梅。松与桂的联用基本上属于后者。

松桂联用很早就开始了，"松桂论交久，诗书造道深，犹于官事日，不忘岁寒心"[①]。可以说，松桂建立"交情"是比较早的，松桂联用正是基于它们"岁寒后凋"的共同品质。因为松树是耐寒树种，一年四季都是青翠挺拔，隆冬时节更见苍劲。而桂树如前所述，也是常绿树种。这种于冬季万物凋零之际依然挺翠的共同生物属性，赋予了松桂贞心劲节的品质，也构成了它们联用的基础。松桂联用最早的例子，至迟可以追溯到南北朝张正见的《白头吟》："平生怀直道，松桂比真（贞）风。语默妍媸际，沈浮毁誉中。"[②]很明显，这首诗中松桂并用，象征着诗人自己贞洁耿介的人格。在以后唐宋时期，松桂这种岁寒后凋、贞劲守节的品质便成了他们联用的主要因素，它象征一种坚持操守的君子人格。唐代黄滔的"松桂木也，喻于君子而荣之"[③]、骆宾王"贞心凌晚桂，劲节掩寒松"[④]，宋林逋"何以比交情，松桂寒萧森"[⑤]和范仲淹的"松桂有嘉色，不与众芳期，金石有正声，岂将群响随"[⑥]等等。北宋理学大家邵雍未曾写过一首咏桂的作品，其诗歌中却有数处赞扬

---

① 袁说友《武康县志松桂林二首》，《东塘集》卷三。
② 张正见《白头吟》，《先秦汉魏晋南北朝诗》，第 2474 页。
③ 黄滔《嚣两篇》，《黄御史集》卷八。
④ 骆宾王《浮查诗》，《骆丞集》卷二。
⑤ 林逋《监郡太博惠酒及诗》，《林和靖集》卷一。
⑥ 范仲淹《谢黄總太傅见示文集》，《范文正集》卷一。

松桂岁寒坚贞的单句,如"松桂隆冬始见青"①"岁寒松桂独依然"②等等。

此外,松桂有时也作为山中僧人、道士等居住环境的一种点缀或陪衬而联用。因为野生的松桂,乃是山中的习见之物,而且他们外表都比较青翠秀朗、苍劲耐寒,这种共同的生长环境,客观上为松桂联袂出现提供了条件。这种情况主要表现在唐代诗歌的单句中。如"潜听钟梵处,别有松桂壑"③"潭冷薜萝晚,山香松桂秋"④"作梵连松韵,焚香入桂丛"⑤等等。古时僧人、道士多将其寺院、精舍、道观修建于山中,周围或有自然野生的松桂,或人工栽植于寺院等的院前屋后,用来渲染、陪衬其幽静、清朗的生活环境。

松桂共景并用在唐代绘画中也得到了反映,"唐人作山水,亦以桂配松,丹葩间绿叶,锦绣相叠重"⑥。

(二)与其他名花比较

进入宋代以后,由于儒家道德意识普遍高涨,封建士大夫也越来越崇尚"比德"之花。梅花、荷花等这些具有"比德"寓意的花卉的价值都有了进一步提升,尤其是梅花,其价值在宋代一路攀升,到后来更被推为群芳之首,成了高尚的文化象征。而桃李却被认为是"俗艳"之花,其价值定位一路走低。不同的价值判断和定位,花品便有所不同。在这样的背景下,桂花因其美好的人格象征,"其芳洁似君子,

---

① 邵雍《旋风吟》,《击壤集》卷一一。
② 邵雍《旋风吟》,《和王规甫司勋见赠》卷一七。
③ 陆龟蒙《奉和初夏游楞伽精舍次韵》,《甫里集》卷二。
④ 许浑《贻终南隐者》,《丁卯诗集》卷下。
⑤ 刘长卿《送灵澈上人归嵩阳兰若》,《刘随州集》卷二。
⑥ 陆游《寄题庐陵王晋辅先辈桂堂》,《剑南诗稿》卷六五。

其偃蹇似幽人，其丹心之自渥，似忠臣义士"①，也成了"高品"之花。而其"高品"形象在与其他花卉的横向比较中得以进一步深化和完成。

1. 攀梅比菊

宋代梅花被推至极高，尊号"花魁"，可以说是占了花卉审美品级的"制高点"。引得咏物创作中众花前来趋仰比附，或攀"朋"结"友"，或称"兄"道"弟"。咏桂文学也不例外，桂花在与梅花、菊花这样的高品之花的比并中，其高品形象也进一步得到了提升。"岩前丹桂陇头梅，元是蟾宫一处栽。怪底今年秋月好，同是仙子下瑶台"②，在这里，丹桂和梅花都化身成了月宫仙子；"同仁乃一视，梅桂华秋阳。梅固冰玉姿，桂不时世装。永言异会遇，相从多异香"③，梅与桂都有着高洁脱俗的品性，诗人对它们是一视同仁的。此外，"向来腊梅花，相去无丝毫，但恨此花迟，不借春雨膏"④，"木犀虽琐碎，品色庶同芳"⑤，将木犀与腊梅进行比较，指出桂花虽然细碎纤小，但其花品和颜色同腊梅都是一致的。而且，桂花因其美妙的香味，开始与江梅攀兄附弟（江梅是梅花品种中比较香的），如"幽香拂拂影珊珊，宜在江梅伯仲间"⑥"一从月窟移根到，不落人间第二香。商略江梅是兄弟，等闲休复斗风光"⑦。

桂花攀附梅花，与之称兄道弟；之于价值定位略逊于梅花的菊花，

---

① 吴泳《胡应桂字说》，《鹤林集》卷三九。
② 周必大《中秋梅桂盛开前所未有，黄嵓长说通判欲赋诗纪异，辄以二韵引玉》，《文忠集》卷四一。
③ 薛季宣《九月犹煖梅桂有华》，《浪语集》卷六。
④ 周紫芝《木犀方花一首》，《太仓稊米集》卷二四。
⑤ 赵蕃《和何叔信别种腊梅韵》，《淳熙稿》卷七。
⑥ 蔡戡《和胡端约岩桂六首》其四，《定斋集》卷二〇。
⑦ 孙应时《和真长木犀》，《烛湖集》卷二〇。

则是相抗衡、较长短的对比关系。如"老桂挟秋清入骨,明河倚树烂成章。城隅静女闲逾美,泽畔累臣晚更香。若数秋花绕此品,未容陶菊逞孤芳"①。桂与菊都是"秋花",然而菊花成名较早,早在《楚辞》就已出现,在东晋陶渊明手里,菊花更是名声大振。而桂花,其高品形象在宋代得到充分挖掘,价值得到很大提升后,对菊花"秋花"之首的地位提出了挑战,"介特有如松,繁华岂惭菊"②"春兰丑死菊羞黄,世上龙涎不敢香"③等诗句,也可看出人们对桂花的肯定态度,认为桂花毫不逊色于菊花。

由以上例子可以看到,在桂花与梅花及菊花攀附、比较的过程中,其自身高洁的花品进一步得到凸现,桂花价值也进一步得到肯定,如"散十里之清芬,扬郁烈而不媚兹,盖与菊英兮齐驱,并梅花于伯季者也"④"何以远交兮永谷傲寒之梅,何以引类兮霜篱香晚之菊,夫岂特此花而已哉"⑤。桂花那扬郁烈而不媚兹的高洁、孤贞的内在品性,与傲寒之梅、香晚之菊在品性上是相通的。

2. 与桃李等对比

桂花的高品形象不仅在与梅、菊这样的高尚之花的类比中得到提升,而且在与桃李等俗艳之花的对比反衬中得到深化。桃李与梅花,都属于蔷薇科李属,其外貌也有几分相似,然而他们却反映了两种截然不同的价值取向。梅花凌寒而开、傲雪独立,被赋予高尚的品格象征;而桃李却是典型的春花时艳,在三春季节里争奇斗艳,烂漫而开,

---

① 魏了翁《用韵再赋呈诸友》,《鹤山集》卷一一。
② 苏籀《木樨花一首》,《双溪集》卷二。
③ 陈耆卿《代和陈郎中丹桂三首》其二,《筼窗集》卷一〇。
④ 刘学箕《木犀赋》,《方是闲居士小稿》卷下。
⑤ 李曾伯《岩桂赋》,《可斋杂稿》卷二一。

到了秋天却凋零衰落,更何况其本身也并无任何奇特之处。这样的生物属性注定了它的俗艳之性,很难寄托理想、象征品格。而桂花高洁的"格调"就在桃李的反衬中得到深化。"懒对春风争妩媚,从他桃李自漫山"①,桂花并不像桃李那样鄙俗,漫山遍野开放,竞春斗艳,因为它有高洁的内心。"雄姿傲霜雪,鳞甲森青苍,……岂比桃李徒,红紫纷披昌"②,桂树凌寒傲霜的苍劲骨气,岂是那俗艳不堪的桃李所能相比的。"渥丹自是天然质,不学桃花点注红"③,"天然风韵月中来,颇鄙人间桃李俗"④等诗句,也都是以俗艳的桃李,来反衬桂花雅洁的品性。

为了更有效地表示桂树品格的高超,文人们引入了社会人伦关系的比喻,桃李、葵菊被视为桂之"奴仆""儿曹":"奴仆葵花,儿曹金菊"⑤,"天付风流,友梅兄蕙,舆桃奴李"⑥。此外,还有"木樨以芙蓉为婢"的说法,这也是主仆的关系,"芙蓉强争妍,刻画粉黛假。对之若为容,惭红面如赧"⑦。当然,这里的"芙蓉",不是水芙蓉"荷花",而是木芙蓉"木莲"。不过这种情况比较少见。

两宋之际确立的桂花的君子人格象征,在与梅、菊和桃李等花卉的横向比较下进一步完善和深化,桂的价值定位已达到无以复加的高度,桂花被予以很高的评价。李清照赞道:"何须浅碧深红色,自是花

---

① 蔡戡《和胡端约岩桂六首》其四,《定斋集》卷二〇。
② 张孝祥《岸傍偶得木犀》,《于湖集》卷四。
③ 陈耆卿《代和陈郎中丹桂三首》其一,《筼窗集》卷一〇。
④ 吴芾《和陈天予岩桂》,《湖山集》卷四。
⑤ 辛弃疾《踏莎行·木犀》,《全宋词》,第1920页。
⑥ 杨无咎《水龙吟·木犀》,《全宋词》,第1177页。
⑦ 孙觌《木犀》,《鸿庆居士集》卷二。

中第一流"①，杨万里也叹息："姮娥收去广寒秋，太息花中无此流"②，桂花"第一流"的花品地位得到认可。

---

① 李清照《鹧鸪天·桂》，《全宋词》，第 930 页。
② 杨万里《木犀落尽有感》，《诚斋集》卷一四。

第三章　重要个案分析

第一节　桂与月的关系

一、由桂及月、由月及桂和中秋节之花与月

如第一部分所述，桂树与月亮的关系由来已久，至迟南北朝已有了"月中桂"的传说。进入唐代以来，随着月宫神话的不断丰富，桂树与月亮也建立了越来越密切的联系。人们抬头望见月亮，就会自然而然地想到桂树，"芬馥天边桂，扶疏在月中"①；而看到桂花，又仿佛它来自月宫一般，"秋来月色转清好，秋半花蕊方斑斓。对花如在月宫里，谁道人境非天关"②。因此，由桂及月和由月及桂就构成了桂树与月亮关系描写的两个基本角度。

看到桂树，便联想到它来自天上。如唐代李德裕"何年霜夜月，桂子落寒山。翠干生岩下，金英在世间。"③诗人在蒋山看到月桂树，便猜想是在一个秋霜之夜，桂子从月中落下，在山岩间生根长大，诗题所说的"月桂"以及"月桂花"，咏桂诗歌屡有见到，其实并不是桂花的一个品种，只是因月中有桂这个典故而生的桂花的一个别名。

---

① 顾封人《月中桂》，李昉《文苑英华》卷一八七。
② 袁燮《林寺丞许惠桂花》，《絜斋集》卷二三。
③ 李德裕《月桂》，《李卫公别集》卷一〇。

白居易《东城桂》"遥知天上桂花孤,试问嫦娥更要无。月宫幸有闲田地,何不中央种两株。"①诗人看到东城桂树,遥想天上桂树一株,孤独无伴,幻想东城的这株桂树也能种到月宫里去。

而宋人对于月宫桂树的想象,似乎更加具体形象而富有趣味,如"花本生月窟,何事来樊笼。疑是姮娥懒,睡起鬓蓬松。一枝欲斜插,误落秋山中。"②诗人想象桂花本是月宫嫦娥头上所戴之物,一时不小心才失手落到人间的,真是新奇有趣的想象!"人间尘外,一种寒香蕊,疑是月娥天上醉,戏把黄云挼碎"③,同样想象桂花的细小花蕊是嫦娥酒醉之后,纤纤玉手将天上的黄云挼碎所致,这一想象不仅新奇有趣,而且贴切形象。"挼碎"一词,生动贴切地点出了黄色金桂那细碎纤小的花蕊。此外,还有"姮娥戏剧,手种长生粒,宝干婆娑,千古飘芳,吹满虚碧"④等,都是以嫦娥形象为切入点,由眼前的桂花联想到天上的月亮,建立了丰富的想象。嫦娥那原本不食人间烟火、孤高寂寞的形象也似乎有了温情,亲切而富有人间情趣。月宫中除了美丽的嫦娥,还有玉兔,诗人们也并没有忘记,"风月堂中倾国姝,别来风骨太清癯。良宵梦里殷勤说,玉兔还能捣药无?"⑤

由桂及月的联想,进而在桂花外在色香的描写上也体现出来。这一点在前面第二章其实已经涉及到。如写丹桂的颜色就说"月娥施朱小留残,天风吹上桂树端。叶犹强项护故绿,花独多情染余丹"⑥;

---

① 白居易《东城桂》其二,《白氏长庆集》卷二四。
② 吴芾《和许守岩桂》,《湖山集》卷二。
③ 向子諲《清平乐·桂》,《全宋词》,第962页。
④ 赵希青《霜天晓角·桂》,《全宋词》,第2951页。
⑤ 王迈《监试卫通判送桂花一枝得四绝句以谢》其四,《臞轩集》卷一六。
⑥ 曾丰《同张随州赋会稽朱子云席上丹桂》,《缘督集》卷三。

写金桂时亦有说"疑是蕊宫仙子新妆就,娇额涂黄"①;在桂花香味的描写上,更是经常会联想到月宫。由于别的花卉,香味都比较清淡,而桂花香味非常浓郁,诗人们就想象大概只有月宫才能有这样浓郁美妙的花香吧:"异日天香满庭院,吾庐当是广寒宫"②"疑是广寒宫里种,一秋三度送天香"③"是天上余香剩馥,怪一树香风,十里相续"④。

诗人们不仅由桂树、桂花自然地联想到月亮,而且也幻想自己有朝一日身游月宫,去感受一番。"东西南北日团圆,洗涤肝膺立树边。料得痴蟾别有药,只餐金粟径升天"⑤。神话中月宫桂树,千百年来永不凋落,在诗人想象当中成了长生不老的树,诗人猜想那只蟾蜍就是吃了"长生不老"的桂花才上天的。那么诗人自己呢,"洗涤肝膺立树边",将腹中杂物清除干净,似乎也跃跃欲试,想学蟾蜍食桂花上天。南宋著名诗人杨万里更是童心未泯,其诗《凝露堂木犀》,想象自己已然身在月宫当中:"梦骑白凤上青空,径度银河入月宫。身在广寒香世界,觉来帘外木犀风。"⑥看到堂前木犀花开,梦中便入月宫游历了一番。诗人的《木犀花赋》写自己醉酒之后,同样是梦入月宫的一番游历,写月中的桂花"天葩芬敷,匪玉匪金,细不逾粟,香满天地。"⑦诗人问玉蟾蜍这是何物,告之曰桂,诗人非常喜爱,妄想斫断桂根移植自己的庭院当中,遭致嫦娥不悦,于是诗人省悟清

---

① 向子諲《满庭芳·岩桂香林》,《全宋词》,第951页。
② 王十朋《桂》,《梅溪后集》卷六。
③ 王十朋《桂子苍》,《梅溪前集》卷七。
④ 陈亮《桂枝香·观木犀有感寄吕郎中》,《全宋词》,第2098页。
⑤ 苏泂《桂花》其四,《泠然斋诗集》卷八。
⑥ 杨万里《凝露堂木犀》,《诚斋集》卷一〇。
⑦ 杨万里《木犀花赋》卷四三。

醒过来,这时"顾而见木樨之始花,宛其若天上之所见"。词赋写的是在木犀花开放之时,诗人与客同饮,醉酒之后游历月宫的一场梦境。其实,不止这场梦境里的经历神奇美好,诗人对花饮酒,醉后入梦在一种时空中再度见花,这本身也是很美妙的经历。

月中桂树的传说何时出现,其年代已无从考证。唐冯贽《南部烟花记·桂宫》有这样一段记载:"陈后主为张贵妃丽华造桂宫于光昭殿后,作圆门如月,障以水晶。后庭设素粉罘罳,庭中空洞无他物,惟植一桂树,下置药杵臼,使丽华恒驯一白兔。丽华被素袿裳,梳凌云髻,插白通草,……时独步于中,谓之月宫,帝每宴乐,呼丽华张嫦娥。"① 由这段记载可以看到,至迟到南朝陈,传说中月宫不仅有桂树,还有嫦娥、白兔。月宫传说本是虚妄之言,但流传渐广,逐渐为士人接受下来,在心理上成为了一种既定的"事实"。入唐以来,出现了一些咏月中桂的作品,基本上都是描写明月当中桂树婆娑、香满天界、独立碧空的景象。比如唐陈陶《殿前生桂树》:"仙娥玉宫秋夜明,桂枝拂槛参差琼。香风下天漏丁丁,牛渚翠梁横浅清》。"② 月明之夜,天上桂树参差,香飘下界。再如张乔《华州试月中桂》"与月转鸿濛,扶疏万古同。根非生下土,叶不堕秋风。每向圆时足,还随缺处空。影空群木外,香满一轮中。未种丹霄日,应虚白兔宫。何当因羽化,细得问元功。"③ 描绘了桂树扶疏,生根月中,月圆桂满、月缺桂空的景象。此外还有"芬馥天边桂,扶疏在月中。……皎皎舒华色,亭

---

① 陶宗仪《说郛》,第十册。
② 李昉《文苑英华》卷二〇八。
③ 张乔《华州试月中桂》,《广群芳谱》,第957页。

亭丽碧空。"①等，都是专意描写月中桂树芬香馥郁，一派扶疏，亭亭丽碧空的图画。此外，在大量咏月诗中也有一些写桂的诗句，如"万古关山月，遥怜此夜看。蛾眉空自妩，丛桂不胜寒"②"身游银阙珠宫，俯看积气濛濛，醉里偶摇桂树，人间唤作凉风"③，以及"桂树扶疏如淡墨"④。

图08　[明]恽寿平《月窟留香》。美国纽约大都会艺术博物馆藏。

农历八月十五的中秋节，是我国一个重要的传统节日。中秋之夜，月亮分外地圆。那么，在这样一个特别的夜晚，月中的桂树还像往常一样枝干婆娑吗？表现在文学作品中，有两种看法。其一，其中的桂树想必已经销声匿迹，所以中秋之夜月亮如此团圆明亮，了无隔碍。如"一轮徐出海东头，皓彩全供白帝秋。桂迹自消安在斫，宝光无缺不因修。"⑤以及"人间共赏中秋月，酒社诗家意味长。天上必应霜露早，

---

① 顾封人《月中桂》，《广群芳谱》，第957页。
② 刘敞《古北口对月》，《公是集》卷二二。
③ 刘克庄《清平乐·五月十五夜玩月》，《全宋词》，第2643页。
④ 陆游《八月十四日夜湖山观月》，《剑南诗稿》卷一四。
⑤ 韩琦《壬子中秋对月》，《安阳集》卷一七。

桂丛凋尽饱青光。"①其二，桂树依旧繁茂，甚至因明月团圆，而更加葱茏茂盛。"明夜中秋更好吟，兔肥蟾大桂成林"②"桂繁团露湿，轮驶渡河干"③。另外，关于中秋之夜月中桂树的动人形象，有两篇唐人作的赋，很有必要提到。其作者分别是赵蕃和杨真弘，题目都是《月中桂树赋》（以中秋夕望光彩扶疏为韵）。这两篇赋风格相似，都用清雅的笔触写桂树在圆月中幽婉孤芳形象，如赵蕃"映澄澈之素彩，逗葳蕤之冷光。杳杳低枝，拂孤轮而挺秀；依依密树，侵满魄而含芳""转低影于穿碧，擢幽姿于颢初""夹余霞而暂丹，经斜汉而弥白"④等等。

"转低影于穿碧，擢幽姿于颢初""夹余霞而暂丹，经斜汉而弥白"⑤等等，极写想象当中中秋月桂在碧空中的幽姿。杨真弘的也是，"月满于东，桂芳其中，因澄辉之皎洁，见幽茂之玲珑""枝徘徊而若垂，叶霹靡以如积""满虚轮而挺秀，莹白晕以含幽"⑥描写月中桂枝垂叶密，在皎洁的月光映衬下幽茂玲珑，显得十分美好。正因为它生在月中，不是普通的树，所以"既寒暑无变，亦古今不殊"，它万古不变，永远伫立在月宫中，也留在每个富有想象力的人心中。

此外，还有中秋之夜"月桂子堕"的传说。唐代宋之问《灵隐寺》中那句有名的"桂子月中落，天香云外飘"即指此。白居易咏桂诗《东城桂》后也提到"杭州天竺寺每岁秋中有月桂子堕"，其《庐山桂》

---

① 黄庶《中秋夜月》，《伐檀集》卷上。
② 徐积《八月十四夜》，《节孝集》卷一四。
③ 宋祁《中秋对月》，《景文集》卷一二。
④ 赵蕃《月中桂树赋》，《文苑英华》卷七。
⑤ 赵蕃《月中桂树赋》，《文苑英华》卷七。
⑥ 杨真弘《月中桂树赋》，《文苑英华》卷七。

也说"偃蹇月中桂,结根依青天,天风绕月起,吹子下人间"①,说明到了中唐月中桂子下落的传说已经比较具体了,时间、地点比较明确。此外还有两条重要记载,宋钱易《南部新书》记载:"杭州灵隐山多桂,寺僧曰月中种也,至今中秋夜往往子坠,寺僧亦拾得。"②对照宋之问那首《灵隐寺》,说明中秋夜月桂子坠的传说在唐初已经出现了。另一条,东坡诗注"天竺昔有梵僧云此山自天竺鹫山飞来,八月十五夜尝有桂子落。"③此外在宋代《杭州府志》、《涌幢小品》中也有中秋月桂子落的记载,并且对桂子形状、颜色、大小均有详细描绘,如《杭州府志》"其大如豆,其圆如珠,其色有白者黄者黑者"④。这种说法自然是不可信的,月中桂树本属虚妄,更不可能有桂实飘落。但当时人却信以为真,诗作中也有描绘。"玉颗珊珊下月轮,殿前拾得露华新。至今不会天中事,应是嫦娥掷与人"⑤"三夕月俱好,清光惟望多,风应落桂子,露恐灭金波"⑥"兔濯素毛腾浩露,桂飘香实下飞轮"⑦,月中桂子甚至被看作是好的预兆,宋诗中有诗题"云十五夜桂子落于太平观,乡人谓之大熟子,丰年之兆也"⑧并赋诗一首以志纪念。然而事实上,中秋之夜并不总是月明星稀,一片晴空。风雨中的中秋夜晚,诗人便慨叹"桂子飘零无处觅"⑨"老兔秋悲桂

---

① 白居易《庐山桂》,《白氏长庆集》卷一。
② 钱易《南部新书》卷七。
③ 东坡诗注,《广群芳谱》,第943页。
④ 田汝成《西湖游览志余》卷二四。
⑤ 皮日休《天竺寺八月十五日夜桂子》,《松陵集》卷八。
⑥ 苏舜钦《中秋三夕对月》,《苏学士集》卷八。
⑦ 司马光《中秋夜始平公命舆考校诸君置酒赋诗》,《传家集》卷七。
⑧ 郭祥正《青山续集》卷六。
⑨ 韦骧《中秋夜雨》,《钱塘集》卷六。

子空"[①]。

图 09　中秋夜月中桂树。图片由网友提供。

以上主要从两个角度叙述了桂与月的关系,这是由此及彼的指向性。自古以来,对花赏月,或者佐以美酒,这是人生的一大乐事。在咏桂文字中也有一些月夜下对花饮酒的诗词之作,其中较好的如"明月到花影,把酒对香红。此情飘洒,但觉清景满廉枕。人被好花相恼,花亦知人幽韵,佳处本同风。挥手谢尘网,举袂步蟾宫。"[②]在明月清辉下,词人把酒对花,人与花两两相望中,离尘步月之思,悠然而起。其他月下咏桂诗,如"蟾冷不分天上影,兔肥应恋月中光,飘来少女

---

① 李曾伯《甲午中秋在魏塘值风雨》,《可斋杂稿》卷二八。
② 韩淲《水调歌头·对木犀小饮》,《全宋词》,第 2237 页。

明河净，掇去仙郎秋苑长"①，"似有天香来月窟，助人清赏与开怀"②等都是由月夜看花而产生的联想。

桂花开放，正值中秋前后。中秋节对月赏花，更是良辰美景，赏心悦目。桂花虽不以姿色取胜，但在明月当空的夜晚，闻着桂花的芳香，也是很美妙的享受。"桂子吹香清不眠，相逢还在翠屏边。一轮明月依人好，两载中秋特地圆。"③再如"银河淡淡彩云收，皓魄澄鲜香更幽。琪树遑分天上影，清樽长与月为酬。秋光疑自今宵倍，吟兴还于兹席浮。拟向花前恣醉卧，花应笑我白盈头。"④月光皎洁，桂树婆娑，当此良宵美景，诗人自然吟兴大发，诗情高涨。此外，杨万里的一首中秋赏月诗也别有趣味，"素娥大作中秋节，一夜广寒桂花发。天风吹堕野绿堂，夜半瑶阶丈深雪。梅仙不知天尚秋，只惊香雪点骚头。笑随玉妃照粉水，洗妆同入月中游"⑤，风吹桂花落于台阶，细碎点点，宛如飘落的雪花，诗人不禁想象梅仙随同嫦娥妃子同游月宫。

事实上，桂花花期比较短促，仅在两周之间。有时早晚温差很大致使桂花的花期偏离，可能离中秋节还有一个月就提早绽开了笑脸；有时秋后气温持续高温，则延缓桂花花期。因此实际上中秋咏桂诗相对并不太多，一如诗人感叹"每恨花时月未圆，赏心四美恐难全。花如坚忍留香待，月似深情照影偏"⑥，花好月圆这样的良辰美景并不

---

① 吴孔嘉《月下看桂》，《古今图书集成》第550册，第32页。
② 严易《桂丛对月》，《古今图书集成》第550册，第32页。
③ 张侃《金台中秋》，《张氏拙轩集》卷四。
④ 严易《今岁开迟恰值中秋再叠前韵》，《古今图书集成》第550册，第32页。
⑤ 杨万里《丞相周公招王才臣中秋赏桂花寄以长句》，《诚斋集》卷三七。
⑥ 严易《重阳前一日微雨初收，时新月渐开桂花犹馥，徘徊顾影悠然成味》，《古今图书集成》第550册，第32页。

是总能遇到的。而且，从以上所举的众多例子来看，无论是单纯赏花、赏月，还是花月同赏，对桂花进行穿天出月的联想，在文人、诗人而言，已是一件非常自然的事情，桂与月亮这样密切的关系是其他花卉望尘莫及的。

但是，神话终究是神话，月中毕竟没有桂树，这是千真万确的。宋代开始有人对此提出异议："真月夜夜满，妄见有盈亏。譬如匣中镜，一成岂合离。腥蟾与狡兔，谬及丹桂枝。我今尽扫荡，庶识真月为。"[①]明确指出月中蟾蜍、玉兔、桂树都是子虚乌有的。宋人包恢的看法，更有科学依据："月中岂有桂哉，……月本阴魄而不明也，所以生明者，受日光而明耳，然外虽受日而明内魄，日照所不及者，其魄仍阴暗也。其明中之微翳，即其内魄之痕迹，隐隐于中而不可淹没也。予实亲见而亲验之，知其然矣。若曰果有桂可折，是与儿童之见何异。"[②]看来，作者还是很有求实的理性精神的。月亮本身不是发光体，其光亮是由于太阳光照到自身反射出来的。我们看到的月亮，其明亮当中的"微翳"，是月球内部本身在日光映照下的痕迹，千百年来人们遥望的月中桂树大概就是包氏所说的"明中之微翳"了。

二、"吴刚伐桂""蟾宫折桂"出现

（一）吴刚伐桂

"吴刚伐桂"（见图10）是在"月中有桂树"基础上关于月亮与桂树的又一个神话传说，其出处在第一章已有介绍。这个故事在民间流传甚广，

咏桂文学中也有反映。宋祁《月桂》很典型，"月面铺冰不受尘，

---

① 晁以道《月》，《景迂生集》卷五。
② 包恢《桂林说》，《敝帚稿略》卷七。

图10 吴刚伐桂。图片由网友提供。

缘何老桂托轮困。吴生斫钝西河斧，无奈婆娑又满轮"①。

写桂树真是神奇，托生于皎洁的月亮已属不易，为何吴刚的玉斧斫砍不动，千百年来它依然如此婆娑。当然也有别出心裁的，如杨万里，诗人抬头望月，看到"桂枝北茂南缺"，便以为"桂树冰轮两不齐，桂圆不似月圆时。吴刚玉斧何曾巧，斫尽南枝放北枝"②。但不管怎样，桂树长生月中，桂影婆娑，千年不老的形象已深入人心。因此有时也被用来象征长生、不老，用在祝寿词中，如"欲将何物献寿酒，天上千秋桂一枝"③"海上蟠桃元未老，月中仙桂看余芳，何须龟鹤颂年长"④。

（二）蟾宫折桂

吴泳《胡应桂字说》"盖自郄诜对策东堂，唱为桂林一枝之语，

---

① 宋祁《月桂》，《景文集》卷二四。
② 杨万里《九月十五夜月，细看桂枝北茂南缺，未经古人拈出，纪以二绝句》，《诚斋集》卷二三。
③ 黄庭坚《酌姨母崇德君寿酒》，《山谷集》别集卷一。
④ 张纲《浣溪纱》，《华阳集》卷三九。

世遂以士之决科者为折桂。"①从此,"折桂"就成了登科射策的代名词。由于"桂林一枝"之词出自郄诜之口,因此后代文人也称折桂为折"郄桂",如"怜君持郄桂,归去著莱衣"②。另外,也由于这一典故发生于所谓的"东堂",偶尔也称"东堂桂",如"待折东堂桂,归来更苦辛"③。

"折桂"喻义虽在宋代屡屡遭人鄙薄,但自唐代以来,这一用法却长盛不衰,而且随着桂与月亮关系的密切,月中桂树形象的流播,"折取月中桂树"这个想象就变得合情合理。张衡曰:"羿请无死之药于西王母,姮娥窃之以奔月,是为蟾蜍。"④在上古时代,美女变蟾蜍应是对犯了过错的嫦娥的一种惩罚。这就是"蟾宫"得名的缘由。宋代以后"蟾宫折桂"遂广泛使用。"景佑初余唱第归,入门逢尔正儿嬉,如何二十二年后,继得蟾宫桂一枝。"⑤这是及第后的感慨。"六株丹桂一时华,此去蟾宫路不赊。莫惜中秋同一赏,明年好事总吾家。"⑥这是对功名的企盼。此外也有反其意而用的,"姮娥殷勤寄消息,科第要从勤苦得。丹桂在君书卷中,不须遥向蟾宫觅"⑦,假嫦娥之口,劝勉应该努力读书。另外,桂花开放,也成了科举及第的征兆。如虞俦《南坡丹桂五株齐开》(原注今秋主簿兄以下五人赴秋举)"秋风

---

① 吴泳《胡应桂字说》,《鹤林集》卷三九。
② 徐铉《送郑先辈及第西归》,《骑省集》卷二二。
③ 释齐己《赠孙生》,《白莲集》卷四。
④ 瞿昙悉达《开元占经》卷一一。
⑤ 赵抃《喜十二弟登第》,《清献集》卷五。
⑥ 虞俦《南坡丹桂六株一时放花,真佳兆也,中秋节当率诸生同赏》,《尊白堂集》卷四。
⑦ 王十朋《八月十五日贡院落成,宾僚咸集,斥世俗之乐,不用饮文字也,把杯邀月诵香满一轮中句,即席赋诗以勉多士》,《梅溪后集》卷一八。

丹桂共徘徊，应是姮娥著意来。端为五人俱赴试，五株更遭一时开"。①

"蟾宫折桂"是在"折桂"意象和月宫传说二者基础上融合形成的，它体现了士人学子博取功名的良好愿望。君子爱莲，才子种桂。封建科举制度下，这是多少才子佳人梦寐以求的美好愿望。另一方面，也可以说是桂与月亮关系的进一步拓展，在原有的纯粹想象的关系中加入了现实的因素。"从来皎月印长空，桂树遥看影在中。好问素娥多折取，莫教闲占水晶宫"②，还有"拟携玉斧乘风御，折桂归荣白发亲"③，然而这样的例子甚少见到，"蟾宫折取"这一喻义在使用中，大多仅停留在字面表层上的引用，极少作进一步的发挥。

三、"燕山窦氏""桂科""桂籍"

由于桂树经常被种植于庭院当中，或三两株、四五株不等，因此入宋以来，庭院书堂多以桂为名，一般堂名与桂的株数是一致的。如刘爚的《题全氏三桂堂》"庭中三桂树，屹立何亭亭"④，"桂堂"的命名，寄托着对后辈儿孙的企盼。在一些题写桂堂的作品中，经常可以看到引用"燕山窦氏"之典的。五代时，燕山窦禹钧生有五子，相继科举高中，当时大臣冯道赠贺诗曰："燕山窦十郎，教子有义方。灵椿一株老，丹桂五枝芳。"⑤是讲五代时人窦禹钧有五个儿子都登科及第之事。诗中"灵椿"指窦禹钧，"丹桂五枝"分别指他的五个儿子。在古代读书人眼中，这是多么荣耀啊。从此燕山窦氏的典故就成了功名途中的参照物，频频出现在题写桂堂的诗作中，"六枝已胜

---

① 虞俦《南坡丹桂五株齐开》，《尊白堂集》卷四。
② 李觏《宗人宅折桂堂》，《旴江集》卷三六。
③ 欧阳澈《秋月》，《影印文渊阁四库全书》本。
④ 刘爚《题全氏三桂堂》，《云庄集》卷一。
⑤ 朱胜非《绀珠集》卷一二。

燕山桂"①"何如移得蟾宫种,不丑灵椿窦十郎"②"傲窦虽悭三树玉,比诜翻剩一枝春"③。从以上例子可以看出,窦氏"丹桂五枝"成了后人追求功名时的一种参照和比较的对象。并且,和郤诜"桂林一枝"的典故一起,成了写桂堂诗文的一个常提到的话题:"谁衔鹫峰种,托根蔡氏堂。勿夸郤林枝,未说燕山芳。"④"郤生得其一而为瑞世之词藻,窦氏得其五而为毓秀之阴功"⑤。

再说"桂科""桂籍"。唐代以来称科举考试及第为"折桂",因称科考为"桂科"。"男儿三十尚蹉跎,未遂青云一桂科"⑥。"桂籍"指科举考试登第人员的名籍。"明年桂籍登文阵,夺取龙头更是谁"⑦,"桂籍知名有几人,翻飞相续上青云"⑧。另外,由于月亮的缘故,嫦娥被称为"仙娥",桂树有时也被称为"仙桂",桂籍随之也被称为"仙籍",如"香浮仙籍书生事,早拜恩袍映彩衫"⑨"少壮东堂奏捷功,浮香仙籍继家风"⑩,登弟的名籍上似乎可以闻到桂花香味了。

---

① 黄裳《寄题范氏六桂堂》,《演山集》卷八。
② 王十朋《题梦龄五桂堂》,《梅溪后集》卷七。
③ 华岳《双桂堂》,《翠微南征录》卷八。
④ 魏了翁《题蔡氏丛桂堂》,《鹤山集》卷一。
⑤ 刘辰翁《东桂堂赋》,《须溪集》卷六。
⑥ 杜荀鹤《辞郑员外入关赴举》,《文苑英华》卷二八八。
⑦ 释重显《送陇西秀才入京》,《祖英集》卷下。
⑧ 徐铉《庐陵别朱观先辈诗》,《骑省集》卷四。
⑨ 周必大《严宽桂岜堂绝句》,《文忠集》卷四三。
⑩ 刘过《丹桂》,《龙洲集》卷八。

第二节　李纲咏桂作品研究

宋代名相李纲,是北宋抗金派代表人物,也是有名的政治家、文学家。靖康时出任亲征行营使,保卫汴京有功,遭投降派排挤。李纲作为当时坚定的抗金派代表人物,与投降派进行了百折不挠的斗争,不顾个人安危与得失,敢作敢为,直言敢谏,是两宋之际坚持战守的君子人物、杰出的民族英雄。南宋建立,建炎元年为尚书左仆射兼门下侍郎,又遭投降派排挤。宋高宗罢了他的相,让李纲离开朝廷挂冠而去。虽一再遭受排挤打击,然而李纲报国之志始终不渝,时刻以国事为念,不断上疏。李纲在文学上也有一些成就,其诗文素有"雄深雅健,磊落光明"之誉。

李纲的咏花作品,相对于他的作品总量来说,绝对数量并不是很多,但是涉及到的花卉种类很多,橘、竹、梅、兰、牡丹、芍药、芭蕉、茉莉、含笑、荷花、鸡冠花、碧桃等等。正如诗人自己所言,"平生苦吟缘爱奇,对花岂忍都无诗"①。其中,作者较为偏爱的当属梅花、桂花,还有菊花。据初步统计,就其诗歌数量而言,咏梅诗有14首,咏桂诗有11首,写菊花的有9首。其他花卉多是两三首而已。

实际上,在诸多花卉当中,桂花并不是诗人的最爱,李纲咏梅不仅诗歌数量最多,还为梅花作了两篇《梅花赋》,其《梁溪词》也有咏梅词作。然而,李纲却称得上是对桂花的美经意描写并形成规模的第一人。

可以说,真正对桂花加以注意并经意描写和表现的,是从李纲这

---

① 李纲《志宏送岩桂并惠长篇求予赋诗次韵答之》,《李纲全集》,第81页。

里开始的。通过翻检《四库全书》《全宋诗》《全宋词》可以看到，北宋阶段直接咏桂的作品非常少，诗词数量加起来不过三四十首左右，文、赋更是少见。而李纲除了11首直接咏桂的诗歌，还有词作《采桑子·木犀》二首。

李纲最初的两首咏桂诗《岩桂》和《志宏送岩桂并惠长篇求予赋诗次韵答之》，是诗人被奸人排挤贬官，退居福建沙阳（现在的沙县）所作。这时正值春季，然而沙阳岩桂却不同寻常，在春雨中灼灼盛开，"团团岩桂著春雨，擢秀不待秋风凉。微舒嫩叶玉剪碧，巧缀碎颗金排黄。木如犀理自坚致，喷作十里旃檀香"①。诗人感到惊喜，用朴实的笔触生动形象地展现了春桂秀发的美丽，既描写了花与叶的颜色、香味，又描绘了其形状、姿容，一个"喷"字形容出了桂花开花时其香味之浓烈。

后来，诗人在隐圃又一次见到了盛开的岩桂，这时诗人对桂花的吟咏不像之前，拘泥于桂花色、香以及形态的摄影般的客观描写，而能抓住其神韵，做到传神。"风传剩馥尚酷烈，月散清影长婆娑，幽香岂止到十里，妙质端恐移金波。不随春景斗妍媚，直与秋色争清和"②，借助风、月，以疏宕潇洒的笔触，刻画了桂的婆娑树影、妙质幽香，以及那不媚俗孤芳的神韵。随后不久，诗人依前韵又作了一首，这时诗人眼中看到的桂花，形象更是高洁孤正："四时不改碧玉叶，满庭自擢青铜柯。森然众木共培植，无异野鹤群鸡鹅……圃中自有隐君子，心与世远恬无波"③，桂树与众木栽植在一起，就像鹤立鸡群一般，

---

① 《岩桂》，《李纲全集》，第80页。
② 《岩桂长篇》，《李纲全集》，第135页。
③ 《再赋岩桂长篇》，《李纲全集》，第140页。

写出了桂树孤高、脱俗的品性，诗人进而将圃中桂树比作"心与世远恬无波"的隐君子，因为桂树这种不与众卉争春、秋来无人自芳的生物特性，与内心高洁、不与世委蛇的君子品性是一致的。诗中的"圃中自有隐君子"，大概也是诗人将这片园圃命名为"隐圃"的缘由吧。桂，被诗人赋予了"隐君子"的象征意义，而这也正是诗人自己的写照。应该指出的是，桂的人格象征，是到了南宋以后随着理学影响扩大，花卉比德盛行的环境氛围中蓬勃发展的。而李纲尚处于两宋之交的时代，这段时期对桂花人格象征上的挖掘尚处于初级阶段，李纲对于桂花的认识与把握也只能是停留于此。

  时光流逝，年龄老大而不见起用，这时李纲的心境更不如前，诗人在此时作的《岩桂长篇》中说道："吾衰万事付之懒，不饮奈此秋光何，径须造诣谋一醉，莫待花落沾庭莎。"[①]《再赋岩桂长篇》中也说："天生逸才当有用，委弃寂寞理则那。吾衰尚有惜花意，零落奈此馨香何。"[②]作为坚定的抗金派代表人物，即使多次遭受投降派排挤，被贬官，李纲报国之志始终不渝，仍以国事为念，不断上疏，对皇帝心存幻想。可见他并不是一个能轻易被打倒的人。然而，天不遂人愿，李纲坚定的抗金主张并不符合高宗皇帝的实际想法和利益，皇帝罢了他的相。诗人一腔热血无处寄托，内心不免感到有点心灰意懒，"吾衰万事付之懒"表达了作者此时最真实的心境，因此对酒赏花、惜花，就成了他寂寞寥落心境的一种安慰。由于喜爱桂花，诗人采折新鲜的桂花，汲水入瓶，置于房中，"玉壶贮水花难老"[③]，这样的话就可

---

① 《岩桂长篇》，《李纲全集》，第135页。
② 《再赋岩桂长篇》，《李纲全集》，第140页。
③ 《丑奴儿·木犀》，《全宋词》，第905页。

图 11　福州李纲祠故址。林则徐在祠旁筑有"桂斋"。图片由网友提供。

以更长久地欣赏美妙的桂花。"汲水养岩桂,最怜风露香"①"簌簌风枝堕烟蕊,璀璨金英沾案几"②还有"远地见佳木,依然如故人……殷勤置瓶水,寂寞伴闲身"③,到这时,诗人与桂花的关系已不再只是欣赏与被欣赏的关系,诗人在异地他乡见到桂花,就仿佛见到了故人好友。于是赶快折花入瓶,希望它能陪伴正处寂寞当中的自己。而且,诗人所说的"汲水养之,其香满室",并不是普通的房屋,而是"禅室","采掇满禅室,闲中气味长"④ "幽人赠我不知数,芬馥飘满

---

① 《岩桂二首》其一,《李纲全集》,第261页。
② 《岩桂堕蕊》,《李纲全集》,第150页。
③ 《岩桂二首》其二,《李纲全集》,第261页。
④ 《秋思十首》其四,《李纲全集》,第138页。

禅房中"①，此外还有"难当禅客意，为折数枝新"②。李纲是喜爱谈禅说理的，在这三句中，室是禅室，人是禅客，在幽花馥郁芬芳的氛围中，诗人感受着一种幽寂悠闲的美。

总之，李纲是非常喜爱桂花的，正因为如此，他才会如此着意描写桂花各方面的美。李纲晚年退隐福州时，其书斋就命名为"桂斋"，而且亲植桂花以明志。后来民族英雄林则徐在福州西湖荷亭旁修建李纲祠时，在祠旁筑了一个读书处，也题名为"桂斋"，以表继承李纲爱国遗志的意思。

---

① 《岩桂二首》其二，《李纲全集》，第261页。
② 《秋思十首》其四，《李纲全集》，第138页。

征引文献目录

说明：

一、"书籍类"按书名汉语拼音字母顺序排列。

二、"论文类"按论文首位作者的汉语拼音字母顺序排列。

一、书籍类

1. 《安阳集》，［宋］韩琦撰，文渊阁《四库全书》本。

2. 《白莲集》，［唐］释齐己撰，文渊阁《四库全书》本。

3. 《白香山诗集》，［唐］白居易撰，文渊阁《四库全书》本。

4. 《白氏长庆集》，［唐］白居易撰，文渊阁《四库全书》本。

5. 《本草纲目》，［明］李时珍撰，北京：人民卫生出版社，1998年。

6. 《敝帚稿略》，［宋］包恢撰，文渊阁《四库全书》本。

7. 《栟榈集》，［宋］邓肃撰，文渊阁《四库全书》本。

8. 《博物志校证》，［晋］张华撰，范宁校，北京：中华书局，1980年。

9. 《辞源（修订本）》，北京：商务印书馆，1991年。

10. 《曹子建集》，［三国魏］曹植撰，文渊阁《四库全书》本。

11. 《草堂诗余》，［宋］僧仲殊撰，文渊阁《四库全书》本。

12. 《参寥子诗集》，［宋］释道潜撰，文渊阁《四库全书》本。

13. 《词话丛编》，唐圭璋撰，北京：中华书局，1986年。

14. 《茶山集》，［宋］曾几撰，文渊阁《四库全书》本。

15. 《巢林笔谈》，［清］龚炜撰，北京：中华书局，1981年。

16. 《昌谷集》，［唐］李贺撰，文渊阁《四库全书》本。

17. 《长物志》，［明］文震亨撰，［明］陈植校注，南京：江苏科学技术出版社，1984年。

18. 《陈白沙集》，［明］陈献章撰，文渊阁《四库全书》本。

19. 《诚斋集》，［宋］杨万里撰，文渊阁《四库全书》本。

20. 《楚辞集注》，［宋］朱熹撰，上海：上海古籍出版社，1979年。

21. 《楚辞补注》，［宋］洪兴祖撰，北京：中华书局，1983年。

22. 《楚辞章句》，［汉］王逸撰，文渊阁《四库全书》本。

23. 《传家集》，［宋］司马光撰，文渊阁《四库全书》本。

24. 《淳熙稿》，［宋］赵蕃撰，文渊阁《四库全书》本。

25. 《翠微南征录》，［宋］华岳撰，文渊阁《四库全书》本。

26. 《丹渊集》，［宋］文同撰，文渊阁《四库全书》本。

27. 《丁卯诗集》，［宋］许浑撰，文渊阁《四库全书》本。

28. 《东皋子集》，［唐］王绩撰，文渊阁《四库全书》本。

29. 《东牟集》，［宋］王洋撰，文渊阁《四库全书》本。

30. 《东维子集》，［元］杨维桢撰，文渊阁《四库全书》本。

31. 《东塘集》，［宋］袁说友撰，文渊阁《四库全书》本。

32. 《东窗集》，［宋］张扩撰，文渊阁《四库全书》本。

33. 《定斋集》，［宋］蔡戡撰，文渊阁《四库全书》本。

34. 《尔雅翼》，［宋］罗愿撰，合肥：黄山书社，1991年。

35. 《伐檀集》，［宋］黄庶撰，文渊阁《四库全书》本。

36. 《范文正集》，[宋]范仲淹撰，文渊阁《四库全书》本。

37. 《方是闲居小稿》，[宋]刘学箕撰，文渊阁《四库全书》本。

38. 《甫里集》，[唐]陆龟蒙撰，文渊阁《四库全书》本。

39. 《富山遗稿》，[宋]方夔撰，文渊阁《四库全书》本。

40. 《绀珠集》，[宋]朱胜非撰，文渊阁《四库全书》本。

41. 《攻愧集》，[宋]楼钥撰，文渊阁《四库全书》本。

42. 《公是集》，[宋]刘敞撰，文渊阁《四库全书》本。

43. 《古今图书集成》，[清]陈梦雷编，北京：中华书局，1985年。

44. 《广群芳谱》，[清]汪灏撰，上海：上海书店，1985年。

45. 《韩内翰别集》，[唐]韩偓撰，文渊阁《四库全书》本。

46. 《汉书》，[东汉]班固撰，北京：中华书局，1962年。

47. 《鹤山集》，[宋]魏了翁撰，文渊阁《四库全书》本。

48. 《鹤林集》，[宋]吴泳撰，文渊阁《四库全书》本。

49. 《横浦集》，[宋]张九成撰，文渊阁《四库全书》本。

50. 《花与中国文化》，周武忠撰，北京：中国农业出版社，1999年。

51. 《花与中国文化》，何小颜撰，北京：人民出版社，1999年。

52. 《花经》，黄岳渊、黄德邻撰，上海：上海书店，1985年。

53. 《花镜》，[清]陈淏子撰，北京：农业出版社，1979年。

54. 《华阳集》，[宋]张纲撰，文渊阁《四库全书》本。

55. 《鸿庆居士集》，[宋]孙觌撰，文渊阁《四库全书》本。

56. 《黄御史集》，[唐]黄滔撰，文渊阁《四库全书》本。

57. 《晦庵集》，[宋]朱熹撰，文渊阁《四库全书》本。

58. 《后村集》，[宋]刘克庄撰，文渊阁《四库全书》本。

59. 《怀麓堂集》，[明]李东阳撰，文渊阁《四库全书》本。

60. 《湖山集》，［宋］吴芾撰，文渊阁《四库全书》本。

61. 《击壤集》，［宋］邵雍撰，文渊阁《四库全书》本。

62. 《江文通集》，［南朝梁］江淹撰，文渊阁《四库全书》本。

63. 《涧泉集》，［宋］韩淲撰，文渊阁《四库全书》本。

64. 《剑南诗稿》，［宋］陆游撰，文渊阁《四库全书》本。

65. 《节孝集》，［宋］徐积撰，文渊阁《四库全书》本。

66. 《景文集》，［宋］宋祁撰，文渊阁《四库全书》本。

67. 《景迂生集》，［宋］晁以道撰，文渊阁《四库全书》本。

68. 《九华集》，［宋］员兴宗撰，文渊阁《四库全书》本。

69. 《菊磵集》，［宋］高翥撰，文渊阁《四库全书》本。

70. 《潏水集》，［宋］李复撰，文渊阁《四库全书》本。

71. 《可斋杂稿》，［宋］李曾伯撰，文渊阁《四库全书》本。

72. 《克斋集》，［宋］陈文蔚撰，文渊阁《四库全书》本。

73. 《客亭类稿》，［宋］杨冠卿撰，文渊阁《四库全书》本。

74. 《昆陵集》，［宋］舒岳祥撰，文渊阁《四库全书》本。

75. 《浪语集》，［宋］薛季宣撰，文渊阁《四库全书》本。

76. 《李纲全集》，［宋］李纲撰，王瑞明点校，长沙：岳麓书社，2004年。

77. 《李卫公别集》，［唐］李德裕撰，文渊阁《四库全书》本。

78. 《李太白文集》，［唐］李白撰，［宋］宋敏求等编，成都：巴蜀书社，1986年。

79. 《李元宾外编》，［唐］李观撰，文渊阁《四库全书》本。

80. 《历代诗话》，何文焕辑，北京：中华书局，1981年。

81. 《林和靖集》，［宋］林逋撰，文渊阁《四库全书》本。

82.《泠然斋诗集》,[宋]苏泂撰,文渊阁《四库全书》本。

83.《刘随州集》,[宋]刘长卿撰,文渊阁《四库全书》本。

84.《柳塘外集》,[宋]释道璨撰,文渊阁《四库全书》本。

85.《龙洲集》,[宋]刘过撰,文渊阁《四库全书》本。

86.《龙川集》,[宋]陈亮撰,文渊阁《四库全书》本。

87.《龙洲集》,[宋]刘过撰,文渊阁《四库全书》本。

88.《卢溪文集》,[宋]王庭珪撰,文渊阁《四库全书》本。

89.《卢升之集》,[宋]卢照龄撰,文渊阁《四库全书》本。

90.《陆放翁全集》,[宋]陆游撰,北京:中国书店,1986年。

91.《罗昭谏集》,[宋]罗隐撰,文渊阁《四库全书》本。

92.《罗鄂州小集》,[宋]罗愿撰,文渊阁《四库全书》本。

93.《骆丞集》,[唐]骆宾王撰,文渊阁《四库全书》本。

94.《梅山续稿》,[宋]姜特立撰,文渊阁《四库全书》本。

95.《梅溪后集》,[宋]王十朋撰,文渊阁《四库全书》本。

96.《孟冬野诗集》,[唐]孟郊撰,北京:人民文学出版社,1959年。

97.《蒙隐集》,[宋]陈棣撰,文渊阁《四库全书》本。

98.《墨庄漫录》,[宋]张邦基撰,孔凡礼点校,北京:中华书局,2002年。

99.《南园漫录》,[明]张志淳撰,文渊阁《四库全书》本。

100.《南方草木状》,[晋]嵇含撰,文渊阁《四库全书》本。

101.《南部新书》,[宋]钱易撰,文渊阁《四库全书》本。

102.《南轩集》,[宋]张栻撰,文渊阁《四库全书》本。

103.《南涧甲乙稿》,[宋]韩元吉撰,文渊阁《四库全书》本。

104.《南湖集》,[宋]张镃撰,文渊阁《四库全书》本。

105.《南阳集》，［宋］韩维撰，文渊阁《四库全书》本。

106.《宁极斋稿》，［宋］陈深撰，文渊阁《四库全书》本。

107.《农政全书》，［明］徐光启撰，上海：上海古籍出版社，1979年。

108.《欧阳修撰集》，［宋］欧阳澈编，文渊阁《四库全书》本。

109.《盘洲文集》，［宋］洪适撰，文渊阁《四库全书》本。

110.《屏山集》，［宋］刘子翚撰，文渊阁《四库全书》本。

111.《鄱阳集》，［宋］彭汝砺撰，文渊阁《四库全书》本。

112.《潜山集》，［宋］释文珦撰，文渊阁《四库全书》本。

113.《钱塘集》，［宋］韦骧撰，文渊阁《四库全书》本。

114.《青山续集》，［宋］郭祥正撰，文渊阁《四库全书》本。

115.《秋声集》，［宋］卫宗武撰，文渊阁《四库全书》本。

116.《秋崖集》，［宋］方岳撰，文渊阁《四库全书》本。

117.《清献集》，［宋］杜范撰，文渊阁《四库全书》本。

118.《清献集》，［宋］赵抃撰，文渊阁《四库全书》本。

119.《臞轩集》，［宋］王迈撰，文渊阁《四库全书》本。

120.《全唐诗》，［清］彭定求等编，北京：中华书局，1960年。

121.《全唐文》，［清］董诰等编，北京：中华书局，1983年。

122.《全宋词》，唐圭璋编，北京：中华书局，1999年。

123.《全宋诗》，傅璇琮主编，北京：北京大学出版社，1991年。

124.《群芳谱》，［明］王象晋撰，北京：农业出版社，1985年。

125.《人间词话》，［清］王国维撰，吉林：吉林文史出版社，1999年。

126.《山谷集》，［宋］黄庭坚撰，文渊阁《四库全书》本。

127.《诗歌意象论》，陈植锷撰，北京：中国社会科学出版社，

1990年。

128.《诗歌意象学》,王长俊主编,合肥:安徽文艺出版社,2000年。

129.《石湖诗集》,[宋]范成大撰,文渊阁《四库全书》本。

130.《石屏诗集》,[宋]戴复古撰,文渊阁《四库全书》本。

131.《说郛》,[元]陶宗仪撰,北京:中国书店,1986年。

132.《双溪集》,[宋]苏籀撰,文渊阁《四库全书》本。

133.《双溪类稿》,[宋]王炎撰,文渊阁《四库全书》本。

134.《松陵集》,[唐]皮日休撰,文渊阁《四库全书》本。

135.《宋诗纪事》,[清]厉鹗撰,上海:上海古籍出版社,1983年。

136.《宋代咏梅文学研究》,程杰撰,合肥:安徽文艺出版社,2002年。

137.《松隐集》,[宋]曹勋撰,文渊阁《四库全书》本。

138.《嵩山集》,[宋]晁公遡撰,文渊阁《四库全书》本。

139.《苏学士集》,[宋]苏舜钦撰,文渊阁《四库全书》本。

140.《太仓稊米集》,[宋]周紫芝撰,文渊阁《四库全书》本。

141.《太平御览》,[宋]李昉等编,北京:中华书局,1960年。

142.《唐风集》,[唐]杜荀鹤撰,文渊阁《四库全书》本。

143.《唐英歌诗》,[唐]吴融撰,文渊阁《四库全书》本。

144.《天籁集》,[元]白璞撰,文渊阁《四库全书》本。

145.《蜕庵集》,[元]张翥撰,文渊阁《四库全书》本。

146.《王司马集》,[唐]王建撰,文渊阁《四库全书》本。

147.《文忠集》,[宋]周必大撰,文渊阁《四库全书》本。

148.《文苑英华》,[宋]李昉撰,北京:中华书局,1966年。

149.《武夷新集》,[宋]杨亿撰,文渊阁《四库全书》本。

150.《西湖梦寻》，［明］张岱撰，孙家遂校注，杭州：浙江文艺出版社，1984年。

151.《西湖游览志余》，［明］田汝成编纂，杭州：浙江人民出版社，1980年。

152.《先秦汉魏晋南北朝诗》，逯钦立辑校，北京：中华书局，1983年。

153.《闲情偶记》，［清］李渔撰，上海：上海古籍出版社，2000年。

154.《香山集》，［宋］喻良能撰，文渊阁《四库全书》本。

155.《絜斋集》，［宋］袁燮撰，文渊阁《四库全书》本。

156.《须溪集》，［宋］刘辰翁撰，文渊阁《四库全书》本。

157.《盱江集》，［宋］李觏撰，文渊阁《四库全书》本。

158.《学易集》，［宋］刘跂撰，文渊阁《四库全书》本。

159.《雪坡集》，［宋］姚勉撰，文渊阁《四库全书》本。

160.《颜鲁公集》，［唐］颜真卿撰，文渊阁《四库全书》本。

161.《鄮峰真隐漫录》，［宋］史浩撰，文渊阁《四库全书》本。

162.《扬州画舫录》，［清］李斗撰，周春东注，济南：山东友谊出版社，2001年。

163.《抑庵文后集》，［元］王直撰，文渊阁《四库全书》本。

164.《艺文类聚》，［唐］欧阳询撰，北京：中华书局，1960年。

165.《酉阳杂俎》，［唐］段成式撰，文渊阁《四库全书》本。

166.《庾开府集笺注》，［北周］庾信撰，［清］吴兆宜注，文渊阁《四库全书》本。

167.《玉山璞稿》，［元］顾瑛撰，文渊阁《四库全书》本。

168.《于湖集》，［宋］张孝祥撰，文渊阁《四库全书》本。

169.《豫章文集》，[宋]罗从彦撰，文渊阁《四库全书》本。

170.《筼窗集》，[宋]陈耆卿撰，文渊阁《四库全书》本。

171.《缘督集》，[宋]曾丰撰，文渊阁《四库全书》本。

172.《云庄集》，[宋]刘爚撰，文渊阁《四库全书》本。

173.《云庄集》，[宋]曾协撰，文渊阁《四库全书》本。

174.《在轩集》，[宋]黄公绍撰，文渊阁《四库全书》本。

175.《增订注释全宋词》，朱得才主编，北京：文化艺术出版社，1997年。

176.《张氏拙轩集》，[宋]张侃撰，文渊阁《四库全书》本。

177.《自存堂稿》，[宋]陈杰撰，文渊阁《四库全书》本。

178.《中国历代妇女妆饰》，周汛、高春明撰，上海：学林出版社，1988年。

179.《中国植物志》，李锡文等编，北京：科学出版社，1996年。

180.《中国历代名园记选注》，陈植、张公弛撰，合肥：安徽科技出版社，1983年。

181.《杼山集》，[唐]释皎然撰，文渊阁《四库全书》本。

182.《烛湖集》，[宋]孙应时撰，文渊阁《四库全书》本。

183.《祖英集》，[宋]释重显撰，文渊阁《四库全书》本。

184.《尊白堂集》，[宋]虞俦撰，文渊阁《四库全书》本。

二、论文类

（一）期刊论文

1. 关传友：《中国园林桂花造景历史及其文化意义》，《北京林业大学学报》（社科版）2005年第1期。

2. 尚富德、伊艳杰、向其柏《中国的桂文化》，《河南大学学报》（社科版）2003年第2期。

（二）学位论文

1. 丁小兵《杏花意象的文学研究》，南京师范大学硕士学位论文，2005年。

2. 刘伟龙《中国桂花文化研究》，南京林业大学硕士学位论文，2004年。

3. 臧德奎《桂花品种分类研究》，南京林业大学博士学位论文，2000年。